A+U

住房和城乡建设部"十四五"规划教材
A+U 高等学校建筑学与城乡规划专业教材

建筑构造设计教程
（上册）

李海清 董凌 张弦 白晓霞 编著

中国建筑工业出版社

图书在版编目（CIP）数据

建筑构造设计教程：上、下册 / 李海清等编著. — 北京：中国建筑工业出版社，2024.6
住房和城乡建设部"十四五"规划教材　A+U高等学校建筑学与城乡规划专业教材
ISBN 978-7-112-29548-7

Ⅰ.①建… Ⅱ.①李… Ⅲ.①建筑构造—建筑设计—高等学校—教材 Ⅳ.①TU22

中国国家版本馆CIP数据核字（2023）第253480号

为了更好地支持相应课程的教学，我们向采用本书作为教材的教师提供课件，有需要者可与出版社联系。
建工书院：http://edu.cabplink.com
邮箱：jckj@cabp.com.cn　电话：（010）58337285

责任编辑：柏铭泽　陈　桦
责任校对：张惠雯

住房和城乡建设部"十四五"规划教材
A+U高等学校建筑学与城乡规划专业教材
建筑构造设计教程
李海清　董　凌　张　弦　白晓霞　编著
*
中国建筑工业出版社出版、发行（北京海淀三里河路9号）
各地新华书店、建筑书店经销
北京方舟正佳图文设计有限公司制版
北京云浩印刷有限责任公司印刷
*
开本：787毫米×1092毫米　1/16　印张：27　字数：628千字
2024年10月第一版　2024年10月第一次印刷
定价：**79.00**元（上、下册）（赠教师课件）
ISBN 978-7-112-29548-7
　　　（42252）
版权所有　翻印必究
如有内容及印装质量问题，请联系本社读者服务中心退换
电话：（010）58337283　QQ：2885381756
（地址：北京海淀三里河路9号中国建筑工业出版社604室　邮政编码：100037）

出版说明　Explication

党和国家高度重视教材建设。2016年，中办国办印发了《关于加强和改进新形势下大中小学教材建设的意见》，提出要健全国家教材制度。2019年12月，教育部牵头制定了《普通高等学校教材管理办法》和《职业院校教材管理办法》，旨在全面加强党的领导，切实提高教材建设的科学化水平，打造精品教材。住房和城乡建设部历来重视土建类学科专业教材建设，从"九五"开始组织部级规划教材立项工作，经过近30年的不断建设，规划教材提升了住房和城乡建设行业教材质量和认可度，出版了一系列精品教材，有效促进了行业部门引导专业教育，推动了行业高质量发展。

为进一步加强高等教育、职业教育住房和城乡建设领域学科专业教材建设工作，提高住房和城乡建设行业人才培养质量，2020年12月，住房和城乡建设部办公厅印发《关于申报高等教育职业教育住房和城乡建设领域学科专业"十四五"规划教材的通知》（建办人函〔2020〕656号），开展了住房和城乡建设部"十四五"规划教材选题的申报工作。经过专家评审和部人事司审核，512项选题列入住房和城乡建设领域学科专业"十四五"规划教材（简称规划教材）。2021年9月，住房和城乡建设部印发了《高等教育职业教育住房和城乡建设领域学科专业"十四五"规划教材选题的通知》（建人函〔2021〕36号）。为做好"十四五"规划教材的编写、审核、出版等工作，《通知》要求：（1）规划教材的编著者应依据《住房和城乡建设领域学科专业"十四五"规划教材申请书》（简称《申请书》）中的立项目标、申报依据、工作安排及进度，按时编写出高质量的教材；（2）规划教材编著者所在单位应履行《申请书》中的学校保证计划实施的主要条件，支持编著者按计划完成书稿编写工作；（3）高等学校土建类专业课程教材与教学资源专家委员会、全国住房和城乡建设职业教育教学指导委员会、住房和城乡建设部中等职业教育专业指导委员会应做好规划教材的指导、协调和审稿等工作，保证编写质量；（4）规划教材出版单位应积极配合，做好编辑、出版、发行等工作；（5）规划教材封面和书脊应标注"住房和城乡建设部'十四五'规划教材"字样和统一标识;(6)规划教材应在"十四五"期间完成出版,逾期不能完成的,不再作为《住房和城乡建设领域学科专业"十四五"规划教材》。

住房和城乡建设领域学科专业"十四五"规划教材的特点:一是重点以修订教育部、住房和城乡建设部"十二五""十三五"规划教材为主;二是严格按照专业标准规范要求编写,体现新发展理念;三是系列教材具有明显特点,满足不同层次和类型的学校专业教学要求;四是配备了数字资源,适应现代化教学的要求。规划教材的出版凝聚了作者、主审及编辑的心血,得到了有关院校、出版单位的大力支持,教材建设管理过程有严格保障。希望广大院校及各专业师生在选用、使用过程中,对规划教材的编写、出版质量进行反馈,以促进规划教材建设质量不断提高。

住房和城乡建设部"十四五"规划教材办公室

2021年11月

前言　　Preface

1. 建筑构造相关著述与教材：缘起、发展和问题

中国历史上第一本现代意义的建筑（构造）专书应该是清末张锳绪（1877年生人，于1902年东京帝国大学①工科机械专业毕业）于1910年在商务印书馆首次出版《建筑新法》（英文名"*Building Construction*"），其内容大多转译英国1888年版《建筑百科全书》（潘一婷，2018），而不仅限于狭义的建筑构造，以材料与搭建视角分列瓦工、木工、粉饰油饰，以及玻璃工等主要章节，还涉及中西比较及中国营造传统的检讨。除"通气、取暖、采光、疏水"之外，还专列"绘图布局、应用问题"两章，涉及绘图和平面布局，以及剧院、医院、住宅、学校和工厂等近代以来才出现的建筑类型的设计要点。可见《建筑新法》是一本有关建筑设计与工程实践的、相对全面和综合性的专业性图书。

中华民国时期是现代建筑工程技术引入与快速发展期。继清末张锳绪《建筑新法》之后，杜彦耿（1896—1961年，自学成才，协助父亲办营造厂）著《营造学》于1935—1937年在上海《建筑月刊》连载，其内容直译英国《建筑绘图》（潘一婷，2020），以材料与搭建视角分列砖作工程、石作工程、木工及镶接等主要章节。故《营造学》是有关建筑工程实践的、专门性的图书，主要用于职校（工人）培训。

其后，唐英（1900—1975年，初就学于同济大学土木系，毕业于柏林工业大学建筑系，曾任同济大学教授）携王寿宝于1936年在商务印书馆出版《建筑构造学》（后更名《房屋构造学》），其内容参考5本德国建筑技术书籍，而不仅限于狭义的建筑构造。以材料与搭建视角分列土工、墙工、木工、钢铁工、钢筋混凝土工等主要章节，特别是专列"设计大要"一章。故《建筑构造学》的内容是有关建筑设计实践的、相对全面的、综合性的。其目的是用于本科和高职院校相关专业教学。至1954年共印行17版，印数近4万册，极受欢迎（刘源，2014）。

---

① 现东京大学。

抗日战争时期，盛承彦（1892—1945年，于1915年东京高等工业[①]学校建筑科毕业，曾任重庆大学教授）于1943年在商务印书馆首次出版《建筑构造浅释》，仍以材料与搭建视角分列砖造及石造、木造、钢铁构造、钢筋混凝土构造等主要章节，除涉及一般性建筑构造知识之外，还关注中国营造传统改良（李海清，2020）。故《建筑构造浅释》的内容是有关建筑工程实践的、专门性的。书末专列"建筑物之灾害及其防止"一章，应是受日本学缘，以及战争环境影响。至1950年共印行4版，也很受欢迎。

关键性的转变发生在中华人民共和国成立初期。1953年中央重工业部长春建筑工程学校建筑构造教研组翻译印行了苏联格里采夫斯基、科尼可夫原著《建筑构造学》，其体系显著不同于此前的中文书籍，采用基于建筑物体系统组成、针对承重体与围护体关系的架构，分为地基、基础、墙身、楼板、地板、柱、屋顶等主要章节。可见，引进的苏联版《建筑构造学》是有关建筑工程实践的、专门性的，用于高职院校的专业教学。

其后，"建筑构造"教材选编小组由南京工学院建筑系张镛森（1908—1983年，中央大学建筑工程科毕业）领衔，于1961年在中国工业出版社出版"高等学校试用教科书"《建筑构造》，是从"建筑老八校"各自讲义发展而来，体系方面显然借鉴苏联经验（教材前言中有交代），与格里采夫斯基、科尼可夫著《建筑构造学》相似，采用基于建筑物体系统组成、针对承重体与围护体关系的架构，主要分为地基与基础、墙与隔墙、楼地层、楼梯坡道台阶、屋顶、门窗、粉刷与装修等主要章节，具体知识点还涉及中国营造传统有关做法（如夯土墙、三合土基础、屋顶等）。此外还与时俱进，以较大篇幅增设"装配式民用建筑"与"大型公共建筑构造的特殊问题"两部分内容，独立成"篇"。该教材是第一部由国内多校统编、真正用于大学本科教学的专业教材，是有关建筑工程实践的、专门性的。

[①] 现东京工业大学。

再往后，南京工学院建筑系《建筑构造》编写小组仍由张镛森领衔，于1979年在中国建筑工业出版社出版"高等学校试用教材"《建筑构造》，其体系仍沿用上述1961版教材借鉴苏联经验的做法，采用基于建筑物体系统组成、针对承重体与围护体关系的架构，主要分为地基与基础、墙与隔墙、楼地层、楼梯与台阶、屋顶、门窗、变形缝及抗震设施等主要章节，删去中国营造传统做法，及时因应地震灾害（海城、邢台、唐山），增补"变形缝及抗震设施"一章，并完善"装配式建筑"与"大型公共建筑构造的特殊问题"两篇。

回首20世纪建筑构造有关著述与教材近70载发展历程，不难看出以下趋势与特点：

首先，在知识体系方面，1953年长春建筑工程学校建筑构造教研组翻译俄文版《建筑构造学》印行、使用是个显著的拐点——因"学苏联"而发生了体系性改变：建筑构造，由侧重建筑设计目标总控、直面材料连接与搭建过程的具身性的"造"，转变成侧重建筑物体系统组成、关注承重体与围护体之关系的、理念性的"构"。其时代背景是：20世纪中期前后，专业分工逐步细密，知识建构由相对整合逐步分离——特别是学苏联、院系调整、开办专门性工科学校等教育理念和制度的推行，扮演了重要的推手角色。早期阶段，学了这一门课就可以粗通建筑工程设计实践业务，开展设计、监工等一整套工作；而后期，学了这一门课，仅仅是粗通"工程"，对于总体的"设计"过程及其把控仍无概念，因为这一任务已"专门"留给了建筑设计类课程。应当承认，知识体系建构的专门化甚至碎片化趋势大体源于此时。

其次，在知识（课程）名称方面，从日德借鉴来的体系，多用"构造"一词。如勷勤—中山—华南一脉，开始叫"构造学"，因较多留日背景教师（华南），而日本相关知识（课程）早期确实叫作"构造"（李海清，2020）。而同样较早期的东北大学建筑系，则干脆援引宾夕法尼亚大学的做法，并未专设一门统合的"构造"课程，而是分设为木工、石工、铁工与钢筋混凝土等

（陈颖，2015），只有苏州工专[①]—中央大学[②]一脉长期使用"营造"一词，因有姚承祖曾在苏州工专开设"中国营造法"课程、撰写《营造法原》书稿在先。至中央大学时期，"Building Construction"方面的课程一直称为"营造法"，而"中国营造法"课程则一仍其旧使用原名。1961年中国工业出版社出版的《建筑构造》具体知识点仍与中国营造传统有关（如夯土墙、三合土基础、屋顶等）可视为二者勾连的明证，后期才逐步减少乃至消失。日文"构造"一词，早期虽包含"Building Construction"含义，但后来更多侧重结构科学（即"Structure"，郭屹民，2020）。如抗战时期，日伪北平建设总署土木工程专科学校自编《构造学讲义》，其内容完全是结构力学。关于"Building Construction"，如今日文常用"构法"一词，侧重构造设计。而与之相近的还有"工法"，侧重施工过程的组织与筹划。**总体来看，将"构造"一词理解为"Structure"的意思在当时的中国并非主流，后来也未曾出现。"构造"在含义上特指"Building Construction"，并成为中国相关专业知识（课程）之名称，主要是中国人自己的理解并一直沿用至今的结果。**

至于杜彦耿曾将自己撰写的培训讲义冠以《营造学》之名，应属情理之中的巧合——尽管《营造法式》之"营造"一语含有通盘考虑人工环境规划建设、空间设计和具体技术运用之含义，而显然具备高度整合各相关职业使命的理想，且范围极广，涵盖几乎所有人造物，但杜彦耿编著《营造学》时并没有将其内容扩展到人工环境的设计全程、综合控制的意图，使用"营造"一词，盖因出身营造厂世家习惯之举。

再者，《建筑新法》英文书名虽为"*Building Construction*"，包括稍晚的《建筑构造学》，但其内容都不仅限于狭义的建筑构造，而拓展至建筑设计，恰好反映出20世纪上半叶建筑活动初现社会分工逐步细密的状况。在知识分子慢慢介入并逐步取代传统工匠而去主要承担其中脑力劳动的趋势初现端倪的大背景下，由于

[①] 苏州工专代指苏南工业专科学校。
[②] 中央大学代指国立中央大学，现东南大学。

早期变化非常缓慢，甚至最初主要是土木工程师参与建筑活动并包揽设计绘图工作（李海清，2004）、职业建筑师人力资源极度稀缺的情境下，编写技术性教材时囊括简单的设计内容，也不失为一种普及设计知识、满足国家与社会基本需求的办法——对于像张锳绪、孙支厦这类机械工程、土木工程背景出身的建筑师而言，显然更具实际意义（李海清，2004）；包括像杜彦耿这类出身营造厂世家、自学成才的建筑师，以及毛梓尧这种函授学校出身（李海清，2004）、主要在实践中成长起来的建筑师，甚至中华人民共和国成立后在基层搞粮库、砖窑等基建工程的卓光宇（王东平 李海清，2021）、孙世江（李海清，2016）这类非科班出身但获得官方认可的专业技术资格的建筑师和工程师，都是生动、鲜活的案例——既然建筑活动起源于人类搭建庇护所的本能，也不必一定非得通过严格、刻板的课堂教学来学习，在活生生的实践中对照浅显易懂、明白晓畅的教材自学，也不失为一种有效途径。

综上，从概念及实质两个层面衡量，"营造"是整合的而非分裂的，有较高的社会性生产效率，但以今人今世更高舒适度的需求观之，效能（产量、性能）还是不足，是前工业时代背景下的低效能整合；"构造"则是分裂的，因专门性加强而提高了效能，但社会性生产的效率不足，易招致主体之间、行业之间、专业之间的隔膜、对立与冲突，是工业时代背景下的高效能分裂；而今，世界早已进入后工业时代，分裂的弊端已人所共知且物极必反，交叉与融合成为新趋势。近年来"建造"成为热词则恰好证明：复归"营造"的整合状态，同时取法"构造"的较高效能——基于多学科、多专业分工的协同与合作，将有可能兼取前两个时代理念之优势，实现新时代背景下的高效能、高效率整合。如此，则"建造"是对于"营造"和"构造"的继承和超越，带有"扬弃"意味。

2. 本教材编写思路

建筑学的基本问题，是建筑活动主体对于空间形塑、环境调控与工程实现三者互动关系如何认知与控制——形式、性能、建造，而建筑活动正是以此为目标指向的一种物质生产、社会生产与专业生产的复合体。基于上述建筑构造有关专著和教材发展过程的梳理，可知单纯倚重**具身性的"造"与理念性的"构"**的体系都不是上上之选，应兼取二者各自优势，基于"营造"之心和"建造"之意，呈现"构造"之维。

在明了材料连接即具身性的"造"之基本原理前提下，帮助学生建立理念性的"构"之体系化知识，这就是本教材的编写思路，也可以视为对倚重理念性的"构"的苏联原型的一种优化：加入身体和感知这两个至关重要的维度，**突出设计者的主体性及其思维的能动性**。具体而言，本书编写理念之新主要体现为：

（1）传统的建筑构造教材编写多列举"现象构造"，而本书试图在"现象构造"分类知识基础上，提出**"逻辑构造"——揭示构造设计一般规律并给出相应方法**，以使建筑学科"大综合"本意在构造设计层面得以显现。

（2）传统的建筑构造教材编写几乎与建筑理论无涉，人为割裂技术设计与建筑学科"大综合"设计思维的本质关联，单纯灌输技术知识点——为"匠"者多，而谋"意"者少，对于以空间形塑、环境调控与工程实现三者互动关系的认知与控制为归旨的现当代建筑学而言，不免缺乏生气和活力，也难以衔接实践应用。而本书试图提出**"意图构造"——凸现构造作为实现设计意图的思维活动之核心关切的意义**，为其奠定一种基于建筑学科本体的理论基础。

（3）为将上述理念落到实处，每一具体内容环节都按照**"发展简介—构造设计原理—案例解读（含关键技术思辨）—融贯性总结（从处理手法到设计思维）—思考题"**的思路来编写，以体现构造设计在思维上专业性、层次性和融贯性，并在结尾处给出思考题，配合课程考核。

综上所述，本教材编写思路，意图在于使学生"得其意忘其形"，为知识迁移和创造性发展提供可能。

3. 本教材特点及使用建议

材料、构造和工艺，其发展原动力来自现实的社会需求和工业生产体系的互动，是建筑活动中变化最多、进步最快的，如果教材编写、出版只是追求具体知识点的新奇，那将会永远不合格——一个编写、出版周期好几年，等教材出版时，具体知识点已成明日黄花。所以，应瞄准的靶心是基于构造原理的设计思维，而不必刻意追求知识点的新奇和全面、完整，能打中"构造设计思维"这个靶心的就是好东西。循此思路，本教材的显著特点在于：

1) 兼收并蓄、开放包容的理论框架

基于前述建筑构造教材发展历程的回溯，认识到偏废一端的思路并不可取，则顺理成章采用兼收并蓄、开放包容的理论框架。具体而言，重视建筑活动的本体性观察，突出设计者的主体性及其思维的能动性，在此基础上，注意到苏联早期教材编写体系的架构意义，也关注德语区特别是苏黎世联邦理工学院（ETH Zürich）德普拉泽斯（Andrea Deplazes）教授团队所编《建构建筑手册》案例直观性的启发，以及美国爱德华·艾伦（Edward Allen）教授编写教材的平易简明与亲和力。

2) 因应教学、面向教法的内容设计

教材分上、下两册，皆为15节，对应于两个年级的课程计划，如上册为二年级讲授，下册为三年级讲授。每一节对应于一次授课（2学时），还留出了期末复习一次授课的2学时，即15节内容授课加一次复习课对应于32学时2学分，这是目前国内建筑学专业本科阶段的课程计划常规标准。此外，还将参考文献、图片来源分章列出，便于自学。每节末思考题对应于本节关键知识点，方便组织考试。

3) 设计思维和案例分析并重

教材以理论、原理与类型、拓展、装修、高层、大跨、前沿七大专题组织教学内容，在编写思想上突出"设计思维"，在编写体例上专列"案例解析"，故此专门编写案例详细目录，列于教材总目录之后，便于使用者迅速查找、获具体启发。

4. 编写分工

教材采用主编统筹负责的集体编写制度，由主编单位东南大学李海清提出编写思想、架构、方法和纲要，经集体讨论确定后，根据个人兴趣及熟悉程度分工撰写。其中，李海清负责编写第1章第1节、第2章第9节、第4章第1~4节、第6章第1~3节，以及第7章第1节，共10节，另加前言、目录、案例索引和全书统稿；董凌负责编写第1章第2节、第2章第1~4节和第7章第2节，共6节；张弦负责编写第2章第6节、第3章第1、3节和第5章全部3节，共6节；白晓霞负责编写第1章第3节、第2章第5、7、8节，以及第3章第2节，共5节；其余各位参编者淳庆撰写第7章第5节，华好撰写第7章第4节，周欣撰写第7章第3节。

建筑构造课难教、教材难编这一历史性状况，或许能在新的思路指引下得以改观。"剪刀加糨糊"的老路固然已不复重走，而一本新教材能否适用于全国数百家建筑院系教学实践，只有等待时间检验。尽管拥有长期教学实践积累和积极回馈，但编者团队毕竟是首次采用这种新的体例和思路编写教材，未尽之处在所难免。期待使用者的建议和意见，特别是方家不吝赐教，以利改进。

李海清

2023年7月10日于南京

目录 Contents

001	第1章	建筑构造设计理论专题
002	1.1	概说：空间生产、工程实现与材料连接
008	1.2	建筑构造设计发展历程：技术进步与技术应用
023	1.3	建筑构造设计与相关专业要素：协调与目标
033	第2章	建筑构造设计原理与类型专题
034	2.1	墙体构造设计
047	2.2	地坪层构造设计
052	2.3	楼板构造设计
062	2.4	屋顶构造设计
074	2.5	阳台构造设计
084	2.6	雨篷构造设计
101	2.7	门窗构造设计
112	2.8	楼梯构造设计
122	2.9	台阶与坡道构造设计
137	第3章	建筑构造设计拓展专题
138	3.1	隐匿的前置性工作：地基与基础构造设计
153	3.2	分与合的辩证关系：变形缝构造设计
163	3.3	大型机器设备的处置：电梯、空调与构造设计
183	第4章	建筑装修构造设计专题
184	4.1	建筑装修技术发展对构造设计的影响
193	4.2	建筑幕墙构造设计
205	4.3	建筑天窗构造设计
217	4.4	建筑遮阳构造设计
231	第5章	高层建筑构造设计专题
232	5.1	高层建筑技术发展对构造设计的影响
247	5.2	高层建筑结构技术与构造设计
258	5.3	高层建筑防火与构造设计
273	第6章	大跨度建筑构造设计专题
274	6.1	大跨度建筑技术发展对构造设计的影响
283	6.2	大跨度建筑结构类型及其构造设计
294	6.3	大跨度建筑屋顶与接地构造设计

311	第7章	**建筑发展的时代需求与构造设计专题**
312		7.1 建筑发展的时代需求对构造设计的影响
323		7.2 装配式建筑与建筑构造设计
343		7.3 新能源技术与建筑构造设计
359		7.4 数字建造技术与建筑构造设计
370		7.5 既有建筑加固改造与建筑构造设计

案例索引　　Case Index

033	专题一	建筑构造设计原理与类型专题
041		1. 墙体构造设计案例
041		1）砌块墙
043		2）混凝土墙
044		3）复合墙体
050		2. 地坪构造设计案例
050		1）隔声地坪构造：大卫·布朗洛（David Brownlow）剧院
051		2）"架空楼面"构造：华沙Keret实验性住宅
058		3. 楼板构造设计案例
058		1）设备隐匿：路易斯·康的空心楼板结构
059		2）绿色顶棚：Bloomberg公司欧洲总部新大楼
060		3）高性能木楼板：萨尔茨堡（Salzburg）技术学校
070		4. 屋顶构造设计案例
070		1）坡屋顶：阿莫西（Ammersee）湖畔别墅
070		2）玻璃屋顶：Menil收藏艺术馆
071		3）绿化屋顶：瑞士手表制造商博物馆
080		5. 阳台构造设计案例
080		1）混合阳台：埃因霍温特鲁多（Trudo）塔楼
080		2）纵向出挑的吊挂阳台：蒙彼利埃白树住宅
082		3）似是而非的折叠阳台：东京森林之家
097		6. 雨篷构造设计案例
097		1）简约不简单：南京长江路苹果4S店入口雨篷
099		2）传承与转译：苏州博物馆入口雨篷
100		3）融合与共生：东南大学亚洲建筑档案中心入口雨篷
109		7. 门窗构造设计案例
109		1）虚体的洞口与覆盖的门窗：大分市House N
109		2）极简外表下的窗域性能控制：瓦杜兹艺术博物馆扩建项目
110		3）保持立面自洁的窗户构造：瑞士建筑两例
110		4）功能分化的组合窗：阿尔萨斯某养老院
111		5）细部设计与门的开启：门的构造四例

119		8. 楼梯设计案例
119		1）整体现浇钢筋混凝土楼梯：维滕贝格城堡加建楼梯
119		2）装配式钢筋混凝土楼梯：乌特勒支某自行车停车场楼梯
121		3）木质组装楼梯：某室内楼梯
121		4）钢制螺旋楼梯：广岛丝带教堂
127		9. 台阶与坡道构造设计案例
127		1）博物馆入口台阶：瑞士库尔罗马遗址展厅
129		2）地下汽车库坡道：东南大学逸夫建筑馆
137	专题二	**建筑构造设计拓展专题**
151		1. 地基与基础构造设计案例
151		1）轻触大地：东南大学轻型结构产品的基础设计
151		2）横遮竖挡：圣胡安德鲁埃斯塔教堂基础的防潮设计
159		2. 变形缝构造设计案例
159		1）改扩建工程变形缝：华中科技大学校医院分期建设
160		2）大空间建筑变形缝：武汉天河国际机场航站楼
161		3）高层建筑变形缝：湖南株洲某高层综合体建筑
177		3. 电梯、空调与构造设计案例
177		1）电梯与构造设计案例：既有多层住宅改造
177		2）空调与构造设计案例：阿尔梅勒艺术剧院与文化中心
183	专题三	**建筑装修构造设计专题**
201		1. 建筑幕墙设计案例
201		1）玻璃幕墙构造设计案例：上海大剧院
201		2）石材幕墙构造设计案例：华盛顿国家美术馆东馆
204		3）重型板材幕墙构造设计案例：乌得勒支大学图书馆
211		2. 建筑天窗设计案例
211		1）最基本的平天窗：奥地利英雄纪念馆扩建工程
213		2）防冷凝水的天窗：北京中银大厦
214		3）整合变形缝的天窗：瑞士瓦尔斯温泉浴场
223		3. 建筑遮阳设计案例
223		1）室外可调节遮阳板：奥地利因斯布鲁克"点组团"公共住宅
225		2）室外可调节电控遮阳板：德国威斯巴登养老基金会办公大楼

231	专题四	**高层建筑构造设计专题**
256		1. 高层建筑结构技术与构造设计案例
256		1）斜撑的力与美：东京世纪塔办公楼
257		2）以柔克刚：SOM钢框架结构抗震节点设计
264		2. 高层建筑防火与构造设计案例
264		1）水平封堵：法兰克福商业银行总部
266		2）可靠的装修材料：纽约新当代艺术博物馆
273	专题五	**大跨度建筑构造设计专题**
289		1. 大跨度建筑结构类型及其构造设计案例
289		1）桁架：德国纽伦堡朗瓦萨居住区某教堂
290		2）两铰拱：意大利热那亚的布林轻轨车站
291		3）悬索：中国泰州师范学校体育馆
302		2. 大跨度建筑屋顶与接地之构造设计案例
302		1）张弦梁和屋顶结构与构造：浦东国际机场T2航站楼
305		2）钢筋混凝土支座和金属屋面：保罗·克利中心
311	专题六	**建筑发展的时代需求与构造设计专题**
335		1. 装配式建筑构造设计案例
335		1）木结构：IBM旅行帐篷
338		2）钢结构：中国国家大剧院
339		3）装配式混凝土结构：St.Ignatius教堂
350		2. 新能源技术与建筑构造设计案例
350		1）太阳能技术的设计案例
354		2）风能利用的设计案例
364		3. 数字建造技术与建筑构造设计案例
364		1）梅斯蓬皮杜中心屋顶木结构
365		2）NEST模块化研究大楼集成式索状混凝土楼板
367		3）天然纤维编织展亭livMatS
380		4. 既有建筑加固改造与建筑构造设计案例
380		1）木结构：留园曲溪楼加固修缮
384		2）砌体结构：无锡茂新面粉厂旧址加固修缮
388		3）近代钢筋混凝土结构：南京陵园邮局旧址加固修缮
392		4）现代钢筋混凝土结构：南京色织厂某厂房加固改造设计

第 1 章 建筑构造设计理论专题
Chapter 1　Theoretical Discussions of Building Construction Design

研究如何构造,或如何实施构造之学问,谓之建筑构造学。屋顶如何盖法;楼地板如何铺法;门窗如何装法;以及砖石如何砌筑;木竹如何搭接;如何利用钢铁之便于自由屈曲与耐拉,以及混凝土之致密与耐压耐火,加以适当配合,以代替天然材料,抵抗巨风地震;更进一步,如何应用照明、排水、给水、暖房、冷气装置、人工换气等设备,以完成建筑构造与构造实施之能事。盖因文化之进步,建筑构造之方面,亦有日趋繁重之势也。

——盛承彦

建筑学始于将两块砖头仔细地放置在一起。

——密斯·凡·德·罗

建筑激发了人们的情感。因此建筑师的任务是使这些观点更加精确。
建筑必须取悦所有人,艺术品并没有做到这点。作品是艺术家的私事,建筑不是。

——阿道夫·路斯

1.1 概说：空间生产、工程实现与材料连接

宇宙，这个神奇的物质世界，其本质是构造的。

蜂巢和蚁穴也是有构造的，但我们不认为它们是建筑构造。因为，它们并非人类的杰作。

换言之，自从人类诞生的那一时刻起，构造作为一件事功，甚或作为一种理念，至少已存在上百万年了——从"他"开始"思考"如何利用身边的石块、树棍和干草搭建自己的居所那天起，构造就和"设计"一直相生相伴。可以说，没有构造和设计，就没有"人类"。

当然，在工业革命发生以前，世界各地人类的建造活动，在构造以及设计方面虽然存在着千差万别的样式，但本质上都是尽可能利用天然材料、手工搭建（或挖掘）出来的。在经济上能够支付得起砖、瓦之类的高度人工化的烧结类建材的人们毕竟是极少数。

而"人类世"[①]进入工业时代以后，具体来说是17世纪特别是18世纪以来，情况发生了巨大变化，而且这一变化至今仍在持续和扩展，从未停歇。以下将从建筑活动的目的与本质、建筑构造的属性及其起点三个方面入手，来阐释建筑构造自身的定位和意涵。

1.1.1 建筑活动是回应现实需求的、物质性的空间生产

如果从古罗马军事工程师、建筑师维特鲁威写下

图1-1 物质性的空间生产：2014年云南剑川村民正在协力造屋

《建筑十书》算起，建筑（Architecture）作为一门有一定系统性的学问，也不过仅有两千多年的历史。但是，人类的建造活动却已存在了上百万年——一旦"智人"开始思考如何为自己以及自己所在的社会群体搭建或开掘庇护所，建筑构造作为一件事功便已然成立，作为一种社会生产行为便已然存在。所以，我们必须首先确认一个共识：建筑活动的目的是回应人类社会现实需求，其终极目标和呈现途径都是社会实践，而并非是做学问（图1-1）。换言之，这专门性的学问只是人类社会漫长发展过程中出现的阶段性产物。

20世纪末至21世纪以来，无论是作为实践还是学问，建筑都在发生迅速而深刻的转变。有两种趋势呈现出胶着状态：一种趋势，是激进的跨界者试图搅浑水而漫无边际地扩展；另一种趋势，则是专业人士竭力维护学科自治而回归本体的还原。再加上媒体时代的传播手段甚至成为目的本身，"吵闹之声震耳欲聋，群众也就听而不闻了"。

在此大背景之下，讨论"建筑活动的目的""建筑活动的本质"，以及"建筑构造的属性"，难免要被打上"还原""回归"的标签而成为保守主义者。但作为一种思维方式，回顾历史则有可能使人清醒：

---

① "人类世"是一个地质学上的概念，指的是人类对地环境、生态和地质产生显著影响的时期。

建筑每一次发生大的时代性转变,何曾与建造方式、社会生产机制脱离干系?建筑与视觉艺术虽共享"造型"这一共同旨趣,但建筑的"造型"是要依靠建造技术手段来达成,是可"造"之"型",是以"造"成"型",是"造"物具"型"——是以物质性的建筑材料为载体的物像,而非仅停留于纸面的图像。

在物质文明如此繁盛发达的地球上,今日在一些特殊地区仍能体会到蛮荒时代的先民如何结庐而居——终年严寒乃至极寒的格陵兰雪原上,因纽特人为了在极限环境下维持生存,以木棍、兽皮临时搭建尖顶帐篷,抑或干脆直接铲起雪块垒砌穹隆雪屋,屋外风雪交加冷至-50℃,而室内点燃海豹油灯,全家人围坐一起用餐,享受15~20℃的温暖——正是这种看似原始的搭建行为,使得早已被发展万年的造物文明,那些被惯坏的奢华欲望所遮蔽的建筑活动、建造行为的本质得以彰显——建筑活动是为满足最基本环境调控需求而开展的、物质性的空间生产,而建筑构造正是这种空间生产的物质因素构成——相对于更隐性的非物质因素,诸如心理、习俗、律令、制度、宗教信仰等,它是显性的、可见的、可触摸的、可以被身体感知的。

尽管今日的建筑活动目的早已超越以最基本环境调控维系生存需求,而趋向在使用过程中获得良好体验,但建筑活动的基本诉求在于使用材料、通过建造行为限定和确立空间环境这一点上,与远古时期并无本质差异——"建筑学"是关于上述事件的研究与学问,其基本问题正是建筑活动主体对于空间形塑(Spatial Configuration)、环境调控(Environmental Management)与工程实现(Building Realization)三者之间互动关系的认知与控制;而三者之中,特别是工程实现和环境调控在很大程度上受到具体地形、气候、物产、交通、经济,以及工艺水平等环境因素的影响和制约。从这个意义上看,与建筑构造息息相关的,不仅有建筑活动的本体问题,也自然涉及建筑活动的本土问题。

1.1.2 建筑构造是空间生产之工程实现的途径

如果采用词源学方法来分析,汉字"构(构)造"一词可诠释为:"构"者,左为"木"意即木材,右为"冓",酷似木造干阑建筑侧立面的形态组成关系;①"造"者,左为"走之",走之旁的繁体是"辵",从彳,从止。"彳"表示行走,"止"表示停下,所以"辵"的意思是忽走忽停;而"告"本意为告祭,后引申为大声宣布,对人表达之义,可表示语言、诉诸理性。因此,"造"意为做、制作,此处可引申为对材料的处理(图1-2)。无论是"字面的解释"(Literalist Interpretation),还是"寓意的解释"(Allegorical Interpretation),

图1-2 "构造"的词源学诠释

---

① "(构)盖也。此与(与)冓音同义近。冓、交积(积)材也。凡覆盖必交积材。"见[东汉]许慎. 说文解字今释[M]. 汤可敬, 撰. 长沙:岳麓书社, 1997.

中华先人通过造字、组词表达了他们对建筑活动的看法：使用木材，诉诸语言和理性，通过施工做法，使之成为具有某种形态组成关系的事功。毋庸置疑，材料是建造活动和建筑学最基本的起点——从材料、物质性及其物质构成切入建筑学研究，可以亲临问题，直奔内核，而不是隔靴搔痒。

就本土演进而言，中国古代建筑活动呈现屡兴屡废的交替与更迭，但建筑学在中国成为一种现代意义的知识体系（"学问"）和行业门类（"事功"），则是20世纪以来的事情。其中，建筑教育体系的建立是带有基础性的关键和起点。中国建筑教育最初受日本影响，迟至20世纪20年代以后才直接受欧美影响。但日本现代建筑学也主要源自欧洲，从而在理念上与近代欧洲建筑学科保持某种同步，也存在两种建筑学之分野，即工学的和艺术的。因此，近代以来中国建筑学科对于自身的定位，难逃"技术+艺术"之二元思维。

然而，论及本体和实质，检视近百年来现代意义"建筑学"的引入与发展，恐怕不得不承认：尽管二者间弥散着剪不断、理还乱的复杂纠葛，建筑生产与经典的艺术生产（如架上绘画）还是存在着天壤之别：后者几乎完全是精神性的、个体性的生产行为，而前者却是物质性和社会性的生产行为。简言之，建筑不仅要花很多钱，还必须首先要征得他者（对于建筑师而言）的赞许和同意，甚至借力他者的资源才能落地实现。文森特·威廉·梵·高（Vincent Willem van Gogh）生前即便穷困潦倒以至靠兄弟接济才能艰难度日，但这并不妨碍他以一个艺术家的身份存活，只不过是一个有生之年并未受到艺术品市场认可和追捧的倒霉艺术家而已。但建筑师则不同，图纸并非真正意义上的画作——如果方案设计未获认可并进一步获得委托，则绝难有机会建成——没有工程实现（Building Realization）经验的建筑师的职业身份

恐怕难以被确认。可见，物质性和社会性，是建筑生产最为基本和要害的双重属性，迥异于经典的艺术生产的精神性和个体性。

既然建筑生产具有物质性和社会性，则其生产条件就具有显著的客观性特征，建筑师从事带有一定主观性的设计思维和决策时，必须将其考虑在内进行综合权衡——在面对项目本身的特殊性，以及作为物质生产与社会生产之技术条件的普遍性时，设计主体如何作决定？应该作出怎样的决定？这决定又意味着什么？换言之，建筑理念究竟如何才能实现以及应该如何实现从纸面到实物的转化过程？

正是基于这一追问，"建造模式"（Building Mode）的意义才得以彰显，它关心的是建筑工程实现的全过程及其控制：何时？何地？是谁？为谁？用何材料？用何工具？用何工艺和工序？用何工程管理方法？设计并建成何种空间？用多长时间？用多少人力、物力与财力？设计预期效果如何？实际建成之后的建筑性能和效果又如何？二者有何差别？这差别如何形成？再次实施将如何改进控制方法？……其中，最核心的是材料、工具，以及工艺和工序，甚至包括相关工程管理方法。因为它们是项目的前置性条件，一旦项目地点确定，其首位度远高于其他因素。

而所谓建造模式，既非仅指建筑施工，亦非仅指建筑结构与构造，而是基于建筑生产的物质与社会双重属性，与建筑实施过程和实际建成质量密切相关的两个方面（图1-3）：一个方面是技术模式，主要由设计主体（Designer）掌控，包括因地选材、结构选型、细部构造、设备系统等设计问题的处理；另一个方面是工程模式，主要由生产主体（Constructor/Producer）掌控，包括施工操作方式（手工/机器）、生产制造方式（作坊/现场/工厂）、工程管理方式（雇工自营/专业承包/工程总承包）等工程问题的处理（图1-3）。之所以要将

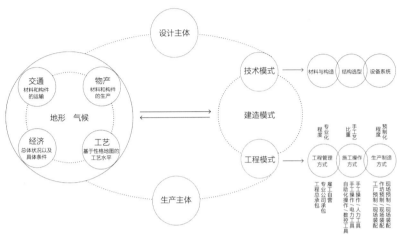

图 1-3 建造模式理论模型

二者统合为"建造模式"加以观照，其动因就在于：建筑活动中脑力劳动（者）与体力劳动（者）的完全分离和二元对立，确实导向了专业细分之现代性，却也埋下设计理想与建成质量"造诣两不相谋，故功效不能相并"（李鸿章语）之隐忧。

简言之，建造模式理论模型告诉我们：建筑成于建造，而建造始于构想——这一构想的基本内容就是用什么样的材料和连接方式来限定一个理想空间并服务于生产和生活。而材料的连接方式正是建筑构造设计思维的起点，材料如果不能实现高效可靠的连接，空间何以生成并持久存在？就此而言，建筑构造无疑正是建筑工程实现的具体途径，离开了它建筑便无法真正建成。

1.1.3 材料连接是建筑构造设计的起点

材料在本质上是物质（Material），是建筑活动必须依凭的、最为基础性的物性（Materiality）资源，并决定了建筑的物性本质，成为其可能具有超越性的精神性本质的前提条件。

于初学者而言，首先必须了解建筑物质生产的基本原理——空间限定始于材料连接，因此需要考量材料的物理、化学性能等技术要素，以便创造室内外物理环境差异，满足基本舒适度要求；但更紧要的是：对材料采用何种做法才能满足我们的视觉、心理乃至于精神需求？换言之，材料之所以能被"问题化"，关键是"做法"和背后的"看法"，即人如何看待和处理材料，在基本需求满足前提之下的更高需求才是建筑学的终极诉求。正是通过"做法"，以及或隐或显的"看法"，作为"原物"的"材料"和作为"新物"的"建筑"之间才发生本质性的关联——人的主体性被凸显，建造方能实现其真正目标：为了人自身，而不是为物。有了"材料/做法"的观照，建造过程就是"物—人—物"，而非"物—物"，建造才成为具有主体性的理性行为，从而具有人性和灵性。可见，具身性的"造"直接关涉材料，牵引出建筑构造乃至建筑学的核心问题：作为主体的人与作为客体的物质世界之间的关系（图1-4）。

常见建筑用材料有木、石、砖、混凝土、金属、玻璃、塑料、陶瓷等，其中前两者为天然材料，而其他则为人工材料。当然，如果从原料的角度看，所有建筑材料都来源于自然，经过不同方式和程度

图 1-4　材料（通过某种做法）实现连接牵引出建筑构造乃至建筑学的核心问题

的加工、提炼与规格化，成为可用于搭建的材料模块，进而用于工程实施。这就意味着，人类的建筑活动都要向自然界索取原料性的资源，从生土、岩石、原木直至原煤、原油、天然气等，在世界范围内碳排放增势不减并对日益变本加厉的全球变暖与气候变化负有主要责任的当下，如何提高建筑技术效率、设计出合理的构造进而提升建筑的整体减碳水平，具有极其重要的现实意义和理论价值——尽可能节约材料是显而易见的。

但仅有材料，建筑并未形成。如果说建筑活动的本质之一是人类根据需要限定出合用的空间，那么建筑材料模块或单元之间的连接与结合方式就成为这一极其重要的人造物活动的起点——从第一位智人有目的、有意识地将两块石头码放于一处或两根树棍绑扎在一起……也许正是这劳作、一种经充分发育的大脑指挥和四肢配合的劳作，使得智人逐渐从蒙昧中苏醒过来，并逐步进化成为顶天立地的生灵——人类。

经过百万年漫长发展过程，人类的建筑活动从简单到复杂，逐步开发出了用于材料连接与结合的许多方式，如粘接、钉合、榫接、焊接、卷口、开槽卡口等，而不同材料之间的连接与结合不同方法将导致不同的使用效能和知觉效果。具体到某一类材料，其连接与结合方式可能会更加丰富多彩（图 1-5）。

如钢材之间的基本连接方式主要有：焊缝连接（又可分为对接连接、搭接连接、T 形连接、角接连接）、螺栓连接（又可分为普通螺栓和高强度螺栓），以及铆钉连接等。

又如木材之间的基本连接方式主要有：绑扎、榫接、钉合、粘接（胶合）等。以当代常用的钉合连接为例，圆钉是最常见的钉合方式；为保证表观效果光洁，可用销钉来钉合（如木桶的桶壁板之间连接）；而需要构件牢固、紧密连接则可以采用骑马钉，以确保两块板材之间难以发生位移（如木船船帮与船舱隔板之间连接）。

与上述单一材料不同，钢筋混凝土（Reinforced Concrete 或 Ferroconcrete）是通过在混凝土中加入钢筋网、钢板或纤维等加劲材料而构成的一种组合材料，加劲材料如钢筋（抗拉）与混凝土（抗压）共同工作，以改善混凝土力学性能。由于钢筋混凝土自身就是通过支模空间内绑扎钢筋网并浇筑混凝

图 1-5　材料连接与结合方式：以木装修为例的工具、节点与效果

土塑形而成，因此钢筋混凝土构件之间的连接也只能整体浇筑，或通过钢制节点连接件转换。

钢材与钢筋混凝土之间的连接实际上可转化为钢材之间的连接，比如在钢筋混凝土构件上安置钢网架支座，可先在钢筋混凝土构件上预留外露钢筋头、焊接预埋钢板，再将网架支座与该钢板焊接或螺栓连接。另外也可用脚螺栓锚固或膨胀螺栓在现场后期处理等。

钢材与木材之间的连接，可采用各种螺栓、榫卯、绑扎，或采用特制连接件。

钢筋混凝土与木材之间的连接，可转化为钢材与木材之间的连接——可先在钢筋混凝土构件上预留外露钢筋头、焊接预埋钢板，然后再用各种螺栓、榫卯、绑扎或特制连接件与木材连接。

天然石材之间的连接多以砂浆粘接砌筑，烧结砖同理。木、石之间常用榫卯，如木柱底端留榫头插入石柱础。

……

从更为宏观和整体的视角来看，森佩尔（Gottfried Semper）认为人类的建筑活动在技艺上分为两大类：构架的（The Tectonics of the Frame）和砌筑的（The Stereotomics of the Earthwork）。[①]然而这两大类技艺在用材方式上都是做加法，其实还有重要的一类即依靠减法形成空间——开凿窑洞（隧道）。

密斯·凡·德·罗（Mies van der Rohe）有句名言："Architecture begins where two bricks are carefully jointed together." 而建筑理论家弗朗切斯科·达尔科（Francisco Dal Co）对于密斯这句名言的解读也很耐人寻味："Our attention should not fall on the curious, reductive image of the 'two bricks', but on what is required for their joining to create something architecturally significant: 'carefully' is the key word here."[②]

无论如何，我们都可以读出材料连接对于建筑意味着什么。

本节小结

建筑活动是回应现实需求的、物质性的空间生产，正是建筑活动使得人类与其他动物区别开来，具有了超乎寻常的灵性；建筑构造是这空间生产之工程实现的途径，只有通过构造，建筑空间的限定才得以完成；而材料连接是建筑构造设计的起点，从这个意义上看，建筑活动始于一种综合的构想，其中最基本的构想是使用何种材料以及材料如何连接——这构想源于经验和智慧的融合，并只有勇于尝试才可能得以成立并持续。

思考题

请从空间生产、工程实现与材料连接三个层面谈谈你对"建筑构造何为？"的理解。

---

① 肯尼思·弗兰姆普敦. 建构文化研究[M]. 王骏阳, 译. 北京：中国建筑工业出版社，2007.
② Francisco Dal Co. Figures of Architecture and Thought: German Architecture Culture 1880—1920[M]. New York: Rizzoli International Publications Inc., 1990: 281-282.

1.2 建筑构造设计发展历程：技术进步与技术应用

作为建筑物化的必要技术手段，建筑构造技术发展与科技进步息息相关。第一次工业革命之后，新材料、新技术的应用大大促进了建筑结构、建筑性能的发展；信息化技术的突飞猛进，为建筑师提供了高效、智慧的设计辅助工具，建筑形式创新层出不穷；预制装配技术的进步让建造更高效、更经济、更环保。总之，建筑科技的发展为建筑师、工程师的设计创新不断注入新的活力，建筑品质得以不断提高。

1.2.1 建筑构造与材料革新

在建筑漫长的发展历程中，建筑师总是尽可能从可用的材料身上发掘全部的设计潜能。早在远古时期，工匠使用木材、石材、黏土、混凝土等有限的材料，以及建造工具，在世界各地实现了令人惊叹的建造技艺：如中国木构建筑的斗栱、古罗马石砌建筑的拱券、拜占庭建筑的巨大穹顶等，这些特殊的建造技艺无不凝聚了工匠们的智慧和辛劳付出。经过数千年的传承，每一种材料都形成了各自完善的技术标准和应用场景。

从第一次工业革命开始，全球已经经历了机械革命、电子和信息革命、合成生物学革命等多次科技革命。当下，我们正在进行以人工智能、清洁能源、机器人技术、量子信息、虚拟现实等为技术核心的第四次工业革命。纵观这些技术革命的历程，我们会发现建筑业从来都不是革新的主要发起者，而是新技术成果的转化和应用者。工业革命之后，尽管新材料的发现和应用呈现出爆发式增长，但引领发展创新材料的领军力量通常是汽车、航空、电子等工业的实验室和智囊团。这些高尖科技团队所研发出来的超强耐磨、高效绝缘、轻质高强的材料，从研发到量产应用不仅经历了相当长的时间，其中能转化为成熟的建筑产品及新的建造技术成果的也仅仅占了一小部分。

另一方面，材料技术创新并不仅仅意味着从无到有，更多的是应用新技术将现有的材料转换成其他存在形式，或者是为了某一目的及用途对现有材料进行更新及迭代。因此，经过近200年的发展，当代建筑所更新的材料从类别上仅有钢材、钢筋混凝土、塑料等几类，但每一类材料所衍生的产品类型，包括传统材料的构造技术更新数量（黏土、石材、木材等）是相当可观的。

尽管建筑新材料类型的增量有限，但作为生力军的钢结构和钢筋混凝土结构在短短100多年就让现代建筑产生了翻天覆地的变化：一方面，现代建筑空间的跨度、高度和自由度获得了前所未有的拓展；另一方面，经过现代主义建筑师大量实践所形成的标准框架承重+幕墙围护的构造组合体系建立了新的技术标准、经济标准和形式标准。新的构造系统不仅解放了由厚重的实体"墙"限定的固有空间形态，也让建筑表皮可以从结构层分离从而获得前所未有的自由。

现代建筑在新材料及构造技术发展的过程中逐渐完成了从"实体构造"向"层叠构造"的转变（图1-6），在这一过程中，围护体材料及构造技术的革新是最显著的。

从传统到现代，建筑围护体性能的提升显著，这得益于新型保温隔热材料的发现与推广应用。保温隔热材料是现代建筑围护体构造中重要的组成部分，我们所熟知的产品包括各种有机材料（聚苯乙烯、聚氨酯等）和无机材料（保温砂浆、泡沫混凝土等）已经使用了近一个世纪。鉴于保温材料的安全、耐久性及

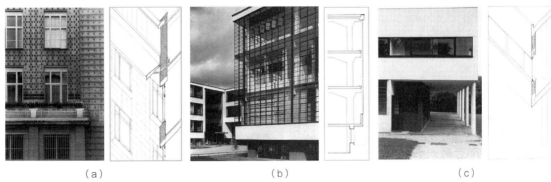

图 1-6 现代建筑外墙由"实体构造"向"层叠构造"的发展
（a）邮政储蓄银行（1902）；（b）包豪斯车间（1926）；（c）萨伏伊别墅（1931）

保温效率的问题，改进和研发新型保温材料的工作一直没有停止。最新的绝缘材料——以纳米材料为核心研制的高性能半透明保温板——经过一段时间研制已经投入市场。除了带孔类材料，另一种具有被动制冷能力的材料——相变材料（PCM，在相变周期中具有吸收和释放热量的固有能力的材料）的研究近期也获得了突破：石蜡、六水合氯化钠、芒硝等相变材料已经被建筑师应用到建筑的保温构造中。

相较于对建筑性能材料的提升与改进，建筑师对材料感官性能的改进更感兴趣。随着经年累月的技术更新，建筑外围护体构造的技术理性与建筑师独树一帜的艺术感性逐步契合，并转化为可以大量推广的工业技术。现代建筑表皮的典型构造技术已经覆盖了从传统的黏土、石材、木材到新的金属、塑料、玻璃等不同类型、丰富多变的可定制产品。

尽管黏土、石材已经很少直接作为现代建筑的承重结构材料，但是作为建筑塑性力量表达的一种重要方式，它们保留材料感官属性的同时实现了构造技术的革新——成为现代建筑幕墙。没有了传统砌筑结构的厚重，薄如纸片的石材在现代建筑的表面显得更加精致（图 1-7）。传统的黏土在工厂加工后形成的不同尺寸的标准陶瓷板材通过隐形固定

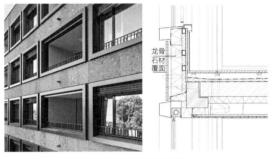

图 1-7 石材幕墙及构造

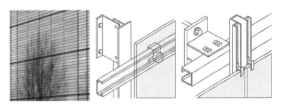

图 1-8 陶瓷幕墙及构造技术

件或者外部紧固件依附于金属龙骨上形成的陶瓷立面既表达了传统砌体的塑性精神，又实现了经济、高效的现代化建造需求（图 1-8）。

相较于传统材料的工艺变革，对可能带来全新感官体验的新材料潜能的挖掘更是众多先锋建筑师研究的重要课题。自从 20 世纪 70 年代弗兰克·盖里（Frank Gehry）开始在自宅中尝试使用钢丝网、波纹金属薄板包裹建筑之后，金属材料就成为他之

图 1-9 比尔巴鄂古根海姆博物馆

图 1-10 OMA 与 Prada 合作研发的"Prada 泡沫"

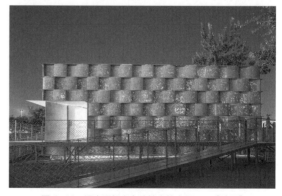

图 1-11 透光混凝土在建筑中的应用——"砼器"

后设计的绝大部分建筑表面。盖里利用航空工业的新型设计软件把金属材料设计、加工成随意弯曲褶皱的形态,利用金属板材光亮的表面形成难以预知的反射效果,赋予建筑自由的个性与躁动不安的强盛生命力(图 1-9)。

与盖里相似,诸多高技派建筑代表人物,如:赫尔佐格与德梅隆(Herzog & de Meuron)、扎哈·哈迪德(Zaha Hadid)、诺曼·福斯特(Norman Forster)、理查德·罗杰斯(Richard Rogers)、伦佐·皮亚诺(Renzo Piano)、雷姆·库哈斯(Rem Koolhaas)等,他们也持续关注并寻求与先进制造业合作以开发新的材料及应用技术以实现新的审美自由。大都会建筑事务所(Office for Metropolitan Architecture,简称 OMA)在鹿特丹的事务所专门设立了"材料经理"一职,负责处理所有新材料的开发项目。通过与 Prada 合作,他们一起研制了"Prada 泡沫"——一种耐火的绿色半透明聚氨酯化合物,可作为墙体材料(图 1-10)。

当然,新材料技术的发明并不总依靠成熟的设计团队和强大的资金支持,还有小部分的创新来自于某些充满热情的个体建筑师。被《时代周刊》评为"2004 创新成果"之一的"透光混凝土"发明就来自于一位匈牙利年轻建筑师阿隆·罗索尼奇(Aron Losonczi)的灵感与热情。在奖学金的资助下,阿隆·罗索尼奇经历了近 2 年的研发实验,将纤维结构一层一层置入混凝土骨料中,让原本粗糙、厚实的混凝土有了导光性。之后,经过工业技术的改进和完善,这种新型混凝土已经逐渐在建筑实践中得到了推广应用(图 1-11)。

1.2.2 建筑构造与生产力进步

社会生产力进步对构造技术的发展至关重要。从手工业到工业化，是建筑构造技术突飞猛进的一个重要转折点。机器取代手工之后，建筑构件的标准化程度和生产效率都得到了质的提升，随之带来的是建筑构件种类的与日俱增和品质的不断提高。此外，生产力发展还促进了预制装配技术的快速发展：20世纪初开始，随着建筑工业的逐步发展，结合现代主义运动，在诸多建筑师、工程师和建筑企业的努力下，木结构、钢筋混凝土和钢结构逐渐形成了成熟的工业化预制装配体系（图1-12）；同时，DFMA（Design for Manufacturing and Assembly，面向制造和装配的设计）也逐步渗透到现代建筑设计方法中，成为装配式建筑进步的重要基础。

21世纪汽车制造业的新变革为建筑业生产力的进一步发展提供了重要借鉴——模块化技术。从亨利·福特首创汽车流水线后，经过众多汽车生产商的实践，汽车业发现了一个可以有效提高生产效率

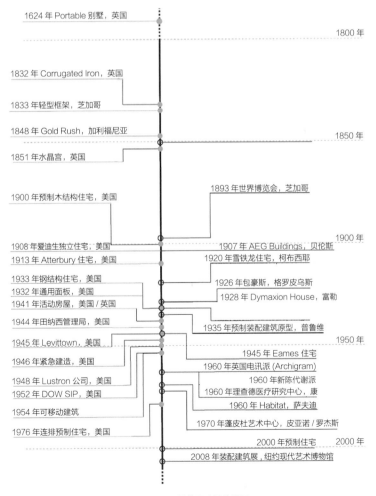

图1-12　预制装配建筑的发展

的方式：通过将汽车的零部件以高度集成的"模块"外包给不同的制造商完成生产，精简装配流程从而降低生产成本。这个重要变革依赖于第三次工业革命的核心——信息化技术，它保证了被分割的"模块"可以离开整体产品，经过独立生产后再准确地回到原位。为了提高最终装配的效率，汽车制造商不断精简供应链，即尽可能减少最终组装的步骤，促使"模块"的集成度越来越高，汽车品质也越来越好。

积极关注预制装配领域的建筑师与工程师很快就注意到了汽车制造业的进步，并开始了对建筑"模块化"建造技术的研究与实践。关于建筑"模块化"理论，两个不同时代的建筑师，瓦克斯曼（Konrad Wachsmann）和基尔南-廷伯莱克（Kieran Timberlake）都进行了较为深入地研究。瓦克斯曼作为现代主义建筑奠基人——沃尔特·格罗皮乌斯（Walter Gropius）的亲密合作伙伴，在机械化时代提出了预制装配建筑"模块化"的基本概念。基尔南-廷伯莱克作为信息化时代专注于预制装配的建筑师，基于建筑信息模型（BIM，Building Information Modeling）发展了具有弹性的"类型化模块"概念，提出了基于预制装配技术的"定制化"方法（表1-1）。

表1-1　瓦克斯曼与吉尔南-廷伯莱克的建筑模块比较

瓦克斯曼建筑设计所包含的模块	基尔南-廷伯莱克建筑设计所包含的模块
・材料模块 ・性能模块（力学性能、技术、经济指标） ・几何模块 ・运动模块（运输、储存、安装） ・构造模块 ・元素模块（不透明元素、透光元素，框架元素；承重元素；水平/垂直元素；承重/非承重元素；移动/不移动元素等） ・连接模块 ・部件模块 ・公差模块 ・设备模块（采光、动力、通信、供暖、制冷、通风、给水排水等） ・装置模块（卫浴、厨卫、家具等）	・5个"整合的"元素： 　场地、脚手架、楼地板—磁带盒、块、墙—磁带盒 ・16个可选择的分项： 　一般需求 　场地建设 　混凝土、石材加工、金属、木材与塑料 　湿热控制 　门窗 　完成面 　专业部件 　设备、家具、特殊构造、运输系统 　机械、电气

尽管有了方法和理论，从分散的零部件到高度集成的模块并不是一蹴而就的，其中还涉及建造的工具、施工工艺等复杂问题。通常情况下，集成会以一种中间形态出现——组件，一种集成化程度高于单个构件，又不如模块的部件类型。比如预制装配建筑的整体外墙：主体结构集设备管道、保温隔热材料、窗户及外饰面层于一体形成的整体（图1-13）。

现代玻璃幕墙也可以集成结构、通风、隔热、遮阳等多种功能，形成幕墙单元组件。美国宾夕法尼亚大学LEVINE礼堂的幕墙，经过建筑师和产品工程师的共同努力，实现了一种多适性的复合单元幕墙构造系统。该系统由外侧双层玻璃、中间的电控百叶、空气循环腔及内侧玻璃组成，所有的构件和电控管线都被集成在玻璃空腔内，体现了设计的高度集成。最终，经过验证的成品在现场通过预先安置的精密垫圈和金属连接件完成了高效装配（图1-14）。

图 1-13　钢筋混凝土预制墙体组件

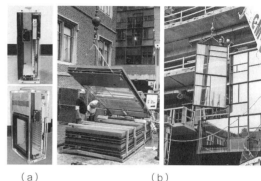

（a）　　　　　　　　　（b）

图 1-14　美国宾夕法尼亚大学 LEVINE 礼堂的幕墙设计与建造
（a）幕墙单元样品；（b）幕墙单元现场装配

最终，真正促使"盒子模块"建筑诞生的需求来自于紧急或临时性建造行为，如战争、灾难后的大量性临时建造需求。这种单元房为了运输方便，基本按照集装箱的尺寸建造，所有的建造工序都在工厂完成，由卡车运输到现场通过起重机快速安装（图1-15）。临时单元产品具备了完整的建筑功能，体现了预制装配技术的高度"集成化"特征。

图 1-15　临时单元模块建筑产品

"盒子模块"场外预制的潜力在 20 世纪中后期被诸多建筑师继续发掘，其中最典型的两个案例是由摩西·萨夫迪（Moshe Safdie）设计的"Habitat 67"以及黑川纪章（Kurokawa Kisho）设计的东京中银舱体大厦（图 1-16、图 1-17）。"Habitat 67"采用了预制混凝土模块，通过标准单元的组合叠加，呈现了丰富的建筑形态，展现了建筑工业化技术多样化的潜力。黑川纪章通过与集装箱制造公司合作，用高强度塑料制成了 144 个完整的单元舱体，按一定的规律叠加组合，体现了预制装配较高的建造效率。

建筑模块化建造技术的优势不仅体现在建造效率上，还为实现建筑的可变性提供了可能。英国著名建筑师理查德·罗杰斯作为高技派建筑师的代表人物，一直致力于使用模块化设计来实现建筑功能的

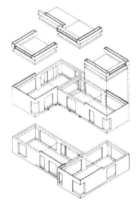

图 1-16　Habitat 67

可变性以更高效地利用资源。他在设计中发展了一种"弹性结构"——可拆卸的预制单元连接构造技术，并将其应用在伦敦劳埃德大厦设计中：将设备用房、电梯楼梯及卫生间等设计成插入式舱体单元模块，实现了建筑功能的可变性（图 1-18）。

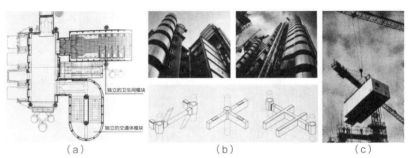

图 1-17　东京中银舱体大厦

图 1-18　伦敦劳埃德大厦模块化建造技术的应用
（a）伦敦劳埃德大厦模块化设计的辅助功能；（b）连接可拆卸单元模块的特制螺栓节点；
（c）正在吊装的卫生间单元模块

建筑模块化建造技术近年来也在国内有了长足的进步，不少建筑师联合企业开展相关领域的实践；还有一些高校的建筑学专业也结合具体的教学实践或者建造竞赛开展了模块化设计的研究与实验。"多功能可移动总部"产品原型开发暨深圳国际低碳城媒体设计中心采用了集装箱单元模块组合，27 个经过改装的集装箱，经过 3 个月的设计与工厂预制，最终仅用 16 个小时就完成了主体模块的装配，体现了模块化建造高效的流程组织与先进的施工工艺（图 1-19）。

从 2013 年开始在国内举办的"中国国际太阳能十项全能竞赛"（Solar Decathlon China，以下简称 SDC）中，众多高校的建筑学院结合当下行业内蓬勃发展的预制装配技术，采用轻型建造体系进行了真实的建造实践。其中众多参赛作品都采用了模块化建造技术，通过设计、研发、采购、制造、运输和建造全流程的集成控制，实现了经济、高效、优质的建造品质，也将最前沿的建造技术理念与方法传授给未来的建筑师，为国内建筑技术的可持续发展积淀新生力量（图 1-20）。

生产力的进步不仅促进了建筑构造技术集成化的发展，还改变了建筑设计、建造团队的工作流程。面对越来越复杂的建造技术问题，建筑师需要与不同部门的专业人员（工程师、产品制造商、建造者）组成新型合作团队，在项目前期更紧密地联系在一起，围绕集成化设计与建造问题，基于并行流程开展深入合作，共同研发新产品、新技术，以技术驱动设计创新，让最先进的生产力惠及整个建筑行业。

图 1-19　深圳国际低碳城媒体设计中心的模块化建造

图 1-20　2013 年于山西太原举办的"SDC"模块化建造

1.2.3　建筑构造创新方法的变革

每个新的构造技术产生都需要经过构想—实验—改进—样品—成品—应用等一系列过程，在这个过程中，建筑师、工程师、建造者都有可能参与其中的某些环节，利用合理的技术方法去构思、尝试、改进，直到形成成熟的技术路线。实验作为发明创新的关键技术手段，在不同时期的发展与进步是促进构造技术创新的重要基础。

1. 模型实验

建筑模型不仅可以用来展示建筑的整体设计，大尺度的细部模型更可以用来推敲建造技术，尤其是在计算机辅助设计出现之前，模型实验一直都是建筑师解决复杂建造问题的重要辅助方法。

"仁寿舍利塔"是中国古代历史上大规模采用模型指导施工的著名案例。公元 601 年，隋文帝在全国十三州同时建造"仁寿舍利塔"，为了精确控制建造的质量和样式，大规模采用了木模型作为施工依据。清代的雷氏家族作为著名的传统"烫样"技艺（一种应用纸硬样制作模型的技术）的传承者，制作了一系列精致的古典建筑模型，不仅还原了建筑的式样，揭开外壳还可以看见精确的内部结构和构造做法。

当面临复杂建筑工程的建造难题，尤其是需要挑战全新的，前所未有的构造做法，模型实验就更能凸显其重要的辅助作用。西班牙建筑师安东尼奥·高迪（Antonio Gaudi）大部分的建筑实践就是通过模型实验来完成的。高迪把自己的工作室

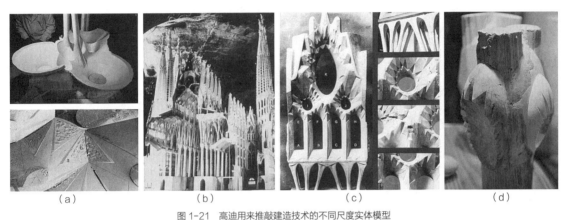

图 1-21 高迪用来推敲建造技术的不同尺度实体模型
（a）过程模型；（b）圣家族大教堂整体模型 1∶25；（c）圣家族大教堂局部立面模型 1∶25；（d）圣家族大教堂柱节点模型 1∶10

变成模型室，用石膏浸染的布料、细链、橡胶膜等不同的材料进行模型实验。借助丰富的模型实验（图1-21），高迪深入研究"悬挂"结构的受力特征，并逐步实现复杂建筑形体的找形工作。这种工作方法贯穿了其整个职业生涯。在圣家族大教堂的设计及建造过程中，由于建筑过于复杂导致高迪耗尽毕生精力都未完成工程建造，但是高迪留下的工作模型为其继任者掌握其结构、构造和形体控制的原理提供了重要参考，也使得这一伟大的工程可以在其去世之后一直延续下去。

和高迪类似，建筑师弗雷·奥托（Frei Otto）为了寻找新的轻型结构—膜结构的合理建造方法，长期通过模型实验持续推进他的研究。皂膜、橡胶膜、纱线、金属线、金属弹簧等任何可以帮助推敲设计的材料都被用在模型制作中。奥托采用肥皂膜寻求张拉膜的最小曲面求解；采用悬链模型完成悬挂结构找形工作；采用弹簧测量拉索结构的张力等。通过"皂膜实验"，奥托最终找到了通过桅杆支撑实现尖顶帐篷的形式，还包括了用于完成支撑的节点构造形式和安装方法（图1-22）。

2. 计算机辅助设计与制造

20世纪后期，随着计算机辅助绘图技术，以及

图 1-22 弗雷·奥托用模型来完善建筑合理的结构和构造技术

计算机建模技术的普及，计算机模型逐渐开始取代实体模型成为建筑师推敲设计与完善技术的重要辅助手段。相较于实体模型，虚拟模型提高了建筑师解决技术问题的效率，也降低了技术创新的风险。

得益于信息化技术的发展，数字化设计＋数字化生产已经成为工业制造领域的通用技术。由计算机建立的虚拟模型具备完整的建造信息（BIM），可以无缝传输至生产制造端实现高效、精准的制造。数字化技术还可以在程序控制下实现设计的自动化过程，从而完成技术方案的快速比选，大大节约了设计周期和实验成本。

高迪从1882年接手圣家族大教堂的工程，直至

去世也只完成了一小部分的建设。他去世之后相当一段时间内，建造进度依然缓慢，直到数字技术介入后，建造效率才得到了显著提高。首先，使用三维扫描仪将高迪的模型信息导入计算机，通过对模型分析，计算机还原了其构造设计的几何原理。其次，根据基本原理，计算机快速确立了构件的直纹面几何信息，如母线数量、旋转角度、长度、排布方式等，从而快速形成了构件的建造信息模型，最后通过数控机床直接对石材进行加工，并制造辅助施工的模板（如拱顶板）（图1-23、图1-24）。

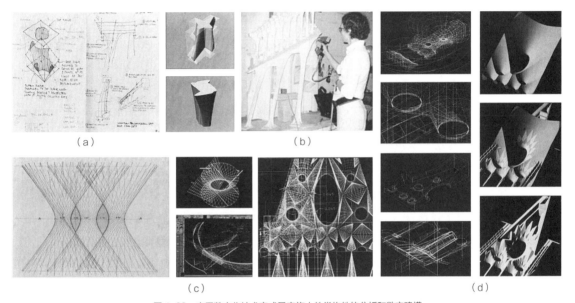

图1-23　应用数字化技术完成圣家族大教堂构件的分析和数字建模
（a）由草图转译成三维模型；（b）直接扫描实体模型转化成虚拟的三维模型；（c）在高迪的几何原理控制下生成的虚拟三维模型；（d）虚拟模型由数字公式向实体转化

图1-24　应用数字化生产工具完成圣家族大教堂构件的预制装配
（a）灵活的构件加工机器；（b）分块预制的构件；（c）现场安装

(a)

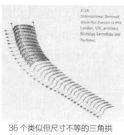
36个类似但尺寸不等的三角拱

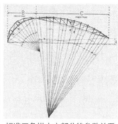
标准三角拱大小部分的参数关系

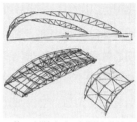
第N个拱与标准三角拱的拓扑关系

(b)

图1-25 伦敦滑铁卢火车新站设计中的参数化技术应用
(a)伦敦滑铁卢火车新站渐变屋顶桁架;(b)渐变桁架尺寸的参数化设计过程

数字化技术除了让计算机提高绘图的效率,还赋予计算机更高的"智慧",这种"智慧"使得设计自动化和智能化成为可能,从而开辟了一个新的建筑设计领域——参数化设计。参数化设计可以面向功能、结构、形式等建筑的各个层面,利用算法和参数生成建筑模型,由设计师根据需求选择方向优化,从而在最短时间内找到最优解决方案,实现更高效地生产与制造。

尼古拉斯·格雷姆肖(Nicholas Grimshaw)1993年设计的伦敦滑铁卢火车新站就采用了参数化方法来快速、合理地优化车站的非标准化结构设计。顺应铁轨走向的火车站顶棚呈现了渐变的曲线,使得顶棚的桁架尺寸不能以同一尺寸均匀布置。如果通过人工计算的方式获取渐变的平面桁架布局,不仅耗时长,也大大增加了图纸绘制的难度。为此,设计团队根据曲率变化的规律,应用参数化方法形成的计算模型来推导桁架的尺寸,解决了这个具有拓扑关系的复杂计算问题,大大提高了设计效率和精准性(图1-25)。

作为第一个将航空设计软件引入建筑设计领域的建筑师弗兰克·盖里,他背后有着强大的技术支撑——盖里科技(Gehry Technologies)——一个集软件开发,技术应用,建筑咨询,团队管理,信息处理,现场组织等一系列建筑业务的技术团队。盖里科技最大的成就是开发了专用的建筑参数化设计软件DP(Digital Project),该软件以航空设计软件CatiaV5为平台,专门解决"非线性"建筑的复杂设计和建造问题。参数化方法贯穿了盖里几乎所有工程从设计、生产到施工的全过程。如,在杜塞尔多夫海关大楼建造过程中,预制混凝土板的生产制造借助了数控生产技术;由CNC刨槽机根据电脑模型加工的聚苯乙烯泡沫板作为预制混凝土板的模板,共计355块非标准的预制板组成了大楼扭曲复杂的表面(图1-26)。

盖里不仅自己应用参数化软件完成了诸多复杂工程的设计与建造,他的设计工具还被推广至众多知

图1-26 杜塞尔多夫海关大楼的参数化设计与建造技术应用

名的建筑事务所，为如扎哈·哈迪德、雷姆·库哈斯、赫尔佐格与德梅隆等建筑师的设计创新提供了技术支撑。赫尔佐格与德梅隆设计的北京鸟巢体育馆，由于结构复杂，构件尺寸繁多，纵横交错，无规律可循，超越了常规钢结构计算难度。在设计阶段，依靠 DP 强大的分析能力，计算机完成了合理的钢结构设计，并将复杂的整体结构拆分成不同的"模块"，使得大部分工程可以在工厂完成，大大减少了现场作业的时间，节约了成本，也提高了建造品质（图 1-27）。

计算机辅助设计从一开始的提高效率，逐渐发展为参数控制，与生产工具的结合又继续向着智慧建造发展，已经从被动的执行工具向主动的创造工具快速进化，为未来建筑设计和建造技术的创新提供了巨大助力。

3. 科学实验

在科学手段落后的古代，尽管没有先进的实验工具和条件，工匠会通过实践积累经验，逐步提高和完善构造技术，在有限的条件下尽可能提升建筑性能，如通过在空心墙体内填充草、黄泥等材料来增加墙体保温性能；通过架空地面、增加屋顶通风间层等构造技术减少室内潮气，降低室内温度；通过设置火炕来取暖，等等。

19 世纪之后，科学技术的进步也伴随着科学实验手段的不断丰富，人们在建筑的各个领域都逐渐建立了科学检验标准。尤其是在建筑物理领域，热工学、声光学等知识体系的完善和实验技术的进步

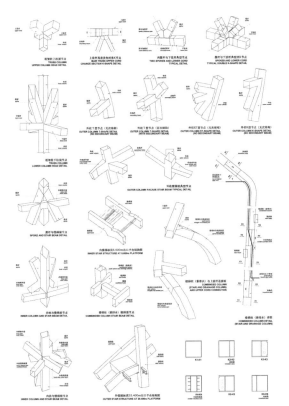

图 1-27　国家体育场（鸟巢）结构构件的参数化设计、生产与建造

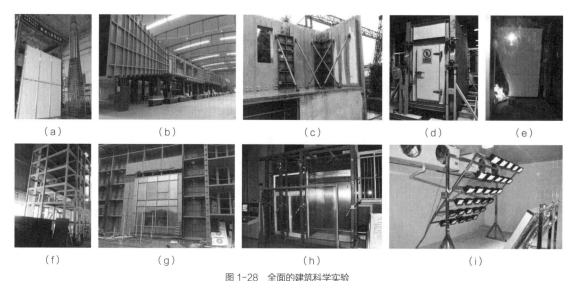

图 1-28 全面的建筑科学实验
（a）抗震试验；（b）风洞试验；（c）预制构件拼装试验；（d）外保温系统耐候性能测试；（e）燃烧性能测试；（f）抗震试验；（g）幕墙试验；（h）门窗性能检测；（i）寒冷地区低温环境实验室

为建筑师和工程师发现新材料、创新构造工艺、提升建筑性能提供了重要实现途径。建筑的各项性能，如结构的抗震性、耐久性；围护体构造的热工性能、密闭性能、防水性能、防火性能、隔声性能等都可以通过科学的实验方法进行检验，发现问题再改进工艺，直到技术成熟推广应用（图 1-28）。

现代建筑新材料及构造工艺的成形都依赖严谨的科学实验，其中有的实验由不同企业的材料生产研发部门完成；有些通过专业研究机构的实验室完成；还有一些是通过建筑设计团队与材料研发部门合作完成。

玻璃钢（FRP，Fibreglass Reinforced Polyester，一种纤维强化塑料）作为一种全新的复合材料，具有轻质高强的特性，并且透光率可以和玻璃相当，在建筑的多个领域得到了大量应用。玻璃钢作为幕墙材料时，一开始采用了和玻璃一样的点式螺栓固定构造方法，但由于玻璃钢是脆性材料，点式集中荷载限制了其规格尺寸，并不能发挥其结构潜能。相较于点连接，胶合的平面连接更适合玻璃钢，但由于大部分现有的胶合剂存在工作温度低，剥离强度低，粘接效果不佳的问题，胶合连接没有得到大量应用。为了寻找更好粘接效果的新型胶合剂产品，斯图加特大学 ITKE 学院的斯蒂芬·皮特（Stefan Peters）博士进行了大量实验。

斯蒂芬博士选取了四种常见的胶合剂（硅酮、聚氨酯、丙烯酸盐和环氧树脂）在实验室中分别对玻璃钢进行了抗压、抗拉及抗老化实验。根据实验结果，斯蒂芬博士选取了效果最好的环氧树脂，研发出一种具有两种结构胶成分的环氧树脂胶合剂，这种新型合成胶合剂不仅结构强度高，粘接力强，还具有较高的耐候性，同时具有较高透明度。ITKE 使用这种胶合剂研制了一系列新型节能窗（图 1-29）。

为了实现瑞士巴塞尔 Novartis 园区入口巨大的全玻璃钢屋顶，在凯勒（Keller）教授的带领下，工程人员在 Lusanna 技术学院的实验室内采用类似胶合木制作的工艺对玻璃钢材料进行了承载力测试和破坏实验，找出结构的薄弱点，确定合适的玻璃毡层数及加强对抗集中荷载的方法。经过缜密的实验，团队确定了构件的生产制造流程和建造细节，通过

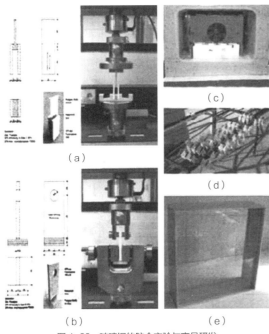

图1-29 玻璃钢的胶合实验与产品研发
（a）胶合玻璃钢的抗压测试；（b）胶合玻璃钢的抗拉测试；（c）人工老化测试；（d）自然老化测试；（e）箱形窗样品

"嫁接"层压技术实现高强度、大尺度玻璃钢预制装配的创新（图1-30）。

此外，传统建筑构造工艺的改进也离不开现代科学实验的推动。我国地域广阔，气候环境差异较大，针对性地开展传统建筑构造技术的适宜性改良方法研究是提高传统建筑品质、延续传统建造文化的重要方法。

生土建筑是我国西北地区一种重要的建筑类型，为了提高传统生土建筑墙体的结构和热工性能，西安建筑科技大学通过实验在原有的夯土墙基础上改良出了一种新型墙体构造工艺——混凝土密肋与草泥土坯复合墙体。这种新型墙体在抗震、保温隔热性能上都优于传统生土墙，并且可以工厂预制，大大提高了建造效率，在陕南灾后项目中得到了广泛应用（图1-31）。

东南大学建筑学院在对安徽传统民居住宅墙体性能提升的研究中，通过实地调研和测试发现了传统民居墙体在保温性能上的缺点。基于安徽传统住宅墙体构造技术，研究团队提出了一种墙体构造技术改良策略——置换空心墙体的填充材料。为了找到最佳的填充材料，确定新工艺的标准施工做法，研究团队在环境舱中进行了长期严谨的科学实验，最终将原有空心砌体中的填充材料替换成泡沫混凝土，后者轻质高强，保温效果更好，耐久性高，施工便捷易推广（图1-32、图1-33）。

图1-30 瑞士巴塞尔Novartis园区玻璃钢屋顶的创新设计与实验
（a）Novartis工业园区入口自承重玻璃钢屋顶；（b）实验室中测试构件的承载能力；（c）构件受力破坏细部；（d）计算机控制的聚氨酯芯材切割；（e）单块玻璃钢板组合成条形构件；（f）单块屋顶；（g）现场吊装

图 1-31 西安建筑科技大学通过实验实现传统生土墙构造工艺改良
（a）混凝土密肋与草泥土坯结合型墙体的制作过程；（b）混凝土密肋与草泥土坯结合型墙体的抗震实验

除了专业领域内的研究，众多建筑师团队还将视野拓展到更广阔的工业制造领域，以汽车、造船、航空航天领域为对象，进行了交叉领域的实验研究，以获取更多的新材料、新技术在建筑领域应用的途径。如皮亚诺与工程师赖斯（Peter Rice）成立了联合工作室，进行各种跨领域的实验项目。皮亚诺参与汽车骨架的制造实验，在掌握汽车底盘的球墨铸铁材料运用技术后，将其用于 Menil 艺术馆的桁架结构设计；他学习碳酸酯材料知识后将其应用于 IBM 旅行帐篷的表皮塑型中；他从造船业的技术中发现了超薄（厚度为从 4～5 cm 一直到 1 cm）水泥板制作工艺，并将其应用到 Menil 艺术馆的叶片状遮阳构件中。以皮亚诺为代表的高技派建筑师在

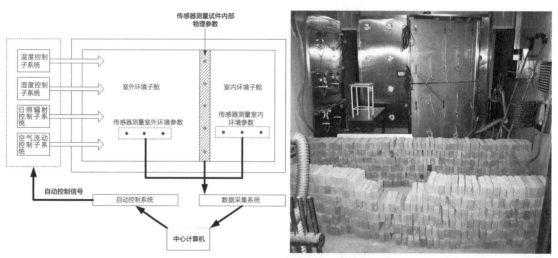

图 1-32　东南大学建筑学院环境实验舱

环境舱内砌筑实验的墙体

在空斗墙内灌注泡沫混凝土

图 1-33　安徽传统民居墙体热工性能提升实验

交叉领域广泛寻求合作，通过科学实验来实现技术创新，源源不断地为未来建筑技术的发展注入新鲜血液。

本节小结

材料革新、生产力进步及创新方法的变革不断推进着建筑构造技术全方位的发展。从设计效率提升，到设计工具的智能化，再到生产制造端的集成化，技术进步与应用贯穿了建筑构造设计到实施的全过程。尽管建筑师在诸多新技术方法的研发过程中并非原创者，但建筑师始终都保持对新技术的高度关注，其中不乏众多积极参与和推广者。从早期威廉·勒巴隆·詹尼（William Le Baron Jenne）、沃尔特·格罗皮乌斯、勒·柯布西耶（Le Corbusier）、密斯·凡·德·罗、让·普鲁维（Jean Prouvé）等对建筑工业化发展的推动，到之后理查德·罗杰斯、伦佐·皮亚诺、弗兰克·盖里、诺曼·福斯特、扎哈·哈迪德等高技派建筑师将建造技术不断推向更高的极限，建筑师可以成为材料的"发现者"，工艺革新的"推动者"和先进技术应用的"引领者"。当代建筑师可以充分利用共享的工业技术文化，合理融合交叉领域的知识体系，在设计整合中激发新的碰撞，继续推动建筑构造技术的蓬勃发展。

思考题

建筑构造技术的发展与进步过程中，建筑师在其中扮演了什么角色，其影响力主要体现在哪些方面？

1.3 建筑构造设计与相关专业要素：协调与目标

建筑构造设计教程不仅展示讲解各类建筑构造的原理与做法，更触及建筑构造在思维层面是如何"被设计和被建造"出来的。当其作为结果产生之前，是一个在影响因素之间、需求之间、专业之间、人员之间进行协调的过程，通过协调形成合理、有效、高效的构造方案。因此，建筑构造设计是为了解决各种各样复杂问题而提供构造方案的过程，对各相关因素进行平衡、取舍、排序从而找到关键突破，带有研究特质，其中协调本身就是设计推进的过程。

1.3.1 "综合性"是建筑构造牵引专业协作的根本动因

构造设计作为建筑最终付诸实践的依托环节，承载着包括方案、施工、经济、社会等诸多因素在内的所有转化，因此就"设计"而言，需要以大综合的思维进行驾驭，这种综合性正是建筑构造设计需要协调的根本动因。"综合性"体现在三个方面，第一个方面是影响因素众多且对于建筑构造的影响是系统性的，建筑构造对于各类需求的响应亦是整体性的，例如在经济允许的条件下尽可能提升建筑的舒适性，经济性的考量是体现在全局的，而舒适性的提升亦是通过全局各个部位的改善最终达到的综合效果；第二个方面，建筑物是一个大系统且本身没有固定配方，建筑物本身是由诸多部位、构件、材料连接组合而成的整体，包括从天（屋顶）到地（地基基础）的各类设计，且各类设计对于需求的响应具有多元性，并非唯一解，因此更加凸显构造设计

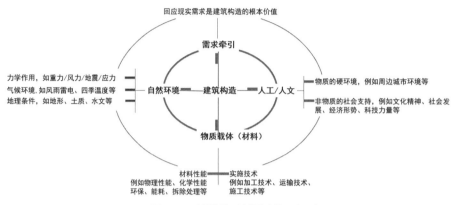

图 1-34 建筑构造设计的综合性影响因素

的复杂性和协调的必要性；第三个方面，在专业高度分化的今天，建造活动涉及多个专业，各专业在一个庞大领域当中进行合作。设计先于事物而存在的特性，是当前时代建造活动区别于原始探索的典型特征，协调几乎需要贯穿设计、建造的全过程。由于有些因素之间、利弊之间、需求之间本身可能存在相向、相斥、相左、相反的多种可能性，而最终的实施方案只能有一种，因此各专业在这一过程只能尽力兼顾，有坚持也有妥协，构造设计需要找出"关键问题"，在系统全面认知的基础上抓主要矛盾或者矛盾的主要方面。下面对建筑构造设计的综合性影响因素进行简述（图 1-34）。

1. 需求牵引

人的需求是建筑存在的根本意义，建筑构造设计最终是回应现实需求的空间生产之物质构成，因此需求因素是建筑构造设计最顶层的影响因素。建筑构造区别于自然界其他构造的意义在于其服务于人且由人建造，那么使用者的需求和建设者的意志势必参与其中。具体而言，人对安全、舒适、适用、美观等各类要求都必须在建筑构造设计当中进行积极响应，尤其与人的行为、心理等直接相关的内容需要构造设计仔细考量。设计师往往正是通过对需求因素进行解析，从而找到构造设计的突破口或者明确设计响应的方向。然而，需求和问题是千变万化的，因此构造做法也没有固定的配方。以楼梯构造设计为例，坡度应符合人的基本身体尺度，主体材料必须能够承受一定的荷载，防滑条、栏杆扶手等细部是对于行走安全的响应等。仅一个小小的楼梯就涉及如此多的设计，而细部之间的排列组合将形成指数倍的结果。由于需求作为协调的根本，因此，当发生需求本身互斥的情况时，明确"关键需求"成为构造设计的关键。

2. 环境响应

建筑构造是在处理"人与环境"的关系中不断推进的，包括自然环境因素和人工环境因素，对环境响应的过程表现为利用有利的要素和屏蔽不利的因素。其中对于自然环境的影响最为直接，自然环境的差异亦是成就建筑构造地域性特征的最根本原因，其影响主要包括力学作用（重力、风力、地震作用等）、地理条件（地形地貌、土质水文等）和气候条件（温度、降水等）三方面。以气温对于建筑构造热工设计的影响为例，严寒地区、寒冷地区、夏热冬冷、夏热冬暖、温和地区的划分方式简洁明晰地点出了该地区的气候特征，亦成为建筑构造热工设计的基本依据，如传统建筑中北方厚重的四九墙、南方轻薄的空斗墙均是直观体现。再以降水因素对传统建筑屋面构造的影响为例，传统建造中缺乏整体性的"阻水"材料，古人巧妙地运用构造之间的搭接关系进行快速"疏水"，各地形成了多种多样的"坡屋面"。坡屋面构造的地域差异则是对自然环境更加精准响应的结果，热带多雨地区屋面通常坡度较大且采用出挑的方式起到遮阳、导水的作用；严寒多风雪的地区屋面坡度通常亦较大但不做过大的出挑，其目的在于减少冰雪荷载并尽可能争取建筑日照；在一些降水量适中的区域，屋面则相对平缓，以降低瓦片固定的难度。

图 1-35　南京贡院博物馆及其立面构造

动态长久的建造活动积累了庞大的人工物质环境和丰厚的人文环境，无论是城市还是乡镇村，新建建筑绝大多数情况下不可避免地处于既有的人工环境当中，并与之产生交互性影响。例如当我们在喧嚣的城市进行建筑外窗设计时，如何屏蔽噪声其本身成为设计的重要内容，从传统的木门窗到现如今高性能的隔声门窗，以及一些特殊的通风隔声窗等，构造的发展正是在不断回应人工环境的现实问题。再如当我们在城市中进行更新建设时，所涉及的材料选择、构造设计，都必须考虑与周边既有建筑、传统历史文脉的关系，经过审慎对比、协调之后再抉择。南京贡院博物馆建于历史保护区，其空间处理层面建筑进行了整体下沉，立面构造设计采用了将简牍、青瓦等进行立体化排布的做法（图 1-35），仿佛是布满文字的经匣或是瓦砾堆叠的立体庭院，其构造设计正是与历史文化及周边古建街区协调的结果。

3. 社会支持

除了物质环境之外，建造活动的落地深深受到社会发展的支持，相关的文化环境、社会制度、经济发展等并非直接的"被设计"内容，却可能对最终方案的选择产生决定性影响。以长江中游地区为例，在经济条件相对有限的年代，大量的民用建筑既没有供暖亦没有保温构造设计。随着我国经济的发展和人民生活水平的普遍提高，室内环境调控的技术措施大量使用，围护体系逐渐增设保温层。表面上看，是使用需求和节能需求呼唤新的构造设计，本质上讲是社会发展推动了外围护体系的构造变革。再次，任何时代的建造活动都需要集合社会整体技术力量付诸实践，而科技力量的发展本身也可视为人工环境的变迁。例如传统人工人力与当前智能化、机械化的建造对比（图 1-36），曾经难以完成的复杂装配在当前的智能数控时代已经极为高效，曾经难以搬运的重型构件在当前时代可以整体擎起。建筑学作为应用性、实践性强的学科，更多的是依托不同时代的社会支持来进行建造。

图 1-36　社会支持力量的发展示意

4. 物质依托

物质材料是建筑构造最终依托的载体，是建筑构造得以实现的基础，是建筑构造设计的底层逻辑，从材料及其连接去切入和研究建筑构造是最高效、最直接的途径。对物质依托的思考可从以下三个方面进行切入。第一个方面，材料自身的力学、物理、化学性能，每一种材料都有其自身的自然法则，材料的运用应当尽可能符合材料本身的特性并注意材料之间的相容性；第二个方面，材料的可获得性、生产方式、施工方式、使用范围、材料寿命、环保性能等亦深刻影响着构造的具体设计；第三个方面，材料在建筑当中的感知方式；构造所依托的材料与人的综合感知密切相关，需要我们动用所有的感官去感知材料之后，才能更加精准地、理性地掌控构造设计的最终效果，例如其观感、触感、气味等，以及材料在建筑当中处于显性表现的形式还是隐性存在的方式。总体而言，由于建筑材料的整体需求量巨大，因此在很长时间内均主要依托于自然材料或对自然材料的简单加工，能够普适性应用的种类相对有限。直至20世纪，混凝土、钢材、玻璃的普及使得建筑业发生了革命性的转变。随着材料科学的进步，传统材料性能改良、新型材料的迅速涌现，为建筑构造提供了更加丰富的选择。

5. 专业分工

随着社会发展，各相关专业分工呈现出比以前更加精细的特征，但综合性、实践性恰恰是建筑构造的整体特征，建筑构造设计也已经不仅仅是建筑师孤立去完成，而是在与各类专业不断协调的基础上形成方案，包括建筑材料、建筑物理、建筑力学、建筑结构等专业。从人员层面建筑构造设计可能需要与结构设计师、设备设计师、室内设计师、造价师、施工单位、供应商、政府机构、业主等多方协调，专业分工的细化经常让学生对于"建筑构造设计"的内涵产生困惑。首先，建筑结构与建筑构造，前者的侧重点在于建筑的整体受力体系，可以暂不考量非结构部分的做法，或者说我们鼓励非结构部分的构造不要给结构添乱；但是从物质属性来讲，无论是结构还是非结构也都属于广义的"构造"的范畴。其次，建筑物理与建筑构造，物理环境性能是构造设计的驱动作用之一，例如建筑的热工性能、隔声性能等在研究的基础上最终落实到构造来实现，可以说建筑物理是建筑构造在环境响应中的重要依据，建筑构造是建筑物理最终的实践途径。最后，建筑材料与建筑构造，构造设计在操作层面的核心可以概括为选择材料并进行可靠连接，材料是构造设计的现实物质依托，构造是材料研究的具体应用。从课程设置上，建筑力学、结构、物理、材料分属于专门的课程，建筑构造则更像是对于各科知识的综合运用。总而言之，建筑构造作为所有协调之后的实现环节，构造设计还必须前瞻性地将施工等内容纳入，当然这并不是说设计师包揽一切，而是强调在专业分工精细化的时代，"协调"已然成为核心的工作模式。

1.3.2 "为何建造"是牵引协作的基本依据

构造是建筑"物"存在的本源，物质本身是没有目标的，但物质的运用有着明确的指向，建筑构造区别于自然界其他构造之处，在于其具有典型的"意图构造"的特征，即在相对明确的意图支配下，以材料为阶梯实现设计意图的过程。因此，建筑构造设计通常是以目标为导向进行思考，可以概括为依据建筑的预期效果，对建筑实体的构成、组合、建造等内容进行严密而逻辑的想象，并用清晰准确的方式表达出来的过程。经过"协调"之后的构造设计，有些意图被选择成为"显性"的表现，有些则成为"隐性"的存在。

就意图的具体内涵来讲，尽管建造的动因越来越多元，但建筑构造是人类驯服空间的途径，从漫无边际的空间中为人类构筑相对可控的小环境的原始意图始终如一，通过材料做法响应"人—环境"关系的意图并未发生过根本性的变革。在这个关系响应的过程中，一方面需要应对的客观的限制条件，例如自然环境等；另一方面需要实现主动的意图，例如构造所承载的设计内涵的表达，建筑构造设计的精彩之处恰恰在于被赋予了主观意图和内涵外延。因此"为何建造"贯穿设计全程。以目标进行驱动是我们主张的构造设计切入点，即不是为了物化的实体而建造，而是运用实体来建造，实体构造的意图大抵围绕空间意图展开，包括空间如何限定、基本性能如何保障、功能需求和精神需求如何得到满足，而为了准确实现这些意图，除了空间设计之外，力学、物理、行为、心理等各学科为我们提供了充足的支撑。在构造设计当中，需求及其面临的问题在绝大多数情况下都是叠加呈现的，当构造设计面临抉择、平衡、取舍等问题时，牢记"为何建造"的初衷，在纷繁现象和复杂因素中保持理性。上述内容可以概括，如图 1-37 所示。

1.3.3 "如何建造"是牵引协作的基本内容

建筑构造设计在思维层面的过程大致可以概括为围绕设计目标、分析影响因素、制定设计策略、选择具体做法、最终效能检验等步骤。由于建筑构

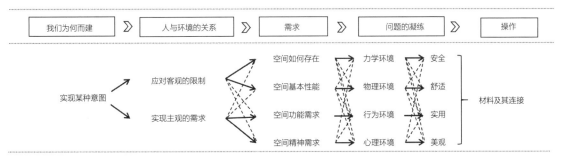

图 1-37　建筑构造设计：从意图到操作

造的解决方案多元化，建筑构造协调的基本内容是在多因素、多方案中经过权衡确定"如何建造"的最终唯一性，协调的内容包括选材、加工、连接等。前文所说，构造做法的种类千变万化，但其中总有一些原理是相似的、相通的，因此，可以说构造做法并无固定配方，但是有一定之规。此"规"包括实践经验规律、科学研究结论、构造设计思维规律，以及一些约定俗成的做法等，通常来讲也是我们所说的"构造原理"，形成对各类构造做法的基本认知，取得认知统一是达成协调结果的基础。以建筑模数协调标准为例，模数作为尺度协调的增值单位，是建筑物、建筑部件、建筑分部件，以及建筑设备尺寸间互相协调的基础，便于设计、加工和施工过程的配合，便于提高建筑构件的通用性和互换性，便于提高设计建造的速度、质量和效率。因此，尺度协调可以看作是"如何建造"协调的基本内容之一。

"如何建造"在做法层面即选材及连接，而完成同一种空间在构造做法上有多种选择。以选材为例，可根据最终效果、经济性、可获得性等条件选取适用于具体项目的材料。在传统建筑当中，由于材料运输非常受限，在邻近区域内同种材料同种做法呈现出较强的地域特色。随着材料加工技术发展、物流运输高度普及之后，材料选择的自由度得到极大释放，当地的材料仍是优选，但不再是唯一的选择，甚至有些时候即使加入运输成本也可能获得更加经济的材料。再看材料间的连接，在经年累月的发展中人们积累了最为经典的榫、卯、钉、卡、吊、挂、嵌、浇筑、粘结等做法，各种做法本身不存在高下，只在乎于在运用中是否符合力学合理性、是否准确表达设计意图。以木构建造为例，榫卯连接在我国古建当中堪称登峰造极，这种做法在当前当然可以继续使用，但其材料在连接部位由于开榫切削，构件强度被削弱了，而当代木构以金属件作为节点部位的强化连接，实现材料在力学性能上的优化组合，构造逻辑得到直观呈现，并在强度、可塑性等方面具有绝对优势。在经过对比之后，选择钢木混合的连接做法成为当代木构建造的优选。

1.3.4 "建造效能"是建筑构造协调的基本目标

工程项目的实现往往有很多种答案，但很难有完美的答案，建筑构造对于设计需求的响应也从来不是一一对应的关系。建造效能在构造协调中的含义可以概括为建筑构造设计及建造的效用、效益和效率，并在此基础上包含手段的正确性、对目标的有利性，以及达到系统目标的程度。建筑构造协调的基本目标便是在众多因素与众多方案中找到建造效能的最优解，具体可通过制定设计目标、分析影响因素、权衡设计策略、选择具体做法、最终效能检验等。建造效能具体而言包括以下三方面。

1. 效用

所选择的构造方案对于建造目标的实现程度、建造结果所能够达到的最终效果，这里所说的"最终效果"是一个综合性的表述，在不同的建筑当中所指内涵有一定差异，它包含功能意义上的好用、物理环境意义上的效用，甚至空间体验意义上的"无用之用"。以专业的篮球场地面构造为例，根据其具体"用途"，地面构造是否具有足够的平整、防滑、减振、耐磨、弹性等一系列要求，对应的形成面漆、面板、毛板、龙骨、减振垫等具体措施，这些措施以满足运动要求成为建造效能的核心。

2. 效益

为了达到建造目标所付出的代价，包括经济、人力、物力、能源等内容。以环境调控能力更高的节能型复合断桥门窗构造为例，要实现对于环境性能的控制往往意味着需要更加精细的构造做法予以支持，虽然在建造阶段相比于简单的木门窗、铝合金门窗等付出更高成本，但其在后期使用当中所产生的节能效益，以及室内环境的舒适性的提高足以对此进行平衡，因此效益的衡量是综合性的。

3. 效率

构造设计最终的意义是付诸实践，在现实当中构造方案与建造的难易程度、时间效率密切相关，根据项目的性质，工期反而会成为构造方案的决定性因素。众所周知，西班牙建筑师安东尼奥·高迪设计的圣家族教堂在100多年之后仍然处于建造之中（图1-38），而武汉火神山医院、雷神山医院（图1-39）在新冠袭城的情况下均在2周内施工完成，二者在项目性质、功能要求、社会期待等方面有着显著差异，最终折射出的是建造效率的极致差异。在构造设计方面，应急医院的真正难点在于如何快速建造落地，从构造角度装配式建造成为首选，其建造效能的检验标准包含安全、性能，更包含了时间。前者以慢工出细活的模式造就经典，后者以极限施工周期成为奇迹。

本节小结

建筑构造作为意图构造，目标导向是其典型特征。建筑构造设计需兼顾众多影响因素，但究竟哪些因素成为最终的决定性条件，而另一些成为可以适当妥协的条件则依据工程的实际情况而定。在建筑构造设计的整个协调过程中，为何建造是依据，如何建造是内容，建造效能是目标。

思考题

以火神山、雷神山为例阐述"协调"在构造设计、施工建造中的重要性。

图1-38 持续建设中的圣家族教堂

图1-39 日夜赶工中的雷神山医院

本章参考文献 References

第1.1节

[1] Francisco Dal Co. Figures of Architecture and Thought: German Architecture Culture 1880—1920[M]. New York: Rizzoli International Publications, Inc., 1990.

[2] [东汉]许慎. 说文解字今释[M]. 汤可敬, 撰. 长沙: 岳麓书社, 1997.

[3] 李海清. 震殇解惑——建筑物体的灾害性终结及其对于建筑教育的启示[J]. 新建筑, 2008(4): 20-24.

[4] 李海清. 主体的挺立: 以材料/做法为阶梯的建筑构造教学理路之研究[J]. 建筑师, 2009(3): 55-61.

[5] 李海清. 实践逻辑: 建造模式如何深度影响中国的建筑设计[J]. 建筑学报, 2016(10): 72-77.

[6] 李海清. 教学为何建造?——将建造引入建筑设计教学的必要性探讨[J]. 新建筑, 2011(3): 6-9.

[7] 李海清. 建造模式的选择及其意义——关于东南大学—苏黎世高工"紧急建造"联合教学的思考[J]. 中国建筑教育, 2013(1): 67-71.

第1.2节

[8] 黑格, 等. 构造材料手册[M]. 张雪晖, 等, 译. 大连: 大连理工大学出版社, 2007.

[9] 赫尔佐格, 克里普纳, 朗. 立面构造手册[M]. 袁海贝贝, 等, 译. 大连: 大连理工大学出版社, 2006.

[10] 克里斯·亚伯. 建筑与个性: 对文化和技术变化的回应[M]. 北京: 中国建筑工业出版社, 2010.

[11] 斯蒂芬·基兰. 再造建筑[M]. 北京: 中国建筑工业出版社, 2009.

[12] 瑞安·E. 史密斯. 装配式建筑——模块化设计和建造导论[M]. 王飞, 等, 译. 北京: 中国建筑工业出版社, 2020.

[13] 史永高. 表皮, 表层, 表面: 一个建筑学主题的沉沦与重生[J]. 建筑学报, 2013(8): 1-6.

[14] 董凌. 建筑学视野下的建筑构造技术发展演变[M]. 南京: 东南大学出版社, 2017.

第1.3节

[15] 胡向磊. 建筑构造图解[M]. 2版. 北京: 中国建筑工业出版社, 2019.

[16] 罗恩·穆尔. 我们为何建造[M]. 张晓丽, 郝娟娣, 译. 南京: 译林出版社, 2019.

[17] 李文滔, 张颂民. 模块化、标准化、装配式——雷神山医院的快速建造[J]. 华中建筑, 2020, 38(4): 23-27.

[18] 爱德华·R. 福特. 建筑细部[M]. 胡迪, 隋心, 陈世光, 等, 译. 南京: 江苏凤凰科学技术出版社, 2015.

本章图表来源

Charts Source

第 1.1 节
均为作者自摄自绘。

第 1.2 节
表 1-1 朱宁. 在两个机械时代中面向工业化建筑的建筑师——从康拉德·瓦克斯曼到基尔南·廷伯莱克[J]. 建筑师, 2014(4): 57-63.

图 1-6 史永高. 表皮，表层，表面：一个建筑学主题的沉沦与重生[J]. 建筑学报, 2013(8): 1-6.

图 1-7 改绘自：Theo Hotz Partner, Architekten, Marazzi + Paul Architekten. Schönburg Conversion in Berne [J]. Detail, 2021(4): 60-67.

图 1-8（a） 根据伦佐·皮亚诺建筑工作室（PRBW）官方网站整理；图 1-8（b） 改绘自：赫尔佐格，克里普纳，朗. 立面构造手册[M]. 袁海贝贝，等，译. 大连：大连理工大学出版社, 2006.

图 1-9 张逸. 城市景观建筑新美学研究——以毕尔巴鄂古根海姆博物馆为例[J]. 现代装饰, 2016(1):64.

图 1-10 根据大都会建筑事务所官方网站（OMA）资料整理。

图 1-11 李瑜. 会呼吸的混凝土建筑——砼器[J]. 砖瓦, 2019(3): 25-26.①

图 1-12 瑞安·E. 史密斯. 装配式建筑——模块化设计和建造导论[M]. 王飞，等，译. 北京：中国建筑工业出版社, 2020.

图 1-14（a） 斯蒂芬·基兰，詹姆斯·廷伯莱克. 再造建筑[M]. 何清华，等，译. 北京：中国建筑工业出版社, 2009；图 1-14（b）、图 1-15、图 1-16 瑞安·E. 史密斯. 装配式建筑——模块化设计和建造导论[M]. 王飞，等，译. 北京：中国建筑工业出版社, 2020.

图 1-17 根据黑川纪章工作室官方网站（KISHO KUROKAWA）资料整理。

图 1-18 刘松茯，刘鸽. 理查德·罗杰斯[M]. 北京：中国建筑工业出版社, 2008.

图 1-19 吴程辉，刘鑫程，朱竞翔，等. 和时间赛跑——"多功能可移动总部"产品原型开发暨深圳国际低碳城媒体中心设计[J]. 建筑学报, 2014(4): 20-25.

图 1-21 整理自：Mark Burry. Gaudi Unseen: Completing the Sagrada Familia[M]. Berlin: JOVIS Verlag, 2008.

图 1-22 温菲德尔·奈丁格，艾琳·梅森那，爱伯哈德·莫勒，莫亚娜·格兰斯基，慕尼黑理工大学建筑博物馆. 轻型建筑与自然设计——弗雷·奥托作品全集[M]. 柳美玉，杨璐，译. 北京：中国建筑工业出版社, 2009.

图 1-23、图 1-24 改绘自：Mark Burry. Gaudi Unseen: Completing the Sagrada Familia[M]. Berlin: JOVIS Verlag, 2008.

图 1-25（a） 根据尼古拉斯·格雷姆肖建筑事务所官方网站（Nicholas Grimshaw）资料整理；图 1-25（b） 大师系列丛书编辑部. 大师尼古拉斯·格林姆肖的作品与思想[M]. 北京：中国电力出版社, 2006.

图 1-26 刘松茯，刘鸽. 弗兰克·盖里[M]. 北京：中国建筑工业出版社, 2007.

图 1-27 根据赫尔佐格·德梅隆建筑事务所官方网站（Herzog & de Meuron Architekten）资料整理。

图 1-29、图 1-30 张慧. 玻璃钢（玻璃纤维增强塑料）的建筑应用与探索性研究[D]. 南京：东南大学, 2009.

图 1-31 王军. 西北民居[M]. 北京：中国建筑工业出版社, 2009.

图 1-32 陈蕾. 大型建筑环境舱动态实验平台的数据采集及自动控制软件开发[D]. 南京：东南大学, 2009.

图 1-33 由周海龙提供，以及作者自摄。

第 1.3 节
图 1-39 引自：梅涛，魏铼. "火神山"正式移交 "雷神山"分秒必争[N/OL]. 湖北鹤峰县新闻网, 2020-02-03.

---

① 砼指混凝土，此处文献所涉及建筑其项目名称为"砼器"，特此说明。

第 2 章 建筑构造设计原理与类型专题

Chapter 2 Principles & Typologies of Building Construction Design

> 我人所理想之构造学,应为真、适、卑三字。真谓不伪饰;适谓适材适用;卑谓切近易行。构造若是,庶几合乎我国现时之国情乎。
>
> ——盛承彦

> 多年以来,我把建筑看作某些特殊的事物,某些崇高的和专注于精神世界的事物,某些未经触动过的纯净和纯洁的事物。多年过去了,我开始将普通的房屋看作为建筑。我认识到,一座房屋并不是简单地开始于一个优美的平面(设计)而终止于一张美丽的照片。我开始把建筑看作为一个经历,就像其他所有充实着人们生活的事物一样,而且它还受到生活本身的偶然性的影响。
>
> ——费尔南多·塔欧拉

2.1 墙体构造设计

墙体是建筑承重、围护和分隔空间的垂直结构。作为承重体,墙体和基础楼板,以及屋顶共同组成建筑的整体承重系统,墙体主要承载垂直荷载,同时也要承受风压,地震作用等水平荷载,并传导至基础;作为围护体,墙体应具有保温、隔热、防潮、防火等性能以满足建筑热工和耐久要求;作为分隔体,墙可以划分建筑的内部空间,并需要具有一定的隔声和装饰功能。

2.1.1 墙体发展简介

承重是墙体的基本功能。纵观历史的进程,墙体从早期的天然穴壁发展成夯土结构、砌体结构(砖、石材)、混凝土结构等(图2-1),材料与建造技术的发展是承重墙构造技术进步的主要原因。结构墙体从砌块单元逐步发展为整体面状板材,结构的强度和建造效率得到了显著提高。

除了承重功能,建筑的外墙需要抵御外界自然气候的侵扰,因此在构造上必须能够控制热的传导;控制空气、声音、水汽的渗入;控制室内的光线;具有良好的耐久性和防火性能。随着材料科学的发展,外墙性能构造技术呈现了两种发展趋势:①通过层叠的方式,利用不同材料组合解决不同的性能需求;②通过材料本身的性能和构造技术改进,提高单一材料的综合性能。

在砌体结构和剪力墙结构中,内墙不仅分隔空间,还是承重结构;在框架结构中,隔墙因为不具有承重功能也被称为非承重墙,其种类也更多元化,如轻质骨架隔墙、板材隔墙和隔断,墙体材料也从砖、砌块拓展到轻质骨架+纸面石膏板,玻璃、金属等。

20世纪以来,新型框架结构(钢筋混凝土、钢结构)的出现不仅突破了建筑跨度和高度上的限制,赋予建筑更灵活的空间,也使得传统的砌体承重墙逐步退出历史舞台。继而,墙体的功能逐步由"承重+围护"组合功能转化为单一的"围护"功能,其构造技术和表现方式也更加多元化。

总的来说,墙体材料在建筑发展的历程中并没有显著变化,如砌体材料、木材等在当今依然在广泛使用,但材料科学和工业技术的发展改变了原有材料的性能,提高了它们的结构承重能力、热工性

  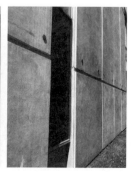

(a)　　　　　　　　　　(b)　　　　　　　　　　(c)

图2-1 不同材料的外墙
(a)夯土墙;(b)石材砌体墙;(c)混凝土墙

能和耐久性；同时先进加工技术拓展了原有材料的构造技术，衍生出更多元的组合方式，让现代建筑的"墙"变得丰富多彩。

2.1.2 墙体构造设计原理

1. 墙体的概念及其建筑学意义

墙体，建筑中竖向或斜向的块面状整体。可由单元构件（砖、石材等）分层砌筑，可由特定材料结合模具整体浇筑（如混凝土墙），亦可由骨架和面层材料组合拼装（如幕墙、隔墙等）。

墙体在建筑学中有着多种意义：首先是"支撑"——建筑空间的竖向承载结构；其次是"围合"——建筑空间形态、尺度可由墙体来限定；再次是"抵御"——抵抗外界环境的各种不利影响，营造舒适的室内环境；最后是"展示"——墙体为建筑外部形象和内部空间提供了重要的感官体验，是建筑文化和技术表达的重要媒介。

2. 墙体的分类及其构造设计原理

1）墙体分类

根据墙体结构的受力特征、材料、功能、建造方式的差异，可以分为不同的类型，下面重点介绍几种典型的墙体类型。

（1）按结构受力分类

按照墙体的受力情况可以分为承重墙和非承重墙两种类型。

承重墙是直接承受楼板及屋顶传下来的荷载并传递至基础的墙体，如砌体结构中的墙体。非承重墙是仅承受自身重量的墙体，如框架结构中的填充墙、幕墙、内隔墙（图2-2）。

（2）按材料和构造方式分类

传统的墙体多由单一材料构成的，大致可以分为黏土墙、砖墙、石墙、砌块墙、混凝土墙、木板墙等。现代墙体多采用组合构造，如：钢筋混凝土和保温材料构成复合板材墙，板材（木材、金属）与保温材料构成的"三明治"夹芯墙等。

（3）按建造方法分类

根据墙体的建造方法主要可以分为块材墙、板筑墙及板材墙三种。块材墙是用砂浆等胶结材料将砖、石等块材砌筑而成；板筑墙是在现场先立模板，再浇筑而成的墙体，例如夯土墙、现浇钢筋混凝土墙等；板材墙是预先制成墙板，然后在现场安装而成，例如预制钢筋混凝土板墙，各种轻质条板墙。

(a)

(b)

(c)

图2-2 不同结构作用的墙体
(a)承重墙；(b)填充墙；(c)内隔墙

2）墙体构造要求

根据墙体构造设计要求，主要取决于两个方面：建筑当地特有的外部条件和建筑设计的具体需求（表2-1）。

（1）外部条件

外部条件一般不会受到设计的影响，每个建造地段独特的环境特征是建筑墙体构造设计的重要依据。场地的地质条件是影响墙体结构构造的主要因素；场地的现有交通状况、施工条件决定了是否可以采用大型机械设备进行建造，从而决定了墙体可用的材料和施工技术。

气候环境是影响墙体热工性能设计的决定因素。气候环境的差异对外墙的保温、隔热措施提出了具体要求；针对当地特有的气候（降水、雪、冰雹），外墙的防护和耐久性构造也需要针对性考虑。得益于建筑工业的飞速发展，通常情况下墙体材料的选择不会受到限制，但在少数经济不发达地区，墙体材料的选择依然会遵循就近原则。

（2）内部条件

内部条件的需求首先取决于设计阶段所确定的目标。建筑类型决定建筑的功能，进而确定了建筑高度和空间跨度，由此可以确定墙体合理的结构类型。无论外界条件如何，人在建筑内部的舒适性需求是恒定的。通常情况下，外墙的构造措施只能提供有限的保护，要实现对温度、湿度、风速、光线、视线等需求更精确地调节以达到舒适性指标，还需要配合建筑设备，以及必要的附属部件。内部空间的分隔方式是内隔墙的设计的基本要求，对声音控制、空间私密性、装修等具体要求等则进一步确定了隔墙的材料和特定构造方式。

表 2-1　外部和内部条件对墙体构造的要求

外部		内部
当地具体条件	墙体构造设计影响要素	需求
场地条件 　抗震等级 　交通状况		建筑类型 　功能 　高度 　跨度
气候环境 　太阳辐射 　温度 　湿度 　降雨 　风		内部空间的舒适度 　舒适的温度／湿度 　照明环境 　舒适的风速 　换气率／新风供应 　舒适的声环境
周边建成环境 　噪声 　废气和废物 　电磁辐射		与外界环境的视觉联系
		内部空间的分隔需求
		防火需求
建筑材料可得性		外部设备的集成需求
建筑工业化程度		

根据外部和内部的条件，具体反映到墙体构造设计要求就是：结构坚固可靠；性能良好；建造技术经济合理；具有较高的美学品质。下面就结合典型的墙体类型来具体说明。

3）典型墙体构造技术

（1）砌体墙

①材料

砌体墙是以模块化砌筑单元为基本建造材料，以砂浆为主要粘接材料建造的墙体，具有耐久、耐火、抗压性好的优点。传统的砌体墙以黏土砖和石材为主，之后出现了混凝土砌块等新型工业化产品。除了石材砌体常以不规则形体砌筑之外，其他材料的砌体都有着相对统一的模数尺度（图2-3）。

②结构

砌体材料多属于脆性材料，抗变形能力小，整体性较差，层数越高受地震作用破坏的影响越大，因此

图 2-3 不同材料的砌体墙
（a）石材墙；（b）砖墙；（c）空心砌块墙

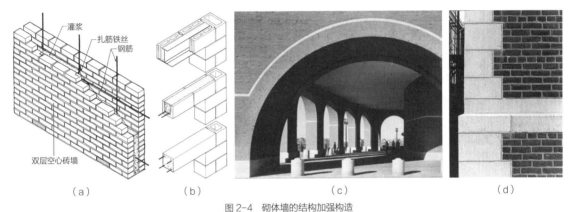

图 2-4 砌体墙的结构加强构造
（a）加筋砌体墙；（b）砌体墙洞口的过梁构造；（c）砌体墙洞口的起拱构造；（d）砌体墙的构造柱

砌体承重房屋一般为低层或多层建筑。根据墙的承重方案布置，可以分为横墙承重、纵墙承重、纵横墙承重、局部框架承重几种方式。由于砌体墙整体性不强，抗震能力较差，为提高砌体墙的整体刚度，通常会采用以下结构加固措施：空心砌体内灌浆设钢筋，设置圈梁，设置构造柱，洞口设置过梁（图2-4）。

③砌筑方式与表现

砌体墙的构造连接主要依靠砂浆——由多种材料配制而成的胶结材料。为了保证墙体坚固和稳定，砌筑的时候需要遵循"砌缝横平竖直、上下错缝"的基本原则，要避免出现垂直通缝。虽然砌体是标准单元，但砌筑方法灵活多变，这也形成了砌体墙丰富的立面形式。

砌体墙可以通过其肌理、色彩、质感的变化塑造不同的整体形式。肌理可由砌筑方式表现，包括平面上的单元组合、凹凸，以及透空等方法。砌体的色彩一般由材料和加工工艺确定，如砖可分为暖色调的红黄砖和冷色调的青灰砖。质感则由砌体单元表面的纹理及时间留下的自然痕迹形成。建筑师通过不同的砌筑方式，砌体色彩和质感进行组合，来实现强化建筑的"塑性"力量，在规律的建造逻辑中表达建筑细腻、有机性的目的（图2-5）。

（2）钢筋混凝土承重墙

① 分类

自从罗马混凝土被发明以来，混凝土的应用已经持续了2000多年。波特兰水泥的发明为混凝土

图 2-5 砌体墙的建造方式与表现
（a）砌体墙的灰缝、色彩变化；（b）砌体墙的凹凸变化；（c）砌体墙的透空

在现代建筑中的大量应用奠定了重要基础，混凝土和钢筋的组合逐步发展为建筑工业中应用最广泛的结构体系——钢筋混凝土墙板和框架。同时由于混凝土具备高度可塑性，使其成为现代主义中备受青睐的建筑材料（图 2-6）。

通过调整骨料配比，混凝土用途广泛，通常用于建筑结构的混凝土称为结构混凝土。基于建造方式的差异可以将钢筋混凝土承重墙分为现浇钢筋混凝土墙和预制钢筋混凝土墙两种。

② 结构

目前在国内，钢筋混凝土墙体在高层建筑中应用最为广泛，这种由一系列横向和纵向的钢筋混凝土墙组成的体系也被称为剪力墙体系。剪力墙结构不仅能承受重力荷载，还可以承受风、地震等水平荷载，侧向刚度大、侧移小，是一种刚性结构体系。

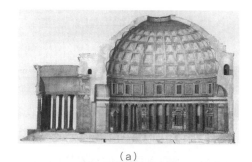

(a)

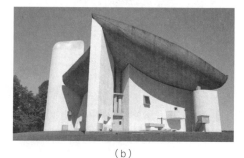

(b)

图 2-6 混凝土墙的可塑性
（a）罗马万神庙混凝土结构；（b）朗香教堂

图 2-7 现浇混凝土墙的现场作业
（a）立筋，支模，浇筑，养护；（b）木模板的固定

基于建造的经济性与抗震要求，剪力墙结构一般控制在 35 层，110 m 以内为宜。因为剪力墙的跨度较小，一般为 3~6 m，因此建筑平面布局受限，不够灵活，因此常用来建造高层住宅、公寓、酒店等大空间少、隔墙较多的建筑类型。随着结构技术发展，剪力墙的跨度也逐步扩大到 6~8 m，应用场景也得以进一步拓展。

③构造技术

从罗马混凝土到波特兰水泥，再到现代丰富的产品系列，混凝土材料已经形成了一系列标准化工艺。现浇混凝土墙和预制混凝土墙的基本施工流程是一致的，只不过前者在现场完成建造，后者在工厂完成预制，然后在现场组装。钢筋混凝土墙的基本施工工序包括：立筋、支模、混凝土灌注、振捣、养护、拆模（图 2-7、图 2-8）。

由于混凝土的养护需要一定的周期，因此模板是混凝土墙体施工过程中重要的辅助构件。木模板是最常用的模板，可以重复使用，之后又发展出了胶合模板、钢模板，以及一些免拆的一次性模板。混凝土在凝固的过程中会出现沉降，底部压力增大，因此模板需要通过紧固件来维持形状，同时垂直模

图 2-8 预制装配混凝土墙的工厂生产工艺
（a）扎筋；（b）振捣混凝土

板外侧还可以通过垂直和水平的木立柱，以及斜撑加强模板结构，稳定墙体。

模板拆除后，混凝土会留下粗制的表面，同时紧固件在拆除后会在墙体两侧留下孔洞，早期多数的处理是通过塑料盖密封、抹平和粉刷的方式覆盖混凝土表面，封堵孔洞。但也有部分建筑师选择保留乃至加工这些建造痕迹，逐渐形成了多元的裸露混凝土工艺：混凝土一次浇筑成形，不做任何外装饰，直接展示结构主体混凝土本身的肌理和精心设计的明缝、禅缝及对拉螺栓孔等建造痕迹。根据具体工艺的差异，逐渐形成了"粗野主义"和"清水混凝土"两种不同的风格（图 2-9）。

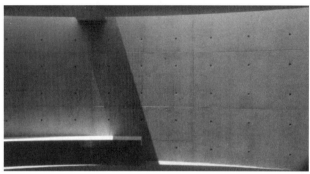
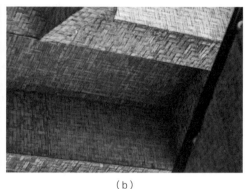

图 2-9 采用不同模板所形成的不同裸露混凝土质感
（a）光滑的清水混凝土表面；（b）有肌理的裸露混凝土表面

（3）隔墙（填充墙）

隔墙是分隔建筑内部空间的墙体，仅自承重。按照材料和构造方式的差异，隔墙可以分为砌体隔墙、骨架隔墙和板材隔墙。隔墙的基本构造原则如下：①厚度薄、自重轻；②具有较好的隔声性能，并满足具体的防火和防水要求；③具有一定的装饰性能；④尽量采用易于拆除又不损坏主体结构或者可移动的构造，实现室内可灵活变动的布局需求。

① 砌体隔墙

砌体隔墙自重较大，且不易拆除，一般用于对隔声要求较高且分隔相对比较固定的室内空间。砌体墙的表面可以进行二次装修，在一些既有建筑的改造中，通常会保留砌体隔墙的原状体现历史的厚重。19世纪末玻璃砖被发明出来之后，其独特的视觉感官特性使得这种新型砌体产品迅速成为一种常用的隔墙材料（图2-10）。

② 骨架隔墙

骨架隔墙是由骨架和面层构成的墙体。按骨架材料主要可以分为木骨架和金属骨架两种类型。随着材料技术的发展，近年来出现了不少采用工业废料制成的骨架，如石棉水泥骨架、石膏骨架、水泥刨花骨架等。轻骨架隔墙的面层一般可以分为木板材、石膏板、硅酸钙板、水泥纤维板几种类型。骨架隔墙建造效率高、便于拆卸，自重轻，面层装饰效果丰富，但是其隔声性能一般（图2-11）。

③ 板材隔墙

板材隔墙是指采用各种轻质材料制成的，面积较大的预制薄板装配而成的隔墙。板材隔墙可通过胶粘剂直接固定在不同结构类型的楼板之间，工厂化生产程度高，现场施工速度快，湿作业量少。按照材料和构造的特征主要可以分为蒸压加气板材隔墙、增强石膏空心条板隔墙、彩钢保温板等（图2-12）。

图 2-10 砌体隔墙
（a）砖隔墙；（b）玻璃砖隔墙

  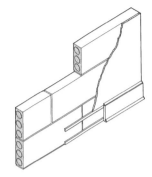

（a） （b）

图 2-11　骨架隔墙
（a）骨架施工；（b）面层施工

图 2-12　增强石膏空心条板隔墙

（4）复合墙体

建筑空间舒适性需求对建筑围护体的热工性能提出了更高要求，也促进了复合墙体技术的发展。

总的来说，现代建筑的复合墙体是由承担不同功能的层来组成的。这些层的设计和组合由外部环境和内部需求共同决定，基本功能层的布置（由内到外，结合层忽略）如下：内饰层—结构层—保温隔热层—其他附属层—外饰面层。具体到个例，可以根据需求进行增补层和调整层的位置，不同层的材料具体构造做法需要统一设计。

连接不同层的方法有很多种，但需要遵循一些基本原则：所有力的传递必须可靠；尽量采用可拆卸的连接保证层部件的可替换性；设计合理的安装顺序；采用公差控制确保不同类型部件的安装可调节性（图2-13）。

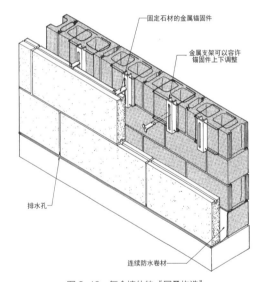

图 2-13　复合墙体的"层叠构造"

2.1.3　墙体构造设计案例

1. 砌块墙

在中国，黏土砖一直是重要的砌体材料。近年来，因为保护耕地的需求，黏土砖逐渐被种类多样、经济适用的新型砌块产品所取代。各种利用工业废料和地方材料制成的砌块，如粉煤灰砌块、混凝土空心砌块、多孔砖砌块等已经成为城市及乡村建设中经济、高效的墙体建造材料。

1）南京林散之故居"三痴馆"

在南京林散之故居"三痴馆"的设计中，设计师为了完成仅仅2个月的设计建造全过程任务，在建造材料的选择中选取了当地最易获取，施工最为便利，经济性又好的混凝土空心砌块作为景观墙和

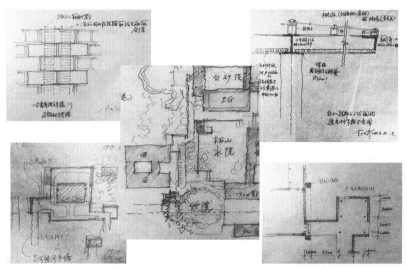

图 2-14　南京林散之故居"三痴馆"的建筑设计及构造细部草图

（a）　　　　　　　　　　　　　　（b）　　　　　　　　　　　　　　（c）

图 2-15　南京林散之故居"三痴馆"的空心砌块墙构造细部及建构表现
（a）插筋构造柱；（b）空心砌块施工；（c）经济适用材料组合形成的宜人、趣味的空间

建筑外墙材料。考虑到常规砌块的混凝土构造柱做法会形成不和谐的"形式硬接"，设计师在墙体的构造设计中巧妙地利用了砌块的空心部分做了特殊的加筋灌浆构造，既满足结构的抗震需求，还精简了建造工序。连续的空心砌块墙保证了视觉的连续性，体现了一定的建造品质。空心砌块墙、轻钢框架和竹条覆盖的室外走廊成为院落内重要的过渡空间，让人在连续的光影变化中流连忘返（图2-14、图2-15）。

2）武夷山竹筏育制场

武夷山竹筏育制场的设计基于当地的建材资源、施工条件和建筑的防火需求，选取了当地普及、可就近生产且价格便宜的混凝土材料：其中结构应用混凝土现浇框架，填充墙选取了混凝土空心砌块。

考虑到仓库对保温没有要求，而对通风（防止竹子受潮发霉腐烂）及采光（大跨度空间内室内工人的工作需求，尽量利用自然光，同时避免眩光）有较高要求，设计师在堆场空间外墙及高耸的山墙上均采用了空心砌块，利用砌块的空心部分加强通风效果并形成自然采光。武夷山竹筏育制场的空心砌块墙是一个集建筑性能设计、建造技术优选和乡建形式综合考量的技术方案，建筑简洁的外部形象

图 2-16　武夷山竹筏育制场凸显建筑基本功能的朴素立面

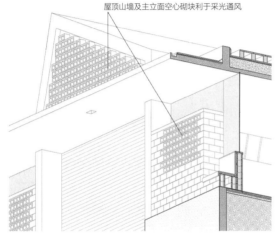

图 2-17　武夷山竹筏育制场外墙构造做法

（a）

（b）　　　　　　（c）

图 2-18　西村·贝森大院多元化砌块墙
（a）西村·贝森大院的"郊野"风格；（b）空心砌块填充墙；
（c）空心砌筑山墙

消解了过多的图像和符号意义，更倾向表达一种基本、朴素的特质（图 2-16、图 2-17）。

3）西村·贝森大院

不仅在乡村，砌块在城市建筑中也是一种经济实用的建材。成都的西村·贝森大院在设计中利用多种朴素的材料创造了一种丰富而均质化的"市井立面"。和上述两个案例相似，乡土气息是这个建筑重要的特质，对混凝土、砌块和砖不加掩饰的暴露塑造了现代都市中一个极具辨识度的"郊野"建筑形象。

西村·贝森大院中大量应用了空心砌块：建筑山墙、填充墙、景观铺地等。这些砌块没有任何粉刷和装饰层，与采用手工竹胶板作为模板的裸露混凝土共同建立了与自然元素的抽象联系。不仅如此，设计师还巧妙地利用了多孔砌块的孔洞特征，进行了不同功能的适配：将大孔砖孔朝上用于屋面种植、孔朝外用于机房通风和通透围墙；将小孔砖孔朝侧面，作为垂直绿化；将多孔砖孔朝侧面用于展廊墙面；以及将常用于填充功能的煤矸砖作为清水外墙等，实现了对基础性材料多用途应用的深度发掘（图 2-18）。

2. 混凝土墙

1）勒·柯布西耶的粗制混凝土墙

"粗野主义"作为现代主义的一种风潮，对 20 世纪后期乃至 21 世纪之后的建筑设计产生了广泛的影响。作为"粗野主义"运动的先驱之一，柯布西耶的诸多作品清楚地阐述了其设计理念，其中马赛公寓和朗香教堂被视为典型代表。同时，这两个建筑也反映了柯布西耶对粗制混凝土的热情。

事实上，激起柯布西耶对粗制混凝土热情的

图 2-19　马赛公寓裸露的粗制混凝土表面

图 2-20　朗香教堂粗粝的混凝土墙

缘由其实来自一次建造过程的意外：马赛公寓巨大的混凝土工程在当时的技术条件下无法做出平整的交接效果，作为设计师的柯布西耶在考察完现场后否定了承包商对表面采用粉刷处理的建议，而是坚持留下混凝土的粗坯（图 2-19）。巨大的支撑体和粗犷的混凝土表面充分表现了现代工业文明的力量。

如果说第一次是意外，那么朗香教堂的裸露混凝土表面确实是设计师刻意而为之。在教堂的混凝土墙上，大号石子被掺入混凝土骨料中，紧靠模板，当拆除模板后形成暴露石子的表面，其粗糙程度令人难以忍受，这些常人难以忍受的触感隐喻了修道士和朝圣者的苦行生活（图 2-20）。

2）路易斯·康（Louis Kahn）的精致清水混凝土墙

相比较勒·柯布西耶对于混凝土粗糙表面的迷恋，路易斯·康更喜欢采用光滑、精致的裸露混凝土表面，为了实现这一目标，康经过反复的实验最终采用了一种可重复使用的螺纹系扣保证模板之间保持一定的距离，以方便混凝土的浇筑。每个螺纹系扣的末端设有一个木栓，在混凝土浇筑后留下一系列经过精细布置的洞眼。为了控制两块夹板之间缝隙渗漏的混凝土对最终外观的影响，康极为苛刻的要求使用误差很小的 V 形接缝处理，裸露的混凝土最终会在墙的表面形成一种凸起的接缝（图 2-21）。

康应用不加矫饰但又严苛的清水混凝土建造工艺强化了对材料自然本性的诠释，在清净简朴中透露着严谨的秩序感。这一工艺日后也不断在世界各国建筑师的设计中再现，成为现代建筑工业文明中一道独特、靓丽的风景。

3. 复合墙体

得益于框架结构的流行，现代典型的建筑外墙大多采用复合构造方式，各部分功能各司其职，既能保证建筑的基本性能，也可通过表层材料的替换和组合形成多元形式。

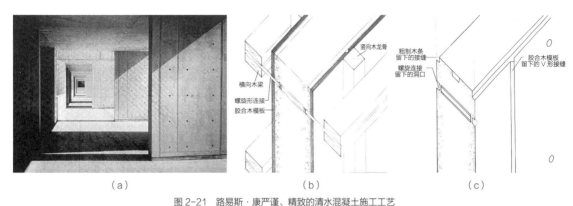

图 2-21　路易斯·康严谨、精致的清水混凝土施工工艺
（a）萨克研究所的清水混凝土墙；（b）清水混凝土墙模板工艺；（c）清水混凝土墙成形后的建造痕迹

1）苏黎世维普金根独立住宅

瑞士苏黎世维普金根的一栋 4 层高的独立住宅模糊的立面形式正反映了复合墙体的多元化倾向。在外墙设计中，建筑师使用了两种材料语言：一种是素混凝土，另一种是红砖。不过不论是裸露的混凝土还是红砖都非承重结构，仅是最外层的装饰材料，真正的结构隐藏在建筑内部。为了满足性能要求，复合墙体中间后设置了 155 mm 厚的聚苯乙烯挤塑板（XPS）以及 35 mm 的空气间层。窗户采用了外遮阳的方式，遮阳卷帘盒巧妙地置于窗户上侧的墙体凹槽内，基本与墙体平齐，并不突兀。考虑到墙体的防水问题，在每一种材料和构件的垂直叠合处，都细致地加入了金属泛水板，以保证雨水不会随着缝隙进入墙体内部，导致保温层失效（图 2-22）。

2）布拉格文化中心

在捷克共和国布拉格的一个小型文化中心设计中，建筑师创造性地利用 PVC 材料的可塑性，在钢筋混凝土外墙上塑造出了类似皮革包裹的沙发一样柔软的表面效果。结构外侧的绝缘材料不仅可以进行保温隔热，还可以起到隔绝艺术中心剧院内部声音的效果。定制的螺栓均匀地将 1.5 mm 厚

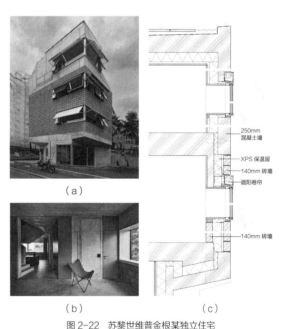

图 2-22　苏黎世维普金根某独立住宅
（a）丰富的外墙语言；（b）简洁的内部空间；（c）复合墙体构造细部

的抗紫外线聚氯乙烯薄膜（UV- resistant PVC membrane）连同绝缘材料固定在混凝土墙上，形成自然褶皱的效果就如同皮质沙发一样。不仅如此，均匀的荷载分布也将外侧膜结构受环境的影响降到最低：既不会因寒冷的气候被撕裂，也不会因炎热

的气候变形下垂（图 2-23）。这种在膜结构以外的建筑上尝试柔性表面是具有挑战性的，也为墙体"层叠构造"的外延寻找到一个新的方向。

本节小结

经过现代工业文明的洗礼，一方面，框架结构已经逐步取代墙承重体系而成为现代建筑的主要结构体系；另一方面，墙体的围护功能和形象表达功能一直在不断得到进步和加强。于是，我们看到墙体的材料和构造变得更加多元，建筑的立面愈加丰富。因此，现在当我们再讨论"墙"这个构造元素的时候，它所包含的内容已经远远超越了那个以"实体构造"为主的时代；结构、性能、形式及这些主题所对应的材料组合、建造工艺和真实或者虚幻的感官印象对建筑师提出了更高的要求，也为其提供了更广阔的设计空间。

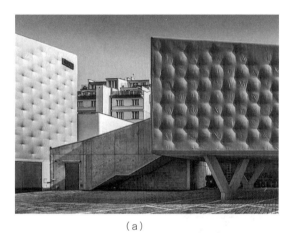

(a)

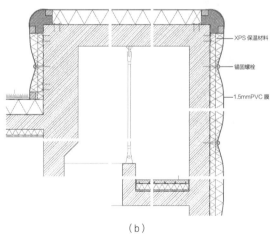

(b)

图 2-23　布拉格文化中心新型复合墙
（a）布拉格文化中心外墙的立面效果；（b）布拉格文化中心外墙的构造细部

思考题

某夏热冬冷地区的乡村因其美丽的自然风光和保存较好的传统建筑风貌（砖石外墙），旅游业逐步发展起来，当下需要增加一些公共设施。现拟建一个景点公共厕所，考虑到建造的经济性，现可选的墙体结构方式有两种：①现浇钢筋混凝土墙体；②砌体结构墙体。请选择其中一项墙体结构技术，绘制厕所的墙身大样及构造细部，需要考虑建筑的热工性能、自然通风及采光需求，同时也要考虑公厕的建筑形式与既有乡村建筑风貌的关系。

2.2 地坪层构造设计

地坪层是建筑水平承重结构的最底层,地坪层将所承受的荷载及自重则传给基础;同时,地坪层分隔了建筑底层室内外空间;另外,地坪层还需要具备一定的防水、保温、隔热、隔声、敷设管道等附加功能,保护墙体结构,形成舒适的室内环境。

2.2.1 地坪层发展简介

最早的建筑地坪层就是原始的地面,如早期的穴居。之后,人们发现未经处理的地面易受地下潮气、寒气的影响,长久以往,不仅会破坏墙体结构,还严重影响室内环境的舒适性。于是,古人逐渐摸索出地坪层的平整、防潮、保温等构造技术。

在中国早期半坡遗址的考察中发现,那个时期的地面建筑已经开始使用烧烤草筋泥铺设在地坪上用来防潮。随着夯土技术的发展,用火烤过的夯土地面逐渐成为成熟的地坪做法,同时为了更好地防潮、防水,地坪层的高度也逐渐高出室外地面,形成建筑的基座。随着砖石工艺的发展,条石和砖逐渐被用来铺设在平整的土层上,这种做法一直延续到混凝土开始大量使用前。在现代建筑中,混凝土已经成为地坪的垫层(结构层)主要材料,这种做法技术成熟、经济适用、施工便捷,还可以进行各种面层的二次装修。除了必要的防潮、保温构造,现代建筑地坪层还会根据功能需求设置管道敷设层。

通常情况下,地坪层与地面有三种位置关系:第一种,与地表相接时,地坪层略高于室外地面;第二种,有地下空间的建筑,地坪层会在室外地面以下,此时,地坪层对于防水的要求较高;第三种,地坪层架空,脱离地面。过去,在湿热气候地区,

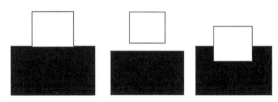

图 2-24 地坪层与地面的三种基本关系

建筑的地坪层常常会被抬至地面以上来防潮、隔热;现在,架空地坪层已经成为临时性或者轻型建筑一种常用的建造方式(图 2-24)。

2.2.2 地坪层构造设计原理

1. 地坪层的概念及其建筑学意义

地坪层一般由地基层、结构层和面层构成(当地坪层与地面相接的时候);如果建筑首层架空,则地坪层与地面分离,形成介于楼板与地坪层之间的一种状态,既不是完全室内的楼板,又不与地面发生直接接触,可视为"架空楼面",直接由结构层和面层组成。

地坪层作为水平支撑结构的首层,需要将上层建筑的荷载均匀地传递至基础,具有重要的结构支撑作用。同时,作为与地面密切接触的面层,地坪层随时在对抗外界环境的侵袭,在防止墙体因温度变化、水汽渗透等因素造成结构侵蚀,绝缘层功能失效等方面有重要作用。此外,多数情况下,地坪层作为人踏入建筑的首要空间的地面,地坪层的面层对建筑整体形象和品质的影响至关重要,是建筑内部环境的"门面担当"。

2. 地坪层的分类及造设计原理

根据地坪与地面的位置关系,地坪层的结构层可以分为实体结构和骨架结构两种。当地坪层与地面相接的时候,一般采用实体结构;当地坪层与地面分离的时候一般采用骨架结构。

1）地基层

地基层承受底层地面荷载，主要采用砂土、粉土、黏性土等进行填充，经夯实后一般平均厚度在 200 mm，可以均匀承受荷载。

2）结构层

结构层与地面相接的情况下也称垫层，一般分为刚性垫层和非刚性垫层。刚性垫层通常的构造做法是采用 100 mm 厚的 C15 混凝土；非刚性垫层一般采用砂、碎石、炉渣、灰土等夯实而成。刚性垫层适用于薄而大的整体面层和块状面层，如大理石、瓷砖、水磨石等地面；非刚性垫层适用于较厚的块状面层，如混凝土、水泥制品等地面。

当构造为"架空楼面"时，结构一般为框架结构，如钢筋混凝土、钢结构、木结构框架等，面层则敷设在框架梁的上下两侧（图 2-25、图 2-26）。

3）面层

面层作为人活动时直接接触的构造层，其材料选择取决于房间的功能、使用场景及装修要求。除了坚固耐磨、表面平整、光洁、易清洁等基本性能，根据使用需求，还有一些特定的面层要求。例如对于人长时间居住、停留的空间，面层要求有较好的蓄热性和一定的弹性；经常有水的房间需要地面耐湿、耐潮、防水；计算机房要求地面防静电；实验室要求地面耐腐蚀等。根据不同的要求，面层也有多种材料可选择，如混凝土面层、地砖面层、大理石面层、花岗石面层、木板面层、橡胶面层、玻璃等，不同的面层材料不仅可以满足不同的功能需求，也可以满足不同的美学效果需求（图 2-27）。

4）附加层构造

地坪层作为与外界环境紧密接触的水平结构，要对外界环境产生的不良影响起到隔绝作用，以保证室内环境的舒适性和内部结构的耐久性。此外，地坪层内还需根据建筑设备需求设置管道敷设层，如电线，水管等设备管线。

（1）防水、防潮构造

当地坪层接触地面时，地下产生的潮气有可能透过地坪层侵蚀建筑墙体，因此需要进行防潮构造设计；当地坪层低于地表以下时，地下水位有可能超过地坪层高度，此时需要进行防水构造设计。地坪层的防水层一般采用柔性防水卷材，为了保证防潮、防水效果，不仅要沿地坪层满铺，还要顺着四边墙面向上延伸直到地面，这样才能形成有效的防水边界；此外，还可以在地坪层内设排水管，尽快排出地坪层内的积水实现防排结合（图 2-28）。

图 2-25　临时性建筑"架空楼面"

图 2-26　拉图雷特修道院"架空楼面"

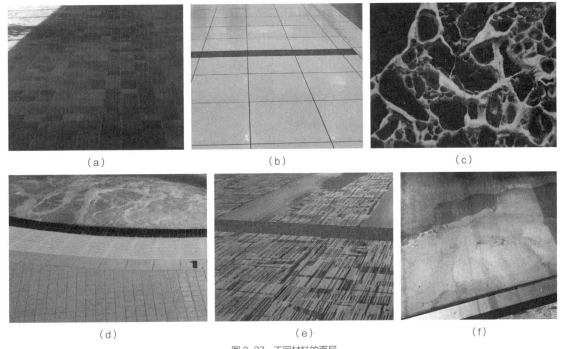

图 2-27 不同材料的面层
（a）地砖，耐磨；（b）瓷砖，易清理；（c）花岗石，美观；（d）马赛克，防水；（e）地毯，隔声；（f）玻璃，透光

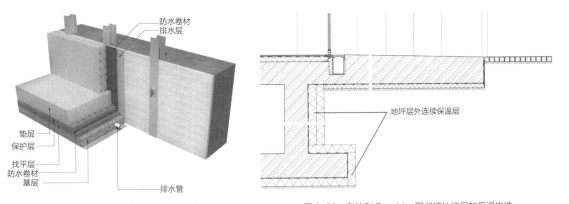

图 2-28 地坪层的防水、排水构造示意图　　　图 2-29 奥地利 Dornbirn 图书馆地坪层的保温构造

（2）保温构造

地下室的地坪层外侧及墙体外侧一般会设置保温层，其主要作用是保护防水层和避免因混凝土表面温度与土壤接近，导致夏季地下室的热空气与地下室内表面接触而产生冷凝水。同时，如果地下室是有人员使用的功能空间，保温层还可以起到对室内的保温作用。不论保温层位于结构层的哪一侧，都要沿结构层连续敷设，防止出现"冷桥"（图 2-29）。

2.2.3 地坪构造设计案例

1. 隔声地坪构造：大卫·布朗洛（David Brownlow）剧院

大卫·布朗洛（David Brownlow）剧院位于英国南部纽伯里（Newbury）的一个小镇上。该剧院体量不大，T字形布局的平面内刚好布置了一个舞台加观众厅。建筑外表红色的水泥刨花板表皮虽然与周边的旧砌体建筑材料截然不同，但适宜的体量加上与周围建筑一致的砖红色表面让这个新建筑在小镇上显得非常和谐（图2-30、图2-31）。

纽伯里属于温带海洋性气候，雨水较多，因此建筑各部分都要进行适当的防水的构造设计。虽然冬季温度并不是很低，但由于空气湿气比较大，体感温度还是会感觉到寒冷，因此保温措施也是必要的。此外，对于剧院来说，建筑最重要的功能是隔声吸声，避免扰民。

大卫·布朗洛剧院的地坪层构造设计完整地对应了上述地域环境气候和建筑功能的需求。首先，建筑的外墙面、室内地面材料都使用了水泥刨花板，因为这种材料具有优异的吸声和隔声功能，耐候性也好；在结构层与面层之间，填充了100mm保温材料加强地坪层的保温效果；防水卷材沿基础垫层一直向上延伸至地下侧墙顶部，再翻折回来包裹至地坪结构层上部，形成连续的防水保护（图2-32）。

大卫·布朗洛剧院利用水泥刨花板的吸声性、耐久性和表面可塑性作为建筑围护体和地坪层的覆面材料，既满足建筑对性能的需求，又实现了新旧建筑肌理的融合，体现了现代建筑新材料"一体多能"的发展趋势。

图2-30　大卫·布朗洛剧院与环境的和谐关系

图2-31　大卫·布朗洛剧院砖红色表皮

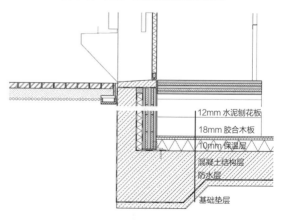

图2-32　大卫·布朗洛剧院的地坪层构造细部

2. "架空楼面"构造:华沙 Keret 实验性住宅

这个仅 14 m²,宽度不到 1.5 m 的两层三角形临时建筑的设计构思是在一次艺术节上诞生的。这个临时建筑因其轻便的建造方式和小巧的空间,具有较强的适应性,可以作为艺术家们的临时住所和工作室。在有限的资助下,建筑师根据最初的想法选用了轻巧的钢管作为支撑结构,外表面选用了轻质的"三明治板"及透明塑料板,在波兰华沙市中心的两栋建筑之间完成了这个实验性建筑的建造(图 2-33、图 2-34)。

作为一个临时性建筑,它的首层平面高高"悬浮"在空中形成"架空楼面",不过作为建筑底部与外界环境密切接触的面层,建筑师进行了全面的功能构造设计。这个"架空楼面"采用了典型的"三明治"夹心结构,外层的高强度层压木板把所有的结构和

图 2-33 Keret 住宅的建造过程

(a) (b) (c)

图 2-34 Keret 住宅外部形式及内部空间
(a)极窄的建筑立面;(b)建筑首层空间;(c)建筑二层空间

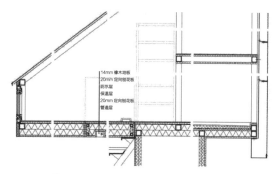

图 2-35 Keret 住宅"架空楼面"构造细部

功能性构造层都包裹起来,这样可以有效的隔断内部金属构件形成的"冷桥",两层 110 mm 的保温层靠近外侧面板连续敷设,防水层置于保温层内侧,这样保温层可以有效保护防水层。同时 220 mm 厚的构造层内还设置了敷设水管、电管等必要管线的管道层,麻雀虽小,五脏俱全(图 2-35)。

本节小结

地坪层作为底层水平承重结构,需要根据其与地面的位置关系、具体的建筑功能及性能需求,为功能层和附加层选择合适的材料及建造技术。此外,作为建筑首层空间的地坪层,面层材料的美观性要与室内空间整体效果表达统筹设计。

思考题

请为寒冷地区某商场的地下一层地坪层进行构造细部设计,准确表达各构造层次的材料及做法。

2.3 楼板构造设计

楼板是建筑的主要水平承重结构,楼板所承受的荷载及自重传递给梁、柱或者墙,然后再逐层传至基础;同时,楼板也是建筑垂直空间分隔的要素;除了结构功能,为了避免上下层空间的相互干扰,楼板需要具备隔声、隔振功能;由于建筑功能的差异,对楼板面层和顶棚的装修需求也不尽相同;随着建筑设备的发展,楼板内需要根据需求设置管线敷设层。

2.3.1 楼板发展简介

楼板是随着建筑的垂直分层而出现的水平支撑结构,在建造工具相对落后的手工业时代,楼板的材料要尽量轻,且便于建造。最早出现的楼板是木楼板,轻质高强,建造效率高,在传统的木构建筑和砖石建筑中应用广泛。

随着建筑体量和高度的不断增加,以及钢筋混凝土材料工艺的成熟,钢筋混凝土楼板很快成为现代多层、高层建筑中最常用的楼板建造方式,并且从现浇楼板逐渐发展出了预制混凝土楼板建造技术,楼板结构的类型也日益丰富。随着钢结构技术的进步,产生了新的组合楼板——压型钢板组合楼板,这种新型复合楼板重量轻,施工便捷,在高层建筑中应用广泛。

此外,建筑设备集成技术的发展使得越来越多的设备管道需要穿插在建筑空间内部,如电气系统、空调系统、水系统、消防系统等,这些设备管线需要在楼板结构层的上方或下部穿行,促进了楼板的面层和顶棚构造技术集成化发展。

2.3.2 楼板构造设计原理

1. 楼板的概念及其建筑学意义

楼板，建筑中水平块面整体。可以整体浇筑成板状，也可分块在工厂预制进后现场装配，通常由梁架或墙体支撑。

楼板在建筑学中有着多重意义：首先，楼板是水平向支撑结构，和墙体或柱梁共同形成完整的建筑结构系统；其次，楼板是建筑空间的水平围合界面，限定每层室内空间的高度；再次，楼板的面层和顶棚层是室内装修的重要部分，为室内空间提供重要的功能支撑和感官体验；最后，楼板可作为建筑设备管线的"隐匿空间"，具有收纳作用。

2. 楼板的分类及其构造设计原理

1）楼板的基本组成

楼板主要由面层、楼板层和顶棚层构成。

面层也称为楼面，其功能和地坪层的面层相似，需要满足室内空间的基本功能和装修需求，面层材料和构造做法多样，在本节不展开叙述。

楼板层即结构层，不仅要承担其上部的全部荷载，并将这些荷载传递给梁、柱、墙，同时还要承受水平方向的荷载。

顶棚层是楼板的最下层部分，也是室内空间的顶部，从完全暴露结构，到简单的抹灰，再到复杂、精致的吊顶装修，顶棚层的发展充分反映了现代建筑进化的过程。

2）楼板层分类及构造原理

楼板层是楼板的核心结构，按材料来分类，楼板层可以分为木楼板、钢筋混凝土楼板和压型钢板组合楼板三种基本类型。

（1）木楼板

木楼板有着悠久的发展历史。轻质、便于建造是其在很长一段时间内作为主要楼板材料的重要原

（a）

（b）

图2-36 木楼板构造技术的发展
（a）传统木楼板；（b）现代木楼板

因。传统的木楼板构造为在墙或梁支撑的木格栅上铺钉木板作为楼板，自重轻、保温性好，但是防火性能较差、易被虫蚀、隔振性差、耐久性差，需要经常维护。经过现代木材技术的发展，木楼板原有的诸多缺点已经得到了改善，尤其是采用集成木材取代原木之后，木楼板结构强度，各项耐久性能都得到了显著提高。现在，木楼板不仅广泛应用在小型木构建筑中，在一些大型公共建筑乃至一些高层建筑中都得到推广（图2-36）。

（2）钢筋混凝土楼板

得益于出色的结构性能，便利的施工方式和广泛的适用性，钢筋混凝土楼板是现代建筑最常用的楼板层结构类型。相较于木楼板，钢筋混凝土楼板整体性更好，刚度更大，跨度更大，布置更加灵活，

图 2-37　梁式楼板

图 2-38　密肋楼板

能适应各种不规则形状和特殊要求的建筑空间。按照建造方式的区别，钢筋混凝土楼板可以分为现浇楼板和装配式楼板两种基本类型。

现浇钢筋混凝土板以实心板为主，其结构布置取决于承托楼板的方式。由墙直接承重的楼板为板式楼板，根据受力特征分为单向板和双向板。由梁架承重的楼板为梁式楼板，根据建筑空间尺度和功能需求合理确定梁板的经济跨度和截面尺寸。常用的梁板结构中一般采用主次梁结构，楼板的适宜跨度在 5～8 m（图 2-37）。

当建筑需要一些特殊无柱大跨度空间时，可采用一些特殊的楼板构造，如井式楼板。井式楼板采用双向交叉肋梁，可以实现较大的跨度（30～40 m），且装饰性较好，适用于门厅、大厅、会议室、餐厅等无柱大空间的楼板或屋盖。与之相似的还有一种密肋楼板，可应用于 6～18 m 的近方形空间，其肋距密集（600～1000 mm），肋高较低（跨度的 $\frac{1}{30} \sim \frac{1}{20}$），常应用于梁高受限的空间中（图 2-38）。

为了进一步提升室内空间的使用效能，还演化出一种无梁楼板结构。该结构系统通过加大楼板的厚度（160～200 mm），并在柱子的端头设置柱帽提高柱顶的受冲切承载力来实现无梁构造楼板。无梁楼板最大程度减少了楼板结构所占空间，顶棚平整，利于室内采光、通风，并具更佳的空间效果。不过其柱距不宜过大，抗震性能也受限。当使用无梁楼板结构时，建筑师会对柱帽进行特殊设计来强化柱与板的联系，形成醒目的建构特征（图 2-39）。

图 2-39　无梁楼板

图 2-40 装配式混凝土楼板的基本类型

装配式钢筋混凝土楼板是把整体楼板按模数拆分成标准部件,在工厂的流水线上预先制作,然后运输到现场进行安装。相比较现浇钢筋混凝土楼板,预制楼板的建造效率高、施工便捷、湿作业少、低碳环保,但是整体性不如现浇系统好。装配式钢筋混凝土楼板根据截面形式可以分为平板、槽形板和空心板(图 2-40)。

平板跨度小(约 1500 mm),工艺简单,自重大,隔声效果较差。槽形板在板上增加了肋形支撑,提高了楼板跨度(3~6 m),也减少了板厚。正置的情况下,隔声较差;倒置时,可在槽内填充隔声和保温材料,提高楼板的隔声和热工性能。空心板结合了平板和槽形板的主要优点,节省材料,通过空心孔洞提高楼板的隔声、隔热和保温性能,同时可以满足较大跨度的需求(6~7.2 m)。

鉴于现浇混凝土楼板和预制混凝土楼板各有一些不可克服的缺点,在结合两者主要优点的基础上,产生了一类集预制装配与现浇工艺一体的新型混凝土楼板技术,其中在中国大量应用的一种产品是叠合式楼板——预制薄板与现浇混凝土面层叠合的整体式装配楼板。叠合式楼板中的预制钢筋混凝土模板采用预制装配的方式,作为永久性模板敷设,板面上再进行现浇混凝土叠合,管线可预先敷设于现浇层内。叠合板不仅具备了现浇楼板优良的整体抗震性,还兼具装配楼板的施工便利性,节省材料,热工性能良好,适合标准化程度较高的建筑类型,如住宅、办公建筑等(图 2-41)。

(a) (b)

图 2-41 叠合楼板的预制装配
(a)叠合楼板生产;(b)叠合楼板安装

(3)压型钢板组合楼板

在钢结构建筑发展的过程中,一种由钢板和混凝土组合而成的复合楼板建造技术逐渐成形——压型钢板组合楼板。压型钢板与钢梁连接,承受拉应力的同时作为混凝土楼面的永久模板,混凝土面层承受剪应力并加强楼板的整体性。根据压型钢板的截面形式,可以分为单层压型钢板和双层压型钢板楼板。压型钢板的肋间空间可以用于敷设管线,底部可以悬挂设备管道。压型钢板组合楼板作为一种新型复合楼板,充分利用不同材料性能,整体性好,性能优越,建造便捷,多用于大空间建筑和高层钢结构建筑中(图 2-42)。

3)附加层构造

楼板的工作环境以室内为主,因此在物理性能的设计上不用面面俱到,只需要针对功能房间的特定需求进行设计,主要包括以下几个方面:

(1)热工性能

大多数的情况下,建筑楼板是不需要采用保温

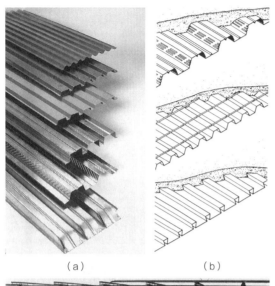

（a） （b）

（c）

图 2-42 压型钢板组合楼板构造及建造技术
（a）压型钢板；（b）压型钢板敷设混凝土；（c）压型钢板楼板施工

隔热措施的。对于如北方寒冷地区的建筑，根据相关规范，楼板需要采用一定的保温构造技术；而针对南方炎热地区的建筑，楼板则需要采用一定的隔热构造技术。

（2）隔声性能

隔声是楼板重要的性能，良好的隔声措施是避免上下层空间互相干扰的关键技术手段。对于不同功能的建筑，标准规范设定了基本的隔声要求，对于特殊性质的功能房间如广播室、录音室、演播室等，隔声构造要求也更高。

根据声音传播的特征，楼板隔声措施包括空气隔声和固体隔声两个方面。隔绝空气传声的主要构造措施包括避免楼板出现裂缝、孔洞，采用附加层，以及增设吊顶等。隔绝固体传声的主要构造措施主要有采用弹性面层，如橡胶垫、地毯、软木等，使楼板可以吸收一定的冲击能量。

（3）防护性能

作为承重构件，楼板必须具备防火性能，钢筋混凝土楼板因其理想的耐火性能而得到广泛使用。当采用木楼板和压型钢板复合楼板时，楼板就需要设计额外的防火构造，如涂刷防火涂料，覆盖混凝土等。对于用水较多的房间如卫生间、浴室、实验室等功能空间，则需要增加防水构造。

4）顶棚层构造

早期的建筑中，楼板的顶棚通常是不加装饰的，即露明顶棚。之后在一些高规格的建筑中，逐渐出现了以装饰为目的的顶棚（图 2-43）。在现代建筑中，由于现代设备管道大多敷设在楼板下方，加上人工照明的需求，对顶棚进行必要的吊顶装修设计以遮蔽管线，合理布局灯光设备已经成为一种通用设计方法。对于某些特殊的功能空间，顶棚还需要基于额外的性能和美学要求进行针对性设计。目前顶棚的主要类型包括露明顶棚、平整式顶棚、悬挂式顶棚和分层式顶棚。

（a） （b）

图 2-43 中国传统建筑的顶棚
（a）露明顶棚；（b）装饰顶棚

（1）露明顶棚

露明顶棚指楼板层的结构和设备的绝大部分直接表露于室内空间，不进行遮盖。露明顶棚会直接暴露建筑的楼板层结构，对于大跨度空间有利于展示结构美。但由于现代建筑设备占比的提高，不加掩饰的各种管道、通风口、喷淋设备也会暴露出来，进而影响建筑内部空间的完整性和美观性。因此，一般露明顶棚会出现在空间高大且对于装修要求不高的场所内，比如仓储类建筑、大型超市、健身房、实验室等（图2-44）。

图2-44 露明顶棚

（2）平整式顶棚

平整式顶棚是采用轻钢龙骨吊挂纸面石膏板、木板、金属板等板材或格栅，形成完整的平面或者曲面顶棚。覆面可以根据需求做成整体平面（曲面）或者单元拼接式，设备管道埋藏于吊顶层内，通风口、喷淋口、灯具等结合空间形态统筹设计。平整式顶棚简洁大方，便于维修，适用于各种公共建筑空间，如办公空间、展览空间、医疗空间、交通空间等，色彩一般以浅色为主（图2-45）。

（3）分层式顶棚

当室内空间比较高大，或者有特定的主题性装修需求，顶棚可以分成高低不同的层次。这种分层式的顶棚不仅方便隐藏通风口（侧向通风），利于灯具自由布局，还可以将过大的顶棚分散成合理的尺度进行组合设计，优化室内空间形态。面积较大的门厅、会议厅、电影院、主题空间常采用分层式顶棚（图2-46）。

（4）悬挂式顶棚

悬挂式顶棚是在承重楼板或结构下悬挂折板、格栅或装饰构件形成的顶棚。这种顶棚构造可应用于对声学、照明和装饰效果有特殊需求的空间，如剧院、餐厅、商场等场所。在剧场的观众厅中使用悬浮顶棚需要基于专门的声学设计，确定悬

(a)

(b)

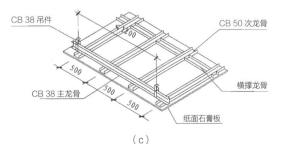

(c)

图2-45 平整式顶棚构造
(a) 单元覆面；(b) 整体覆面；(c) 顶棚龙骨

图2-46 分层式顶棚

图2-47 音乐厅的悬挂式顶棚

浮顶棚形状、位置及材料选择，并兼顾美学需求，在形成良好的声学效果同时营造高品质的空间感受（图2-47）。

2.3.3 楼板构造设计案例

1. 设备隐匿：路易斯·康的空心楼板结构

现代建筑设备的快速发展在给建筑带来更多功能性使用、安全性保护和舒适性体验提升的同时，也占据了建筑内部大量空间，其中在水平向占用的空间基本都附着于楼板结构上，因此如何梳理这些设备空间一直都是建筑师在楼板构造设计中的一项重要工作。

著名的现代主义建筑师路易斯·康是一位对空间规划有着较高要求的建筑师，他在充分考虑机电设施在建筑中应有地位的基础上提出了"服务空间与被服务空间"的二元理论。在康的建筑中，通常不会使用普通的吊顶构造遮掩设备管道，因为这样也会连同建筑结构一并遮掩。康的理念是通过合理的结构设计将设备空间进行集成，在展现建筑本体的同时，隐匿设备的痕迹。为此，在其诸多作品中，康都会巧妙地对楼板进行整合设计。

耶鲁大学美术馆的楼板设计充分体现了康的整体性理念：一是大跨度的空间需要高大的支撑结构；二是康希望建筑的结构可以作为空间表达的一部分得以暴露，而不是隐藏于平整的吊顶之下。鉴于这两个基本出发点，康为美术馆的楼板设计了独特的三角网络支撑结构。一方面，拓扑于基本井字梁的三角网格结构暴露在美术馆空间内，彰显了建筑的建构特征；另一方面，三角网格结构的空心空间巧妙地隐藏了设备管线穿行的痕迹，既美化了内部空间，也实现了其关于"服务的空间"设想（图2-48）。

虽然萨克研究所的功能和耶鲁大学美术馆大相径庭，但专业的实验室对设备的依赖更甚于前者。因此，康对萨克研究所楼板系统的设计投入了更多心血。萨克研究所的设备空间几乎有一层楼高，为了充分实现"服务与被服务"空间的理念，康先后对萨克研究所的楼板空间进行了多轮设计方案的比较：在中期方案设计中，康设计了倒三角形的空腹梁结构，并将设备管道置于梁底，形成了秩序井然而又结构鲜明的空间形态；最终的实施方案则简约了许多，钢筋混凝土空腹桁架作为结构更加高效，桁架上方是 10 英寸（25.4 cm）混凝土楼板，中间是管道空间，下方采用了 8 英寸（20.32 cm）混凝土空心板，板间预留管线通道，方便管线在实验室内布线（图 2-49）。

路易斯·康合理地利用楼板的结构高度，形成空心空间，巧妙地实现了其对"服务空间和被服务空间"的有序分隔，在不影响建筑结构真实表现的同时，给予了建筑设备应有的尊重。

2. 绿色顶棚：Bloomberg 公司欧洲总部新大楼

由诺曼·福斯特（Norman Foster）设计的 Bloomberg 公司欧洲总部新大楼，获得了 2018 斯特

图 2-48 耶鲁大学美术馆的三角形网格结构楼板

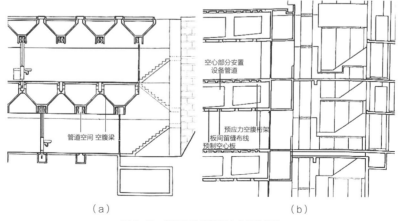

图 2-49 萨克研究所楼板空心结构设计
（a）中期楼板方案；（b）最终楼板方案

林奖（Stiling Prize），该建筑不仅展示了尖端制造行业的先进制造工艺水平，还体现了预制装配建造的高度集成化特征。

Bloomberg 公司欧洲总部新大楼的技术创新主要有两方面：①简洁美观的高性能围护体组件；②精致系统的楼板顶棚设计。建筑内部大部分空间都采用了同一主题—"满天星"的顶棚设计基于节能目的，通过提高照明效率来减少照明能耗。

整个大楼的楼板中共使用了约 50 万个 LED 灯，虽然数量庞大，但是相比较传统灯具的节能效率提高了不少。所有的灯光均匀分散布置，并通过背后的反光板，进一步提高照明效率，形成均匀的人工照明，"满天星"的效果也由此而来。顶棚的装饰面板没有采用常规产品，而是由经过精心设计的菱形花瓣形冲压铝板组合而成。菱形花瓣形冲压铝板围绕 LED 灯每六瓣为一个单元组合，既体现了统一的秩序美，又形成了多变的顶棚组合图案（三个一组形成正六边形，六个一组形成六边形花瓣），艺术效果显著。此外，设备管道、风口、吸声构造、喷淋设备无一不被巧妙地隐藏于吊顶板之后或铝板组合的缝隙之间（图 2-50），体现了顶棚层的高度集成性。

3. 高性能木楼板：萨尔茨堡（Salzburg）技术学校

奥地利萨尔茨堡（Salzburg）技术学校是一栋 3 层高全木结构建筑。建筑从结构、围护体到内装修均采用了胶合木材，并采用了现代主流的集成木材建造技术，是一栋典型性的低碳环保绿色建筑（图 2-51）。

虽然建筑的绿色指标提高了，但是由于采用了纯木结构楼板，因此构造设计的要求相比较寻常的钢筋混凝土楼板反而变得更加苛刻：①隔声、隔振是木楼板首要考虑的构造措施；②针对木材的易腐蚀性，楼板的防水构造需要加强；③从楼板的安全性出发，防火、防虫构造也是必需的。

建筑楼板的结构层采用了 240 mm 厚的层压胶合木（CLT，Cross-Laminated Timber），自重轻，强度大，防火性好；面层采用橡木，面层下敷设了 80 mm 的地暖层，可以在冬季实现舒适的室温，也可以去除地板层内的潮气；地暖层下部设置了 30 mm 的隔声层，同时在顶棚层内也设置了 20 mm 厚的隔声层，顶棚面层采用了可吸声的云杉板，一上一下形成良好的楼板隔声效果；防水层设置于结构层上方，可以有效地防止结构木材受潮而腐蚀（图 2-52）。

（a） （b）

图 2-51 奥地利萨尔茨堡（Salzburg）技术学校

图 2-50 Bloomberg 公司欧洲总部新大楼精致、美观、多功能的顶棚细部
（a）"满天星"顶棚局部细部；(b）样品模型

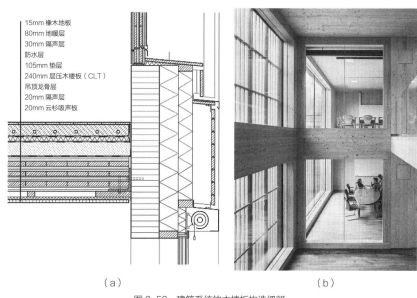

图 2-52　建筑系统的木楼板构造细部
（a）楼板构造细部；（b）建筑室内

奥地利萨尔茨堡（Salzburg）技术学校楼板的构造系统为我们展现了现代集成木技术的应用潜力。木材本身就是一种可循环利用的"负碳"材料，但由于原木结构的诸多缺陷，使其在现代建筑中的应用场景较为有限，尤其是楼板中很少使用。胶合木建造技术改善了原木的基础性能，增强了结构承载能力，提高了防火、耐腐蚀、防虫性能，加上系统的隔声吸声设计，已经成为一种成熟的高性能楼板的技术解决方案。

本节小结

楼板层作为建筑中的水平承重结构，在构造设计中首先要根据建筑整体结构类型选择合适的结构材料和建造方式；其次，根据具体的建筑功能确定楼板层的基本功能和性能需求，进而选择合适的面层、附加层材料和构造技术；最后，根据空间类型、装修需求，统筹考虑设备管道的敷设，进行合理的顶棚层设计，形成秩序井然、美观大方的内部空间。

思考题

某体育综合活动中心位的室内篮球场位于顶层，篮球场下层为健身房和乒乓球室，请对篮球场地的楼板构造进行详细设计。

2.4 屋顶构造设计

作为建筑最顶部的水平围护结构,屋顶不仅具有重要的结构作用,还需要抵御外界复杂的环境气候影响,同时也是建筑整体形式的重要组成部分。从平屋顶到坡屋顶,再到自由形态的曲面屋顶,屋顶的材料、建造方法和形式表达随着工业技术的发展有了巨大进步,也重塑了现代城市形象。

2.4.1 屋顶发展简介

屋顶和楼板有着相似的结构承重作用,但由于其处于建筑最外层,因此要承载更多的环境荷载,如风、雨、雪等。此外,屋顶需要抵抗外界环境的不利影响,保护墙体结构,营造舒适的室内环境。

屋顶作为建筑自下而上的最后一块拼图,是建筑中最有意义的元素之一。屋顶的样式不仅深深融入建筑语言中,还成为人类文化的意义中不可或缺组成部分,就如坡屋顶已经成为中国建筑文化遗产的典型代表那样(图2-53)。坡屋顶可以追溯到人类建造文明的开端,是一种久经考验的屋顶系统:坡顶的结构可以通过木材轻易实现;倾斜的表面利于排水,坡度越大,可利用的空间越充分;层压式(上层材料压着下层材料)的构造覆盖屋顶空间同时解决了防水问题,逐渐成为坡屋顶的标准构造技术并延续至今。

在现代建筑类型化和标准化发展的驱动下,结合新材料及防水构造技术的迅速发展,形式简单、工艺便捷、实用性更强的平屋顶逐渐取代坡屋顶成为城市建筑屋顶的主要形式。此外,建筑结构技术的进步大大拓展了屋顶的固有形态,尤其在大跨度建筑中,屋顶呈现了多元的形态,其中也不乏建筑师对新结构技术应用及对建筑整体形式创新的追求。在基本形式上,现代建筑又衍生出了如曲面屋顶、折板屋顶、球形屋顶等不同的屋顶形式(图2-54)。

科技发展对屋顶的影响还体现在屋顶材料创新上。在工业革命之前的几千年,屋顶材料及构造技术未曾发生较大变化——大多以轻质、小型重叠部件(茅草、瓦、石材等)覆盖。工业革命之后,作为工业技术发展的"副产品",屋顶的防水材料、保温隔热材料和屋面覆盖材料都得到了广泛发展,金属、石棉、水泥、混凝土、玻璃、塑料等新材料的加入大大丰富了屋顶材料的产品线,构造技术也不断更新迭代。另外,为了应对日益恶化的环境和能源危机,绿色技术也在屋顶构造中得到应用,如绿化屋顶、蓄水屋顶、通风屋顶、太阳能屋顶等(图2-55)。

(a) (b)

图2-53 中国传统建筑屋顶
(a)北京故宫太和殿的坡屋顶;(b)传统民居的坡屋顶

图 2-54　现代建筑丰富的屋顶形式
（a）悬索屋顶—英格斯冰场；（b）双曲扁壳屋顶—麻省理工学院礼堂；（c）自由曲面屋顶—TWA 航站楼；（d）拱肋曲面屋顶—悉尼歌剧院

图 2-55　不同材料的屋顶
（a）茅草屋顶；（b）瓦屋顶；（c）金属屋顶；（d）玻璃屋顶；（e）膜屋顶；（f）太阳能屋顶

2.4.2 屋顶构造设计原理

1. 屋顶的概念及其建筑学意义

屋顶，建筑顶层的水平、斜向或不规则块面，覆盖建筑的顶部空间，由垂直结构支撑。在建筑学中有结构、围护、防护和象征等多重意义。

屋顶结构和墙体、框架等垂直结构连接紧密形成统一整体；屋顶和墙体共同组成建筑的最外层围护界面，抵御雨雪侵蚀，保护内部结构；当下，减少建筑能源消耗甚至主动获取能源已经成为屋顶建造技术发展的新方向；屋顶的审美取向一直都是建筑学中一个重要议题，从东方建筑优美的飞檐反宇屋顶到西方建筑高耸壮丽的拱券屋顶，再到现代简洁实用的平屋顶和变化多样的不规则屋顶，屋顶形式的变化不仅体现了地域文化的差异，也体现了社会审美倾向的多元变化。

2. 屋顶的分类及其构造设计原理

1）屋顶的结构分类

承重是屋顶的基本功能。屋顶的结构设计需要保证屋顶在各种作用力的影响下不会产生过大变形，更不会倒塌。根据屋顶的受力特征可以将屋顶荷载分为永久荷载和外加荷载两种类型。永久荷载指屋顶本身的重量（承重构件和覆盖层）所产生的作用力；外加荷载既包括自然气候形成的荷载，如风、雪荷载，也包括了人的活动荷载，以及功能性屋顶（绿化、通风、蓄水等）的附加构件、材料和放置于屋顶的建筑设备荷载。

屋顶的承重结构从类型上可以分为杆系支撑结构和面支撑结构两种基本形式。

杆系支撑结构起源于木构建造技术，在传统建筑中应用广泛。现代工业技术的发展产生了新的高性能木材产品——集成木材，逐渐取代了原木结构，并衍生出了平面桁架、空间网架等结构强度高、跨度大的屋顶结构。现代工业的另一成就是发展了潜力巨大的钢结构屋架，相比较木结构，钢结构屋架的性能更加优越，经济性更佳，应用范围也更广泛（图2-56）。

在混凝土成为通用的屋顶建造材料之前，黏土和砌体是面支撑结构的两种主要材料。古人很早就开始采用起拱的方式将小型砌块材料（砖、石材）

(a) (b)

图2-56 桁架结构屋顶
(a) 木桁架屋顶；(b) 钢桁架屋顶

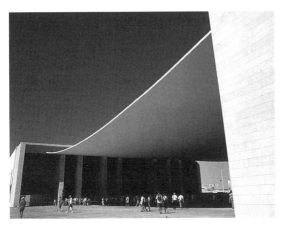
图 2-57　1998 年里斯本世博会葡萄牙馆

图 2-58　德国慕尼黑体育馆的膜结构屋顶

构成屋顶支撑,并将此项技艺发展到极致。现代混凝土材料技术的发展,使得屋顶的结构跨度得到了巨大提高,如壳体结构、悬索结构等屋顶结构技术实现了众多无须插入支撑结构的大面积、大跨度空间(图 2-57)。

除了在大跨度空间的发展,建筑材料的革新还促进了建筑屋顶结构的轻质化发展,其最具代表性的就是膜结构屋顶。这种全新的屋顶结构形式发展不仅得益于塑料这种新材料技术的进步,还依靠诸多在轻型建筑领域深耕的建筑师与工程师持之以恒的研究与实践,其中最具代表性的建筑师是弗雷·奥托(Frei Otto)。膜结构屋顶巧妙地利用了塑料材料的张拉力极限,使得屋顶既轻盈,又可以覆盖更大的区域。这种屋顶形式被广泛地用于大跨度建筑、景观建筑及对围护边界要求不高的建筑及构筑物中,可视为空间蒙皮结构在现代的新发展(图 2-58)。

当下,屋顶的跨度与形式已经借由层出不穷的新材料和日新月异的结构技术得到了前所未有的发展。承重虽然是屋顶设计的基本问题,但已经不再是制约建筑师进行设计创新的核心问题。建筑师面对的问题是如何针对特定的建筑空间,选择合理的屋顶结构形式,在经济的成本控制下实现高效的空间覆盖,并加以合理的形式设计提升建筑的整体形象。此外,屋顶结构选择还需要对环境可持续性及当地建筑工业发展水平综合考量。具体的设计原则包括但不限于以下几个基本方法:

①根据空间跨度和功能选择合适的结构体系;
②根据特定场所的工业技术水平选择合适的材料及建造技术;
③根据建筑的整体造型立意对可能的屋顶结构进行适应性探索与比较。

2)屋顶的附加层构造

屋顶的附加层是除结构层以外的屋顶覆盖材料、构件及特殊构造做法。这些附加构造取决于屋顶的基本功能和某些特定功能需求,如防水、保温、隔热、通风、采光等。它们有的解决屋顶的防护、耐久和建筑能源消耗问题,有的解决室内使用功能问题,还有的关乎建筑形式美学问题,需要统筹考虑。

(1)防水

屋顶是建筑外围护体中防水的关键部位,而屋顶防水的关键是良好的排水设计。因此,不论何种形式的屋顶都需要利用合适的坡度,迅速排出屋面积水，这样才能降低屋顶渗漏的可能。屋顶可以采用构造找坡或结构找坡实现合理的排水坡度。此外，屋顶防水的另一个重要环节就是选择合理的防水材料和构造技术。

防水材料的类型可以分为单元块材（瓦）、板材（混凝土板、金属板）和柔性材料（高分子卷材、沥青等）三种。这些材料的选择组合与屋顶的坡度、结构体系、防水等级，以及屋面形式的表达有着密切关系。

单元块材是最早使用的屋顶防水材料之一，发展至今包括了天然的岩板、木瓦、黏土瓦、沥青面板、混凝土瓦、金属瓦等不同类型的产品。单元块材产品生产施工便捷、造价经济、耐久性好、产品形式多元。单元块材一般可用于坡度较大的坡屋顶中，其构造技术大同小异。以常见的瓦屋顶为例，一般的构造原理是在结构层上设挂瓦条固定瓦块，有些类型的瓦也可采用砂浆粘接或采用钉连接。瓦屋顶的屋顶转折处及端部如屋脊、天沟、山墙、檐口、洞口等部位都需要进行加强防水构造处理（图2-59）。

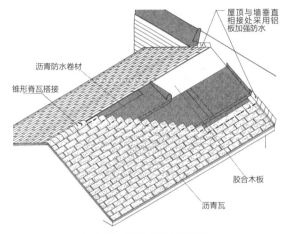

图2-59 沥青瓦屋面构造细部

相较于单元块材，板材防水材料单位面积更大，主要有两种类型，改性混凝土板材和金属板材。金属板材由于质量轻、易成形、防水性好、外观多样，在现代坡屋顶建筑中得到了广泛应用。金属板材可以根据需求做成不同规格的单元几何形，金属板还可做凹凸、波浪形的处理，既可以提高板材强度，也可以起到加强形式美的作用。金属板材的固定方式与一般的幕墙做法相似，主要通过与主体结构连接的金属龙骨及附属部件进行连接（图2-60）。

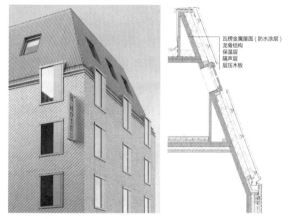

图2-60 某建筑金属屋面构造细部

沥青作为最早的柔性防水材料，在公元前3000多年就开始被使用。现在，沥青更是被制成卷材，和后来出现的合成高分子卷材一同成为重要的柔性防水材料。柔性防水卷材低温柔性好、适应形变能力强、使用年限15~30年（图2-61）。如果卷

图2-61 柔性防水卷材施工

材单独使用，如平屋顶的防水构造，则需要敷设两层；如果和其他防水材料搭配使用，可设一层。在平屋顶的女儿墙、管道、开口处为了防止垂直面与水平面交接处渗漏，柔性防水层需要沿垂直面敷设至一定高度，形成泛水构造（图2-62）。

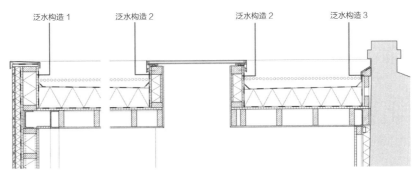

图 2-62 某平屋顶建筑泛水构造

（2）保温隔热构造

①保温构造

作为面积最大的顶部外围护部位，屋顶的保温性能对顶层空间的热舒适性影响较大，尤其是在寒冷地区，冬季屋顶保温性能对建筑的能耗影响较大。屋顶保温材料类型与外墙类似，一般可分为有机保温材料和无机保温材料两种，按照产品类型又可以分为松散、板状和整体三种，具体的产品种类丰富，如膨胀珍珠岩、聚苯乙烯泡沫塑料、加气混凝土等。

保温构造除了选择合适的材料，还要考虑保温层的位置。按照保温层与防水层的相互位置关系可以分为正置式保温屋面和倒置式保温屋面。

正置式保温屋面是指防水层在保温层之上的构造做法，这种构造方式基于使用防水层保护保温层，适用于耐候性能较差的保温材料。不过由于保温层靠近屋顶，为防止冷凝水使保温层受潮，需要在保温层下方设置隔汽层（图 2-63）。

基于新材料工艺的发展，新型保温材料如闭孔泡沫玻璃、硬质聚氨酯泡沫板等具有吸水率小、不易腐烂、耐候性强、不易老化的优点，因此产生了倒置式保温构造技术。倒置式保温屋面将保温层置于防水层之上，相较于正置式保温做法，倒置式屋面可以更好地保护防水层，避免防水层磨损、受冲击穿刺等破坏；同时，还便于保温层围护修缮；构造层次也更简单（图 2-63）。

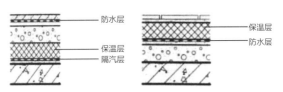

图 2-63 正置式和倒置式保温屋面构造做法

②隔热构造

在炎热地区，屋顶需要具有一定的隔热性能，以减少室内空调设备产生的制冷能耗。屋顶隔热构造除了采用特定的隔热材料，还可采用通风屋面、种植（蓄水）屋面等构造措施实现更好的隔热效果。

通风屋面构造的原理是在屋顶结构与最外层覆层之间形成通风腔，利用空气流动带走热量实现屋顶降温。这种屋顶通风构造常见于块材覆面的坡屋顶中，以固定块材覆面的杆件（挂瓦条、顺水条）形成的空腔作为通风层，屋脊设通风脊瓦来实现屋顶通风。当采用平屋构造，一般可采用架空隔热间层的方法实现屋顶通风隔热：以砖、混凝土块作为垫层，上铺混凝土薄板等材料，同时架空板还可兼作为屋面防水的保护层，这种做法常见于湿热地区（图 2-64）。

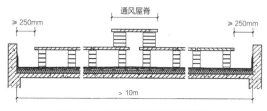

图 2-64 平屋顶架空通风隔热层做法

图 2-65 绿植屋顶构造

绿植屋顶不仅可以实现屋顶隔热功能，还可以借助植被增加环境收益，美化环境，是绿色建筑中一种常用的技术方法。由于屋顶增加了覆土、植被等荷载，植被屋顶的楼板结构需相应增强，同时还要为植被增加（蓄）排水层、过滤层、基质层、种植层等额外的构造层次，屋顶防水构造也需要进行加强（图 2-65）。

3）屋顶的特殊构造

结合建筑内部功能和空间的使用及性能需求，某些建筑屋顶还需要设置特殊的功能性构造，如排烟、通风、采光、设备集成等。

屋顶上最早出现的洞口就是为了实现排烟作用，之后演化形成烟囱。当下，基于排烟设备的发展，烟囱的构造形式已经产生了很大变化：机械设备替代了传统烟道，砖砌的出屋面烟囱可以采用风帽式管道，且高于屋面 2m，烟囱出屋面部位要做泛水构造。

不仅烟囱的构造发生了变化，基于"烟囱效应"的排风原理还被巧妙地"嫁接"过来作为建筑内部空间通风降温的一种基本方法，广泛应用于气候干燥炎热的地区，以及大跨度建筑中，如古埃及采用招风斗加速建筑内部空气流动，中亚地区采用风塔来引入风使得空气降温。风塔根据主导风向的差异构造也不尽相同，如主导风向单一，那么捕风口就会朝一个方向开口，如果没有持久的主导风向，风塔就会向多个方向开口。开口的形式除了竖直的长条形，还可以设计成精致的几何图案反映当地的人文特征（图 2-66）。

屋顶上的开口除了通风还可以用来采光，屋顶

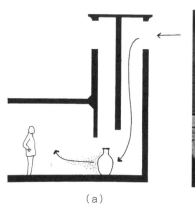

(a)

(b)

图 2-66 风塔
(a)风塔原理；(b)阿联酋建筑屋顶上的风塔

采光需求主要有以下几种情况：

（1）坡屋顶的顶层空间被利用起来，需要开口实现采光和通风需求，这种做法常见于传统的"孟莎式"屋顶。这种屋顶为两折坡屋顶，通常上半部分坡度缓且长度短，下半部分坡度陡且长，形成了可用的阁楼空间，因此常在下半部分的屋顶处开窗，俗称为"老虎窗"。

（2）随着建筑的跨度越来越大，建筑内部的采光需求不能仅通过墙体的窗户满足，就需要在屋顶上开采光天窗，这种天窗通常是条形或者点式均匀布置在屋顶上，常见于交通建筑、体育建筑、仓储建筑的屋顶上。当屋顶上设计天窗开口时，势必会造成屋顶防水层的不连续，也会形成防水的薄弱环节，因此天窗部位的防水构造设计尤其重要。为了避免雨水在天窗四周蓄积影响防水效果，天窗一般都会采用高出屋顶的构造方式，同时突出的天窗也可以丰富屋顶形式（图2-67）。

（3）公共建筑通高的中庭空间屋顶。传统的建筑通过围合形成庭院空间来增加内部空间和外部自然空间的融合。随着现代建筑体量的不断增加，室外庭院被演绎成了与外界环境相隔，但又可以自然采光的内部中庭，其中最关键的要素就是全玻璃屋顶。全玻璃屋顶实现了内中庭最大的采光自由度，营造了现代建筑内部免受外界气候干扰的愉悦开敞环境，为各种公共活动（休憩、交流、餐饮、购物等）提供了舒适的空间体验（图2-68）。

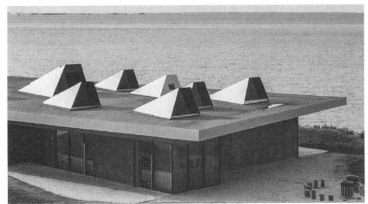

图2-67　马尔默海洋教育中心屋顶天窗

图2-68　加拿大阿尔伯特市市政大厅玻璃屋顶

2.4.3 屋顶构造设计案例

1. 坡屋顶：阿莫西（Ammersee）湖畔别墅

阿莫西（Ammersee）湖畔别墅是一个典型的欧洲两坡顶建筑。该住宅呈"工字形"布局，两个长条形体量为主要使用空间，中间以一个平屋顶过廊连接。虽然建筑主体结构采用了混凝土结构，建筑内部空间也以裸露的混凝土材质为主，但建筑外围护结构还是采用了温和的木材——当地盛产的云杉木，由于木材被加工成了黑色，该住宅也称为"黑色住宅"（Black House）（图2-69）。

虽然简单，但是这个建筑清晰地表达了屋顶应对气候环境的典型做法。不挑檐的大坡顶是其显著特征，较大的屋顶坡度是为了应对当地多雨的季节和在冬季可以快速排解积雪。

在坡屋顶内设计师加了一层平屋顶，是为了将高出的空间分隔出来作为贮藏空间使用，同时在坡屋顶和平屋顶上设置了双层保温构造，可以有效提高屋顶保温作用。坡屋顶的保温层采用倒置式，可以更好地保护防水层，防水层从坡屋顶连续敷设至中间的平屋顶上，并在转角处做了加强的泛水构造。

屋顶覆层采用了深色的瓦楞纤维水泥板，防水和隔热性好，覆层下的挂瓦龙骨形成的空腔成为屋顶的通风层。黄铜排水管道轻巧地挂在屋檐下方，犹如屋顶的勾边一样醒目而又高贵（图2-70）。

2. 玻璃屋顶：Menil 收藏艺术馆

作为高技派建筑师的代表，伦佐·皮亚诺从来不只在建筑中炫技，而是从建筑周围的环境中寻找灵感，将自然、技术与人的需求整合在一起，形成独一无二的设计。在休斯敦 The Menil 收藏艺术馆的方案设计中，皮亚诺就将"叶片"的形式与建筑展厅的屋顶功能和形式进行了融合设计。叶片状的水泥板从建筑室内一直延伸到室外，形成建筑周围的廊架屋顶，经过阳光的投影，在墙面留下斑斓的光影，让建筑变得栩栩如生（图2-71）。

这个类似"三明治"结构的玻璃屋顶不仅集成了建筑师关于结构、采光、温度控制等诸多复合功能整合的设计理念，还展现了建筑师长期在先进工业制造技术领域的积累。展厅的屋顶由微微向两侧拱起的玻璃（覆面层）、精致的球墨铸铁桁架（结构层）和叶片状钢筋水泥板（顶棚层）组成。透明的玻璃最大限度地引入自然光线，光线经过精确计

（a）

（b）

图2-69　阿莫西（Ammersee）湖畔住宅
（a）住宅入口；（b）住宅屋顶檐口细部

图2-70　住宅屋顶细部

图 2-71　The Menil 收藏艺术馆

算、模拟最终确定的叶片状水泥板多次反射后进入室内，形成均匀的展厅光环境。除了光线控制，"叶片"分隔了建筑下部和上部的空气层，反射来自屋顶上方的热量同时，可对由地面慢慢上升的空气产生稳定作用，最终形成室内相对稳定的温度和湿度（图 2-72）。

这个高性能的屋顶系统使用了当时先进的汽车与造船工艺。12 m 跨度的桁架球墨铸铁制造工艺来自美国的一个汽车承包商（图 2-73），而对这一材料的关注则与早期皮亚诺在制造实验汽车时的经历有关；钢筋水泥板的制作由英国一家船只制造厂完成，通过特殊的模具铸成水泥板的外形，外表采用了白色大理石粉末和白石灰，最后用酸性物质抛光表面。对屋顶结构、功能、形式的高度整合，以及对跨界设计、生产及建造全过程的全局掌控体现了

建筑师强大的技术集成能力，这与其在工业技术领域内持之以恒地探索与钻研密不可分。

3. 绿化屋顶：瑞士手表制造商博物馆

当 BIG 事务所将瑞士手表制造商博物馆设计成盘亘于绿色坡地上一个双螺旋体量时，不仅希望该建筑可以联系过去与未来，也唤起对了传统机械手表的典型零部件——发条形式的联想。由于新建筑周围有多个既有建筑，圆形的体量不仅缓解了新建筑与老建筑之间紧张的关系，嵌入山体的做法也削减了新建筑的体量，最终绿植屋顶的做法，让新建筑轻松地融入现有的山体环境之中（图 2-74）。

屋顶结构的方案设计主要取决于两个要素：①垂直支撑结构的类型；②屋顶的荷载强度。考虑到建筑需要一个完全透明和高品质的玻璃表皮，建筑的垂直支撑结构采用了高强度结构玻璃；由于该地区极端的小气候环境，冬季屋顶的雪荷载达到 5 kN/m²；博物馆内部需要开敞性空间，不能增加支撑体。综合上述各方面需求，最终屋顶结构采用了轻型钢结构：便于和玻璃结构连接，自重轻、承载力强。屋顶的结构由环绕建筑的内外两根主梁和中间连续的次梁构成基本框架，每两根横梁之间采用了交叉支撑进行加强，在两榀螺旋结构交接处还采用了井字形钢格栅进行整体性连接（图 2-75）。

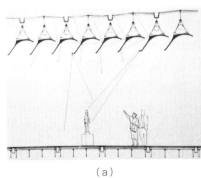

（a）　　　　　　　　　（b）

图 2-72　The Menil 收藏艺术馆屋顶的集成设计
（a）屋顶剖面；（b）室内自然光线

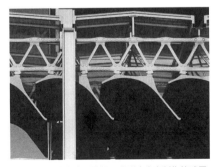

图 2-73　由汽车、造船工业联合生产制作的球墨铸铁桁架及水泥板构件

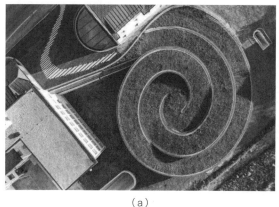 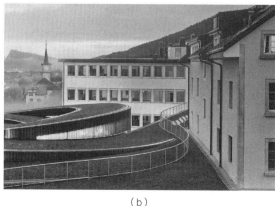

(a) (b)

图 2-74 博物馆屋顶与文化和环境的关系
(a) 双螺旋屋顶;(b) 博物馆与周边建筑的关系

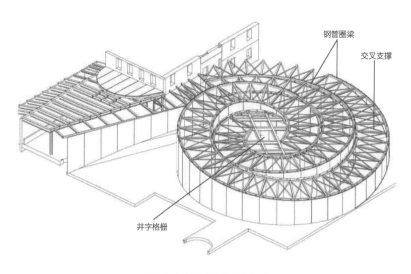

图 2-75 博物馆屋顶结构设计

冬季建筑所处的环境极端气温可达 -20℃，因此对建筑围护体的热工性能提出了较高的要求，再结合场地景观的需求，绿化屋顶成为博物馆屋顶绿色技术的最佳方案（图 2-76）。鉴于较大的雪荷载和有限的承载结构，屋顶覆土层仅满足植的最低要求（150 mm）；覆土屋顶保留合理的排水坡度，沥青防水卷材敷设于土层之下，并一直沿排水沟到达檐口上方。140 mm 厚的聚氨酯（PUR）保温层 +100 mm 岩棉保温层形成充足的温度绝缘层；为了避免室内外温差过大产生的冷凝水对保温层产生不利影响，在保温层之间还敷设了隔汽层（图 2-77）。

瑞士手表制造商博物馆的屋顶设计综合考虑了建筑与文化及场地的关系，既能融合环境又能恰当地表现设计主题。同时，屋顶的技术方案积极应对功能需求和气候特征，通过绿化屋顶构造技术实现较好的被动式节能效果。

图 2-76　与环境融合的绿植屋顶

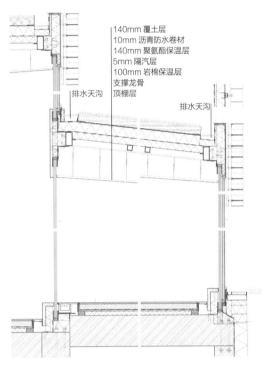

图 2-77　绿植屋顶构造细部

本节小结

屋顶作为建筑中重要的结构和围护要素，在设计中首先要根据建筑的整体形式确定其基本形态，进而选择合适的结构形式；其次，根据外部环境特征选择合理的性能构造技术；如果顶层空间还有采光、通风、隔热等附加功能，则需要结合屋顶造型进行天窗、屋顶通风及隔热（绿植、蓄水等）等构造设计；最后，根据空间类型和装修需求对顶棚进行定制设计。尽管平屋顶在现代建筑中实用性高，但在协调建筑与自然、人文及技术关系的过程中，某些特殊的屋顶结构、功能和形式依然会成为设计的重要内容，建筑师需要灵活应用屋顶多元的构造技术进行新的组合和设计创新。

思考题

现拟在南方某乡村内建造一栋单层村社区活动中心，该村落周围有丰富的木材资源，同时距离村落不远的地方有一个小型钢材厂。社区活动中心为一字形平面，平面尺寸为 $12\,m \times 42\,m$，请为社区活动中心进行合理的屋顶构造设计，绘制屋顶剖面及屋顶构造细部。

2.5 阳台构造设计

在现代建筑中,阳台是建筑室内的延伸,主要指相对于室内边界水平伸出的平台,是为人们提供享受阳光、接触自然、眺望远处、晾晒衣物等功能的空间场所,可视作室内与室外的过渡场所,兼具实用性和景观性。屋顶露台在功能方面与阳台有诸多相似之处,但其构造意义上的建造要点与阳台并不相同,因此本书不对露台进行讨论。

2.5.1 阳台发展简介

其一,阳台的历史溯源。阳台的出现,是为了满足二层及以上空间室内外联系的需求,因此从时空逻辑上,人们对于阳台的探索是在楼梯、门窗、墙体等基础构件之后,是在更高的需求上发展起来的,因为对于更加简单的、低层的原始建筑,与室外进行连通本身已十分便利,阳台的必要性并不突出。东方古代建筑体系中,阳台并未成为居住建筑的部件,传统建筑亦极少出现悬挑式的做法,用于远眺、观景的平台等主要由退台而生,以平座、楼阁等为例。在西方的建筑发展中,阳台的出现可以追溯到中世纪和文艺复兴时期,阳台由悬挑的木、石托座支承,出挑深度十分受限。斯特维奇博物馆中罗密欧与朱丽叶的阳台事实上是后人根据剧本在臆想的故居上进行改造而成。1833 年,卡特勒梅尔·德·昆西(法国)在《建筑历史辞典》中首次提到了阳台,标志着阳台正式发展成为建筑的要素。1880 年,在豪斯曼的巴黎现代化改造中,阳台是最典型的要素之一,以铁艺、临街出挑、融合于立面等为特色,并出现了沿着整个立面展开的连续阳台,提出了让每一套公寓都能有一座阳台的构想,这一计划深刻影响了巴黎建筑立面当中阳台的形式。在 1905 年前后,安东尼奥·高迪设计的巴特罗公寓以怪诞的方式呈现,阳台出挑的尺度本身较小,但其类似舞会面具的形式为整栋建筑带来了与自然亲近的途径并强化了建筑的外部的自然主义风格。上述典型案例,如图 2-78 所示。

其二,现代早期的阳台发展。阳台兼具内外空间的双重属性,对于室内而言,阳台属于外部,而对于街道而言,阳台又属于内部。1929 年西格弗莱迪·吉迪恩(瑞士)在《自由生活》中提出阳台是走向新生活方式的解放宣言。这一时期,阳光疗法在康养、医疗、照护类设施中一度兴起,赋予了阳台自由、疗愈性、健康性的特质。早期代表性的阳台设计例如包豪斯校舍(图 2-79)、罗威尔医生的健康住宅(图 2-80)等。包豪斯校舍在整齐划一的立面上,每扇窗户都配备了几何方块形的小阳台,与窗户的结构严丝合缝紧密相连,给规则和秩序的空间增添了更丰富的活动空间和可能性。罗威尔医生的健康住宅成为其推广建筑影响人体健康理念的重要载体,在这座钢结构的住宅中,露天阳台和封闭阳台均有所呈现。此外,在柯布西耶的未建成公寓设计 L'Immeuble Villa(1922—1929 年)当中,对设计阳台场景进行过非常现代的设想,公寓包括了两种户外空间,一种是尺度较大的用作空中花园的平台,另一种是悬挑的供个人使用的小型阳台(图 2-81)。该方案虽然未能在当时建成,但可视作后来绿化阳台、空中花园等发展的原始雏形。

其三,阳台的现代化普及。在高层住宅建筑普及、室内生活时间延长的背景下,阳台几乎成为普通大众唯一能够直接享受户外环境的私有空间,因此阳台地位与日俱增,从可有可无的境地转为现代住宅不可替代的普遍性措施。然而,在绝大多数的高层建筑中,阳台却失去了个性,成为整齐划一的"要素"

图 2-78 阳台历史发展部分案例
(a) 七檩三滴水歇山正楼；(b) 奈良药师寺东塔；(c) 北京智化寺万佛阁；(d) 卡斯特维奇博物馆中阳台；(e) 豪斯曼风格的铁艺阳台；
(f) 巴特罗之家阳台

（图2-82），且出现大量封闭性、生活服务性阳台。阳台封闭之后，在一定意义上已经背离了其初衷但背后又有着不可辩驳的生活逻辑。封闭阳台使居室与外界隔离再次增强，阳台顾名思义是乘凉、晒太阳的地方，封闭之后人就缺少直接享受阳光、亲近户外的机会。但由于现代城市环境中，污染、噪声、安全性等诸多隐患，以及在北方寒冷的地方开敞阳台冬季利用率过低等因素，大量居民选择将阳台空

图 2-79　格罗皮乌斯设计的包豪斯宿舍阳台

图 2-80　赖特为罗威尔医生设计的健康住宅

图 2-81　柯布西耶设计的公寓 L'Immeuble Villa（未建成）

图 2-82　广泛建造但毫无个性的阳台

图 2-83　西班牙巴塞罗那瓦尔登 7 号住宅的半圆形阳台

间进行封闭，有利于阻挡风沙、灰尘、雨水、噪声的侵袭，可以使相邻居室更加干净、安静。进一步讲，阳台封闭后相当于扩大了居室内部的实际使用面积，在我国人均居住面积仍然相对有限的城市环境当中，封阳台成为扩展使用面积的重要手段。在高层住宅阳台整齐划一的大背景下，20 世纪 70 年代西班牙巴塞罗那瓦尔登 7 号住宅曾尝试突破大众化的阳台做法，然而庞大体量上出挑的半圆形阳台，由于其面积非常有限，几乎无法承载站立之外更多的功能，也因此维系着阳台供人们接触户外的原型（图 2-83）。整体而言，探索更加多元的阳台形式是高层住宅设计的重要方向。

其四，阳台设计的进展与突破。近年来，随着科学技术的发展及人们生活质量的提升，阳台在实现基本功能的基础上，被不断改良创新，呈现出多样化的构造形态，绿化阳台、玻璃阳台、折叠式阳台、外挂式阳台等，正逐渐取得突破。例如法国某公寓采用连续型的阳台（图 2-84），通过上下层平面交错布置避免毗邻的阳台之间相互干扰，让阳台成为能够真正接触风雨阳光的场所，同时在形象上消解了孤立的阳台"个体"。再如阿根廷邦普朗 2169 号综合体（图 2-85），将阳台全部进行种植，

图 2-84　法国某公寓阳台外观（左）及冲孔板栏板（右）

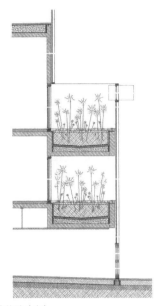

图 2-85　阿根廷邦普朗 2169 号综合体外观（左）、内景（中）及阳台构造（右）

其本身已经提供了一种更加极致的对于绿化阳台的理解。

2.5.2　阳台构造设计原理

1. 阳台的概念及其建筑学意义

阳台，作为从建筑体量中延伸出的供人们使用的平台，其建筑学意义是对技术问题（力学、材料、气候响应）、形式问题（尺度、立面造型）、空间价值（室内与室外的空间关系、使用方式背后的生活逻辑、社会意义等）的综合解答。在有关阳台的论述方面，库哈斯在"*Elements of Architecture*"当中有着关于各时期阳台全面的收集、整理与解析，阳台提供了一个让人们重新审视室内与室外、建筑与环境、局部与整体、私密与公共等问题的场所，阳台的空间意义、构造意义，以及社会意义均有所涉猎。

回想疫情流行期间，保持社交距离和居家隔离成为我们每个人都经历过的场景，而在此期间，

图 2-86　从《阳台里的武汉》看见中国城市住宅阳台的类型与功能

阳台成为能够通往外界、慰藉身心的重要途径，正如公益短片《阳台里的武汉》所记载的那样（图 2-86），阳台作为家庭与社会连接的窗口，在这个区域我们看到了健身区、休闲区、书房、晾衣间、绿化间、储藏间，其背后呈现的是居住现状当中的生活逻辑；我们看到了开敞通透的阳台，也看到了封闭的阳台，其背后是空间逻辑对使用模式的响应；我们看到了阳台上敦厚的混凝土栏板和精美的铁艺

栏杆，也看到了近乎通透的落地玻璃，其背后是材料做法对空间逻辑的响应。总体而言，从场景多元丰富，但就集合住宅阳台的建造方式而言，并未跳出人们常见的阳台分类。

2. 阳台的分类及其构造设计原理

分类实际上是指从何种视角看待这一要素。按照阳台空间的封闭程度来分，被描述为开敞阳台和封闭阳台。按照阳台与立面的投影关系分，可分为凸阳台、凹阳台，以及综合型阳台。按照阳台的功能分，亦可描述为生活阳台、景观阳台或服务阳台，但其实无论阳台用作什么功能，以及其开敞程度如何，与其在结构构造设计方面并不存在对应的关系。从构造理路的角度，主要可分为退台形成的阳台和利用结构悬挑形成的阳台。阳台从建造角度主要由承重结构和围护护栏组成，因此需要处理的关键构造问题大致包括：结构的抗倾覆设计、阳台形式设计、阳台的防排水保温等物理性能设计。

1）安全性能设计

阳台的安全性体现在抗倾覆设计、防跌落设计、防坠物设计。在抗倾覆设计方面，结构可采用：①搁板：凹阳台以嵌入建筑立面的方式存在，通常采用后退的方式形成，其底板大多采用搁板的方式，即将楼板搁置于两侧的墙或梁上，与楼板做法基本类似；②悬挑：凸阳台以超出建筑立面的方式存在，通常采用挑板或者挑梁的方式。挑板的做法是将阳台板与楼板整体浇筑在一起，楼板的重量构成阳台板的抗倾覆力矩。倘若无法与楼板整浇，则利用增加过梁、过梁上的墙体、过梁上的楼板重量等综合构成阳台板的压重，提高阳台板的稳定性。挑梁的做法则是由墙体或者框架向外做挑梁，而后将阳台板支撑在挑梁上，挑梁伸入墙体的长度应足够，确保其结构的稳定性；③吊挂：当阳台出挑尺度较大，为了提升其安全性，采用钢杆、钢索等形式将阳台板辅助吊挂于主体结构之上，通常应用于钢结构建筑当中。在防跌落设计方面，阳台栏板栏杆应具有足够的坚固性、耐久性，防护高度不应低于 1.05 m，高层不应低于 1.1 m 净高，临空垂直栏杆间距不应大于 110 mm 且不宜攀爬等。

2）阳台选型设计

阳台作为建筑外立面的重要元素对建筑的形式感产生直接的影响。首先，阳台的封闭与开敞决定其外观形式，其中封闭阳台栏板之上通常采用类似玻璃窗的做法进行封闭。其次，阳台的尺度、形式、位置，以及是否种植绿植等亦显著影响建筑立面。最后，栏板的材料与特征（例如金属栏杆、混凝土栏板、玻璃栏板等）在很大程度上决定阳台的外观，栏板因材料不同构造做法不同。金属栏杆一般采用方钢、圆钢、扁钢、钢管等，与阳台边梁上的预埋钢板焊接固定或者预留孔槽的方式进行连接。对于混凝土栏板，其与阳台板的联系主要通过二者内部的钢筋焊接或预埋铁件焊接等方式实现稳固连接。对于玻璃栏板，金属立柱与阳台板内部铁件通过焊接或者预留槽口等方式实现稳固连接，玻璃板应采用安全玻璃，镶嵌于立柱间或利用金属构件固定于栏杆。

下面举两例阳台设计案例协助理解阳台的选型问题。例如博埃里建筑设计事务所与中南建筑设计院共同完成的湖北黄冈居然之家，包含了开敞阳台、封闭阳台，以及专设的绿化挑台等多种不同类型的阳台形式（图 2-87），通过多种类型阳台的组合形

图 2-87 黄冈居然之家阳台立面形式及类型

图 2-88 重庆某江景高层住宅阳台常规使用方式（左）、某民宿阳台改造设计（中/右）

成丰富的建筑外观。再例如重庆某临江的一栋高层住宅（图 2-88），小区的房间有局部跃层的处理，形成通高 6 m 的开放式阳台，因此其阳台空间相比于传统平层具有更大的高度，不同的住户根据常住需求进行改造和探索，有的封闭阳台，有的添置夹层，有的改造为花园。其中一户的阳台设计由武汉青·微舍工作室设计完成，以阳台套阳台的方式为我们提供了一种重新审视阳台空间，以及阳台构造的视角。设计师突破了截然分为两层阳台的做法，并借助这一区域实现复式空间的交通联系，以相对轻型的构造方式介入，在不对原先本体大动干戈的前提下提供了更加丰富的阳台空间体验。

3）物理性能设计

物理性能深刻影响着人们能否舒适的使用阳台。在热工性能方面，严寒地区室外阳台由于气候寒冷使用率低下，因此"封阳台"成为基于气候逻辑和使用逻辑的合理选择。阳台区域作为建筑典型的冷桥部位，为阳台做保温提升舒适性并减少室内热量过多损耗成为重要举措。保温阳台的构造除了栏板部位的保温外，更重要的还体现在选择保温玻璃、选择密封性更高的门窗构造等。在防水排水方面，阳台作为建筑的水平构件，如果是开敞阳台不可避免地受到雨水的侵扰，即使是封闭的阳台，往往由于承载着洗衣等功能也存在防水排水问题，一方面主要是指阳台板的防水，确保不对下层空间造成影响，一般采用阳台边缘上翻并刷防水涂膜的做法，避免无组织排水带来的墙面污染及对下层空间的干扰。另一方面确保阳台积水不对室内造成倒灌等使用影响。为了防止阳台积水，阳台结构面比室内结构面通常低至少 50 mm，雨量充沛的地区宜低 120 mm，并通过找坡的方式将水引至阳台的水舌或者地漏，并与落水管进行连接。

综上，以阳台出挑的尺寸为切入点来整体看待阳台构造原理。亚历山大在《建筑模式语言》中提到的当阳台的尺度小于 6 ft（约 1.83 m）深时几乎没有什么太多的用途。回顾阳台的发展不难看出，早期以石为主材料进行悬挑，其自重本身较大，若想要悬挑逾 1.8 m 非常不易，阳台的使用方式仅仅是短暂的站立停留，对于物理环境的控制要求也相对较低。若想要进一步在阳台上完成更多的使用功能，哪怕只是摆放一把椅子，其尺寸应在 1.2 m 以上；若想要容纳更加自由的身体动作，则范围应在 1.8 m 左右。阳台深度有没有进一步加大的必要性和可行性呢？一般情况下，阳台尺寸的加大拓展了空间，但其本身形成对室内光线的遮挡，进深过大的建筑室内环境的品质难以保障，并且过大悬挑带来了倾覆风险及经济成本进一步增加。目前已知的最大进深（7 m）的阳台为法国蒙彼利埃的白树住宅，其颠覆传统悬挑做法，采用钢结构吊挂的方式进行施工，在结构、形式、物理环境等方面均提供了新的综合性探索。

2.5.3 阳台构造设计案例

1. 混合阳台：埃因霍温特鲁多（Trudo）塔楼

特鲁多塔楼是一栋由 Stefano Boeri Architetti 设计的公寓，位于荷兰埃因霍温。该建筑采用钢筋混凝土框架结构，建筑共有 19 层，高 70 m，将开发 125 套用于社会住房的单元，每个公寓面积小于 50 m²，并根据预期的用户类型进行设计，每间公寓将保留 4 m² 以上的露台空间，以及每个阳台上 1 棵树和 20 棵灌木创造的自然微环境（图 2-89）。立

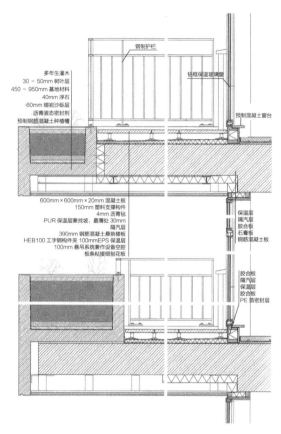

图 2-90 埃因霍温特鲁多塔楼阳台构造图解

面上的种植系统共采用了 6 种类型的预制钢筋混凝土种植槽，预制槽运用钢构件连接于悬挑阳台的外沿，或者搁置于阳台板外沿并用金属件固定，总体而言其抗倾覆设计面临较大的挑战，因此楼板由厚 390 mm 的高强度钢筋混凝土制作。该项目中阳台均属于开放型，且无遮雨构件，因此阳台采用了架空的方式，将雨水槽隐藏在架空的混凝土板下方。表面看起来阳台的完成面标高高于室内，但实际上隐藏在架空层下方的真正用于排水的标高仍然低于室内，防止了雨水的倒灌。该案例的阳台构造详图，如图 2-90 所示。

2. 纵向出挑的吊挂阳台：蒙彼利埃白树住宅

白树住宅是一栋位于法国蒙彼利埃的住宅建

图 2-89 埃因霍温特鲁多塔楼阳台立面

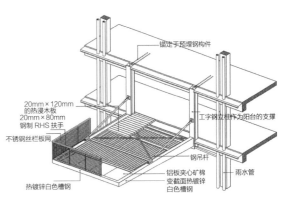

图 2-91　白树住宅外观（左）及其自上而下的阳台施工场景（右）

图 2-92　白树住宅阳台装配图解

筑，由建筑师藤本壮介设计完成，这一名为"白树"的方案并非将建筑做成具象的树的形式，而是强化了阳台这一要素，在建筑的外界面中自由的、灵活的、不规则的、角度旁逸斜出地设置了遍布楼体的阳台（图 2-91）。在这一案例当中，113 套公寓均朝向不同的方向，并且都有各自的阳台，一些阳台的悬臂甚至超过了 7 m，阳台的悬挑尺寸，以及面积远超寻常，通过钢结构悬挑的做法实现，在形式设计中强调挑出"板片"的视觉效果，阳台周边的围栏采用钢丝网的方式，使阳台看起来非常轻盈。这种略显夸张的阳台手段甚至取代了大量常规窗户，反映了阳台在跨越室内外边界时的优势。从构造的角度，该案例的阳台并非建筑主体楼板或者梁的出挑，而是以吊挂的方式置于建筑外部，施工过程是在主体完成之后从顶部开始向下逐层装配（图 2-91），与传统建造方式的施工程序恰恰相反。而能够在主体之外使阳台进行独立装配连接的关键在于位于层与层之间的垂直钢构件，其脱离于主体钢框架，因而具有足够的灵活度，对于出挑的阳台板通过增设吊杆、变截面阳台板、轻型构造方式等确保其安全性（图 2-92）。在大多数阳台的上方都增设了一个由槽型钢制成的格构化的"棚"，其

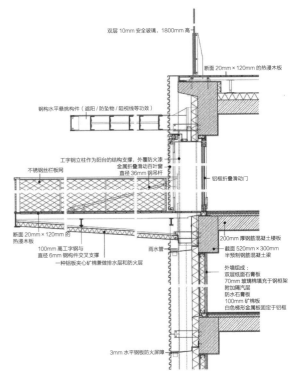

图 2-93　白树住宅阳台构造图解

用意在于遮阳、防止上层坠物、保护错层之间的隐私等，并以虚空的处理方式降低对室内采光的影响（图 2-93）。

3. 似是而非的折叠阳台：东京森林之家

森林之家是一栋位于东京大家区的功能混合的综合性建筑项目，由建筑师平田晃久设计。场地临街一侧宽度较窄而进深较大，是典型的东京高密度住宅区，顺从场地特性，设计师将建筑底层空间留给人流量大的画廊和沙龙空间，而私密的居住空间沿竖向发展安排在视野较好的上部空间。森林之家可以说是一个非常灵动的作用，通过各种深浅不一、高低不平的阳台以及随处可见的绿植，与冰冷的混凝土形成了极强的对比，仿佛是从体块当中冲破边界的褶皱阳台（图2-94），让我们重新思考阳台形式的可能性及阳台空间的多样性。从构造的角度，褶皱阳台以高密实度混凝土浇筑而成，外涂白色半透明防尘防水涂料。褶皱所形成的角落空间被植入了多个绿化池，内侧采用玻璃纤维增强防水涂层，采用人工轻质水土系统，

图 2-94　森林之家实景图

形成层次丰富的绿化阳台，时刻提醒我们阳台作为亲近自然空间的原始意义。该项目构造设计的详细内容如图 2-95、图 2-96 所示。

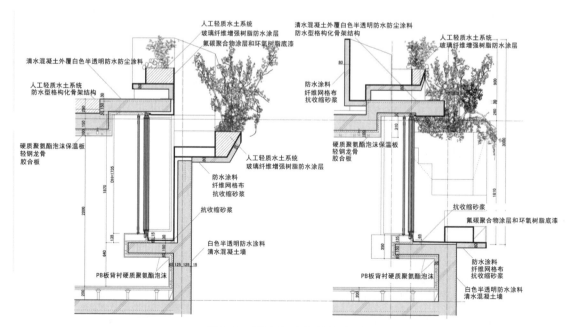

图 2-95　森林之家阳台构造图解（一）

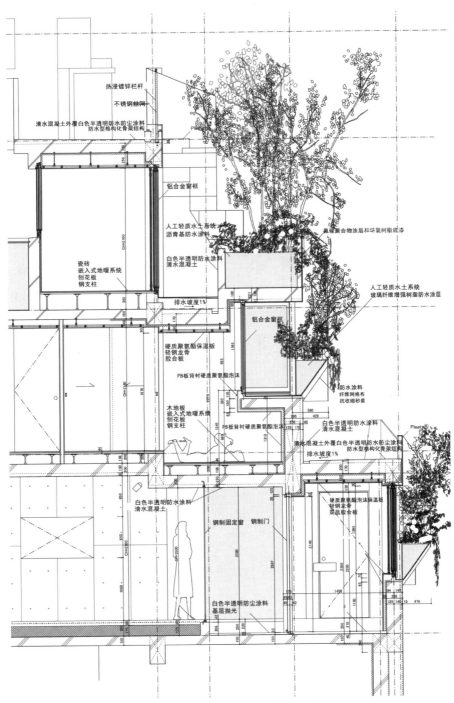

图 2-96 森林之家阳台构造图解（二）

本节小结

阳台作为现代住宅不可或缺的要素，为居住在高层中的人们提供了仅有的私有户外空间，因此阳台大量普及的背后具有深刻的社会意义。通过上述原理与案例的解读，可以将阳台的设计要点概括为力学层面的抗倾覆设计、形式层面的立面协调、物理性能层面的环境营造。从构造角度来讲，阳台结构支撑都无外乎从主体结构悬挑形成外部平台、在主体结构通过后退形成外部空间或依托可靠的吊挂措施将阳台部件与主体结构连接这几种措施，而栏板形式、阳台的封闭性、阳台的平面形式等皆为外表多样性而已。

思考题

结合埃因霍温特鲁多塔楼案例（图 2-90），阐述阳台构造设计在抗倾覆设计、形式设计、物理性能设计方面的要点。

2.6 雨篷构造设计

雨篷是位于建筑出入口处的上方，用来遮挡雨雪、保护外门免受雨淋、防止高空坠物的一种功能性构件，同时也是联通、转换建筑室内外空间的重要过渡性空间，它为建筑提供了一个维度，一个模糊的边界，一个有量感的、实体或虚体构成的过渡区域。在这里人们相遇，会相互问候，会发生面对面的交流。它预示了建筑物的开放性，是与建筑相关联行为的开端及结束。如果将其简单理解成"建筑的附庸"就丧失了它承载的空间组织功能，以及蕴含的设计潜力。

2.6.1 雨篷发展简介

由于建筑技术的进步，雨篷的形式、材料、结构、构造措施等方面都有长足的进步。**从功能上来说**，雨篷从纯粹的功能单一的保护性构件演化为多重意义复合的象征性构件。雨篷最原始的功能应该就是与出入口相结合，用来遮蔽雨雪，这在半坡早期建筑中可见一斑（图 2-97）。其入口采用大叉手，脊梁前端搁置在大叉手上，后端搭在主体建筑上，形成三棱柱状的入口雨篷和入口空间，门道很深以及设置较高的土埂作为门槛都是为了防止雨水倒灌。半坡中后期建筑当中，雨篷形式开始简化，但是仍然采用了如入口卷帘及屋檐出挑等方式来承担遮蔽雨雪的功能。[1] 随着时代的发展，雨篷被赋予了更多的功能，例如引导、暗示和限定入口区域的功能；实现室内外空间转换的功能；以及承载文化意向的功能等。齐康先生设计的河南博物院主入口和次入口（图 2-98），都采用了三角屋面，主入口厚重且有力量感，与主体建筑比例协调的同时强化了入口序列，增强了仪式感。次入口采用了玻璃屋面以及钢筋混凝土梁和柱子，轻重材质的对比和构件的精心划分使得建筑在历史语境下获得了勃勃生机。

从形式上来说，雨篷从建筑的附庸发展到与建筑形式的深度结合，从厚重到轻、远、薄、透，从规则的形式到自由的形式等。在传统建筑中，通常

---

[1] 中国科学院自然科学史研究所. 中国古代建筑技术史 [M]. 北京：科学出版社，2000: 13.

图 2-97 半坡 FH 复原图

是通过披檐、屋顶出挑、门洞、附加门廊及连廊等方式形成入口空间，现代建筑则因为更加大胆的结构设计和简约的构造处理，可以形成轻薄而深远的板片状雨篷，以及形式更加丰富绚烂的雨篷。詹姆斯·斯特林（James Stirling）设计的斯图加特美术馆入口雨篷（图 2-99 a），将三角钢桁架、玻璃等构件当作艺术品一样涂成鲜艳的颜色，昭示入口空间的同时与砖石建筑界面产生了强烈的对比。扎哈·哈迪德设计的维特拉消防站入口雨篷（图 2-99 b），飞扬的轻薄钢筋混凝土板片采用多根圆钢管柱子支撑，其中四根柱子倾斜放置，使入口空间产生运动感的同时也可以更好地抵抗横向荷载。技术进步给了建筑师更多的自由，如今玻璃结构、膜结构等雨篷也逐渐兴起，带给建筑轻盈且时尚的气质。

　　从构造上来说，雨篷的材料更加轻薄通透，构造层次更加清晰简约，排水措施从自由落水到有组织排水等。在传统的民居等建筑当中，利用披檐也就是砖、瓦、石材等构件的悬挑形成的墙面排水构造，保护下方的门窗洞口不受雨水侵蚀，这种构造形式在当代建造中已经简化为了墙面金属排水构件（图 2-100）。这种金属排水构件也起到了挡住沿墙面

图 2-98 河南博物院的入口
（a）主入口；(b) 次入口

图 2-99 入口雨篷
（a）斯图加特美术馆的入口雨篷；(b) 维特拉消防站的入口雨篷

图 2-100 排水构件
（a）歙县徽商大宅院某入口；(b) 斯德哥尔摩某建筑入口；
（c）马尔默 city in city 辅助入口

流下的雨水的作用，但是如果门是外开的情况下，在暴雨环境中，门就会暴露在雨中，同时会把雨水带进入室内。所以这种简化的排水构件往往适用于内开门的情况。但是我国建筑规范规定，所有公共建筑的外门需要外开，所以这种简化的排水构件并不适合取代雨篷应用于我们国家的现代建设当中。从传统的披檐到现代的金属排水构件，这种演化可见形式背后技术的进步，从厚重与装饰过渡到轻薄与简约。

雨篷设计与地域气候环境等息息相关，以我国传统民居建筑为例，位于干旱地区窑洞的雨篷与洞口门脸相结合，雨篷形式收敛而简化。而位于潮湿多雨地区的闽南红砖厝，则通过入口凹进的灰空间起到雨篷的功能。北方寒冷地区的建筑通过门斗设计防止冷风过多地侵入室内，南方建筑则通过连廊、门廊等灰空间，起到防晒遮阳避雨的功能。不论是传统的雨篷形式或是现代建筑中的雨篷形式，尤其是对于采用自由落水的雨篷设计，都要避免在人行入口处形成雨帘现象，防止出行的不便和尴尬，这也是传统雨篷多采用三角屋面的原因，体现了将屋面雨水从入口两侧排下的智慧。

2.6.2 雨篷构造设计原理

1. 雨篷的概念及其建筑学意义

1）雨篷的概念辨析

在英文中，"awning、canopy、flysheet"这三个词汇都有雨篷的意思，"awning"强调的是门窗上面的遮阳篷，"canopy"指的是遮盖，其含义比"awning"更加宽泛。而"flysheet"更多的是指由防水布、卷帘等材料制成的防雨的篷盖，篷盖广泛地应用于底层沿街商铺当中（图2-101），它们灵活、轻便且造价低廉，起到遮阳避雨、扩充空间的作用。作者在巴黎留学的时候，非常喜欢在放学后从卢森堡公园附近的一条小巷（rue de la Sorbonne）穿过回住所，傍晚时分，这条小路上的饭店、咖啡店都把座椅搬到了街道上，张开上面的篷盖，就形成了独特的空间界面和街道景观，成为情侣、游客、友人等各类人群的舞台，这些空间也由此转变成为场所。篷盖可以看作是雨篷的外延，但出于与出入口的关联及固定建筑构件的考虑，本节不再对篷盖过多赘述。

门廊、连廊和大型遮阳篷也都起到了雨篷的作

图 2-101 清明上河图中的遮阳篷盖

用，但是侧重点有所不同，它们与雨篷的联系与区别如图 2-102 所示。雨篷通常是没有气候边界的，其必不可少的建筑构件是顶构件。门廊通常是位于主入口处的有柱的雨篷，其与雨篷的区别是它承载了更多的人的活动和文化意向。门廊可以作为休息和停留的空间，成为"公共活动的激活器，使街道与受庇护的室内保持一定的距离……神圣与世俗的交汇处，房子与街道的交汇处"，[①]门廊提供了过渡性的可供停留的入口空间，塑造了从公共到私密或者说从室外到室内的空间序列，相比于作为建筑附庸的雨篷，它与建筑一体化程度更高，并成为一种建筑样式和生活模式嵌入了人们的记忆当中。

连廊与雨篷的区别更大，连廊是纵向延伸的空间，是有目的性的线性、通过式空间，它具有一定的指向性，它的主要功能是连接不同的出入口和建筑功能。连廊可以使建筑组合起来形成建筑群落，例如我国传统民居建筑中的连廊将不同的建筑乃至院落有机地联系成为整体。从唐代宅院的壁画来看，沿着围墙的连廊对于功能完善、空间维系，以及界面构成等方面起到了至关重要的作用（图 2-102）。连廊也可以作为一种建筑类型独立存在，成为休憩、观景的空间，例如中西方园林当中的柱廊或连廊。门廊、连廊和雨篷都丰富了建筑外立面，成为建筑形式的一种构成要素。

门廊、连廊、雨篷都属于中小尺度（人的尺度或建筑的尺度）的构件或构筑物，大型遮阳棚的尺度较大，往往是城市尺度的构筑物，常应用于商业建筑、展览建筑、交通建筑，以及体育建筑当中，主要目

	主要功能	位置	空间与尺度	适用范围	案例
雨篷	过渡、联通、保护 遮风避雨、室内外联通、塑造入口空间、文化意向等	室外出入口处 通往室外空间的门基本都会设置雨篷	与入口空间相协调 必要的构件是顶构件	所有建筑物 基本上，建筑物与室外联通的位置，都需要类似雨篷的构件	 南京六朝博物馆
门廊	标志、塑造入口空间、停留 有柱的雨篷，承载更多的活动，塑造入口空间序列和层次可作为休息和停留的空间	主入口处 重要的入口处，例如住宅、行政办公楼的主入口	与主入口空间相协调 必要的构件是顶构件和柱构件，尺度比雨篷稍大	私人住宅、教堂、行政办公楼等建筑当中	 东南大学体育馆、健雄院
连廊	联通、交通、停留 联通不同建筑，不同出入口，使各个建筑成为整体	不同的出入口之间、不同建筑之间 便于各功能之间快捷的联系	线性、通过式空间 必要的构件是顶构件和柱构件，尺度通常比雨篷更大	传统民居和园林中，目前常用于教育建筑当中	 唐代宅院
大型遮阳棚	联通、集聚、疏散、组织室外公共活动 联通不同建筑，形成室外大型活动空间	不同的建筑之间、也可以独立存在 单独的大型遮阳棚可以位于室外广场或屋顶平台上	大型灰空间，与城市广场尺度相协调 尺度较大，方便快速通过，快速疏散人流，组织室外公共活动等	展览建筑、交通建筑、体育建筑、商业建筑等	 德国索尼中心

图 2-102 雨篷的概念辨析

[①] Ankitha Gattupalli. 逐渐消失的类型学空间：印度门廊 [OL]. July Shao, 译. Arch Daily, 2022-08-03.

的是快速集散人流、连接不同的建筑功能、提供遮风避雨的户外公共活动空间等。大型遮阳棚可以看作是放大的连廊或是有顶的室外大厅，可以作为独立的建筑进行设计，安放在屋顶平台或者城市广场之上。它极大地拓展了建筑的使用空间，营造了舒适的外部活动空间，它与人的活动关联性更强。

2）雨篷的形式分类

从结构的角度来说，雨篷主要可以分为作为建筑附庸的雨篷；独立结构的雨篷；以及与建筑形式相融合的雨篷三类（图2-103）。作为建筑附庸的雨篷指的是那些依赖建筑主体结构而存在的、尺度较小的雨篷。其尺度与建筑出入口的门的大小相协调，这类雨篷的尺度可以分为小型和中型两类，小型雨篷通常采用挑板式结构，这类雨篷通常会设置在辅助出入口的上方。中型雨篷往往会采用挑梁、悬挂等结构形式，也可以通过附加拉索或拉杆、斜撑、柱子、墙体等辅助支撑来形成更大尺度的空间。独立结构的雨篷指的是常用于建筑主出入口、尺度较大，有单独的竖向支撑，不依赖于主体结构而存在的雨篷。从雨篷的外延来看，有些门廊、连廊就属于独立结构的雨篷。其竖向支撑体系包括柱子、斜撑、墙体等，横向跨越结构包括梁、拱、壳体、折板等，形式多样同时与建筑整体相协调。这种类型的雨篷在尺度上可以分为中型和大型，中型的雨篷通常应用于建筑主入口，大型的雨篷可以作为大型遮阳棚。

近年来，随着建筑技术的进步，建筑形式的演化也愈加多样，而雨篷这种传统的建筑构件已很难从建筑整体形式当中剥离出来。甚至让人产生了雨篷从建筑当中"消失"的错觉，取而代之的是与建筑整体形式相协调的出入口空间。**从与建筑形式相结合的角度来说**，这类雨篷的研究范围比较大且形式自由灵活（图2-104），例如利用建筑凹进、洞口，以及底层架空形成的雨篷；与活动平台、阳台、空中连廊等相结合的雨篷；利用屋顶出挑或延伸所形成的雨篷；利用建筑表皮的扭曲、开合所形成的雨篷等，这一类型的雨篷的尺度可以分为小型和中型两种，与建筑自身的尺度相协调。这一类型的雨篷结构可以依附于主体结构，也可以独立，通常为主体结构的延伸，或者主体结构的单元式重复。此外，在文化类建筑当中，雨篷设计通常需要突出和彰显文化意向，需要从传统形式当中汲取精气神来创作，

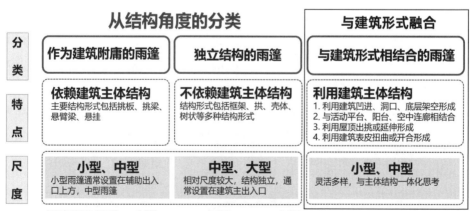

图2-103 雨篷的尺度划分

图 2-104 雨篷与建筑形式的关系

具有明显的精神性和符号化特征。

从雨篷与建筑外界面关系的角度上来说，雨篷主要可以分为凹进式、半凹进半伸出式和伸出式三种（图 2-105）。其中前两种与建筑形式结合得更加紧密、更加协调，作为建筑附庸的雨篷通常是伸出式的。

雨篷所覆盖区域也不一定都是矩形或者正方形，也可以是多边形、圆形、椭圆形、马鞍形、L 形等。在勒·柯布西耶设计的加歇别墅中（图 2-106），有多种形式的雨篷，例如利用建筑凹进形成的雨篷，结合阳台的雨篷，附加柱子支撑的雨篷，以及作为建筑附庸的雨篷等。值得注意的是加歇别墅入口大门处的雨篷设计，一个 L 形转折的顶构件，附加两根细长的钢柱子支撑，在直线的路径上引入了转折空间运动，揭示出隐藏在建筑平面中的复杂交通，完成了从静态、单调到动态、复杂的转变。

从空间围合的角度来说，雨篷可以分为顶板式、一面围合式、两面围合式、门斗式，以及与柱子相结合等方式，这些形式的图解见表 2-2。这些图解

图 2-105 雨篷与建筑外界面的关系

图 2-106 加歇别墅中的雨篷

的衍生形式多种多样，需要结合项目自身目的和需求有的放矢地进行设计。其中顶板式的雨篷较为常见，其空间领域感较弱。一面围合式的雨篷，其入口灰空间的领域感增强，竖向墙构件在起到支撑作用的同时也便于引导人流和视线。照壁式的雨篷适合隐藏入口、遮挡视线等，这种形式常见于我国传统住宅、园林当中。两面围合式的雨篷的领域感和

围合感较强,非常明显地划分出区隔室外空间的入口灰空间。但是当顶板过高时,入口灰空间的领域感降低,随之而来的是入口标志性的增强。如果采用侧面开口的形式,入口空间则相对比较私密,例如公共厕所的入口。门斗式的雨篷除了应用于北方寒冷地区之外,也常用于商场等常年需要空调维持功能性和舒适性的空间。商场建筑常采用钢和玻璃等材料制成的门斗式雨篷,这种方式可以减少室内外能量的交换,减少空调的消耗。与柱子结合的雨篷形式多样,这种形式比较灵活,也常用于中型雨篷当中。例如阿尔瓦·阿尔托（Alvar Aalto）设计的路易斯·卡雷之家的入口雨篷（图 2-107）,由悬挑的顶板、餐厅的外墙、入口,以及柱子围合形成。圆钢管柱子的四翼附加了木肋,如此精致、人性化,以及雕塑化的处理使柱子产生了地方性的现代工业精神,成为空间中最为显眼的构件,强化了入口空间。

表 2-2　空间围合角度的雨篷分类

顶板式	一面围合式	两面围合式	门斗式	与柱子结合
南京六朝博物馆	斯德哥尔摩旧厂房改造	奥斯陆某高层办公建筑入口	斯德哥尔摩马戏团	东南大学出版社

图 2-107 路易斯·卡雷之家

从雨篷的尺度上来说,与雨篷相关联的是出入口空间,对于雨篷尺度的研究可以从门的尺度、建筑立面的尺度、建筑群的尺度出发来理解。雨篷与门之间的关联,如图 2-108(a)所示,由于门尺度的变化,a 和 d 的值也随之变化。

雨篷的尺度主要可以分为小型、中型和大型三种(图 2-108b),小型雨篷会与出入口、门的尺度相呼应,更注重门(Door)这个构件,门是人体尺度的延伸,因此小型雨篷也就具有了人体尺度。中型雨篷的尺度属于建筑尺度,也就是与建筑立面以及整体形式相协调,中型雨篷更加关注与建筑出入口(Entrance)的关系,对于营造过渡空间和入口灰空间更加有效。大型雨篷属于城市尺度的雨篷,关注的是建筑与建筑之间的关联,除了包含大型遮

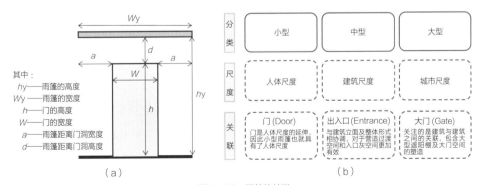

图 2-108 雨篷的关联
(a)雨篷与门的关系;(b)雨篷的尺度分类

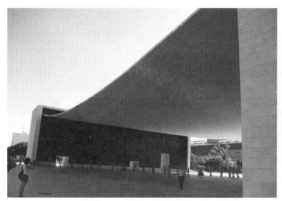 

图 2-109　1998 年世博会葡萄牙馆

阳棚之外，还包含大门（Gate）空间的塑造。大型遮阳棚属于雨篷的外延，不在本书的探讨范围之内。阿尔瓦罗·西扎（Alvaro Siza）设计的 1998 年世博会葡萄牙馆（图 2-109）跨度达到了 70 m，属于大门的尺度，悬索结构与混凝土屋面相结合，在空中画出了一条轻薄且诗意的抛物线。当雨篷的投影面积固定时，雨篷的高度存在一个合理范围，否则雨篷就会过于空旷或者过于压抑。

2. 雨篷的结构

1）作为建筑附庸的雨篷

作为结构附庸的雨篷所承受的荷载通常情况下比较小。这类雨篷的结构材料主要有钢筋混凝土、钢、木和玻璃四大类，其中木材和玻璃两种结构材料的应用相对较少。雨篷的结构材料通常与建筑主体结构材料相呼应，例如木结构建筑通常会采用木结构的雨篷。

钢筋混凝土结构的雨篷，结构形式主要有挑板式和挑梁式两种。钢结构的雨篷，结构形式主要为悬臂式、悬挂式和斜撑式（表 2-3），其中悬臂式雨篷与主体结构的连接处必须是刚接，同时也可以设有拉索、拉杆或斜撑等其他辅助支撑方式。斜撑式的钢结构雨篷应用得较少，主要原因是斜撑会对人或车的通行造成视觉或行为上的障碍。为了不影响通行，斜撑的角度通常会比较陡峭（图 2-110 a）。盖里设计的杜塞尔多夫 The New Zollhof 住宅群的入口雨篷（图 2-110 b），上方设有拉索，下方设有斜撑，斜撑的支撑点抬高，与地面的角度平缓，不影响人的视线及通行。在中钢总部大楼入口雨篷设计中（图 2-110 c），采用了 V 字形斜撑，这与整个建筑的斜撑设计手法一致，体现了从整体到局部的一体化设计策略。挑板式的钢筋混凝土板可以出挑的尺幅范围为 0.8～1.5 m，[1]一般作为辅助出入口的小型雨篷。挑梁式可以出挑的范围在 1.2～4.5 m 之间，可以作为小型或中型雨篷。其中梁通常会上翻，增加下部空间高度的同时也可以使板底平整，使其在人的视觉角度整洁又美观。钢结构因为自重轻，强度高的特点，可以出挑的尺度范围大大增加，通常用于中型雨篷当中。

---

[1]　杨维菊. 建筑构造设计（上册）[M]. 北京：中国建筑工业出版社，2013：106.

表 2-3 小型雨篷的常用结构类型

挑板式 0.8～1.5 m 小型雨篷 钢筋混凝土结构	挑梁式 1.2～4.5 m 小型、中型雨篷 钢筋混凝土结构
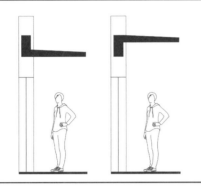	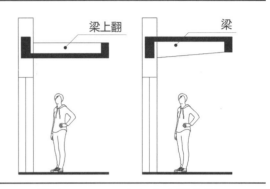
悬挂式 1.8～12 m 小型、中型雨篷 钢结构	斜撑式 1.8～4.5 m 小型、中型雨篷 钢结构
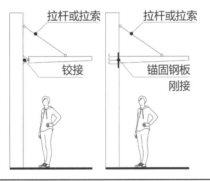	

注：表中数值根据常见雨篷的尺度总结

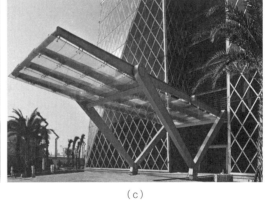

（a）　　　　　　　　（b）　　　　　　　　（c）

图 2-110　雨篷结构实例
（a）奥斯陆小教堂；(b) The New Zollhof 住宅群；(c) 中钢总部大楼

(a) (b)

图 2-111 独立结构的雨篷
（a）武夷山庄入口；（b）斯德哥尔摩某旧厂房改造

2）独立结构的雨篷

独立结构的雨篷就意味着有单独成立的竖向支撑体系和横向跨越体系，这一整套系统可以脱离主体建筑而存在，因此雨篷可以看作没有气候边界的户外灰空间，当作一个与主体结构相脱离、但形式上相协调的亭子（Pavilion）来设计。除了作为中型和大型雨篷之外，通常在既有建筑改造当中，为了不破坏原有的结构并满足现代生活需求，会采用这种类型的雨篷。在材料上面，独立结构的雨篷通常为钢筋混凝土结构、钢结构或木结构。基本上所有的结构体系例如框架结构、拱结构、壳体结构、树状结构、门式刚架结构、桁架结构等都可以选用，也可以将这些结构体系混合运用，形成丰富多样的形式。由于存在多种结构原型可以选择，故而独立结构的雨篷通常形式丰富、造型多样。

独立结构的雨篷常用于旅馆、酒店、医院、车站等建筑当中。这些建筑需要将人直接送到出入口附近，就意味着雨篷下面需要留出供车辆行驶的空间，采用附庸式的雨篷往往跨度有限。齐康先生设计的武夷山庄入口（图2-111a），就采用了独立结构的雨篷，六根圆柱子承托着上方的梁和屋顶，

雨篷向外延伸形成了入口的导引空间。在既有建筑改造当中，为了不破坏原有建筑的结构，通常也会采用独立结构的雨篷（图2-111b）。

3. 雨篷的排水

雨篷的排水很重要，因为雨水的堆积和滞留会侵蚀材料和构件，从而减少雨篷的使用寿命。在构造处理上，需要设置排水坡度迅速的将雨水分流排出。对于钢筋混凝土雨篷来说，排水坡度通常为1%，对于玻璃围护结构来说，排水坡度通常为2%以上，因为玻璃围护通常不做防水层，雨水堆积会导致玻璃与玻璃之间的胶接处漏水。而且雨水通常会带有空气中的尘埃，如果堆积下来，会形成泥沙和水渍，从下往上看到这些堆积的泥沙会影响玻璃雨篷的观感。此外，玻璃雨篷的找坡采用的是垫片或支座，相对比较容易。

排水分为有组织排水和自由落水两种。无边缘梁的挑板式或挑梁式雨篷通常采用自由落水的排水方式（图2-112），自由落水最好将水排到入口的两侧，防止行人出入时形成雨幕。有边缘梁的挑板式或挑梁式雨篷，其自由落水的处理往往会在边缘梁上预埋塑料管，塑料管向外探出一些，形成水舌。

有组织排水除了设置排水坡度之外，还会设置天沟以及排水孔，雨落水管连接着排水孔，将水排到地面或城市管网当中。通常雨落水管会靠近建筑外墙，也会沿着支撑雨篷的柱子或者墙体布置，最后被外饰面所隐藏。当雨篷屋面板面积较小时，也可以不设天沟（图2-113a）。当雨篷屋面板面积较大时，则需要根据屋面面积设置多个排水孔。

采用玻璃面板的钢雨篷，通常会在玻璃与外墙之间设置由不锈钢板制成的天沟（图2-113b），不锈钢板在耐候、耐腐蚀、耐久等方面的性能均比较好，而且易加工弯折，适合作为天沟。不锈钢天沟与玻璃交接处采用了橡胶垫块，防止因为天沟的变形而导致玻璃这种脆性材料的破坏。排水可以将天沟的两端向外出挑形成自由落水，也可以设置排水口，并连接雨落水管。坡屋顶瓦屋面的雨篷排水通常为自由落水。

4. 典型雨篷的构造设计

从材料上来说，围护材料通常与结构材料相匹配协调，见表2-4。相对来说，钢筋混凝土结构为重型结构，而钢结构、木结构、玻璃结构为轻型结构，通常重型围护材料例如钢筋混凝土板会与重型结构相配合，而轻型围护材料可以放置在重型结构上，也可以放置在轻型结构上。

表2-4 雨篷的常用材料

结构材料	常用围护材料
钢筋混凝土结构	钢筋混凝土板、瓦、钢化玻璃、聚碳酸酯板、金属板、ETFE等
钢结构	瓦、钢化玻璃、聚碳酸酯板、金属板、ETFE等
木结构	瓦、钢化玻璃、聚碳酸酯板、金属板、ETFE等
玻璃结构	钢化玻璃等

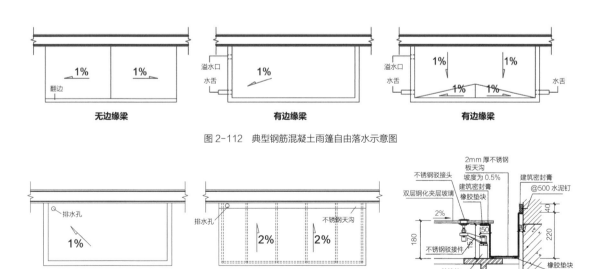

图2-112 典型钢筋混凝土雨篷自由落水示意图

图2-113 雨篷的有组织排水构造与示意
（a）典型钢筋混凝土雨篷有组织排水示意图；（b）玻璃面板—钢结构雨篷有组织排水示意图；（c）玻璃面板—钢结构雨篷的天沟构造

从性能上来说，雨篷自身通常不需要考虑保温构造，但需要考虑排水和防水问题。典型的雨篷构造有挑板式雨篷、挑梁式雨篷和悬挂式雨篷。以钢筋混凝土挑梁式雨篷为例（图2-114），其上需要做防水层，可以采用聚合物防水砂浆刚性防水层，也可以采用沥青类或高分子类柔性防水层，不论是刚性防水层还是柔性防水层，靠墙位置都需要向上卷边大于250 mm，屋面泛水的最小高度也是250 mm。同时要将防水层一直包覆到檐口下方，檐口下方需要做滴水。注意柔性防水层不能弯折成直角，钢筋混凝土梁上方设置素混凝土止水坎，止水的同时方便水泥钉钉合。这个构造节点存在冷桥，可以将保护层做成保温砂浆来解决这个问题。

随着时代的发展和技术的进步，雨篷构造发展迅速，典型的雨篷构造图集已经无法囊括或者指导新型雨篷的设计。在商业、展示、交通等建筑当中，全玻璃结构雨篷所带来的新鲜和时尚感，成为一种追逐的潮流。南京珠江路金鹰大厦办公入口雨篷（图2-115），采用两片不锈钢板夹着玻璃板构成悬挑梁，支撑上部的玻璃面板，隐形连接强化了雨篷简洁的形式。

张拉膜结构的雨篷自重轻、结构占有空间小、跨度大、形式灵活且自由，节省空间的同时可以形成

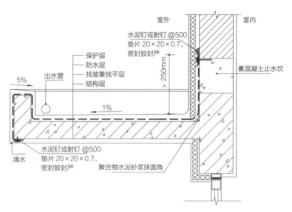

图2-114　挑梁式雨篷构造

较大跨度的入口灰空间。膜结构曾经因为保温性能较差，以及不节能而饱受诟病，雨篷通常不需要保温，采用张拉膜结构的雨篷没有这方面的顾虑。膜材料可以根据不同功能需求选择半透明或者透明的产品。张拉膜结构的特点是需要将膜张紧形成可承受荷载作用的面，膜片中的力通过膜边缘传递到各个张拉索，进而传递到锚固点处。张拉膜所形成曲面的高点和低点之间的距离越大，膜片当中的力就越小。巴黎拉德芳斯新拱门的张拉膜结构雨篷（图2-116），用于拉住膜边缘的高点锚固在两侧办公楼的墙壁上，低点锚固在了地面上。由约格·施莱希设计的德国联邦总理办公大楼入口雨篷（图2-117），其高点设置在两侧突

图2-115　南京珠江路金鹰大厦办公入口雨篷

图 2-116　巴黎拉德芳斯新拱门膜结构雨篷

图 2-117　德国联邦总理办公大楼入口雨篷

出的柱子上面，低点设置在靠近建筑墙面的柱子上。如果没有条件设置高点，就需要额外增加桅杆或者墙体等竖向支撑。张拉膜结构雨篷的排水通常为自由落水。

2.6.3　雨篷构造设计案例

1. 简约不简单：南京长江路苹果 4S 店入口雨篷

南京长江路苹果 4S 店 2016 年建成（图 2-118），由诺曼·福斯特事务所设计，南京长江都市建筑设计股份有限公司做施工图设计。其外围护结构采用了全玻璃结构幕墙。每片玻璃幕墙高约 14 m，宽约 2.3 m，由玻璃肋支撑。室内设有遮阳卷帘，整体简洁而时尚。雨篷板由四层玻璃胶结而成，总长度约为 4.4 m，进深约为 1.6 m，室外出挑部分约为 0.9 m。雨篷顶部标高约 3.1 m。按前文中提到的尺度研究（图 2-108 a），这个案例的 a 约为 1.2 m，d 为不锈钢门框的高度即 0.1 m，与人体尺度密切相关，从实景拍摄的照片中可见一斑。

玻璃雨篷板由不锈钢门框支撑（图 2-119），不锈钢框的侧边厚度仅为 90 mm。除了玻璃雨篷板，不锈钢门框还支撑着中间的一根玻璃肋，以及门上方两片玻璃幕墙的重量。玻璃雨篷板后部采用不锈钢螺丝与不锈钢门框做上部固定，雨篷板与不锈钢门框之间采用橡胶垫块隔开，防止相互变形不一致而导致脆性破坏。同时橡胶垫块的不同高度使雨篷板产生了1%的排水坡度，室外雨篷板上的雨水会向内排到玻璃幕墙处，再沿着两边流下。上方的玻璃幕墙与雨篷板之间采用了橡胶垫块连接，并用硅酮胶密封。整个形式非常简洁，这要归功于精心的设计和缜密的构造逻辑。

（a）　　　　　　　　　　　　　　　　　　　　　（b）
图 2-118　南京苹果 4S 店
（a）实景图；（b）入口雨篷

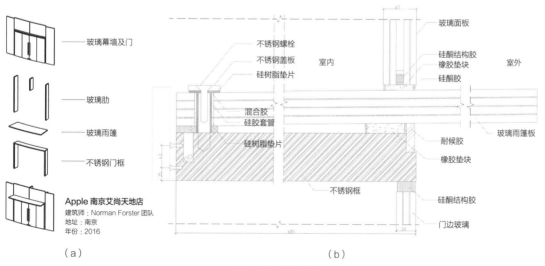

（a）　　　　　　　　　　　　　　　　　　　　　（b）
图 2-119　玻璃雨篷
（a）分件拆解；（b）玻璃雨篷板的连接细部

2. 传承与转译：苏州博物馆入口雨篷

贝聿铭先生设计的苏州博物馆于2006年建成（图2-120、图2-121），整个建筑在形式和色彩上提取了中国传统建筑的语汇，并采用钢结构及现代材料来重现这种神韵。主入口雨篷的形式语言与主体建筑设计相类似。表面烤漆的圆钢管构成的三角结构骨架支撑着上方的玻璃，玻璃下方采用了铝合金板条遮阳，其表面被喷涂成木质的色彩和纹理。圆钢管与我国传统建筑中的椽子相似，在形式上都是圆形截面，屋顶采用自由落水。铝合金檐口包边处理赋予了建筑精致挺拔的气质，同时也暗示着构造层次的简单。铝合金屋脊是纯装饰构件。

次入口的雨篷，圆钢管的横截面对外，因此端部需要焊接钢板，建筑师将其设计成了类似筒瓦端头的造型，满足了功能上需求的同时还具有美观和装饰性，也体现了现代材料工艺的精致。从整体雨篷的形式到结构构件的截面，再到装饰性遮阳构件等细部处理，都不是因袭我国古代建筑的传统，也

图2-120 苏州博物馆入口雨篷

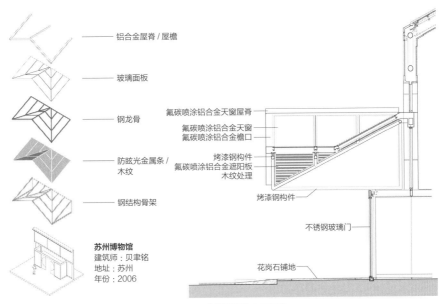

图2-121 苏州博物馆入口雨篷

不是简单的模仿,而是通过现代材料对传统建筑语汇进行转译,是对传统建筑意向的传达。

3. 融合与共生:东南大学亚洲建筑档案中心入口雨篷

张旭老师设计的东南大学亚洲建筑档案中心改造项目(图2-122)于2022年建成,原建筑为东南大学四牌楼校区热能实验室,始建于1930年,经多次改建后依然大体保持原貌,处于东南大学四牌楼校区历史风貌建筑群中的核心地理位置。原有建筑长80 m,进深约为11 m,最低檐高3.8 m。原有结构为砖墙与三角木桁架的组合,改造后的入口空间采用了一面围合式的雨篷与内门斗,这两个部分均采用了矩形钢管,以及喷涂钢板,由此强化了入口空间序列,完成了室内外空间的转换。沉稳的钢板色彩与原有砖墙完美融合,使得这个雨篷气质低调内敛,像是一个"虚心的孩子"在聆听"古老东大"讲述自身的发展历史。体现了建筑师对既有建筑环境的尊重以及处理新建问题的审慎和自持。

室外雨篷顶板由矩形钢管焊接而成的单坡梁支撑,梁的坡度很小并且退在雨篷顶板后面,使得雨篷在人视角处十分简约轻薄,梁与砖墙上的锚固钢板焊接。并在锚固钢板处设置了加肋板来抵抗横向

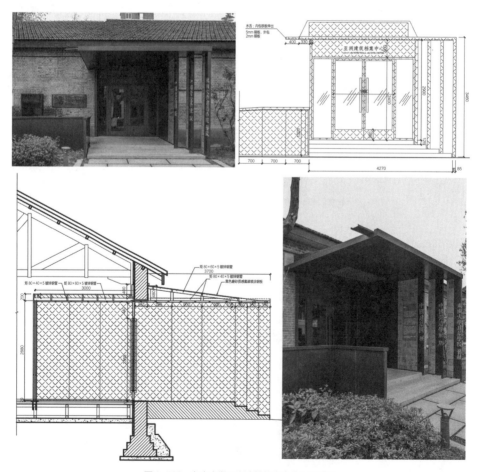

图 2-122 东南大学亚洲建筑档案中心入口雨篷

荷载。竖向的钢板主要起围护作用，同时端部打开，增加了空间的透明性。雨篷顶板也内置了灯源，改善了空间的照明，方便人们的进出。

雨篷采用了自由落水，顶板周边向上翻边，并在一隅设计了向外伸出的水舌，导引雨篷上的雨水快速地流下。新建入口空间与既有建筑在形式、色彩、尺度等方面相互融合，打破了新旧的界限，实现了和谐共生。

本节小结

雨篷是建室内外空间联系的媒介，随着建筑技术和设计理念的发展，雨篷承载了更多的功能和文化属性，它不仅仅是建筑的独立附属构件，而是与建筑整体形式相融合。这个构件不会消亡，雨篷之于建筑类似器官之于人体，越来越难以从建筑的整体形式中剥离出来。除了典型的钢筋混凝土雨篷之外，玻璃结构及膜结构等新型雨篷也发展迅速。雨篷构造的难点在于排水和防水，要做到快速排水、有效防水。同时也要处理好雨篷结构与主体结构的关系和连接。

思考题

南京金鹰大厦入口雨篷的悬臂梁由两片不锈钢板中间夹玻璃构成，请根据照片以及本节中苹果4S店玻璃雨篷的相关构造，绘制出金鹰大厦雨篷的横剖面构造，思考玻璃梁与墙面的交接，以及玻璃梁与上方玻璃面板的连接构造。并说明该悬臂梁采用类似鱼腹形式的优势。

2.7 门窗构造设计

门与窗虽然作为建筑中两类不同的构件，但是二者在构造原理方面有着诸多共同之处。门、窗二字从造字之初便是由建筑引出的，门，最早在甲骨文中便已出现，用于表示建筑出入口；窗，在墙曰牖，在屋曰囱，即凿于墙体之上助户为明的构造。为了实现空间之间的联通，在相关的建筑界面开设洞口不可避免，无论是室外空间边界（院门）、室内外边界（外门/窗）还是室内空间边界（内门/窗），作为空间之间联通的边界区域对建筑有着至关重要的作用。门窗从诞生至今便深刻地影响着建筑的物理环境性能、空间感知体验、建筑形象特质，所以当人们提及门窗之时，往往并不会局限于门窗构件本身，而是门窗相关的"区域"。

2.7.1 门窗发展简介

门窗的发展可大体分为如下几个阶段：

其一，原始阶段。门窗作为实现室内外必要性联通的虚体界面。在原始的建筑原型中，可以推测门窗构件晚于建筑本体，室内与室外之间的门窗以"洞口"虚体存在，通过留设的洞口实现通行、通风、排烟、采光等目的。为了控制这个洞口，人们经常使用木板、植物编织物等在夜晚或者恶劣天气对洞口进行临时性封闭。由于对其没有稳定的控制方法，因此原始阶段的门窗在尺度上以小为特征、形式上以开放为特征。

其二，发展阶段。门窗作为明确的洞口封闭构件出现。随着人们对室内环境控制需求的提升，用于封闭洞口的门窗构件出现，门窗可以视作室内、室外边界的调节器。受到材料种类和加工技术等因素影响，

图 2-123　木质隔扇门联窗

图 2-124　彩色玫瑰窗

我国形成了以木材为核心的门、以木框糊纸或绢布为窗的经典搭配（图 2-123），这种做法从汉代一直持续到 20 世纪，之后随着玻璃等材料的普及而被取代。与之重叠的发展过程中，早在中世纪前期，小块的镶嵌玻璃已用于宗教建筑，因彼时玻璃提纯技术不足往往透光而不透视，但仅透光性这一特征对于建筑室内环境已极为重要，其数量过少极为珍贵，因此仅用于高等级的建筑之中，例如这一时期教堂中的玫瑰窗（图 2-124），其色彩斑斓的窗户本身极具艺术性。门窗作为室内外边界的开口区域，其构造往往最能体现气候、人文、材料等地方特色，民居建筑往往以质朴而极具智慧的方式体现门窗作为洞口封闭构件的意义。这里以岭南地区趟栊门为例进行说明，其入户门通常由三道门组成，由外至内依次为屏风门、趟栊门、内大门，一般由硬木制作而成（图 2-125）。屏风门的高度一般略比视线高，形成对视线的遮挡，往往做得较为轻巧；内大门作为真正的大门其实与其他地区的门并没有太大的区别，最具特色的是中间的一道，是一个由数根圆木组成的栏杆式的平移门，岭南地区天气炎热潮湿，住所讲究通风透气，屏风门和趟栊门正是起到这种作用。

其三，变革阶段。玻璃的普及带来门窗的革命性变化。尽管玻璃的历史可以追溯至千年之前，但玻璃作为普及性的"建筑材料"的历史却非常短暂。玻璃是一类由纯碱、石灰石、石英在熔融状态下形成的无规则结构的非晶态硅酸盐类非金属材料，玻璃的出现改变了建筑的透明性，也带来了门窗构造的革命性变化。浮法玻璃的研制成功使玻璃的经济性、可获得性得到极大程度的提升，这使得人们在洞口控制中采光与保温的矛盾性得到了平衡，因此，

（a） （b）

图 2-125 岭南传统民居中的三道门
（a）实景图；（b）趟栊门细部

玻璃窗户迅速成为窗户的绝对主角。几乎是同一时期，门也发展了更多的种类，例如金属门、玻璃门等。对于玻璃这种脆性材料，必须通过框子得以安全固定，因此"透明材料嵌入框材"的做法成为典型构造，大多包括木框、钢框、铝合金框等做法，但变革初期的门窗存在气密性不足、冷桥显著等问题。

其四，进化阶段。随着人们对于室内环境精密控制要求的提升以及能耗问题日益严峻，透明性材料（玻璃）和密封技术的发展使得人们对洞口控制程度更加精密，在满足了门窗基本的通风采光通行等要求之后，提出了更加综合的性能要求，例如隔热系数、气密性、水密性、抗风压性、隔声、遮阳、防火，甚至除霾、智能启闭等，以多功能整体式节能门窗的研发为代表，市面上的产品类型较多，不同产品根据性能控制的具体要求具有自身的侧重点。例如多种多样的节能窗、通风隔声窗、智能窗、防火门窗、防盗窗等。这里以铝木复合门窗为例进行解析，这是一种通过机械方法连接组成的外铝内木的新型门窗，室外侧采用高精级铝合金、室内侧采用实木指接芯材，其性能优于传统木窗和铝合金门窗，"断桥＋双玻 Low-E 中空玻璃"是物理性能改善的关键，具有户外耐候性优良、室内装饰性、保温隔热隔声等物理性能优异，型材断面设计当中隐藏式排水方式及根据受力先后顺序设计的三道密封结构，使整窗的气密性、水密性、隔声性等性能得到保障，适用于各种形状、不同断面的门窗、幕墙、阳光房等。如图 2-126 所示为某铝木复合门窗的断面及构造详图。

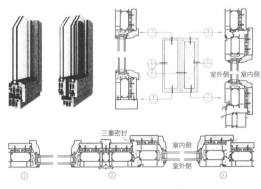

图 2-126 某铝木复合门窗断面构造

2.7.2 门窗构造设计原理

1. 建筑门窗的建筑学意义

其一，门窗对于物理环境的控制意义。门窗作为洞口的封闭构件产生，其本身并非承重构件，旨在通过提高室内外边界的可控性实现相关功能需求，在这一区域，建筑需要实现的物理环境的控制性内容包括：光线、风、雨、温度、声音等各项内容的控制，通过上述历史发展简介的各个阶段可以明确门窗通过构造手段控制环境的能力愈来愈强，具体通过门窗部位的固定构造和活动构造进行实现。其二，门窗对于空间感知的体验意义。门窗设计往往不单单是门窗"构件设计"，而是指门窗及其附近的区域的整体设计。窗域一词能够较好地提示窗户及其周边环境作为空间整体被人们感知的价值，而这种感知包括但不局限于视觉，通常伴随着窗域附近的行为活动进行整体体验。我们以住宅中常见的飘窗为例进行说明，人们对于飘窗的喜爱在很大程度上因为其提供了可以停留的场所，而这些相关的设施与窗户附近的构造被一体化地进行设计，相当于超宽的室内窗台。其三，门窗对于建筑形象的形式意义。门窗作为建筑立面中的经典元素，其作用类似于"眼睛"，而对于与美学形式相关的内容不可能有固定的范式，因此与之相关的构造设计在很多时候除了满足功能，还需要附加呈现设计师的其他强烈的美学意图。

以勒·柯布西耶对"水平长窗"的设计为例对门窗的建筑学意义进行说明（图2-127）。传统建筑以砌筑和木构为主，砌筑结构的建筑中，由于洞口上方荷载需要传递至窗两侧墙体，因此窗框的宽度受到很强的限制，绝大多数采用竖窗，而在古代木构架体系当中，窗宽虽然具有一定的自由度，但是墙与柱在空间上并没有做到完全分离，独立的门窗或者门联窗仍然需要镶嵌于柱间，且因缺乏既透明又保温的材料，窗户尺度在一般建筑中仍较小。水平长窗的出现依托于结构体系提供的立面自由和透明性玻璃材料的加持，实现了人们通过窗口获得长卷般视野的可能性，甚至刻意压缩垂直高度，来强化水平视野的延展。水平长窗的过梁及窗台均向内侧完成，从而保证外立面的简洁。因此，可以说

图2-127　勒·柯布西耶有关水平长窗的部分草图

水平长窗是光线、视线、力学、审美综合作用之下窗户构造的革新产物。

2. 建筑门窗的分类及其构造原理

门窗形式极其丰富，每一种分类方法代表着认知门窗构造的不同视角。从材料视角，门窗中透明性材料通常由玻璃承担，除玻璃之外的主材可概括为木门窗、钢门窗、铝合金门窗、塑钢窗门窗、塑料门窗等。从门窗的控制的方式视角，可概括为平开、平移、立转、上悬、下悬、中悬、折叠、卷帘、旋转等，其相关图示与现实案例可在诸多教材中找到，例如可参见《建筑构造原理与设计》（第5版）第229-249页，其类型的选择依据用途、造价、外观等综合确定。无论门窗的形式如何变换，从其发展脉络来看，任何实体门窗都可视作对虚体洞口进行控制的不同手段，在本书中，我们按照门窗与建筑空间的关系划分为仅有洞口形式的虚体门窗和具有封闭载体的实体门窗。

从构造原理的角度，门窗构造设计主要包括：门窗洞口的设计、门窗自身构造的设计，以及将门窗连接至洞口周边墙体的附加做法和用于连接、控制的连接件。在专业分工细化的今天，门窗扇自身的构造在一定程度上是由工业化程度非常高的厂家进行设计及加工，但是有关建筑的开口形式、洞口边缘构造、窗户形式，以及如何控制等问题在建筑师的工作中始终占据着极为重要的地位，因为这些内容与建筑的立面外观、视线控制、光影变换，以及舒适性密切相关。

1）门窗洞口及其边缘

（1）门窗洞口设计要点

门窗洞口设计主要是指对于位置、形式、尺度等问题的思考，这些内容既有实体如何做的问题，亦有空间意图的问题，因此与建筑设计本身是高度融合在一起的。门窗洞口设计当中需要考虑的几方

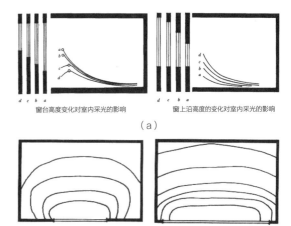

图2-128 洞口尺度与光线分布的关系
（a）洞口高度对室内光线在垂直维度的影响示意；
（b）洞口宽度对室内光线在水平维度的影响示意

面主要包括：其一，采光需求。光线与洞口紧密相随，洞口的形式、位置对于室内光线的照度和均匀度均直接相关（图2-128）。其二，通行需求。对于门洞而言，通行的部位决定位置，通行人流量决定洞口宽度，各类建筑中人流疏散等均有所提及。其三，通风换气。为了实现通风换气的需求，建筑门窗必须通过一定的开启扇实现，但是通风换气的同时带来了室内外热量的交换，因此对于开启部分的面积和开启方式有必要进行设计。以旋转门为例，在某些公共场所需要保持入口的持续通行，但敞开大门的做法对于保温、保凉非常不利，而旋转门则可在持续通行的情况下避免不必要的室内外气流交换。此外，建筑当中还有一些洞口专门为通风换气而设置。其四，力学要求。对于承重墙体和砌筑墙体尤其重要。承重墙体上的洞口的出现在一定程度上削弱了其承载强度，因此从结构的角度往往对尺度、位置具有一定限制，与之相对的是柱承重体系，洞口则具有极大的自由度。其五，视线控制。人们

在室内站立、静坐、躺卧时视线的高度有所差异，洞口下沿的高度及洞口的宽度与视线控制的目标直接相关。例如，高侧窗将人们引向抬头仰视，以及通过平视视线阻隔发挥着保护隐私的作用；低侧窗则将对外的视野进行了收缩，限定于俯视或者近地面的视野；服务于正常视高的洞口则能够使人们在最不经意的情况下实现内外的视觉信息交换。其六，审美需求。洞口的形式在很大程度上影响着建筑的外观，在具体的项目中有着出于建筑整体性的考量。

（2）洞口边缘构造设计要点

洞口四周实体部分的处理方式，主要涉及力学问题、排水问题、形式问题等。

其一，过梁是实现洞口上方荷载的传递的重要媒介。砌筑作为墙体的典型做法，洞口上方的荷载在洞口部分需要传递至两侧，这一点在砖砌拱形过梁中体现得淋漓尽致，发展至今绝大多数情况下以钢筋混凝土过梁的构造方式进行处理或者干脆将洞口的上沿直接做到结构梁或板的下方。这里以路易斯·康设计的印度管理学院的上窗下门为例（图2-129）说明洞口边缘构造设计，该案例同时体现了砖砌过梁与混凝土过梁的特征，采用砖砌弧形过梁将侧推力转移至上翻的混凝土构件，进一步将洞口上方的荷载得以顺利传递至洞口两侧的墙体。

其二，洞口边缘的斜率往往与建筑形式、空间体验、排水等密切相关。洞口边缘并非都是垂直的切口。以勒·柯布西耶在朗香教堂中的内喇叭窗为例，外立面中尺寸极小，通过各种不同斜率的处理凸显出窗阈的立体感（图2-130），让人们以直观的方式感受到"光线"。再如严寒地区的"内喇叭窗"为例，在没有良好的保温材料之前，传统建筑往往通过增加墙体的厚度来实现保温性能，通常选用三七墙、四九墙甚至更厚。在同样洞口面积的情况下，墙体自身的厚度形成了视线和光线的明显遮

图2-129　印度管理学院砖与混凝土组合的设计图解

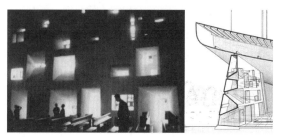

图2-130　朗香教堂内喇叭窗及其剖面示意

挡。为了解决这一问题，人们将洞口面向室内的一侧做倾斜处理，从而尽可能争取视线和光线的有效性。此外，设计当中为了丰富立面的形式有时也会采用外喇叭口的做法。

其三，洞口附近的防排水设计，包含构造设计如何避免墙体污染、避免窗缝渗水等措施。竖雨在横风的助推下形成对于门窗洞口的侵袭，构造设计一方面要避免雨水通过这一附近的缝隙进入到室内，另一方面需要及时地通过疏导将可能聚集的水排出，通常通过外窗台外倾斜并设置滴水的方式解决，如若相关细部稍有不慎，则可能形成滴水失效，达不到预期效果。以某窗户防污染构造失效的案例为例（图2-131），在上部窗台下方再次设置外倾的窗台，其承接上方滴落雨水的用意明显，但由于只设置斜面而未设置滴水，造成雨水沿着窗台漫流，带

图 2-131 某窗台防污染设计失效

（a）

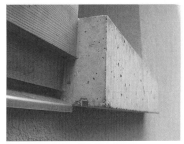
（b）

图 2-132 瑞士格劳宾登州某修道院宿舍
（a）实景图；（b）窗台滴水、批水板等细部

来墙面的污染。与之相对，以瑞士格劳宾登州某老教堂新建的修道院宿舍窗户防污染的构造设计为例（图 2-132），窗户构造当中可开启扇与固定扇所面临的核心问题不同，因此该窗户而采取了组合式的做法。固定扇靠近洞口外缘设置以争取阳光，固定扇窗框底部设置悬挑的金属披水板，承接顺窗而下的雨水使其远离墙面。而可开启扇则进行了内退，洞口上方自身形成一定的遮蔽，避免雨水直接冲刷窗户的现象。外窗台附近，通过木质窗框做滴水样式与混凝土窗台脱离，避免雨水在表面张力的作用下向室内蔓延；窗台微斜加速雨水排出，避免积存；窗台下方设置金属滴水线，提升滴水有效性，避免雨水无组织蔓延污染附近墙面。上述一系列精巧的操作解决了窗户的水密性和墙面防污染问题。

再以某落地门窗交界区域的防排水构造设计为例，当室内标高低于室外标高或室外临水或高差较小倒灌风险较大时，为避免地面水量较大时在门窗部位形成倒灌或因水存积造成渗漏，以及能够使得沿着玻璃滑落的雨水可以被迅速收集排出，通常在交界区域的外侧设置明沟并盖板，作为落地门窗阻断大量水侵袭的防排水举措。如图 2-133 所示的苏州某社区中心落地窗滨水的做法正是基于这样的原理。

2）门窗构件构造及其与洞口边缘的连接

门窗扇自身的构造设计中由于要实现诸多构件的连接，并满足水密性、气密性、保温性等一系列要求，因此其型材断面等通常看起来极为复杂，这种看起来的复杂性也在一定程度上造成初学者对于门窗构造的困惑。事实上，当我们逐步来分析便可知，门窗自身构造设计可概括为以下三个核心步骤。第一步，门窗主框与洞口边缘的连接，即将门窗塞入洞口并进行固定。从施工做法的角度，门窗安装有立樘和塞樘两种做法。前者先立门窗框后砌墙的做法多见于传统建筑中的木门窗，现已很少见；后者则是先在墙上预留洞口，将门窗框依次塞入，并对其进行牢固连接和柔性材料嵌缝等处理，塞樘的做法具有更高的施工灵活性，且适用于各种材料的

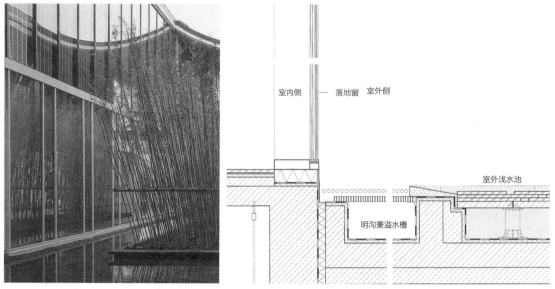

图2-133 苏州某社区中心落地窗附近防排水措施（左）及其构造示意（右）

门窗类型，因而为当前普遍采用的做法。第二步，门窗扇与框的连接。通过合理的空间形式实现嵌合，并通过铰链、滑杆、转轴等各种五金件相连，具体视门窗开启方式及形式等情况而定。门窗扇中的活动部分无非就是将固定扇与框进行连接的过程增加一次迭代或者增加一种新的连接方式。此外，由于型材通常要考虑如何利用较少的材料实现足够的刚度，因此空心格构当中的构造便显得复杂一些。第三步，门窗的缝隙的密封性。门窗构件自身、门窗与墙体之间等不可避免地存在缝隙，且其本身作为室内外分隔构件，两侧需要调控的环境之间存在热压、风压、毛细现象等差异，形成物理环境性能的薄弱环节。在建筑构造设计当中，缝隙的处理具有一定的原理相通性。通常情况下，对于缝隙处理的基本思路包括：盖缝（例如，室外窗台设置披水板）、利用断面形成空腔降低缝隙两侧的压力差（例如，运用空腔切断毛细水由室外蔓延至室内）、利用密封材料阻塞（例如，各种密封条、密封胶）、利用合理的构造形式进行疏导等一系列方法。此外，门窗与墙体之间缝隙的封堵填嵌必须采用柔性材料，这是由于这一区域在温差变化和力学作用之下本身极易发生形变，而刚性材料更容易会产生裂缝，从而导致密封失效。《建筑构造图解》一书中以单扇平开窗构造为例进行门窗构造设计思路整理解析（图2-134），其他各种看起来更加复杂的构造

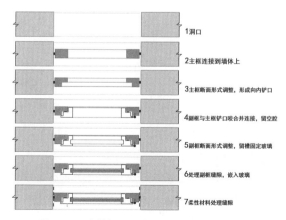

图2-134 以单扇平开窗为例解析窗户构造设计原理

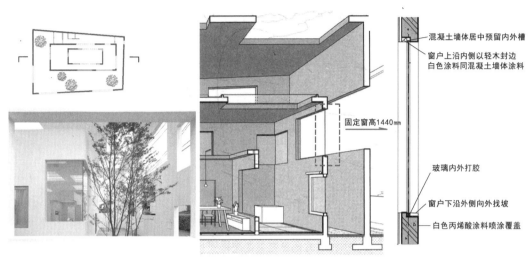

图 2-135 由藤本壮介事务所设计的 House N 住宅项目

做法无非是型材断面的变化、玻璃层数的增加、开启方式的变化及相关密封原理的多次迭代。

2.7.3 门窗构造设计案例

1. 虚体的洞口与覆盖的门窗：大分市 House N

House N 是一栋由藤本壮介设计的小型居住建筑，坐落于日本大分市，建成于 2008 年。其建筑本体可以看作是由三层盒子嵌套而成。在这一案例当中，通过对侧窗和天窗的位置、大小进行精确安排，实现视线和室内环境舒适性的控制。在最外层的盒子上门窗多以"虚体"的洞口呈现，并未进行洞口中实体构造的填充，其设计要点主要在于对位置和形式的推敲。与之相对应，作为居住私密性较高的内核部分，则以极简的方式进行了实体门窗的安装，内核部分的门窗选用保温隔热效果均优异的安全玻璃，维持了室内舒适性所必要的气候边界，除了开启部分采用了典型的明框窗做法，其余部分尽可能用无框玻璃窗的做法以尽可能保持极简的设计效果（图 2-135）。开启扇的设计原理与前文所述单扇平开窗做法类似，而无框玻璃窗的做法当中玻璃与混凝土墙体的接缝处理则为重点。本项目中首先通过混凝土墙体预留内外凹槽便于固定玻璃，在内外打胶固定密封之后上沿以轻质木材进行封边，下沿制作向外倾斜的外窗台，最终以白色丙烯酸涂料覆盖所有构件，形成最终的极简无框效果。此类做法中有些是真无框，通过预留的卡槽结合硅酮结构胶进行固定，更多的时候则是采用将框隐藏于墙体或梁下或通过装修构件的障眼法进行遮挡实现。House N 的设计为我们直观呈现了门窗构造设计中作为虚体的门窗（洞口）和作为环境控制的边界（无框窗和有框窗）。

2. 极简外表下的窗域性能控制：瓦杜兹艺术博物馆扩建项目

瓦杜兹艺术博物馆是列支敦士登最主要的私人艺术品收藏馆之一，其新扩建单体的建筑墙面和门窗的构造异常精致，简约的外观背后隐藏着对于构造细部的苛刻追求。墙体最外层材料经过

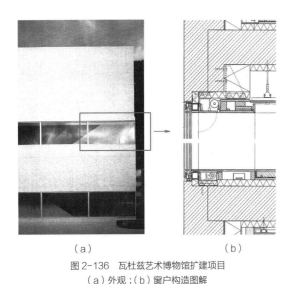

（a）　　　　　　　　　（b）
图 2-136　瓦杜兹艺术博物馆扩建项目
(a) 外观；(b) 窗户构造图解

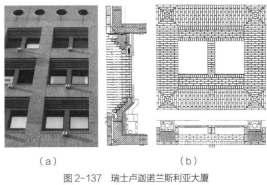

（a）　　　　　　　　　（b）
图 2-137　瑞士卢迦诺兰斯利亚大厦
(a) 外观；(b) 窗户构造图解

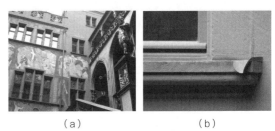

（a）　　　　　　　　　（b）
图 2-138　瑞士巴塞尔市政厅
(a) 外观；(b) 窗台水舌

打磨与抛光，在阳光下极为亮丽而几乎看不到杂质和分缝。窗户区域的构造设计当中，三层节能玻璃内含两个中空间层，最外侧玻璃与建筑墙体齐平，进行多道密封，不设外窗台，在窗户上沿部位以类似批水板的做法进行封口盖板以避免水分的进入。由于窗户区域、楼板与外墙交接区域容易形成冷热桥问题，该项目在交接部位将保温层在楼板区域进行水平向延伸，包括转折部位在内进行连续包裹，尽可能规避冷桥的影响。此外，为了维持这种简约的视觉效果，其他相关的窗框、窗帘盒、空调送风设施、地暖等均通过装修的障眼法做了隐形处理（图 2-136）。

3. 保持立面自洁的窗户构造：瑞士建筑两例

马里奥·博塔设计的瑞士卢迦诺兰斯利亚大厦通过红砖叠砌而成的外喇叭口（图 2-137），尽可能避免窗口处阳光被遮挡且形成层次丰富的立面效果，外窗台最底层向内倾斜，在底部设置集水槽进行雨水收集，避免雨水顺着墙体无组织漫流，进一步引流至微悬挑的排水槽进行排出，精心设计的雨水组织方式避免了外窗台区域雨水在张力作用下向室内渗透及立面污染，这一类似做法在瑞士巴塞尔市政厅当中也以水舌的形式体现（图 2-138），可以说在窗户边缘构造的处理中煞费苦心。

4. 功能分化的组合窗：阿尔萨斯某养老院

位于法国莱茵河畔的阿尔萨斯某养老院，以红砖穿插砌筑的方式作为建筑饰面。由于养老院对于老人使用窗户有着特殊的安全考虑，因此需要略费周章。提起安全窗，往往首先会想到防盗网、限制开启角度，以及铁纱窗等做法，而该项目的窗户采用固定窗扇和专用通风镶板相组合的窗户方式（图 2-139），通过窗户分区的转折我们可以清晰地识别到这一点。窗户上下分别采用完整的向外倾斜的、带滴水的铝板，兼作为结构墙体、红砖饰面、夹心保温层等构造层次在洞口区域的收口，以及外窗台、

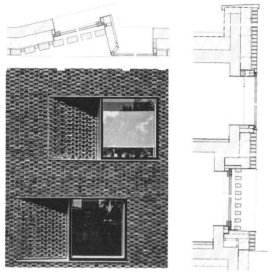

图 2-139 阿尔萨斯某养老院窗户其构造设计

5. 细部设计与门的开启：门的构造四例

门作为空间之间的通道必须开启。柯布西耶对于尺度较大的门曾进行过极为细致的推敲，在 Maison du Brésel 当中，大厅与剧场之间的门呈现出飞机机翼形式（图 2-140），在铰链或者门轴的地方较宽，而在门把手另一侧则明显较窄，通过变截面减少了材料，并减轻了门的重量，使得门打开的一侧更具亲和力而转轴一侧则更加坚固稳定，其力学性能更加优异。上述稍显复杂的设计使得大尺度的门同样具有精巧的特质。门把手作为建筑设计的"细枝末节"往往被忽略，但其本身由于与人们的行为直接相关，因此在形式、材质、尺度等方面需要仔细推敲，细部的设计同样蕴含着理念的差异。以图 2-141 为例，贯穿节点的门把手清晰呈现旋转的过程，将构造方式直白地表现；球形门把手则更多的是对视觉完形的追求，没有方向性的提示，使用过程中需要紧握、扭转、推拉等一系列动作，行为难度相对较高；杠杆门把手作为最常见的类型，使用过程借助向下按压的过程顺带轻推即可，其使用行为的友好性更高（图 2-141）。

在固定窗扇的构造中，除了常规的窗框固定及密封外，在窗户上沿区域隐藏了窗帘盒，实现视线控制与遮阳的需求。固定扇与通风镶板之间的转折部分，采用铝板与木板夹层保温材料的做法，尽可能地降低冷桥的影响。

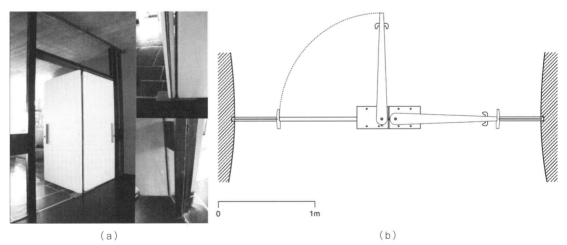

(a) (b)

图 2-140 Maison du Brésel 中的门
(a) 门外观；(b) 其构造图解

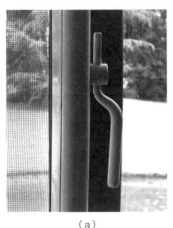 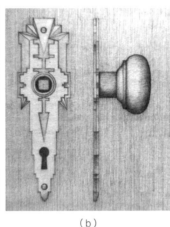 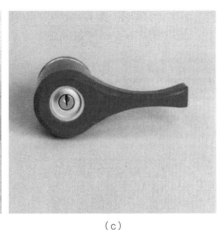

（a） （b） （c）

图 2-141　几种门把手设计
（a）贯穿节点的门把手；（b）球形门把手；（c）杠杆门把手

本节小结

虽然门与窗在建筑中分属不同的构件类型，但二者在构造原理方面完全相通，均可以理解为墙体开洞而设置的。通过建筑门窗发展简史、设计原理及案例解析，我们将门窗构造设计的问题概括为"洞口形式及其边缘构造"和"门窗构件构造"两部分，门窗作为空间之间的交界部位，在实现联通的同时不可避免地形成诸多薄弱环节，需在设计中充分利用物理学的相关原理进行处理。综上，在建筑设计当中，门窗构造根据门窗所在的不同位置、功能、建筑造型等综合处理。

思考题

结合图 2-126 的大样图，谈谈其运用了哪些构造策略来回应窗户作为精密的环境控制器？体现了当前时代窗户构造设计怎样的价值观？

2.8　楼梯构造设计

楼梯，联通不同标高水平面的垂直交通设施。对于人类而言，在水平维度上进行活动是生物意义上是最节省能量、最安全、最便捷的方式，但是我们生活在一个立体的世界中，客观（例如山地）和主观（例如树居）层面都不可避免地需要处理不同水平面之间的高差，当高差过大时，则需要通过分解这种高差来安全地实现逐级联通，楼梯的发明正是人们对空间垂直维度探索的积极响应。《说文解字》中指出"楼，重屋也"，即随着建筑空间在垂直方向上的组合，两层及以上的"楼"出现，"梯"成为其实现联通的必备构件，楼梯一词遂成形。楼梯二字均为"木"字旁，也印证了楼梯以木材进行建造的早期特征。

2.8.1　楼梯发展简介

楼梯的发展大致分为以下三个阶段。第一阶段，初始形成时期。原始生活中爬树登高和天然斜坡作为登高的重要条件，前者具体表现形式是爬竿，即在树干上刻出一些凹痕形成踏步（图2-142）。后者则以土、石为核心材料，利用其良好的受压性能形成台阶，而楼梯便是梯子与台阶相结合的发明。除了在文献、壁画等资料中的提示外，距今3500多年的欧洲最古老的木楼梯实物在奥地利哈尔施塔特盐矿山中被发现，盐矿特殊的物理环境使得该木梯避免了虫害和腐蚀，该木梯中逐级制作的踏面已经具有成熟楼梯的特征（图2-143）。

图2-142　木梯雏形

第二阶段，发展探索阶段。中世纪左右，在直跑楼梯的基础上出现螺旋楼梯，在工艺方面及受力方面更具挑战。这一时期，无论是螺旋楼梯还是其他类型的楼梯大多被嵌入厚重的墙壁内部或者被封闭在黑暗的角落里，陡峭且昏暗。文艺复兴时期，楼梯的空间装饰效果被人们认可，外墙被拆除使其完全暴露出来，楼梯被赋予了重要的美学价值。后续人们又试着将实心中柱变成中空的框架，于是光被引入楼梯中间，梯井出现了。文艺复兴时期代表性的楼梯例如米开朗琪罗设计的劳伦奇阿纳图书馆门厅楼梯（图2-144）和达·芬奇设计的香波尔城堡中的"永不相遇"双螺旋楼梯（图2-145），二者均极具艺术特性。此外，文艺复兴时期双跑楼梯逐渐流行并在很多场合取代单跑楼梯和螺旋楼梯。楼梯间变得更简洁，空间利用程度增加，在一些公共建筑中成为建筑师表达空间意象的角色，楼梯的结构构造等已经与我们今天所称的板式楼梯和梁式楼梯有些类似。19世纪后期，朱尔·索尔尼尔为内斯特莱工厂所设计的铸铁旋转楼梯，是楼梯在材料上的重要突破，为后来的钢结构楼梯提供了原型。

图2-143　哈尔施塔特盐矿木楼梯

图2-144　米开朗琪罗设计的劳伦奇阿纳图书馆门厅楼梯

第三阶段，楼梯的现代化发展阶段。理想的楼梯材料需要具有足够的强度、刚度，以及易加工性，而能够满足上述条件的建筑材料始终较为有限，传

图2-145　达·芬奇设计的香波尔城堡中的"永不相遇"双螺旋楼梯

统木梯耐久性不足、石梯施工建造难度大。工业革命之后，混凝土、铸铁、钢材等新材料的诞生，依托优良的结构强度、形式可塑性等特征，新材料在楼梯建造中迅速崛起，楼梯也成为助力各种思潮表现的重要元素。例如在工艺美术运动当中，维克多·霍塔设计的塔塞尔公馆门厅楼梯，以精湛的金属栏杆工艺凸显了楼梯本身的"美学"价值，附加于其上的装饰强化了楼梯的动势（图2-146）。在现代建筑追求功能理性、拒绝装饰的理念下，楼梯则尽可能简洁、实用、安全，例如萨伏伊别墅中简约化的楼梯（图2-147）。这一时期另一较为著名的楼梯为弗兰克·劳埃德赖特（Frank Lloyd Wright）在流水别墅中采用的吊挂楼梯（图2-148），在建筑最底部的临水区域，楼梯完全开放，一方面水中不宜进行墙、柱等传统受力构件的建造，另一方面需要营造临水踏步的轻盈感，因此运用扁钢将踏步垂挂于上层挑台，扁钢同时穿越相邻两层踏步，增强了楼梯的整体性，而在建筑的中间层，采用了单边吊挂的方式，踏步的另一侧则借力于相邻墙体。当高技派兴起时，强调结构、设施等构件的显性展示，以蓬皮杜艺术中心为例，钢制楼梯与其他设备一起完全暴露，楼梯第一次如此显赫地成为建筑外立面的元素（图2-149）。进入21世纪后，建造技艺得到了更多的突破，各种悬浮梯、玻璃梯、超尺度梯层出不穷，楼梯的结构材料与外观表现材料之间出现了更多的组合模式，从而也带给了人们更多奇妙的体验。例如苹果品牌零售店中的玻璃楼梯（图2-150），以玻璃材料作为结构支撑和踏面材料，一体化的栏杆脱离踏面而存在，更加凸显其精致、轻盈，而这主要得益于优质高强玻璃工艺的发展。再如哈尔滨大剧院大厅中的楼梯（图2-151），其本身为现浇混凝土结构，表面以水曲柳木材包裹，营造了全新的视觉体验。此外，楼

图2-146 塔塞尔公馆门厅楼梯　　图2-147 萨伏伊别墅楼梯

（a）　　　　　　　（b）
图2-148 流水别墅中的吊挂楼梯
（a）双边吊挂楼梯；（b）单边吊挂楼梯

图2-149 蓬皮杜艺术中心的钢制楼梯

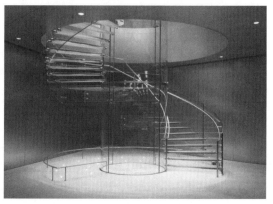

图2-150 苹果品牌零售店中的玻璃楼梯

图 2-151　哈尔滨大剧院楼梯

梯作为交通空间还呈现出与其他功能进行叠加的探索,结合休息、展览、储藏等形成了更加丰富的类型。

楼梯的发展除了形式与类型逐渐丰富之外,还具有以下特点:①楼梯用途更加分化。随着高层建筑在城市中的兴起,电梯这种便捷地实现垂直跨越的设施的迅速普及,表现性楼梯与疏散梯在设计中的定位、要点逐渐分化,前者具有更高的综合性和空间积极性,后者则以安全、高效作为绝对的设计核心,在空间创造性中略显消极,更多的是安全需求的保障,有关防烟楼梯间、封闭楼梯间的设置条件有着十分明确的技术要求。②材料组合方式更加多元。一方面,能够用于楼梯建造的材料类型增多;另一方面,材料搭配组合种类增多。例如哈尔滨大剧院中的楼梯,木材不再作为结构材料,而是以面层的方式从外部包裹栏板和梯段下方。

2.8.2　楼梯构造设计原理

1. 楼梯的概念及其建筑学意义

楼梯是用于连接较大垂直距离的建筑构件,原理是将垂直距离等分为小段的垂直距离,称为一级、一阶楼梯或一级踏步。楼梯形式看似复杂多样,但从组成的角度来看无外乎包含梯段、平台、栏杆扶手及一些相关的附属构件。梯段指由若干踏步组成的连系两个不同标高平台的倾斜构件;平台指不同梯段之间连接、转折的区域,当与楼层标高一致时称为楼层平台,介于楼层之间、用于行进数个踏步后稍作缓冲的平台称为中间平台或休息平台。梯段和平台是楼梯的核心,其他内容均是围绕具体使用需求衍生出来的细部,例如为了行进安全,临空边缘应设置栏杆或者栏板防止坠落、跌倒;为了防止滑倒而设置的防滑条等。

楼梯的建筑学意义其一是功能意义。楼梯通常都具有清晰可辨的交通功能,一旦出现必定示意空间之间的组合和联通。静态的物却强烈地提示着向上、向下两种空间的动势,以及如何使用的诱导。其二是安全意义。几乎绝大多数的城市建筑在疏散中均需要使用楼梯,楼梯肩负着紧急时刻生命通道的角色,因此楼梯设计当中的安全性必须给予足够重视,包括结构安全、材料安全、防滑防摔等。其三是行为意义。楼梯几乎是所有建筑中与身体互动最为直接的构件,同一部楼梯可能成为空间联系的高效途径,成为消耗卡路里的措施,也可能成为身体弱势人群的空间障碍,因此设计中需要兼顾使用者的行为能力与特征。其四是空间体验。楼梯是少有的在使用中体验垂直空间变化的设施,其动势、韵律,以及使用特征起到了丰富空间层次、提升空间趣味、改善空间体验的作用,因此建筑当中艺术性与技术性结合的典型构件。由于楼梯所具有的品质在很多情况下超越了作为交通设施的用途,增加了更深层次的含义,所以楼梯空间及楼梯构造本身成为人们关注的焦点。其五是经济意义。这里所说的经济性不仅指向楼梯建造的成本,更重要的是楼梯所占据的空间成本。在完成同样高差的连接任务时,坡度越大、效率越高、交通面积越小;反之,坡度越缓、效率越低、交通面积越大。因此楼梯设计需从空间位置、选型、选材到疏散宽度等多方面严格控制,应根据具体空间需求针对形式、宽度、坡度、高度、开敞性、辅助设施等一系列内容进行调节。

下面以一例复合型楼梯空间来理解楼梯的建筑学意义。中国科举博物馆当中的一组楼梯与直跑楼梯相似,但因处于不规则空间中,梯段宽度呈现不规则。混凝土楼梯两侧旁的扶梯和看台台阶共同组成了一个复合型的空间,因此楼梯在功能意义、安全意义、行为意义等多方面与左侧的电梯,以及右侧台阶座位形成了对比与联系。楼梯是流线组织、交通功能、行为互动、材料建造等多重因素下而形成的产物。从细部来看,钢筋混凝土楼梯本身并没有太过复杂的处理,甚至没有拘泥于日常楼梯的防滑构造做法,只是纯粹地利用混凝土自身的粗糙平整来实现行走的舒适性,梯段单侧的扶手及扶手下方的线性光源强化了其作为交通路径的导向。楼梯与毗邻的大台阶在原理上相通,二者通过尺度的变化进行区分,大台阶部分嵌置了木板作为坐具,同样体现了构造设计与身体互动的基本特征(图2-152)。

2. 楼梯分类及其构造设计原理

1) 楼梯分类

楼梯可以从材料(混凝土楼梯、木楼梯、钢楼梯、玻璃楼梯等)、空间形式(单跑、双跑、多跑、螺旋楼梯、弧形楼梯、交叉梯等)、支承方式(简支、悬臂、吊挂等)、施工方式(装配、现浇)、疏散安全(开敞式、封闭式、防排烟式)等多种视角进行划分,已在既有相关教材、著述当中有较为详尽的讲解。在所有研究楼梯的学者当中,德国教授弗里德里希·米尔克毕生专攻楼梯研究,构建了全面

图2-152 中国科举博物馆大楼梯设计

系统的楼梯类型研究,并绘制了全面的楼梯形式分类图(图2-153)。

2) 楼梯构造设计原理

楼梯设计当中定位清晰是关键,这里所说的定位既包括客观的物理空间中的定位,也包括对其功能性、表现性等思考,具体可落实到用途、选型、尺度、建造等问题理性而严格的综合设计。

(1) 楼梯用途

用途指楼梯用作何种使用场景,即在什么类型的建筑中服务于多大规模的使用人群,在一定程度上与位置、数量及人们使用楼梯的时间特征、行为特征等相关。例如用作高层建筑中紧急情况下使用的消防楼梯与门厅当中开放且极具表现性的楼梯,二者从一开始的定位不同,因此设计的要点也不尽相同。位置是指楼梯在建筑当中的空间布局,主要根据使用的便利性和疏散距离来确定。数量一般字面意思是指楼梯的个数,在设计当中还需结合疏散总宽度、疏散口的数量等综合确定。楼梯设计当中与消防疏散相关的诸多内容,具体体现在防火等级、疏散宽度、疏散距离、楼梯间的防排烟设计等,与之相关的内容在防火规范当中有非常明确的规定。

(2) 楼梯选型

选型指楼梯的空间特征,楼梯形式决定了行进路径,反过来行进路径也在一定程度上决定楼梯形

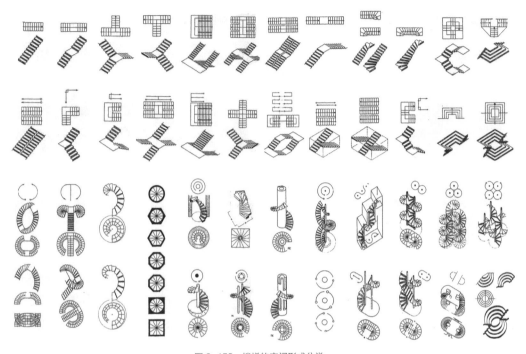

图 2-153　楼梯的空间形式分类

式的设计。其一，空间范围是楼梯选型设计的客观限制因素，即在设计当中根据能够供给楼梯使用的空间来决定几次转折实现高差的连接并满足垂直净高的要求。其二，行进过程中的转折特征是选型的最终决定因素。例如不转折的直跑楼梯、90°转折梯的双跑或者多跑楼梯、180°转折的双跑梯、两种转折方式相结合的交叉梯、渐进式连续转折的弧形楼梯，以及其他任意角度行进转折的楼梯等。

（3）楼梯尺度

楼梯设计的常用参数包括楼梯间开间、楼梯间进深、梯段宽度、平台宽度、楼梯的净空高度、踏步的宽度、梯段最大坡度等。其一，符合身体尺度和行动能力，尺度强调身体度量与楼梯尺寸参数的关系，体现出楼梯使用与身体互动的特征，这是楼梯设计最根本的原理，也是解析楼梯参数背后原因的关键。例如，训练有素的消防员可以在负重的情况下攀爬 90°的爬梯，而供老年人使用的楼梯坡度则应尽可能缓一些，而涉及轮椅出入的高差则需要采用坡道。再如幼儿与成人在腿脚尺度行动能力方面均具有差异，因此踏步的最小宽度亦具有差异性。还有栏杆的高度需要超过使用者身体的重心、栏杆垂直杆件间的净距不得大于幼儿头部直径等。其二，在尺寸设计中应当遵循宽度和高度的"均分"原理。在楼梯的使用中应避免节奏的突变，即动作的重复性与楼梯的秩序感应保持一致，因此具体尺寸是在整体尺寸控制和人体动作协调的范围内进行均分的结果，而非小尺寸叠加的结果。一般情况下，建筑楼梯的梯段不应小于 3 步，也不应大于 18 步。

（4）材料与建造

虽然建筑材料的种类极大拓展，但具有良好的力学性能、耐久性和形式可塑性的材料种类仍然十分有限，从材料角度主要集中在木楼梯、钢楼梯和

图 2-154　某楼梯栏杆扶手连续性处理

图 2-155　新加坡某零售店的内嵌式扶手

混凝土楼梯三种。从建造模式来讲，分为现浇与装配两种方式。现浇式钢筋混凝土楼梯在现场支模并整浇，施工工序复杂、周期较长，但整体性强、刚度大，能适应各种建筑形式，且防火抗震效果好。与之相对，其他的类型均可以装配方式完成，但楼梯装配中构件的拆分程度差异较大。例如，混凝土装配式楼梯目前大多以整体梯段为单位进行吊装，而木楼梯、钢木楼梯通常可拆解至梁、踏步、栏杆、扶手等更加局部的构件。从细部来讲，材料的搭配和建造方式往往能够带来诸多惊喜。例如某楼梯在扶手与栏杆收尾处采用一体化设计（图 2-154），构造简洁，形式新颖。再如新加坡某零售店采用内嵌式隐形扶手设计（图 2-155），减少扶手占用梯段宽度空间，简洁明快。

图 2-156　楼梯与建筑整体浇筑——华中科技大学西十二教学楼交叉楼梯

综合考虑上述几重因素，一般性楼梯设计可概括为以下步骤。首先决定层间梯段数及平面转折关系，其次根据层高通过均差的方式决定层间楼梯踏步数；再次，根据疏散要求确定净宽及楼梯间各项平面尺寸；之后，利用剖面对平面设计进行检验，以判断净空高度等是否合理，并作出调整；最后，进行楼梯细部构造设计等。华中科技大学西十二教学楼作为亚洲最大的教学楼，最大可容纳 18 000 人同时上课，对于人员如此高密集度的场所，楼梯的安全性、疏散要求非常高，正厅四部交叉梯（图 2-156）正是对用途、选型的积极响应。从建造角度，采用现场浇筑的方式确保大人流量的疏散安全，楼梯与建筑主体结构连接为整体，临空梯段采用斜梁的方式进行处理，另一侧梯段采用板式楼梯做法，底面平整。该楼梯装修面层为水磨石，防滑耐磨外观整洁，适合高强度使用的楼梯装修。从楼梯空间选型角度，交叉梯每一部楼梯双向 8 股人流同时疏散，实现各个方向人流的快速疏散，开敞的楼梯间能够尽可能的将疏散过程和楼梯结构清晰地暴露在人们的视野当中。

2.8.3 楼梯设计案例

1. 整体现浇钢筋混凝土楼梯：维滕贝格城堡加建楼梯

钢筋混凝土是现代楼梯当中最常用的一种材料，现浇钢筋混凝土楼梯具有整体性强、结构安全性高、形式灵活等特征，赋予了楼梯塑造极大的自由度，楼梯结构既可与建筑连为一体，亦可自成体系。维滕贝格城堡建于公元1500年前后，为了能够重新使用这座城堡，Bruno Fioretti Marquez 建筑事务所对其进行了现代化的改造以准备迎接大量游客，通过新建楼梯、电梯核心筒等举措重新组织交通流线。设计师在古老建筑的内部，置入了现浇钢筋混凝土楼梯，但楼梯与保护建筑在力学意义上脱开以避免对其形成结构性干扰（图2-157）。楼梯的转折方向一方面与出入口位置、参观路线相关，另一方面在有限空间内调整，梯段、平台、栏板进行整体浇筑，栏板制作成向外倾斜的断面，减轻了重量并形成更加精巧的视觉效果。扶手采用青铜合金制作的矩形钢管，钢管开槽内嵌电缆、LED灯带，扶手下方的灯光措施一方面为楼梯提供照度，另一方面为坚厚的混凝土带来些许柔和的体验。

2. 装配式钢筋混凝土楼梯：乌特勒支某自行车停车场楼梯

乌特勒支火车站前具有是全世界最大的自行车停车场，由 Ector Hoogstad 建筑事务所设计（图2-158）。该项目中的楼梯采用钢筋混凝土预制构件装配建造，梯段、栏板等混凝土构件均被涂成黑色，梯段部分表层采用黑色的玄武岩，楼梯通体在视觉上以全黑的方式呈现。楼梯预制梯段与平台的连接采用角钢连接，确保其连接的可靠性。预

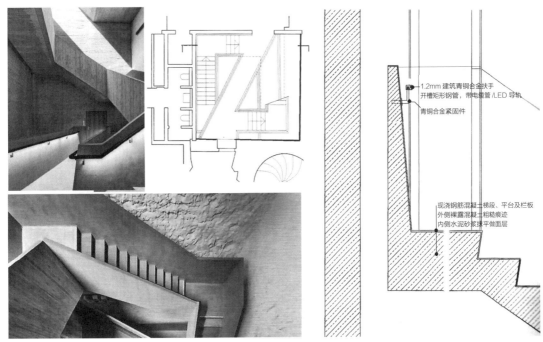

图 2-157　维滕贝格城堡加建的现浇楼梯场景、平面及其细部

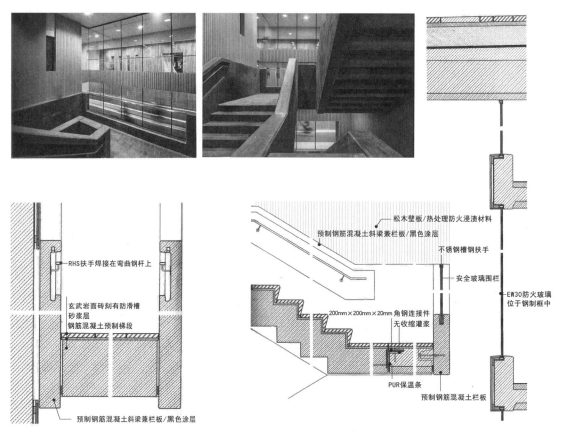

图 2-158 乌特勒支某自行车停车场中的预制楼梯（上）及其楼梯细部（下）

制栏板在上半部分内凹形成扶手空间，扶手采用钢制栏杆焊接于弯曲钢杆的做法。平台部分的栏板则降低混凝土预制构件的高度，部分改用玻璃栏板，使楼梯空间与自行车道主空间之间形成视觉联系。此外，楼梯梯段自身与楼梯空间的玻璃围护分离，避免彼此在力学层面、构造层面的复杂化。为了保障楼梯间作为疏散安全的防火要求，装修所用的松木壁板均做防火处理、玻璃围护采用 3 层 8 mm 层压防火玻璃。钢筋混凝土装配式楼梯可以通过预制整个梯段，亦可分别预制踏步、楼梯梁、栏板等小构件进行现场组装。图 2-159 所示为某钢筋混凝土预制小构件组合而成的楼梯，清晰地呈现了踏步与预制中梁之间的关系，预制踏步本身已然提前进行了防滑条、预埋金属件等制作，为栏杆连接、踏步与梁的连接做足预留。

图 2-159 洛杉矶某混凝土小型构件组装楼梯

3. 木质组装楼梯：某室内楼梯

木质楼梯最早表现为纯木结构楼梯，也是楼梯中最早的楼梯种类，但随着建筑材料的发展、建筑高度、消防要求等一系列变化，木结构楼梯目前大多用作室内的小型楼梯。另有一类以木材作为部分结构、部分构件或装修的楼梯，与其他材料进行结合，例如木与钢材、木与钢筋混凝土、木与玻璃等形成混合木质楼梯。如图 2-160、图 2-161 所示为两种常见的室内楼梯，前者为纯木结构楼梯，从外观角度连续性、稳定感更强；后者为钢木结构楼梯，木材只作为踏板，更加透空、轻巧，设计当中可根据方案的使用人群、整体氛围等进行选取。从构造角度，木楼梯以装配为典型特点，木构件被拆解为结构斜梁、梯面、踏面、栏杆、扶手，以及边梁饰面等一系列构件（图 2-162），结合空间咬合与金属件连接的方式进行组装。在部分做法中仅设置中梁与踏板，省去台阶立板、边梁等以使楼梯更加轻巧，但可能发生踏板间坠物等现象，不宜用于老人、幼儿使用的环境。

4. 钢制螺旋楼梯：广岛丝带教堂

钢材具有优异的强度、塑性、不燃、干施工等诸多特点，广泛应用于各类新建、加建、改建的

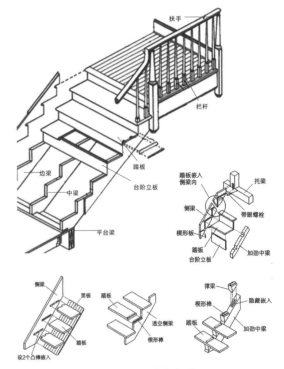

图 2-162 木楼梯构造图解

楼梯当中，几乎可以用于建造前文所述的各种形式的楼梯。中村拓志设计的丝带教堂可视作一种极致的钢结构楼梯，两条螺旋楼梯从不同的起点螺旋上升，环绕整个建筑最终在顶部汇合，简单又独特的手法创造了一个浪漫的婚礼教堂。该建筑钢结构本身形成了两个螺旋楼梯，将结构、交通、路径、功能进行了全面的整合（图 2-163）。楼梯总长度达 160 m，顶高为 15.4 m。建筑中的 100 mm 直径的实心钢只承担垂直荷载，支撑内部螺旋，而外螺旋则以悬垂的形式连接到内螺旋。螺旋楼梯的外立面采用漆成白色的直立长条木板，楼梯底部和内部则采用了足够柔软，能够适应曲率变化，同时也能够抵御海风侵蚀的锌合金。楼梯踏面由钢板制成，表面涂刷防水层，向两侧找坡避免雨水存积，踏面与栏板之间形成排水槽（图 2-164）。两个螺旋状

图 2-160 某实木楼梯

图 2-161 某钢木楼梯

图 2-163　丝带教堂外景（左）及楼梯细部（右）

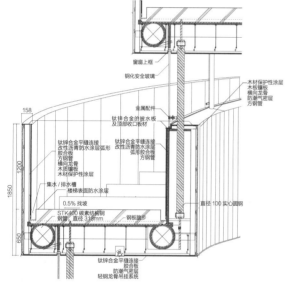

图 2-164　丝带教堂螺旋楼梯构造

楼梯相互支持，但由于螺旋状楼梯本身结构不稳定，因此为了保证结构的安全可固性，利用反向扭矩结构模型来应对自然旋转力和沉降。

本节小结

楼梯的本源是解决垂直空间的联通问题，因此楼梯设计应将楼梯本体所在的"楼梯间"纳入到整个"交通体系"甚至建筑的整体空间关系中去思考。楼梯是空间艺术与材料建造技术的综合，在空间层面最终落到对于尺度和形式的思考，在本体层面落实到楼梯的材料选择、结构形式、踏步防滑、栏杆扶手等细部处理。

思考题

结合"维滕贝格城堡加建楼梯"的相关案例，试阐述钢筋混凝土现浇楼梯与预制楼梯在构造处理中的区别。

2.9　台阶与坡道构造设计

台阶和坡道都是用于处理建筑或场地不同标高之间交通联系的设施，台阶一般呈逐层分级阶梯状，方便通行；而坡道则有着平整、连续的斜坡，便于车辆行驶。它们区别于楼梯之处的地方在于，楼梯用以联系不同楼层，而台阶和坡道多针对室内外局部性的高差。在建筑现代化的大背景之下，台阶和坡道的使用极为常见，深度影响人们的日常生活，其设计和构造需引起重视。

2.9.1　台阶与坡道发展简介

可以想见，台阶和坡道的产生与人类早期的建筑活动密切相关。从寄身于天然岩洞，到开凿竖穴和半穴居，再发展到地面建筑，应该是一个从最初发现自然环境形成高差带来便利，到逐步意识到营造人工环境，有意识地形成并利用高差的过程（图 2-165）。

另一方面，从栖息于树上的巢居发展到架空于地面的干阑建筑（图2-166），亦可呈现早期人类所认知的室内外高差的两个基本价值：防毒蛇躲猛兽，避潮湿利干爽。无论是东亚和东北亚儒家文明区的（抬梁）木构体系惯用的台基，还是东亚和东南亚稻作文明区的（穿斗/干阑）木构体系必备的底层架空（图2-167），都是这一关键性高差的不同呈现方式。而逐步发展到了要运用室内外高差来凸显尊贵和权威，或达到军事防卫目的，就已是比较晚近的事情了。

至少在新石器时代晚期，中国人就开始使用夯土台基。周代出现的高台建筑就是它发展的顶峰。台基

图2-165　陕西三原县新兴镇柏社村地坑院人居环境所见之室内外高差的辩证关系

图2-166　陕西三原县新兴镇柏社村地坑院人居环境所见之台阶、坡道

图2-167　湖北宣恩县架空于地面的干阑建筑适应地形的空间组织模式存活至今

图 2-168　元代绘画中的滕王阁与岳阳楼建于高大台基之上

的层数，一般房屋用单层，隆重的殿堂用两层或三层，但某些华丽殿阁也有建于一层高大台基上的，如元代绘画所见的滕王阁、岳阳楼（图 2-168）。至春秋战国时期，高台建筑盛行，仍以夯筑高高的土台，其上再搭建木构建筑主体。早期台基全部由夯土筑成，后来才在其外表包砌砖石，一来利于坚固耐久，二则求取严整美观。

由于建筑活动须顾及车辆运输及马匹行走，在台阶处辅以坡道成为明智之选，包括登上城墙的坡道（亦称马道），以利于开展军事防御活动。为防坡道表面打滑，还专门设置"礓磜"，即以砖石露棱侧砌，形成坡道表面的规则凸起，从而防滑（图 2-169）。中国古代建筑中的台基、台阶和坡道之登峰造极之作，当属清紫禁城太和殿，立于三层石构台基之上，依南北向中轴线设置三组台阶、坡道，中间坡道则为专供皇帝行走的"御路"，施以云龙图案高浮雕，极尽华美尊贵。

近现代以来，随着汽车、自行车、摩托车等交通工具的运用，台阶、坡道功能更趋复杂和针对性，如专用于汽车通行的汽车坡道、专用于非机动车通行的坡道等。而近年由于全社会文明程度不断提高、对于残障失能人士权利愈发关注，"无障碍设施"中专用于残障人士乘坐轮椅通行的坡道得以大量推广（图 2-170）。

图 2-169　登城墙台阶与坡道（亦称马道），后者砌筑工艺专设"礓磜"以利道面防滑

图 2-170　地下汽车库坡道、非机动车坡道、无障碍设施坡道

2.9.2 台阶与坡道构造原理

1. 台阶与坡道的概念及其建筑学意义

台阶的组成一般主要包括踏步和平台两部分，通常位于建筑出入口处，用以组织和处理建筑室内、外地坪高差之间的交通。除非特别需要，如台阶过宽、过高，否则不必设栏杆、花台、花池等防护措施（图2-171）。

坡道则同样用于连接建筑出入口处的室内外地坪，区别在于它是为方便车辆通行而设，是一段或若干段连续的斜坡。厅堂类建筑安全出口外必须做坡道，以防拥挤人流在台阶处极易摔倒而发生踩踏事故；考虑轮椅通行的公共建筑，室内外高差除用台阶联系之外，均应设轮椅专用坡道（图2-172）。

台阶和坡道的设置，有助于建筑室内外空间从标高上分离开来，形成不同的领域感，而又有便利的交通联系，其建筑学意义不言自明。

2. 台阶与坡道的分类及其构造原理

1) 台阶分类及其构造原理

室外台阶按照通行方向可分为单向、双向、三向、多向，按形态可分为矩形、多边形、圆（弧）形、异形（图2-173），按基层结构选材可分为钢筋混

图 2-171　台阶常用于建筑入口处以组织和处理室内、外地坪高差之间的交通

图 2-172　坡道常用于组织室内外高差之间的各种车辆交通

图 2-173　室外台阶形态变化多端

凝土、钢构、砖石、木构等，按面层材料可分为钢筋混凝土、钢、砖、木、玻璃、水磨石等。

一般来讲，要根据室内外地坪高差的具体状况来确定台阶踏步数。在坡度方面，室外台阶通常要比室内楼梯平缓。这就意味着，台阶踏步高度一般较矮，常取100~150 mm，而踏步宽度较宽，常取300 mm以上。

同理，室内台阶坡度也不宜过于陡峻，因此其踏步宽度不宜小于300 mm，步高不宜大于150 mm。此外，踏步数很重要，仅设一个踏步有违常规行为模式，极易摔倒。连续踏步数不应少于2级。若高差不足以设踏步时，可做成坡道。

在台阶和建筑出入口之间通常要设用于交通缓冲的平台，平台宽度一般不应该小于门扇宽度，以利行人在此处短暂停留、雨天撑伞，乃至寒暄交谈、聚众合影等，必须确保安全。正因如此，平台表面应设外倾1%~2%的排水坡度，并考虑防冻、防滑。

台阶选材，既可用天然石材、混凝土、砖砌，也可结合建筑创作实际需求采用木材、钢材甚至玻璃。而台阶面层材料更应该结合建筑创作实际需求确定。

2）坡道分类及其构造原理

坡道按用途可分为汽车库坡道、非机动车库坡道、轮椅专用坡道，以及其他坡道等（图2-174）。

坡道构造设计主要应关注三个问题，一是坡度控制，二是道面防滑，三是坡度缓冲。

坡度控制方面，一般为1∶12到1∶8之间（坡度以高差与长度之比表示），室内坡道坡度不宜大于1∶8，室外坡道坡度不宜大于1∶10。室内坡道水平投影长度若超过1.5 m，应设休息平台，以免轮椅通行不便乃至发生危险。

在道面防滑方面，坡道面建议做防滑处理，尤其是坡度较大时。具体处理方式有：每隔一段距离专做防滑条，或道面粉刷层做成锯齿形、波浪形横条。如果是在寒冷地区，道面防滑还应结合防冻处理，在道面之下铺设发热电缆等电热装置，有必要时打开，用以迅速除冰融雪，并使道面温度位于冰点之上，确保车辆通行安全。

坡度缓冲方面，汽车库坡道两端均应设缓坡段，作为坡度变化的过渡地带，以免坡度急剧变化处刮伤汽车底盘，以及不良驾乘感。坡道较高一侧（近室外一侧）还应设挡水段，向室外侧放坡，避免雨水灌入室内。其直线缓坡段水平投影长度不应小于3.6 m，缓坡段坡度为坡道坡度的1/2。汽车库坡道两端均应设截水沟，以截取室外可能倒灌的雨水或车辆行驶带入的雨水。标高低于市政管网的截水沟应设窨井，集中收集雨水并以水泵提升至市政管网排放（图2-175）。

非机动车坡道坡度不宜大于1∶5，并辅以人行踏步，方便推行车辆。

图2-174　坡道按用途分为汽车库坡道、非机动车库坡道、轮椅专用坡道以及其他坡道

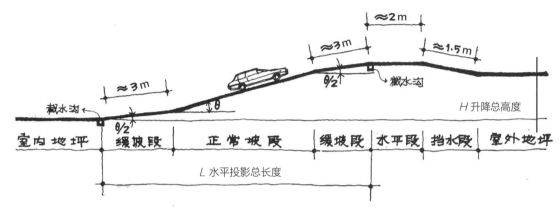

图 2-175　汽车库坡道坡度缓冲设计示意图

2.9.3　台阶与坡道构造设计案例

1. 博物馆入口台阶：瑞士库尔罗马遗址展厅

这是 2009 年普利兹克奖得主、瑞士建筑师彼得·卒姆托的第一个正式委托作品——为库尔（Chur）两座罗马时期的建筑地基和只有一个角落遗存的第三座建筑提供保护性的"罩棚"，这是考古遗址展示中极为常见的一类建（构）筑物，业内俗称"大棚"。而设计师凭借其早期曾身为木工学徒和在当地建筑保护部门工作的宝贵阅历，谦逊而巧妙地回应了遗址的场地条件，让观者感受时间的流逝，以及历史与当下之间的关联：走进沉稳细腻的百叶箱式展厅之中，漫步在古罗马时期的断壁残垣之上，居然同时也能谛听室外街道上传来当下城市生活的烟火之声，感知此时此地的空气、温度和周遭氛围，引人遐思（图 2-176、图 2-177）。

这"大棚"外观并不惹人注目。两个百叶箱式体块，立面主要由水平向木板构成，其上镶嵌着人行入口、观察视窗、采光天窗等。"大棚"外壳被设想为罗马时期建筑体量的抽象重建：轻型钢木结构框架循着罗马时期遗迹的外墙搭建，喻示此古建筑的体量，以便被感知。

图 2-176　瑞士库尔罗马遗址展厅及其入口台阶外景

通过入口进了主体建筑"大棚"，是光线相对偏暗、沉郁静谧之所在。沿着架空的钢结构栈桥，是一处可以完整观察古代遗迹的水平面。"大棚"结构略作偏移，不直接触碰废墟，却又遵从古老石

图 2-177　瑞士库尔罗马遗址展厅内景

图 2-178　瑞士库尔罗马遗址展厅主体建筑"大棚"室内光线
沉郁静谧

图 2-179　瑞士库尔罗马遗址展厅沉郁静谧室内光线效果赖以形成
的木制百叶外围护结构

墙的走势。"大棚"立面上的百叶板适度外倾，既限定、联络建筑与环境的关系，又保护古迹免受雨雪冰霜（图 2-178、图 2-179）。

"大棚"架在罗马遗址之上，回应着古建筑的体量，而棚顶部中央皆设大天窗，结合着透光率适中、

图 2-180　瑞士库尔罗马遗址展厅架空银灰色钢结构栈道设有轻盈
钢梯到达碎石地面

光线柔和的外墙百叶，为室内营造出一种特殊的光线氛围，使得观者很自然地将视线停留于古代遗迹之上。

和罗马遗址自身布局相呼应，整个"大棚"分成三个空间，前两个空间是罗马遗址的地基，第三间则展示当时地板供暖系统原理。架空的银灰色钢结构栈道串联其间，而每个空间都有轻盈的钢梯到达（貌似悬置，实有支撑）碎石地面（图 2-180）。

项目主入口及台阶极有特点（图 2-181）。神秘的黑色入口，犹如幽深的时空隧道，通过悬置于开端的四级台阶与建筑主体相连。这一入口的前半段是钢外壳，后半段则蒙上兽皮，这古老的天然材料让入口通道如同一部高龄手风琴，以其风箱抚触展厅。漂浮的台阶很轻很轻，而古代断壁很重很重。二者间的巨大张力使得观者陷入一种对于时空关系之本质的讶异和虚无感，又似乎在提醒大家让古物和它们的时代继续沉睡。这四级台阶之所以能够"漂浮"起来，关键在第一级台阶实际上并不存在踢面而只有踏面——

图 2-181 瑞士库尔罗马遗址展厅主入口台阶外景及详图

整个台阶并未直接落地,而是和黑色钢结构入口(雨篷、栏板、台阶)浑然一体地整合在一起,以悬挑姿态从建筑主体前出和延伸,所以它实际上完成了台阶第一步高差的使命,却又并无其踢面之实,如此这般地飘浮于地面上方,轻描淡写而又惊鸿一瞥。常用于工业建筑楼地面的镀锌网纹钢板、理智得近乎冷漠的金属质地、纯粹而极简的形态,再加上室内空间的暗淡和静谧……所有这些,它们与"此在"之间的活生生的互动与勾连,无不从整体上散发着一个设计者含无尽之意于言外的思想性的光辉。当然,这光辉的产生实有赖于铆钉、螺栓、折弯与电焊,而已。

可见,在这戏剧性的空间氛围里,悬置着的台阶扮演了极为重要的角色——跨越时空且泾渭分明。这在世界各地的公共建筑中,可能迄今为止仍是孤例:一瞬即永恒。

2. 地下汽车库坡道:东南大学逸夫建筑馆

东南大学逸夫建筑馆建于 2000 年,该馆由东南大学建筑设计研究院完成项目设计。

其地下汽车库坡道是经过精心设计的典例(图 2-182),编者长期使用此地下车库,现场体验

图 2-182 东南大学逸夫建筑馆地下汽车库坡道外景清晰可见坡度缓冲

图 2-183　东南大学逸夫建筑馆地下汽车库坡道入口处清晰可见截水沟、道面防滑处理

足以证明其实效。其一，坡道的整体坡度调整，在高低两端均设有严格的缓坡段，坡度按正常坡段（$i=1:8$）的一半控制，为 $i=1:16$，且缓坡段均有足够长度即 4 m。缓坡段的实际存在可从坡道面与两侧墙壁的交接线形明确感知到。其二，两个缓坡段末端均设有截（排）水沟，为"《零星建筑配件》苏 J9507"标准做法，即带铸铁盖板的明沟，易于日常清理维护。不仅如此，高端缓坡段之外还设有明确的挡水段，向室外一侧放坡，以利排水，堪称规范之举。其三是坡道表面采用锯齿状粉刷处理——高标号水泥礓磋，防滑性能较好（图2-183、图 2-184）。须引起注意的是，礓磋做法因车辆行驶噪声较大、磨损轮胎，其本身不易修复及难以绘制导引线等问题，现已基本淘汰，而多用环氧树脂防滑地坪做法。

而同在一座城市的另一所高校的高层办公科研大楼地下车库坡道则欠缺此等细致处理，给使用者造成困扰：虽不至于危及行车安全，但驾乘体验每每不那么舒适。这正是高品质设计工作所要竭力避免的，追求质量与内涵也正是具体体现在这些细微之处。

本节小结

台阶和坡道，看似细枝末节且无关紧要，但优秀设计处理依旧能微言大义，至少是各司其职、各尽其能。维系建筑出入口便利、安全的交通组织是基本需求，在此前提下，如果通过台阶和坡道的平面形态、材质选择、剖面处理等方法使其达到助力设计理念表达乃至彰显设计思维的目的，则属于进阶式的要求了。满足基本需求乃是约束性条件，非如此即不合格，而能否达到进阶式的要求则要看机缘——设计主体的水准，预算、工期、工艺水平等各种因素的相互牵制，而前者即设计主体的水准则是首要的决定性因素。这是因为，后面那些因素如何处置，其态度取决于设计主体，最终决策权也至少和设计主体相关。

思考题

就构造设计而言，台阶和坡道分哪些种类？细节要求如何？并以瑞士库尔罗马遗址展厅为例，说明其台阶构造设计的关键点是如何控制的。

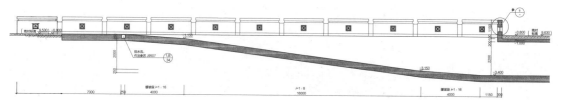

图 2-184　东南大学逸夫建筑馆地下汽车库坡道剖面图

本章参考文献

References

第2.1节

[1] 普法伊费尔，等. 砌体结构手册[M]. 张慧敏，等，译. 大连：大连理工大学出版社，2004.

[2] 金德·巴尔考斯卡斯，等. 混凝土构造手册[M]. 袁海贝贝，等，译. 大连：大连理工大学出版社，2006.

[3] 穆钧，周铁钢，蒋蔚，等. 现代夯土建造技术在乡建中的本土化研究与示范[J]. 建筑学报，2016(6)：87-91.

[4] 华黎. 武夷山竹筏育制场[J]. 建筑学报，2015(4)：10-17.

[5] 刘家琨. 西村·贝森大院[J]. 建筑学报，2015(11)：50-58.

[6] 弗洛拉·塞缪尔. 勒·柯布西耶的细部设计[M]. 邓敬，殷红，王梅，译. 北京：中国建筑工业出版社，2009.

第2.2节、第2.3节

[7] 安德烈·德普拉泽斯. 建构建筑手册[M]. 任铮钺，袁海贝贝，李群，等，译. 大连：大连理工大学出版社，2007.

[8] 葛洋康，李旭. 路易斯·康的建筑空心结构思想解读[J]. 新建筑，2021(6)：62-65.

[9] Edward R. Ford. The Details of Modern Architecture[M]. Cambridge: The MIT Press, 1989.

第2.4节

[10] 舒克，等. 屋顶构造手册[M]. 郭保林，等，译. 大连：大连理工大学出版社，2006.

[11] 诺伯特·莱希纳. 建筑师技术设计指南——采暖·降温·照明[M]. 张利，等，译. 北京：中国建筑工业出版社，2004.

[12] 彼得·布坎南. 伦佐·皮亚诺建筑工作室作品集[M]. 张华，译. 北京：机械工业出版社，2002.

第2.5节

[13] 汤姆·阿韦马特，徐知兰. 阳台：现代建筑元素的传奇[J]. 世界建筑，2020(10)：10-19.

[14] 青·微舍工作室. 月河对影：城市居民楼阳台非正规性改造研究与介入[J]. 建筑创作，2020(3)：104-108.

[15] Stefano Boeri Architetti. 埃因霍温 Trudo 塔楼[J]. 建筑细部，2022(8)：562-569.

[16] Sou Fujimoto Architects, Nicolas Laisné, Dimitri Roussel, Oxo Architectes. L'Arbre Blanc Housing Tower in Montpellier[J]. Detail, 2020(10)：40-49.

[17] Vincent Hecht，平田晃久建筑设计事务所. 树巢居(森林住宅)[J]. 世界建筑导报，2021(6)：6-9.

第2.6节

[18] 中国建筑标准设计研究院，编制. 中华人民共和国住房和城乡建设部，批准. 钢雨篷（一）（玻璃面板）：07J501—1[S]. 北京：中国计划出版社，2023.

[19] 中国建筑标准设计研究院，编制. 中华人民共和国住房和城乡建设部，批准. 钢筋混凝土雨篷(建筑、结构合订本)：03J501—2 03G372[S]. 北京：中国计划出版社，2019.

第2.7节

[20] Flora Samuel. Le Corbusier in Detail[M]. New York: Princeton Architectural Press, 2007.

[21] 胡向磊. 建筑构造图解[M]. 2版. 北京：中国建筑工业出版社，2015.

[22] 安德烈·德普拉泽斯. 建构建筑手册[M]. 任铮钺，袁海贝贝，李群，等，译. 大连：大连理工大学出版社，2007.

[23] 保罗·刘易斯，马克·鹤卷，大卫·J. 刘易斯. 剖面手册[M]. 王雪睿，胡一可，译. 南京：江苏科学技术出版社，2017.

第2.8节

[24] Rem Koolhaas. Elements of Architecture[M]. Cologne: Taschen, 2018: 10.

[25] Bruno Fioretti Marquez. 维滕贝格城堡[J]. 王培, 译. 建筑细部, 2019（6）: 392-399.

[26] Ector Hoogstad Architecten. 乌特勒支某自行车停车场[J]. 王培, 译. 建筑细部, 2019（6）: 372-379.

[27] 中村拓志, NAP建筑设计事务所. 丝带教堂, 尾道, 广岛, 日本[J]. 世界建筑, 2015（9）: 74-79.

第2.9节

[28] 杨维菊. 建筑构造设计: 上册[M]. 北京: 中国建筑工业出版社, 2005.

[29] 潘谷西. 中国建筑史[M]. 4版. 北京: 中国建筑工业出版社, 2001.

[30] Amnesia Nicotine. 卒姆托第三个作品: 瑞士库尔罗马遗迹保护罩[OL]. 如室.

本章图表来源

Charts Resource

第 2.1 节

图 2-3（a） 根据 line+ 建筑事务所官方网站资料整理；图 2-3（b） 钢·美术馆[J]. 艺术学研究，2022(5): 147-149；图 2-3（c） 根据家琨建筑设计事务所官方网站资料整理。

图 2-4 整理自：Edward Allen, Joseph Iano. Fundamentals of Building Construction[M]. New York: John Wiley & Sons. INC, 2009.

图 2-5 卜德清，刘天奕. 砖的砌筑方式及艺术表现力[J]. 建筑技艺，2018(7)：108-111.

图 2-6（a） 宣莹，王群. 隐藏在光背后的故事——从帕提农神庙与罗马万神庙之比较看光对场所的意义[J]. 新建筑，2004(5): 60-63.；图 2-6（b） 廉明，恒高宁. 朗香教堂建筑结构的美感特征研究[J]. 艺术研究，2022(1)：58-61.

图 2-7 整理自：Edward Allen, Joseph Iano. Fundamentals of Building Construction[M]. New York: John Wiley & Sons. INC, 2009.

图 2-9（a） 根据安藤忠雄建筑事务所官方网站（Tadao Ando Architect &Associates）资料整理；图 2-9（b） 根据家琨建筑设计事务所官方网站资料整理。

图 2-10(b) 李瑜. 玻璃砖——造就现代水晶宫之美[J]. 砖瓦，2018(9)：22-24.

图 2-11~ 图 2-13 改绘自：Edward Allen, Joseph Iano. Fundamentals of Building Construction[M]. New York: John Wiley & Sons. INC, 2009.

图 2-14、图 2-15 由李海清，提供。

图 2-16、图 2-17 华黎. 武夷山竹筏育制场[J]. 建筑学报，2015(4)：10-17.

图 2-18 根据家琨建筑设计事务所官方网站资料整理。

图 2-19 王丰. 看交往空间的营造——以马赛公寓的理想居住为例[J]. 室内设计与装修，2022(S1)：81-85.

图 2-20 弗洛拉·塞缪尔. 勒·柯布西耶的细部设计[M]. 邓敬，殷红，王梅，译. 北京：中国建筑工业出版社，2009.

图 2-26 由李海清，提供。

第 2.2 节

图 2-28 整理自：Edward Allen, Joseph Iano. Fundamentals of Building Construction[M]. New York: John Wiley & Sons. INC, 2009.

图 2-29 Untertrifaller Architekten, Christian Schmoelz Architekt. City Library in Dornbirn [J]. Detail, 2021（10）：38-45.

图 2-31、图 2-32 Jonathan Tuckey Design. David Brownlow Theatre near Newbury [J]. Detail, 2021（10）：30-37.

图 2-33~图 2-35 Jakub Szczęsny, Warsaw. House in Warsaw [J]. Detail, 2013（4）：384-391.

第 2.3 节

图 2-36（a） 由孙燦，提供；图 2-36（b） 由陈瑜，提供。

图 2-37、图 2-38 整理自：Edward Allen, Joseph Iano. Fundamentals of Building Construction[M]. New York: John Wiley & Sons. INC, 2009.

图 2-39 改绘自：Edward R. Ford, The Details of Modern Architecture[M]. Cambridge: The MIT Press, 1989.

图 2-40、图 2-42 整理自：Edward Allen, Joseph Iano. Fundamentals of Building Construction[M]. New York: John Wiley & Sons. INC, 2009.

图 2-45（c） 中国建筑标准设计研究院，编制. 中华人民共和国住房和城乡建设部，批准. 轻钢龙骨石膏板隔墙、吊顶：07CJ03—1[S]. 北京：中国计划出版社，2008.

图 2-48、图 2-49 改绘自：Edward R. Ford, The Details of Modern Architecture[M]. Cambridge: The MIT Press, 1989.

图 2-50 由刘峰，提供。

图 2-51、图 2-52 改绘自：L.P. Architektur. Technical School near Salzburg[J]. Detail, 2019（11）：38-45.

第 2.4 节

图 2-54（a~c） Edward R. Ford, The Details of Modern

Architecture[M]. Cambridge: The MIT Press, 1989; 图2-54（d）郭学明. 一座精彩的装配式建筑[J]. 混凝土世界, 2019(5): 94-96.

图2-55（f） Snøhetta. Plus-Energy Building in Trondheim [J].Detail, 2019（11）: 84-91.

图2-57 根据阿尔瓦罗·西扎建筑事务所官方网站资料整理。

图2-59 整理自: Edward Allen, Joseph Iano. Fundamentals of Building Construction[M]. New York: John Wiley & Sons. INC, 2009.

图2-60 Von M. CO_2 Neutral Hotel in Ludwigsburg [J]. Detail, 2021（6）: 82-89.

图2-61 整理自: Edward Allen, Joseph Iano. Fundamentals of Building Construction[M]. New York: John Wiley & Sons. INC, 2009.

图2-62 Sandy Rendel Architects mit with Sally Rende. Slot House in London [J]. Detail, 2021（7/8）: 36-43.

图2-63、图2-64 中国建筑标准设计研究院, 编制. 中华人民共和国住房和城乡建设部, 批准. 平屋面建筑构造: 12J201[S]. 北京: 中国计划出版社, 2012.

图2-65 整理自: Edward Allen, Joseph Iano. Fundamentals of Building Construction[M]. New York: John Wiley & Sons. INC, 2009.

图2-66 诺伯特·莱希纳. 建筑师技术设计指南——采暖·降温·照明[M]. 张利, 等, 译. 北京: 中国建筑工业出版社, 2004.

图2-67 Nord Architects. Marine Education Centre in Malmö [J]. Detail, 2021（1/2）: 40-47.

图2-69、图2-70 Buero Wagner. Black House on Ammersee Lake [J]. Detail, 2021（7/8）: 74-81.

图2-71、图2-72（b）、图2-73 根据伦佐·皮亚诺建筑工作室（PRBW）官方网站资料整理。

图2-72(a) 彼得·布坎南.伦佐·皮亚诺建筑工作室作品集[M]. 张华, 译. 北京: 机械工业出版社, 2002.

图2-74 ~ 图2-77 Musée Atelier, Audemars Piguet. An Emblematic Double Spiral[J]. Detail, 2021（1/2）: 80-91.

第2.5节

图2-78（a） 梁思成. 清工部《工程做法则例》图解[M].

北京: 清华大学出版社, 2006; 图2-78（b）奈良六大寺大观刊行会. 奈良六大寺大观[M]. 鹿岛: 岩波书店, 1968; 图2-78（c）潘谷西. 中国古代建筑史: 第4卷元明建筑[M]. 北京: 中国建筑工业出版社, 2001; 图2-78（d）（e）根据网络图片进行局部剪裁整理。

图2-79、图2-81 Rem Koolhaas. Elements of Architecture[M].Cologne: Taschen, 2018.

图2-80 Lovell House | SAH ARCHIPEDIA (sah-archipedia.org).

图2-83 汤姆·阿韦马特, 徐知兰. 阳台: 现代建筑元素的传奇[J]. 世界建筑, 2020(10): 10-19.

图2-84 ECDM建筑事务所. ZAC du coteau住宅[J]. 世界建筑, 2020(10): 50-55.

图2-85 塞巴斯蒂安·阿达莫, 马塞洛·费登. 邦普朗2169号综合体, 布宜诺斯艾利斯, 阿根廷[J]. 世界建筑, 2020(10): 44-49.

图2-86 央视电影频道与湖北广播电视台联合出品公益短片《阳台里的武汉》视频截屏。

图2-88 青微舍工作室. 月河对影: 城市居民楼阳台非正规性改造研究与介入[J]. 建筑创作, 2020（3）: 104-108.

图2-89、图2-90 改绘自: Stefano Boeri Architetti. 埃因霍温 Trudo 塔楼[J]. 建筑细部, 2022（8）: 562-569.

图2-91 ~ 图2-93 改绘自: Sou Fujimoto Architects, Nicolas Laisné, Dimitri Roussel, Oxo Architectes. L'Arbre Blanc Housing Tower in Montpellier[J]. Detail, 2020（10）: 40-49.

图2-94 Vincent Hecht, 平田晃久建筑设计事务所.树巢居（森林住宅）[J]. 世界建筑导报, 2021(6): 6-9.

图2-95、图2-96 编者改绘自: Tress-ness House 项目技术图纸。

第2.6节

图2-97 中国科学院自然科学史研究所. 中国古代建筑技术史[M]. 北京: 科学出版社, 2000: 13.

图2-101 《清明上河图》, 由（宋）张择端, 绘制。

图2-102 唐代宅院: 敦煌壁画—莫高窟85窟。

图2-104 Ernstings Warehouse 根据圣地亚哥·卡拉特拉瓦建筑事务所官方网站资料整理。

图2-106 W. 博奥席耶, 等. 勒·柯布西耶全集第1卷[M].

牛燕芳，等，译．北京：中国建筑工业出版社，2005：135．

图2-107　卡尔·弗雷格．阿尔瓦·阿尔托全集第1卷[M]．王又佳，等，译．北京：中国建筑工业出版社，2007：203．

图2-108（b）、图2-110　由董文青，绘制。

图2-111（b）　根据姚仁喜的大元建筑工场官方网站资料整理。

图2-112　由东南大学建筑研究所，提供。

图2-113（c）　中国建筑标准设计研究院，编制．中华人民共和国住房和城乡建设部，批准．钢雨篷（一）（玻璃面板）：07J501—1[S]．北京：中国计划出版社，2023：44．

图2-115、图2-118　由周鹤清，拍摄。

图2-119（a）　由宋英祎，绘制；图2-119（b）　由朱意乔，绘制。

图2-120　由宋英祎，拍摄。

图2-121　由王志奇，绘制。

图2-122　照片由王志奇，拍摄；图由张旭老师，提供。

第2.7节

图2-126　编者根据国家建筑标准设计图集《建筑节能门窗：16J607》中第62-64页内容整合重组．中国建筑设计标准研究院，编制．中华人民共和国住房和城乡建设部，批准．建筑节能门窗：16J607[S]．北京：中国计划出版社，2016．

图2-128　柳孝图．建筑物理[M]．3版．北京：中国建筑工业出版社，2010．

图2-130　胡炜．勒·柯布西耶的神圣空间结构形态研究[J]．建筑师，2007，130(6)：23-32．

图2-133　Scenic Architecture Office．苏州某社区中心[J]．建筑细部，2019，95(8)：536-541．

图2-134　胡向磊．建筑构造图解[M]．2版．北京：中国建筑工业出版社，2015．

图2-135　编者基于《剖面手册》进行大样绘制．保罗·刘易斯，马克·鹤卷，大卫·J．刘易斯．剖面手册[M]．王雪睿，胡一可，译．南京：江苏科学技术出版社，2017．

图2-136　Morger，Dettli Architekten．瓦杜兹艺术博物馆扩建项目[J]．建筑细部．2016(8)：507-509．

图2-139　Dominique Coulon&associés．阿尔萨斯某养老院[J]．王培，译．建筑细部．2021(6)：870-877．

图2-140、图2-141（a）　Flora Samuel．Le Corbusier in Detail[M]．New York：Princeton Architectural Press，2007．

图2-141（b）（c）　Bon Ku，Ellen Lupton．Health Design Thinking[M]．Cambridge：MIT Press，2020．

第2.8节

图2-142、图2-143　Rem Koolhaas．Elements of Architecture[M]．Cologne：Taschen，2018：10．

图2-144　引自museumsinflorence官方网站。

图2-145　根据chambord官方网站资料整理。

图2-146　Klaus-Jürgen Sembach．Art Nouveau[M]．Kuln：Taschen，2007．

图2-147　斯布里利欧．萨伏伊别墅[M]．北京：中国建筑工业出版社，2007．

图2-148　根据流水别墅官方网站资料整理。

图2-153　Friedrich Mielke．Handläufe und Geländer[M]．Stamsried：Verlag Vögel，2003．

图2-157　Bruno Fioretti Marquez．维滕贝格城堡[J]．王培，译．建筑细部，2019（6）：392-399．

图2-158　Ector Hoogstad Architecten．乌特勒支某自行车停车场[J]．王培，译．建筑细部，2019（6）：372-379．

图2-162　改绘自：今村仁美，田中美都．建筑结构与构造[M]．雷祖康，刘若琪，译．北京：中国建筑工业出版社，2018：63．

图2-163、图2-164　引自、改绘自：中村拓志，NAP建筑设计事务所．丝带教堂，尾道，广岛，日本[J]．世界建筑，2015(9)：74-79．

第2.9节

图2-168　《滕王阁图》《岳阳楼图》，由（元）夏永，绘制。

图2-181　Amnesia Nicotine．卒姆托第三个作品：瑞士库尔罗马遗迹保护罩[OL]．如室．

图2-184　由东南大学建筑设计研究院资料室，提供。

第 3 章 建筑构造设计拓展专题

Chapter 3　Prolongation of Building Construction Design

医生可以掩盖自己的错误，但建筑师只能建议他的客户种植藤本植物。

——弗兰克·劳埃德·赖特

不论构造的细部是否被特别地强调，它们都是全部建筑观念的一个至关重要的组成部分。在一座建筑的设计中，我认为细部的设计具有巨大的重要性……在我的经验中，最好的细部通常是不能被有意识地感知的细部。

——阿尔瓦罗·西扎

3.1 隐匿的前置性工作：地基与基础构造设计

地基和基础，在建筑建成之后往往隐藏在地面之下不为人知，再加上地基与基础受到场地土壤地质等客观因素的限制，设计趋于标准化和程式化，而且通常不需要建筑师参与设计，以至于大部分建筑师并不重视地基和基础的设计，认为这是结构工程师的工作，某种程度上造成了以地坪线为分界线，地上和地下的割裂。

不同于地上建筑的拆除和重建，作为建筑的隐蔽工程，挖掘土地这个动作，一旦实施就是不可逆的，会对大地产生永久的印记。因此应避免在农业用地、自然保护区、生态敏感地带的挖掘建设，避免公共资源的永久性损失。所有的建筑物都需要地基和基础，窑洞这种特殊的建筑类型似乎不需要地基和基础设计，但是挖掘窑洞之前对土层条件、选址、平面布局、挖掘技巧，以及后期的维护都有一整套方法，这些工作类似于对于地基的地质勘探、基础选址、施工方法等。

地基和基础是建筑的根，是建筑物的基石，是建筑物荷载传递的最终去向，是建筑物最先建造的部分，是建造过程中最重要的部分，因此在建筑破土动工时通常会举行奠基仪式。人们也常用"基石"这个词来形容坚而不移的品质，"百尺高楼起于垒土""皮之不存毛将焉附"等俗语也都是形容根基的重要。地基和基础的重要性在于三个方面，其一是它们是建筑物承载最大的部分，所有的上部荷载最终都会作用到基础上，基础再传递到地基上。其二是如果地基勘察工作不到位或者基础设计有问题等造成地基和基础破坏或者发生不均匀沉降，所有

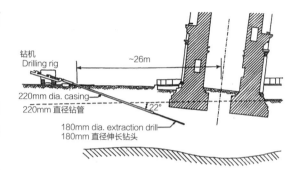

图 3-1　20 世纪早期为了防止比萨斜塔继续倾斜所采取的技术措施示意图

的上部结构都会失去依靠进而沦为危楼。著名的比萨斜塔就是因为对复杂地基的处置不当，而发生了倾斜。20 世纪初，为了防止比萨斜塔的继续倾斜，采用了类似针灸疗法，去除塔底沉降较少处部分的土壤，这种保护措施经过实践证明比较有效（图 3-1）。其三是建筑通常是自下而上地建造，建筑的下部结构在上部结构开工前已经完成。地基和基础施工工作完成后会进行掩埋，一旦这部分工作出现问题，用于加固或者修复的代价会非常大。

3.1.1 地基与基础发展简介

自从人类历史上有建造活动的发生，就伴随着处理庇护所的地基和基础的问题，无论是穴居或者是巢居，为了保证庇护所的稳固，需要处理好庇护所的支撑。我国传统建筑关于地基的处理方法主要为挖土，薄弱处采用回填土，回填土中会掺有石灰或骨料，然后整体夯实。在仰韶文化时期的半坡遗址中（图3-2），修复后的 F37 遗址清晰可见夯土的痕迹以及柱洞，在柱洞中还有掺了石灰的回填土以及陶片等骨料。[①]我们的祖先通过向下挖掘土地并

---

① 中国科学院自然科学史研究所. 中国古代建筑技术史 [M]. 北京：科学出版社，2000：20.

图 3-2 半坡 F37 遗址复原图

图 3-3 天坛（左）、故宫养心殿三合土地基（右）

进行简单地处理，采用"嵌入式"的构造，在地上挖洞埋制木柱，并用具有一定黏度的回填土埋实，使柱子可以承托上部屋顶结构。地面经过分层夯实和火烤，形成一个相对平整的面，床稍微堆土抬高，用来防潮。

原始社会晚期的高台建筑，是将地基抬高出地面，形成夯土台基，这种构筑地基的方法也成为我国传统建筑的主要特征之一（图 3-3）。这种方式有利于建筑的防潮，并且高大的形象可以突出建筑的标志性，彰显建筑在政治上的重要地位，以及满足观察、防御等方面的需求。传统的三合土，即由石灰、黏土和细砂组成并且分层夯实的地基，故宫养心殿下方土层即为三合土地基（图 3-3），这种

方法至今仍然适用。进入现代社会之后，地基处理方法增多，人们可以填海填河造地，实现了古代不可能实现的空间拓展。虽然从古至今对地基的物理处理方法都是平整和夯实，但是现代的工具经历了重大变革，从手工转变到机械。

作为基础的材料主要有土、木、砖、石、混凝土和钢筋混凝土，前四种是传统的基础材料。钢材和混凝土都是大约在 20 世纪初才开始大量运用到建筑当中，现代的基础主要是采用钢筋混凝土基础。相比于传统的基础材料，钢筋混凝土具有结构强度高、抗弯和抗剪能力强、施工相对简便、整体效率高等优点。从建造方法上说，地基处理和基础施工的工业化程度不断提高，虽然地基和基础工作一定是"在地"的，

但是作为基础的构件可以是"预制"的。从构造措施上说,我国传统木结构中基础与上部建筑的连接通常采用石材,并采用榫卯连接的工艺,相对来说比较独特,属于"定制化"的设计。在工业生产的影响下,不论是钢筋混凝土一体化浇筑还是钢结构的焊接和栓接等,基础的构造处理也逐渐标准化。轻型结构基础的连接构造还可以适用于反复的拆卸与拼装,可以针对应急的防疫,以及春运高峰人流汇集等突发情况,满足城市动态指标需求进而实现韧性城市的目标。

3.1.2 地基与基础构造设计原理

1. 地基与基础的概念及其建筑学意义

1)地基与基础的概念

地基是支撑建筑物基础的土层或岩体,[1]英文翻译有"Ground、Rock、Soils、Foundation 等",都指的是人们脚下所踩的大地。Rock 指的是岩石地基;Soils 和 Ground 指的是土壤;Foundation 是当地基可以直接作为基础时。基础是建筑结构的重要组成部分,是将建筑物所承受的各种荷载和作用传递到地基的结构构件。[2]基础有三个英文翻译,分别为 Base、Footing 和 Foundation,其中美国常用 Footing 这个单词表示基础,而英国常用 Foundation 这个单词,Base 这个单词来自法语,指建筑结构最底层的部分或者柱子的底座。

从某种程度上来说,大部分建造活动都与大地直接相关联,在特殊场地的建造或者既有建筑改造等情况除外,例如在原有建筑中加建轻型结构或者在既有建筑屋顶上加改建等。然而地基并不是建筑的组成部分,这部分内容有专门的岩土工程学科来研究,建筑学的学生需要掌握其中的原理。地基有天然地基和人工地基的区别,当土层或岩体的承载力足够,未经加工处理或者简单夯实就能够承受上部荷载时,称为天然地基,[3]否则为人工地基。大部分的建筑场地的地基都需要人为地改良和加固。例如当下我国城市化程度逐渐增高,土地资源十分有限,经过填海或者填河而形成的土地,其地基就需要人为加固后才能在上面做基础进而建造房屋。岩石地基就是承载良好的天然地基,可以直接在上面做基础。结构工程师约格·康策特(Jurg Conzett)设计的弗莱姆峡谷中的钢筋混凝土小桥(图 3-4),就是将钢筋混凝土材料直接锚固在经过平整处理的岩石上,钢筋混凝土台基偏转形成台阶,同时与峡谷中层叠的岩石在形式上相呼应。

所有的建筑都要有基础,即使是诸如室外台阶、景观小品、建筑围墙等构筑物也需要基础。基础是建筑的重要组成部分,它起到连接上部结构和地基的作用,基础落在地基之上,将所有的建筑物荷载传递到地基上,地基再将所有的荷载分散传递到大地中。基础的变形被严格地控制,为了增强基础的整体刚度,通常将它们联通在一起的,用于抵抗不均匀沉降。

建筑学常常涉及"场地"概念,通常指的是建筑基地及其周边环境(图 3-5),包含所有的物质环境和精神环境、物质因素和人文因素、竖向技术构成,以及水平的人文拓展。这些环境限定了建筑总体布局。而地基和基础则是场地的技术构成,或

---

① 术语释义引自:中国建筑科学研究院,主编.中华人民共和国住房和城乡建设部,批准.建筑地基基础设计规范: GB 50007—2011 [S].北京: 中国建筑工业出版社,2012: 7.
② 术语释义引自:中国建筑科学研究院,主编.中华人民共和国住房和城乡建设部,批准.建筑地基基础设计规范: GB 50007—2011 [S].北京: 中国建筑工业出版社,2012: 7.
③ 顾晓鲁,等.地基与基础[M].4 版.北京:中国建筑工业出版社,2019: 363.

图 3-4　弗莱姆峡谷中的小桥

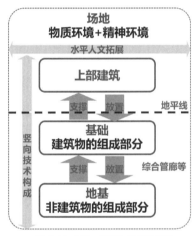

图 3-5　场地、基础与地基的关联

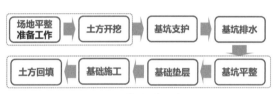

图 3-6　基础的施工过程

者说是竖向限定。场地所研究的内容更加宽泛，它与技术、建筑、空间、场所、环境、气候、区域等很多问题关联在一起。而地基和基础是处理建筑系统内部问题时需要必须考虑的方面，其研究范围没有场地那么大。

2）建造视角下的地基与基础

通常情况下，地基和基础的造价一般为整个建筑物造价的 10%～20%，施工工期约占 20%～35%。如果是在悬崖峭壁等特殊环境进行建设，这个比例会相应的增加。好的专业协同应当是在建筑设计之初就开始，包括基础设计。上部结构的位置、形状、尺度等可能影响和决定建筑基础，以及基础

建造中的复杂程度。因此在大型建筑项目中，前期至少需要三个专业的人员即建筑师、结构工程师和岩土工程师共同参与决策，以场地地质勘察报告为基础，探索最优的上部建筑布局和形式。通常情况下，建筑师是总体项目负责，但是当基础造价占建筑预算更多时，岩土工程师和结构工程师就会给建筑师提出限制条件。因此从基址位置选择到建筑配型，各专业协同工作才能够更加高效。

如图 3-6 所示为基础的施工过程，根据不同的场地条件、地下水深度、建筑形式等因素，这个过程会略有不同，但是虚框之内的部分是必不可少的。如果基地面积远大于建筑占地面积，开挖基坑的边缘土壤小于土的自然堆积角，那么基坑边缘土不会下滑，可以不做支护。但是城市基址中往往用地狭小，建筑占地面积很大，建筑一层空间距离建筑红线很近，这时挖掘周围的土壤就需要做基坑支护。如果在基础施工过程中遇到了地下水，那么就需要考虑做基坑支护和基坑排水，同时也要考虑基础的防水

措施,以及地下室楼板抗浮等问题,这些都会使造价大幅度增加。因此有时候基础深度的选择哪怕只是多出十几厘米,也会使成本不可控。

2. 地基

1) 地基的材质与地基的承载力

地球的表面主要由岩石和土构成,因为数亿万年的沉积和作用,它们呈现出不同的质感、纹理、色彩等,表观特征、矿物组成和结构性能方面都差异很大。而地基主要考察的就是它们的结构性能。天然的土壤又可以分为岩石、碎石、砂土、粉土和黏土,是根据土壤本身的物理状态、颗粒的粒径来划分的。从岩石到黏土结构稳定性降低,从黏土到岩石,结构承载力增加,如图3-7所示。[①]黏土的性质最不稳定,根据含水率的不同有固态、塑态和液态的分别,因此也是最令岩土工程师头疼的材料。人工填土除了选用达标的天然土壤之外,鼓励采用工业废料、碎砖、碎混凝土等回收再利用材料,不仅可以达到节能环保的目的,也符合可持续发展的总体理念。

地基的承载力是通过地质勘测报告得知的,而且即使是同一场地,其承载力也会有变化。基础设计,就是要做到上部建筑荷载与基础底面积的比值小于地基的承载力。地基细分起来还分为持力层和下卧层,持力层是与基础直接接触的部分,下卧层是将所有的荷载分散的部分(图3-10)。

关于地基的不均匀沉降问题,由于地震活动和地下水影响,地基会出现不同程度的沉降,通常岩石地质的地基沉降较少,而其他土壤的沉降较多,如果建筑物的基础被设计在不同地质条件上,不同的地质活动可能造成不均匀沉降,导致建筑结构部分出现扭曲、地面开裂等情况。根据地基容许变形来设计基础、提高基础和上部结构的刚度,以及根据建筑物变形的情况设置沉降缝等措施可以避免由沉降而引起的上部建筑的开裂。

2) 地基的加固构造

当天然地基不满足承载力要求时,改善其结构性能,采取人工方法处理的地基,称为人工地基,[②]以保证建筑物的安全正常使用。人工地基的加固方法按照原理上可以分为物理方法和化学方法,物理方法就是采用机械对土壤进行压实或者挤密,而化学方法就是采用胶凝添加剂,增强土壤颗粒之间的粘接力,从而提高承载力。

(1) 物理方法

物理方法主要有夯实法和挤密法。夯实法是我国传统建筑常用的处理地基的方法,这种方法可以将土壤的空隙压实,增加土壤的密度,提高地基的承载能力。经过人为分层压实的土体甚至可以达到岩石的强度,例如河北正定城墙表面的砖已经风化损坏,但是内部的夯土仍旧坚硬如铁(图3-8)。挤密法是以振动或冲击方法使土壤之间挤密,通常是采用挤密桩,桩打入地基对土体产生横向挤密作用,土体颗粒彼此靠近,空隙减少,使土体密实度得以提高,地基土强度亦随之增加。在桩洞内填上人工填土再压实。

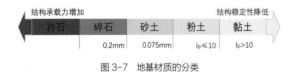

图 3-7 地基材质的分类

[①] 关于土的三相构成以及相应描述土结构性能的指标,请参阅:顾晓鲁,等.地基与基础[M].4版.北京:中国建筑工业出版社,2019: 77-94.

[②] 顾晓鲁,等.地基与基础[M].4版.北京:中国建筑工业出版社,2019: 363.

图 3-8　河北正定城墙中的夯土

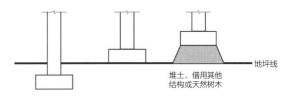

图 3-9　基础与地坪线的关系

（2）化学方法

在地基土壤当中添加如水泥、硅浆、碱液等胶凝材料，使土壤颗粒与添加剂相互混合、固化，形成具有足够设计强度的土体。这种方法改变了地基的特性，对地基伤害比较大，通常是在天然地基过于松软的情况下才会采用。

以上两种方法也会组合地采用，以到达最佳的效果。

3. 基础与构造设计

基础设计是本节的重点，这与场地环境、上部建筑荷载、地基承载力等因素有关。基础与地坪线的关系并不是绝对的（图 3-9），大部分基础都隐匿于地坪线之下，而且基础埋深通常不小于 0.5 m。也有些临时性结构和次要的轻型建筑物可以直接放置在大地上。有些特殊的环境例如坡地或水体等，通常采用柱子深入坡地或水体之下，形成特殊的建筑景观。基础的材料主要有土、砖、石、混凝土和钢筋混凝土。前面四种材质的基础又称为刚性基础或者是无筋扩展基础（表 3-1），刚性基础在城市中的应用很少，更多的是在临时性建筑、既有建筑改造或者乡建中应用。刚性基础的压力分布范围受到刚性角的限制，刚性角指的是上部荷载的压力沿一定的角度分布扩散到基础上，这个角度称为刚性角或扩散角，不同材料基础的刚性角是不同的。[1] 柔性基础又称为扩展基础，在混凝土基础中设置抗拉性能优良的钢筋，即钢筋混凝土基础，这样基础就可以不受刚性角的限制，同时还可以减小基础开挖深度，降低施工难度。

表 3-1　刚性基础与柔性基础

	特点	适用范围	形式
刚性基础 （无筋扩展基础）	抗压强度大，抗剪和抗弯能力弱土、砖、石、混凝土等材料压力分布范围是受到刚性角限制	5 层以下砌体结构建筑或单层轻型厂房。刚性基础适用于地下水位较低的情况，北方地区运用较多	受到刚性角的影响，通常呈台阶状
柔性基础 （扩展基础）	采用抗拉钢筋，抗压、抗弯和抗剪性能均好	基础埋深减少，适合荷载较大的上部结构	锥形和阶梯形

---

[1]　杨维菊. 建筑构造设计（上册）[M]. 北京：中国建筑工业出版社，2013：19.

1）基础的埋深

基础埋深指的是基底标高到地面的高度（图3-10），场地与场地之间的地坪面标高会有差异，我国的地平线是以黄海海平面为基准。影响基础埋深的因素包括上部建筑物的荷载大小、地质条件、地下水条件、冻土层情况、相邻建筑情况等。与树大根深的道理相一致，基础的埋深与建筑物的高度有关，建筑物越高，上部荷载就越大，相对应的基础埋深就越深。多层建筑的基础埋深一般为建筑高度的1/12；高层建筑的基础埋深一般为建筑高度的1/15；采用桩基础的高层建筑，基础埋深一般为建筑高度的1/18（图3-10）。

一般宜将基础埋置在地下常年水位的最高水位线之上（图3-11），这样可以不对基础进行特殊的防水处理，既节省造价，还可以防止和减轻地基土层的冻胀对基础的影响。当地下水位较高时，宜将基础底面埋置在最低地下水位线以下。这时基础施工就要增加基坑支护和排水的程序，这会使基础的造价大幅度增加。基础埋深还受到冰冻线高度的影响，通常基础要埋置在冰冻线以下，防止地下水的反复冻融对基础的影响。

现存相邻建筑的情况也会影响基础埋置的深度（图3-12），当新建建筑的基础埋深小于相邻建筑的基础埋深时，新建建筑与已有建筑的距离基本不受到限制。但是当新建建筑的基础埋深大于相邻建筑的基础埋深时，两者之间的距离需大于两倍的两座建筑基础深度差（Δh）。

2）浅基础

浅基础是在土壤承载力满足的情况下，将建筑物的上部荷载有效地分散到尽可能大区域的土层当中。深基础则是通过寻找到优质土层，将荷载分散到可靠的土层上面，深基础即桩基础。大多数情况下，浅基础比深基础便宜很多。如果建筑过高，就需要

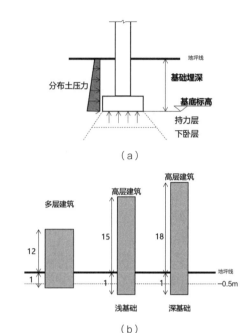

图3-10 基础的埋深
（a）埋深示意图；（b）基础与上部结构的常用比例关系示意图

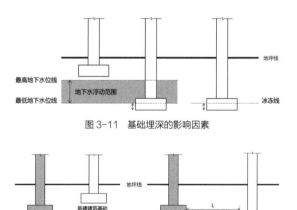

图3-11 基础埋深的影响因素

图3-12 基础埋深的影响因素

采用深基础。否则可以通过调整建筑层高或者增加建筑横向宽度的方式来确保开发容量，避免采用深基础从而增加造价。主要的浅基础形式有独立基础、条形基础、筏形基础和箱形基础（表3-2）。

表 3-2　浅基础的几种形式

基础形式	图示	实用案例	适用范围
独立基础	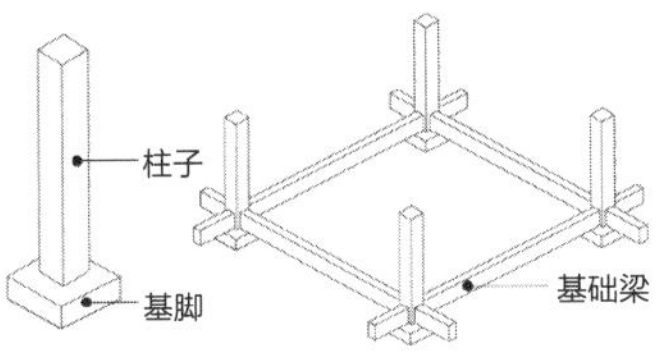 （柱子、基脚、基础梁）	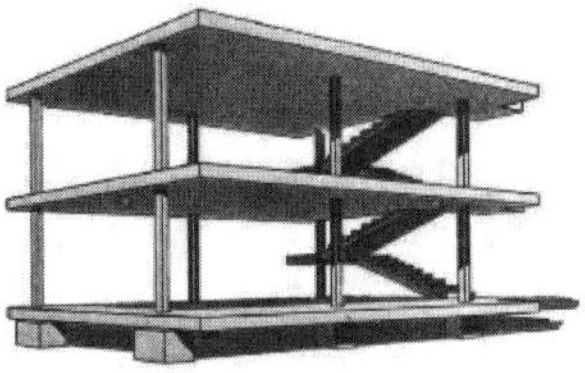 多米诺系统	适用于上部荷载较小、单层或低层的小型建筑，造价较低
条形基础	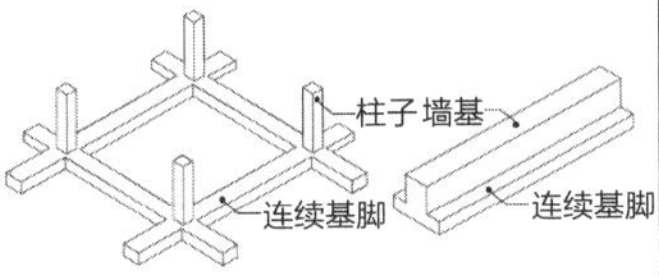 （柱子墙基、连续基脚）	 2017年"SDC"华盛顿大学队	适用于墙承重的单层或多层建筑，有利于与上部墙体的连接，比独立基础更有利于防止不均匀沉降
筏形基础（也被称为筏板基础）	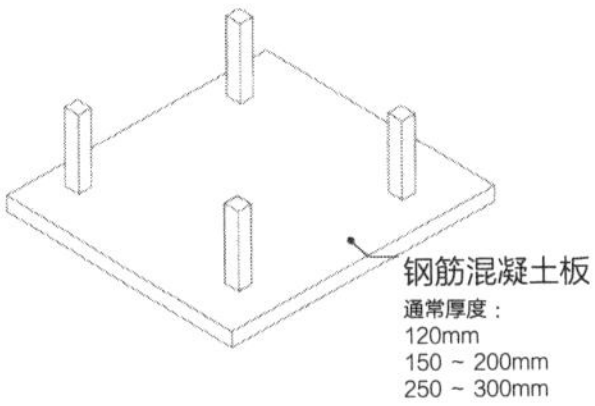 钢筋混凝土板 通常厚度：120mm 150~200mm 250~300mm	 C-House	适用于低层或多层建筑的基础设计，可以适应地基土层较差的情况，承载能力优于独立基础和条形基础，有利于防止不均匀沉降
箱形基础	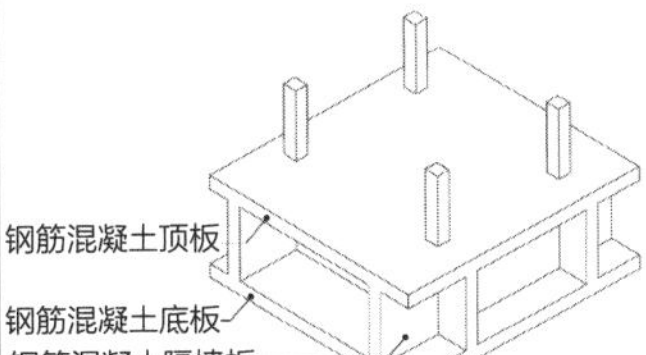 钢筋混凝土顶板、钢筋混凝土底板、钢筋混凝土隔墙板	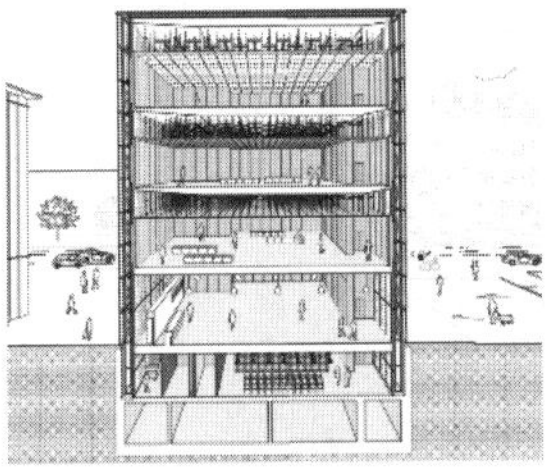 布列根茨美术馆	适用于高层建筑的基础设计，相比于其他基础埋深更深、整体性更好、抗震性能更好、造价更高；箱形基础通常与地下室相结合，用于停车等功能

独立基础就是为每个支撑点设计单独的不连续的基础。例如每根柱子下都有一个单独的基脚，基脚的截面大于柱子的截面，使建筑物的荷载传递到更大范围的土层当中，如果没有放大的基脚，柱子很容易陷入土层当中。独立基础通常会设置基础梁，使各个独立基础之间连接起来，互相约束形成整体。当某一个独立基础塌陷时，基础梁的约束作用可以减少沉降。条形基础就是带状的连续基脚基础。独立基础适用于上部荷载较小的建筑当中，2017年"中国国际太阳能十项全能竞赛"（SDC）伯克利大学和丹佛大学参赛作品的基础就采用了独立基础（图3-13），地面简单平整夯实后，根据位置布置基座板，可调节基座放置在基座板上从而支撑上方的建筑模块。晋祠鱼沼飞梁的基础属于点桩式独立基础，水下打有木桩[①]（图3-14a），仇英所绘制的醉翁亭（图3-14b），其下的木桩深入水池之中，木桩之间有横向支撑相连，这些横向支撑就起到了基础梁的作用，防止亭子的不均匀沉降。

筏子基础顾名思义，就是类似小舟一样浮在大地之上。它是在基础底部浇筑一整块钢筋混凝土板用以支撑建筑物整体，钢筋混凝土板的厚度一般为150 mm或200 mm，最小为120 mm，最厚可达250 mm或300 mm。[②]基础底面面积越大，分散荷载的能力越强。

筏形基础是最常用的一种基础形式。箱形基础就是将整个建筑物的基础做成箱形，相比于筏形基础，箱形基础包含钢筋混凝土顶板和底板，以及连接顶板和底板之间的隔墙板，箱形基础的整体性更好、承载能力更强、刚度更大。通常高层建筑的基础埋深较深，就会采用箱形基础并与地下室相结合。中国古代很多塔都设有地宫，例如河南登封嵩岳寺塔，地宫某种程度上也可以看作是箱形基础，箱形基础的造价较高。

3）深基础

深基础即桩基础（表3-3），也是常用的一种基础形式。桩（Pile）是一种细长的柱状承载构件，当土层承载力较差时，桩可以将上部建筑荷载传递到深层的承载能力较强的土层当中，以提供足够的承载能力。赖特设计的日本帝国饭店（图3-15），一层楼板与承台板相连，墙体由承台板支撑，承台下方设置了摩擦桩，摩擦桩桩底到达淤泥层，上方建筑荷载主要靠桩侧摩擦力和承台板来支撑。当地震来临时，淤泥层就像柔性衬垫，吸收了部分的地震作用。这种基础形式被结构工程师缪勒（Paul Mueller）称为是"浮筏基础"，[③]也就是建筑的一层楼板与承台板一起，就像是服务生手中的盘子一样被托在空中。这样的基础设计使该建筑经受住了1923年东京大地震的考验。

图3-13　2017年"中国国际太阳能十项全能竞赛"（SDC）伯克利大学和丹佛大学参赛作品的基础

---

① 中国科学院自然科学史研究所．中国古代建筑技术史[M]．北京：科学出版社，2000：162．
② 中国建筑工业出版社，中国建筑学会．建筑设计资料集：第1分册建筑总论[M]．3版．北京：中国建筑工业出版社，2017：287．
③ 项秉仁．赖特[M]．北京：中国建筑工业出版社，1992：41．

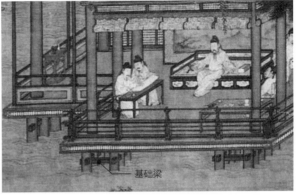

(a) (b)

图 3-14 中国古代建筑中的桩基础
(a) 晋祠鱼沼飞梁；(b) 仇英醉翁亭图

表 3-3 深基础的形式

基础形式	图示	适用范围
桩基础	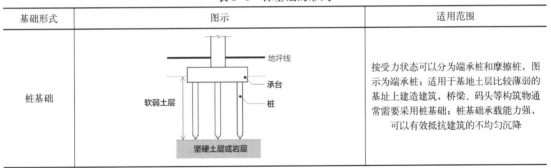	按受力状态可以分为端承桩和摩擦桩，图示为端承桩；适用于基地土层比较薄弱的基址上建造建筑，桥梁、码头等构筑物通常需要采用桩基础；桩基础承载能力强，可以有效抵抗建筑的不均匀沉降

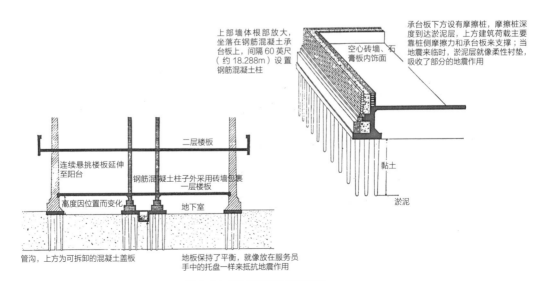

图 3-15 日本帝国饭店基础示意图

4）轻型结构的基础设计

轻型结构是指那些采用轻型材料，上部建筑荷载相对较小的临时性或永久性结构，轻型结构的临时、高效、自然、工业化装配等特点，使其在临时会展、灾后援建、加建改建等方面具有潜能和优势。轻型化、轻量化建筑产品对环境自然干扰少还体现在它们对待大地的态度是温和的，它们精致轻巧地接触地面，成为生态建筑的优秀范本。轻型结构的基础设计灵活且自由，要根据建造场地特点来选择合理的材料和形式，其总体特点是轻触大地，动土的工作量较少。在地基承载力足够的情况下，甚至可以直接将预制好的基础搁置在大地上。还需要做好地基和基础的防潮，朱竞翔团队在四川盐源达祖小学新芽学堂中，分别采用了泡沫、废弃木板、农用薄膜、砖等材料来分层处理地基，这些材料价格低廉，却有效地形成了绝热防潮层，基础的防潮性能得到了有效改善，增加了上部建筑的耐久性。[①]

在四川栗子坪自然保护区大熊猫监测工作站项目中（图3-16），朱竞翔团队采用了圆柱形的"撑脚式独立基础"，方棱柱的形式更容易支模，但是圆柱体更能突出基础的轻巧。模板采用了PVC管，基础内置螺杆，螺杆伸出与上部建筑的底部连接为一体。埋入地下的基础截面放大，有利于将荷载分散到更大的面积上，也有利于抵抗向上的拔力。PVC容易断裂，后期他们改用雨污水管的水泥管作为模板。浇筑后一体成形，不需要将模板取下。

轻型结构的整体重量较轻，所以常用的基础形式为独立基础、条形基础等，也可以采用刚性基础。不同于重型结构的基础设计，轻型结构的基础还要考虑向上的风拔力对于建筑的影响，防止基础被从土层中掀出。

图3-16　四川栗子坪自然保护区大熊猫监测工作站

3.1.3　基础与上部建筑的连接构造

1. 钢筋混凝土结构

基础与上部建筑构件的连接构造与材料息息相关，钢筋混凝土结构的连接通常都是连续的、一体化的，其中钢筋的分布也是连续的，从底部基础一直延伸到上部的柱构件或墙构件中（图3-17）。钢结构的连接可以焊接也可以采用螺栓连接，木结构通常采用螺栓连接。连接节点在结构计算上还可以分为刚接和铰接（Pin或Hinge），铰接节点如同人体的关节，允许节点处的转动，不传递弯矩。历史上著名的基础与上部建筑的铰接节点就是1889年巴黎世博会机械馆中三铰拱与基础的连接节点，整体类似一个巨大的钉子。钢筋混凝土结构和钢结构可以实现刚接，而木结构的螺栓连接，因为孔隙和材料交接等问题，节点处往往容许少许的错动，因而不能实现真正意义上的刚接。目前常用的三种结构形式，下部基础与上部建筑构件的连接，见表3-4。

[①] 张东光，朱竞翔. 基脚抑或撑脚——轻型建筑实践中基础设计的策略[J]. 建筑学报，2014（1）：101-105.

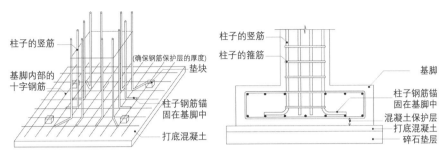

图 3-17　钢筋混凝土结构基础与上部柱构件的连接

表 3-4　基础与上部构件的连接方法

	钢筋混凝土		钢结构	木结构
	现浇	预制		
基础与柱构件的连接	一体浇筑	连接处浇筑混凝土	焊接、螺栓、铆接	浮筑、螺栓、钉、销，防潮处理
基础与墙构件的连接	一体浇筑	连接处浇筑混凝土	焊接、螺栓、铆接	螺栓、钉、销，防潮处理

2. 钢结构

钢结构的基础与上部建筑构件的连接方式主要有焊接、螺栓连接和铆接，根据上部建筑构件的不同，可以分为柱构件、轻型墙构件和重型墙构件等。钢柱子截面的不同，也会带来焊接方法等构造措施的不同。目前作为柱子的钢构件主要有宽翼缘工字钢和矩形钢管两种，这两种钢柱子与钢筋混凝土基础的连接方式如图 3-18 所示。通常是在柱子底部焊接基座钢板，为了方便柱子高度的调整，在钢筋混凝土基础与基座钢板之间填充无收缩水泥砂浆，从钢筋混凝土基础中伸出的锚固螺栓穿过基座钢板后采用双螺母拧紧，防止错动。

轻型墙构件与基础的连接通常需要 C 字形钢制作的沿边导轨（图 3-19），将沿边导轨与钢筋混凝

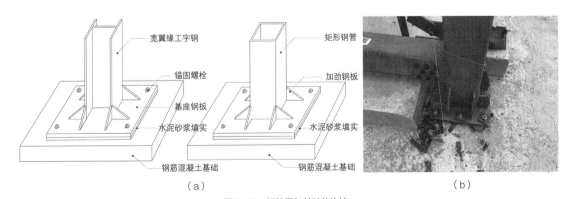

图 3-18　钢柱子与基础的连接
（a）连接示意图；（b）C-House 的柱子与基础的连接

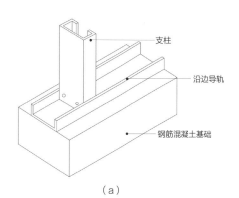

（a） （b）

图 3-19 钢结构中轻型墙构件与基础的连接
（a）连接示意图；（b）故宫某建筑的修复

土基础连接，沿边导轨上安装支柱（Strut），这些小截面的支柱之间也会有横向或斜向的支撑连接，形成轻型墙构件。重型墙构件与基础的连接与柱构件的连接相似，通常采用焊接或螺栓连接的方式。

3. 木结构

中国传统官式建筑当中，木柱与基础的连接通常采用浮筑的方式（图3-19），将石柱础与木柱之间进行凹凸处理，使接合处更加稳固。采用重压的方法使节点处更加牢固，这种连接方法对于抗震非常的有效。柱子底部会涂抹桐油防潮。在现代木结构中，木柱与基础的连接主要采用钢节点（表3-5），并需要做防潮处理，钢节点主要分为内置和外包两种方式。轻型木结构与钢筋混凝土基座的连接通常需要木枕梁过渡，与沿边导轨的作用类似，枕梁将一个个小截面的木螺柱连系成为整体，木枕梁下方需要设薄膜防潮（表3-5）。

表 3-5 木结构与基础的连接

	内置钢连接件	外包钢连接件	双柱与基础的连接
图片			
优势	简洁、美观，占用木材材料	不占用木材材料	使柱构件更加轻盈

(a)

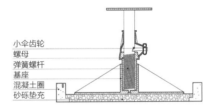
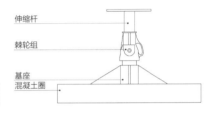

(b)

图 3-20 东南大学建筑技术与科学研究所第二代轻型结构
（a）产品实物；（b）独立基础示意图

3.1.4 地基与基础构造设计案例

1. 轻触大地：东南大学轻型结构产品的基础设计

2011 年开始，东南大学轻型结构房屋系统研发了可调节高度的高强度独立基座基础（图 3-20），后来经过几代产品的迭代，形成了固定的基础产品，应用于多个轻型结构项目当中。由于上部建筑荷载较轻，只需要对建造场地进行基本的平整处理后，就可以安放独立基础，这种基础形式最大限度地降低了对环境的不利影响，是一种环境友好型的绿色房屋构件。基座可调节高度，可以快速形成安装平面，节省施工时间，提高建造效率。基础底部放置在碎石上，碎石由周边的混凝土圈所限定，防止碎石的扩散。独立基础顶部的钢板用于与上部建筑连接。

2. 横遮竖挡：圣胡安德鲁埃斯塔教堂基础的防潮设计

通常情况下建筑的地面和墙基需要做防潮处理，防止潮气渗透进建筑的保温层或其他构造层次，降低材料的耐久性或者导致墙基发霉等。在西班牙萨拉戈萨的圣胡安德鲁埃斯塔教堂修复项目（San Juan de Ruesta）中（图 3-21），原有建筑的基础和部分墙体经过了岁月的洗礼被保存了下来，而上部屋顶和部分墙体已经缺失了，建筑变成了废墟。建筑师对上部建筑，以及周边环境进行了修复。上部建筑采用 CNC 切割的砂岩砌块，色彩与原有建筑

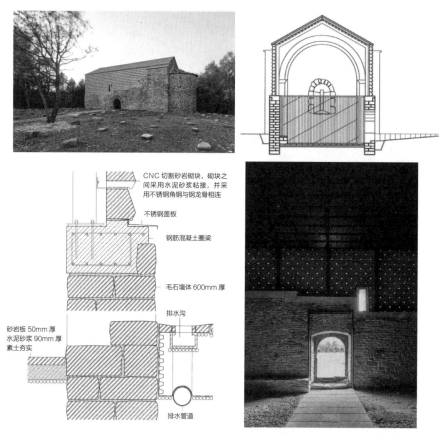

图 3-21 圣胡安德鲁斯埃斯塔教堂修复项目

相协调并创造了美妙的采光和通风效果。

该小教堂的原有基础为毛石条形基础，建筑师沿建筑墙体周边挖出了浅沟，其中放置排水管道后覆土，排水管道与上方排水沟相连。在浅沟与毛石基础相结合的部位，以及排水管道上方铺设了防水层，可以防止室外土层当中的水或潮气侵蚀基础，以及墙基。原有墙体的上方浇筑了钢筋混凝土圈梁，圈梁上方支撑着砂岩砌块幕墙及其钢龙骨。钢龙骨锚固到钢筋混凝土圈梁上，钢龙骨与砂岩砌块幕墙之间采用不锈钢角钢连接。钢筋混凝土圈梁与砂岩砌块墙体之间也设置了防水层，同时附加不锈钢盖板，防止雨水渗透进钢筋混凝土当中。室内的地面并没有做过多的处理，只在入口区域浇筑了水泥砂浆垫层，上面铺设了砂岩地板。该小教堂没有设置气候边界，同时毛石材质具有较好的防水防潮性能，因此仅在室外重点部位设置了防水层。防水层在横向和竖向上对防水薄弱位置进行了遮挡和拦截，有效保护了基础、墙基，以及新建墙体最下方免受雨水和潮气的侵蚀，提高了材料的使用寿命，进而提升了建筑的耐久性。

本节小结

地基和基础是建筑的基石，建筑师需要掌握基本的基础形式和选用原则，并不能将这部分直接抛给结构工程师或岩土工程师，做好基础设计才能使上方建筑高枕无忧。本节是对地基和基础做基本的介绍，基础与隔震相结合，会有基础的隔震构造，这在本书第 5.2 节会作阐释。基础与上部建筑相结合，则有不同的连接方式。此外基础需处理好防潮构造，参见本节案例的详细介绍。建筑师要重视所有不可见部分的设计，"修合无人见，存心有天知"，德国修建青岛地下水道，至今仍被国人称道。贝聿铭先生设计的苏州博物馆，基础以及室外地坪做了两道防水封堵潮气，严谨的构造设计保证了建筑的耐看与耐久。

思考题

某河岸拟建造悬挑于河堤上的，用于步行及休息的平台板，请根据本小节中的相关案例，为其设计合理的基础形式，绘制出基础的剖面图，并思考轻型结构基础设计的特点是什么？如果当地常年为季风气候，基础设计又会有何变化？

3.2 分与合的辩证关系：变形缝构造设计

3.2.1 变形缝发展简介

在建筑的发展历程当中，随着生产生活形态演变，在建造技术、生产能力等方面共同推动下，建筑从相对简单的、小型的体量发展至复杂组合体，大跨度空间、超高层建筑等，从而面临更加复杂的结构问题和形变问题。变形缝出现的具体年代无从考据，可以推测的是这种构造技术是在建筑体量增大、形式复杂度增加的条件下产生的。人类对建筑结构的认识和控制技术的发展，使得我们能够有效使用"变形缝"这种工程措施来应对建筑结构的形变影响。从最初的简单设缝，到现代复杂的膨胀和收缩控制系统，变形缝的发展几乎与工程科技进步同步。

我国古代以木建筑为主且建筑单体体量较小，结构对温差、湿度和地震的敏感性本身较低，加之木结构体系的建筑，由诸多构件拼合而成刚度较小，在面对形变问题和抗震方面具有"以柔克刚"的优势。对于建筑群而言，往往由多栋独立的建筑进行拼合或围合，相当于利用体量分解来减少应力集中。在西方，石建筑面对温度、湿度和地震的影响主要通过传统的建筑技术和工匠经验来处置，在古埃及和古罗马的建筑中曾有过类似结构设缝的做法来处理温度变化或土壤移动产生的应力。中世纪，随着哥特式建筑的发展，人们开始在设计中使用飞扶壁来分散和传递建筑物应力，形式上虽并非设缝，但技术思路、目标等与变形缝殊途同归。至工业革命时期，钢铁和混凝土开始被广泛使用，这些材料的形变敏感性远高于石、木，且在新材料的加持下人们对于建筑体量尺度的追求进入了新的发展时期，变形缝设计和应用的必要性也进入新阶段。19世纪初，英国工程师托马斯·特尔福德首次在其著作《建筑科学基本原理》中提出使用变形缝来解决因温度变化引起的应力问题。进入20世纪，随着科学技术进步，对变形缝的理解和应用越来越深入。这一时期引入数学和物理方法预测和计算变形缝的行为，为后来计算机模拟和数值分析奠定了基础。人们开始认识到不仅是温度，湿度和地壳运动等因素也对建筑物产生影响，特别是在地震频发地区，如何设计有效的变形缝以抵抗地震作用成为重要问题。同时，为解决变形缝渗水和尘土问题，人们开始研究和使用各种密封材料。20世纪中叶，随着高速公路和大型桥梁的大规模建设，变形缝设计和应用得到更大发展，开始对变形缝性能进行系统研究，并发展出一系列设计和施工规范。例如美国土木工程师协会（ASCE）出版的《桥梁设计手册》，有整章专门讨论变形缝设计和施工。与此同时，变形缝在建筑中的应用随着建筑体量和复杂性的增大而普遍应用。进入21世纪，科技进步继续推动变形缝设计和施工技术发展，研究重点投入到变形缝性能的精密可控，各种类型的变形缝产品不断涌现。例如使用高性能聚合物材料制作的变形缝，不但具有优良的密封性能，还具有很好的耐磨损性和耐老化性。此外，随着计算机技术的发展，工程师可以用计算机模拟和数值分析来设计和预测变形缝设计的合理性。

总体而言，变形缝是在漫长的人居环境建造史中逐渐演化和发展起来的，并非突然由某人或某个工程突然提出，且其发展是涉及多领域和学科的复杂过程，不仅包括建筑工程、材料科学，还包括其他基础设施建设，以及地理学、气象学等。变形缝建设体现了人类对自然环境更深入地理解和适应，也体现了科技进步对工程安全和精密控制的推动。

3.2.2 变形缝构造设计原理

1. 变形缝的概念及其建筑学意义

变形缝，顾名思义，即建筑用于应对形变而主动进行的结构设缝措施。建筑体所面临的力学问题主要包括竖向荷载、水平荷载、地震冲击，以及各种内部应力。结构在应对这些力学问题的时候，可以分为三种思路：①加强联系：加强结构的整体性和各部分的联系，使其具有足够的强度、刚度予以承受和对抗各种力学挑战，需要付出较高的结构代价。②削弱联系：从结构角度进行建筑物体量的分解，预先在可能产生应力集中的地方通过结构设缝断开，使复杂形体转变为简单、规则、均一的单元，所预留的缝隙为建筑形变提供了一定的弹性空间，从而减少形变带来的建筑破坏并提升其安全性。产生应力集中的原因主要包括：建筑物因形体过长，或平面复杂曲折变化，或同一建筑物局部高差较大、承重荷载不同、地基承载能力悬殊，往往使建筑物在受到温度变化、地基不均匀沉降、地震作用时建筑构件内部发生裂缝或破坏。变形缝的设计正是通过主动的设缝来减少被动的裂缝。在形变意义上，通过结构设缝的"分"来保障建筑的安全性、形体的独立性、整体的应变性；在空间意义上，通过盖缝构造的"合"来保障建筑的整体性、空间的连贯性、环境的舒适性。③通过其他技术手段（例如后浇带等）在不设变形缝的条件下解决形变问题，相关技术仍在研发当中。

通俗来讲，变形缝相关的所有问题都可以概括为"设缝"和"盖缝"两大类。所谓设缝要回答设缝的依据（类型、位置等）、设缝带来的两侧结构问题如何处理，盖缝要回答对于"缝"本身如何处理，虽然结构需要设缝，但从使用的角度，如空间的连续性、保温、防水、隔声、防火、美观等需求，建筑应当看起来、用起来仍然是一个整体。由于缝的存在形成了诸多薄弱环节，因此在保证形变需要的前提下需要解决缝隙处面临的各种技术问题，必须强调的是，无论用什么样的措施处理，保证缝作为"变形"之用的功能是第一位的。

2. 变形缝分类及其构造设计原理

根据造成建筑物形变的原因，变形缝通常分为伸缩缝、沉降缝、抗震缝，在一些情况下，也可以采用三缝合设的做法。根据变形缝所涉及的建筑部位，包括楼地面变形缝、内外墙变形缝、顶棚变形缝、屋面变形缝、玻璃幕墙变形缝、地下室变形缝等。根据变形缝在建筑中的部位形态，从外观形式上可分为高低缝、十字缝、T形缝、一字缝等、角缝等（图3-22）。在上述几种分类中，设缝依据是最根本的内容，因此接下来以变形缝的功能为凭进行原理的解析，包括功能原理、构造原理及不设变形缝的其他措施。

1）变形缝的功能原理

（1）伸缩缝的功能原理

当建筑物的体量较大、长度较长时，温差引起的形变应力累积将带来屋面、墙面的开裂。因此，为了防止或减轻因温度变化对建筑物造成不规则破坏，沿建筑物长度方向每隔一定距离或在结构变化较大处在垂直方向预留缝隙，让建筑物有伸缩的余地，称为伸缩缝或温度缝。伸缩缝的设置主要考虑建筑物的长度、平面复杂程度、结构类型、屋面刚度，以及屋面是否设置有保温层或隔热层等因素，其具体计算方式在诸多构造教材中列表说明，例如刘昭如所著的《建筑构造设计基础》，对各种砌体、

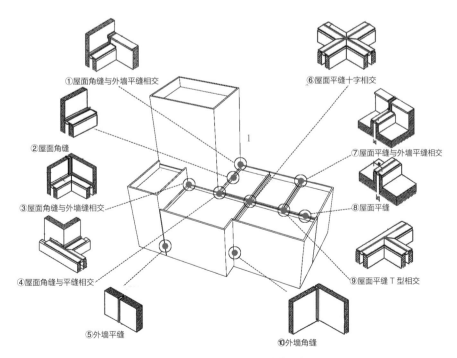

图3-22 变形缝在建筑中的部位形态

框架、剪力墙等结构类型下伸缩缝间距进行了详细列表陈述，伸缩缝设置间距大约在 40～100 m。在伸缩缝设置当中，除地下、基础等受温度变化影响较小的部位之外，地上部分需全部断开，缝宽一般为 20～30 mm，内填弹性保温材料并盖缝。

（2）沉降缝的功能原理

当建筑物相邻部分的高差、荷载、结构形式，以及地基承载力存在较大差异时，建筑的相邻部位可能出现不均匀沉降，从而导致整个建筑物的开裂、倾斜甚至倒塌。因此，为了应对垂直方向上因沉降引起的形变及局部应力，将建筑物从屋面至基础部分全部断开分解为简单单元，单元之间留有一定形变空间，称为沉降缝。沉降缝的位置通常包括：①建筑平面的转折部位；②高度或荷载差异处；③长宽比过大的建筑的适当部位；④地基压缩性有显著差异处；⑤建筑结构或基础类型不同处；⑥分期建造房屋的分界处。沉降缝的宽度与地基情况及建筑高度相关，一般来讲，地基软弱不均匀的情况下建筑发生沉陷及倾斜的可能性更大，因此其缝隙的宽度应适当增加。沉降缝的缝宽比伸缩缝大，一般在 50～120 mm，盖缝做法应允许建筑在垂直方向上形变。

（3）抗震缝的功能原理

当建筑平面体型不规则或在纵向方面为复杂体型时，地震情况下可能发生因局部振幅不同而在转折部位形成建筑物的破坏的现象，为了尽可能防止地震期间建筑各部分彼此牵引破坏，预先将建筑物划分为相对规则的、彼此独立的单元，这种为抗震而设置的变形缝称为"抗震缝"。通常情况下，建筑物平面有较大的凸出部分、立面高差较大（≥6 m）或建筑物有错层且楼层高差较大、建筑物各部分结构刚度截然不同时，应根据实际需要在适当部位设置防震缝，以形成多个较规则抗震结构单元。简

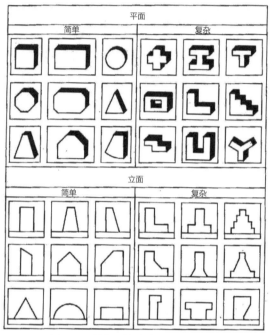

图 3-23 简单形体与复杂形体的示意简图

单形体与复杂形体的基本示意如图 3-23 所示。此外，抗震缝的设置还与建筑物的抗震设防烈度、结构材料种类、结构类型等相关。由于地震当中建筑的振幅差异主要表现在地面以上的部分，因此抗震缝两侧的结构在地面以上需要全部断开，但地下基础部分可不断开。抗震缝的宽度比前两者都宽，并随高度和抗震设防烈度逐渐增加，一般在 70～120 mm。

综上，通过对三种变形缝功能原理的解析，三者的差别见表 3-6。

表 3-6 三种变形缝的对比

类别	功能	设置依据	断开部位	盖缝构造	缝宽
伸缩缝	应对温差引起的建筑物热胀冷缩	建筑物的长度、结构类型及屋盖刚度等	地上部分沿全高断开,地下室及基础部分通常不断开	优先保证建筑构件在水平方向自由	20～30 mm
沉降缝	应对不均匀沉降引起的垂直维度的应力及倾斜	建筑物的高度差及地基情况等	从屋顶到基础全部断开	优先保证建筑构件在垂直方向自由	一般地基: 建筑物＜5 m,宽 30 mm; 5～10 m,宽 50 mm; 10～15 m,宽 70 mm; 软弱地基:建筑物 2～3 层,缝宽 50～80 mm;4～5 层,缝宽 80～120 mm;≥6 层,缝宽大于 120 mm; 沉陷性黄土:缝宽≥30～70 mm
抗震缝	应对地震	抗震设防烈度、结构类型、建筑高度等	地上部分沿全高断开,地下室及基础部分可断、可不断	优先保证建筑构件在水平方向自由	70～120 mm

注:缝宽数据引自:同济大学,西安建筑科技大学,东南大学,重庆大学.房屋建筑学[M].4 版.北京:中国建筑工业出版社,2005.

2)变形缝的构造原理

(1)设缝之后两侧的结构处理

上述变形缝,无论哪一种均属于结构设缝,当建筑被断开之后,缝两侧的结构处理是保证安全性的关键。在结构处理上,缝两侧的结构应当各自独立,通常有如下几种做法(图 3-24)。第一,在缝的两侧设置双墙或者双柱,这种做法最为常见,逻辑清晰,但在沉降缝当中,基础部分因需要断开,故而造成

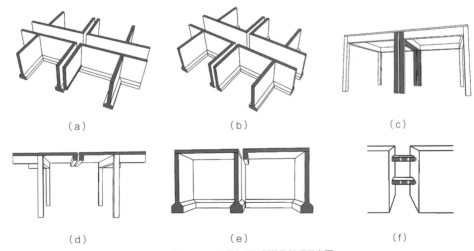

图 3-24 设缝之后两侧结构处理示意图
(a)缝一侧基础出挑;(b)缝两侧设置独立双墙;(c)缝隙两侧设置独立双柱;(d)缝两侧楼板双边出挑;
(e)缝一侧楼板单边出挑;(f)缝两侧通过简支搭接

基础偏心。第二，在缝的两侧进行双侧悬挑或者单侧悬挑，即两侧结构并不紧邻。单侧悬挑即在变形缝一侧毗邻设置结构，而另一侧结构后退，通过悬挑梁或者悬挑板的方式实现二者在空间层面的连续。双侧悬挑则两侧结构均后退，分别向缝的位置进行悬挑。悬挑做法的优势是二者结构相对具有一定的间距，避免基础部分的制约，尤其适用于建筑分期建设时，后期建设部分不会对已建设部分形成过大的扰动。第三，将一段水平构件搁置于需要空间联系的两侧结构之间，例如连廊与两侧建筑主体之间，可以通过下方设柱独立断开的做法，也可以通过直接将连廊搁置在两侧建筑结构上的做法，简支的做法能够实现跨度较大的连接，但不利于抗震，在抗震设防要求较高的地方不宜采用。

（2）缝本身的构造盖缝

由于变形缝受到地震、沉降、温度应力和表面行人、重物等外界影响因素众多，且由于设缝被迫面临防火、保温、防水等一系列问题，致使变形缝一直是建筑工程质量的薄弱环节，变形缝处的构造处理不慎则容易发生渗、漏、裂等质量通病，因此在结构设缝之后通过构造手段解决相关技术问题显得尤其重要。在变形缝本身的构造处理当中，通常包括防火带、止水带、保温填充、盖板固定等一系列步骤。例如楼地面伸缩缝的缝内常用柔性材料填缝进行密封处理，上铺金属、混凝土或橡塑等活动盖板，满足地面平整、光洁、防水、卫生等使用要求。再如某抗震型屋面变形缝，首先需通过缝两侧上翻的做法来防止雨水灌入，缝内设置阻火带、止水带，并在盖板与基座相连处设置止水条、密封胶等措施。如图3-25所示为几种常用变形缝构造图示。

盖缝构造特征随着变形缝产品的发展而更加精密和多元，在一定程度上让建筑师将精力更多地放在如何设缝及缝隙两侧结构问题的处理，而缝本身

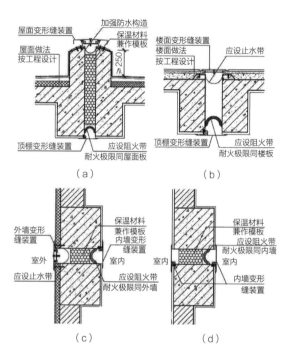

图3-25 不同部位变形缝盖缝构造设计思路
（a）屋面与顶棚变形缝剖面；（b）楼面与顶棚变形缝剖面；
（c）外墙与内墙变形缝平面；（d）内墙变形缝平面

的内部构造则往往结合成熟标准化做法，以及二次产品设计选型来解决。按照变形缝构造盖缝特征进行划分，例如金属盖板型、金属卡锁型、单列嵌平型、双列嵌平型，以及橡胶嵌平型等，盖缝做法的差异主要根据缝的形变特征、外观要求，以及具体使用需求而定。如图3-26所示为部分典型变形缝产品的构造模型示意。

3）不设变形缝的其他替代措施

设置变形缝是我们应对形变的一种不得已的策略，但是设缝之后带来了诸多不便和麻烦。因此在分与合的辩证关系当中，再次回到通过加强结构的整体强度、刚度予以承受和对抗各种力学挑战的思路，其代价往往是将结构尺寸做厚做大，尤其体现在地下室底板部分。由于地下室底板变形缝一旦出

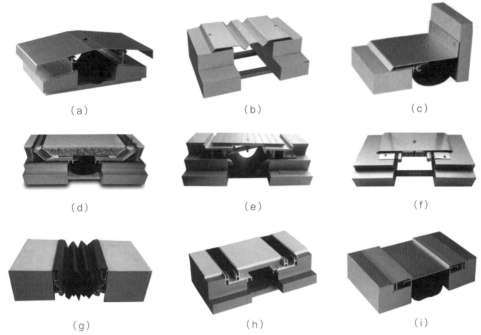

图 3-26 部分变形缝通用构造模型
（a）屋面变形缝金属板盖缝；（b）外墙变形缝折叠金属板盖缝；（c）金属盖板型外墙角缝盖缝；（d）楼地面嵌平型金属板盖缝；
（e）楼地面金属卡锁型盖缝；（f）外墙沉降缝金属板盖缝；（g）橡胶嵌平型外墙变形缝盖缝；（h）楼地面双列嵌平型橡胶盖缝；
（i）金属卡锁型外墙变形缝盖缝

现漏水后期难以维修，因此很多工程宁可付出结构代价来规避设缝带来的渗漏风险。除此之外，另一种解决沉降形变的措施是通过时间差来缓解。例如"后浇带"施工工艺，正是通过将主体工程与裙房工程分开施工，等到主体沉降大部分完成之后再进行二者之间的浇筑连接，在一定程度上减少了设缝的需求。

3.2.3 变形缝构造设计案例

1. 改扩建工程变形缝：华中科技大学校医院分期建设

华中科技大学校医院建筑群始建于 20 世纪 50 年代，主体大部分分期建于 20 世纪 80 年代，建筑采用内廊式砖混结构围合成庭院式做法，并为了保障患者在各分栋之间路线不受气候影响设置了风雨连廊。建筑在平面布局方面属于复杂形体，西侧老建筑部分自身设置了多道变形缝，将建筑划分为相对单一规则的单元。考虑到连廊跨度较大及抗震设防的安全要求，通过设柱的方式保持其结构的独立性，而没有采用简支的方式架空连廊。2018 年起，因面积不足再次进行扩建（图 3-27）。考虑到既有建筑经过多年使用已在形变、沉降等方面达到相对稳定的状态，为了尽可能减少新加建部分对其形成力学层面的扰动，在结构层面采取完全脱开的方式，二者之间所设缝隙用以实现新建筑的沉降、热胀冷

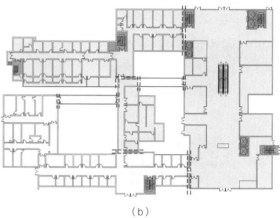

(a)　　　　　　　　　　　　　　　　　　(b)

图 3-27　华中科技大学校医院分期建设工程
(a) 鸟瞰图；(b) 变形缝位置示意图

　　(a)　　　　　　　　(b)　　　　　　　　　　(a)　　　　　　　　(b)

图 3-28　分期建设工程新老交接部位变形缝　　图 3-29　武汉天河国际机场幕墙
(a) 室外现场图；(b) 室内现场图　　　　　(a) 幕墙楼地面变形缝位置；(b) 幕墙两侧结构

缩，甚至微弱的倾斜等形变可能性，该工程中的典型设缝位置如图 3-27 右图所示。此外，该建筑老楼部分（砖混）与新楼（钢筋混凝土框架）所选用的结构体系不同，因此相对独立的结构处理方式有利于避免互相扰动。交界部分的外墙变形缝及室内楼梯面变形缝实景如图 3-28 所示。

2. 大空间建筑变形缝：武汉天河国际机场航站楼

天河国际机场位于湖北省武汉市黄陂区，作为枢纽性大型机场的航站楼规模宏大、功能复杂，航站楼采用大跨度空间，全尺寸幕墙，主楼全长 315 m，进深约 85 m，如此大体量的建筑在抗震安全、温差形变等方面亦面临严峻的挑战，因此需要通过对大空间进行阶段性单元划分以满足形变需求。该工程中屋面、玻璃幕墙、楼面进行了连续性的分解，变形缝两侧的玻璃幕墙结构采用双桁架的做法（图 3-29），玻璃幕墙需提前考虑到变形缝的位置和大小并进行合理的玻璃尺寸的分割，确保

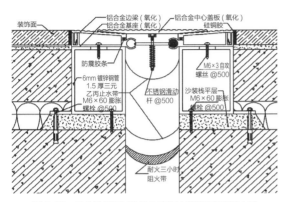

图 3-30 北京首都国际机场 3 号航站楼楼面变形缝大样

变形缝两侧的幕墙分别由不同的桁架承载。楼地面变形缝则采用金属板盖缝的常规做法。大空间建筑楼面构造设计可参考北京首都国际机场 3 号航站楼的施工做法（图 3-30），首先进行变形缝界面清理，依次安装阻火带、止水带；其次，安装镀锌钢管底座，安装二度止水带提高防水可靠性；再次，安装铝合金基座、带滑杆的盖板并完成相关密封。以上做法在商业、展览、交通等大空间建筑中均可参照。

3. 高层建筑变形缝：湖南株洲某高层综合体建筑

该商业、办公综合体为位于湖南株洲，塔楼高 132 m（30 层），裙房高 31 m（6 层），地下部分 18 m（4 层），平面形式相对规整，但塔楼部分与裙房高度相差较大（图 3-31），结合形变、抗震、沉降等多重要求，进行合并设缝，缝隙位置为高低体量交界处。其中，温度缝、抗震缝要求地上部分全部断开，地下部分可不断开，而沉降缝则要求全部断开。众所周知，地下室部分设置变形缝对防水构造提出了很高的要求，且地下室一旦因形变漏水后期维修十分棘手，且效果甚微。考虑到该项目地基条件良好且裙房部分面积较小，以及地下

图 3-31 湖南株洲某高层综合体实景及变形缝位置示意

部分达到 4 层的整体因素，在协调各种利弊的权衡下，通过增强增厚地下室底板提高建筑的整体性使建筑进行均匀沉降，因此，该建筑最终不设沉降缝。由此可见，在设缝问题当中"分"与"合"是需要进行多因素综合考虑的。对于变形缝两侧的结构，从平面图、剖面图等技术图纸当中可清晰看到采用了双柱的做法，即塔楼与裙房各自独立的结构柱网和结构柱尺寸（图 3-32），塔楼柱子的尺度显著大于裙房部分。在盖缝处理中，屋面高低缝采用当地成熟做法，并巧妙利用高层玻璃幕墙收口出挑的混凝土构件进行增强盖缝，降低缝隙渗水风险（图 3-33）。室内部分地面结合装修需要选用嵌平式变形缝产品。

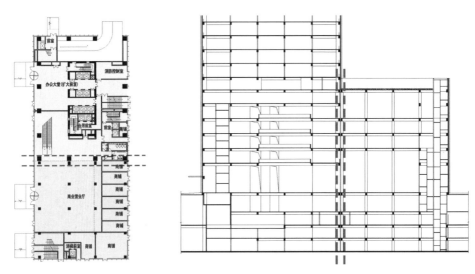

图 3-32 变形缝在平面、剖面中的位置

本节小结

综上，通过对变形缝的功能原理、构造原理及三个实际工程设缝的案例解析，能够基本清晰地理解变形缝是为了应对形变而进行的主动"结构设缝"，以及为了解决设缝造成的各项薄弱环节的"构造盖缝"。变形缝构造做法貌似复杂，但随着相关做法的日益成熟和变形缝产品的多元发展，建筑师研究的重中之重应当是如何设缝，以及根据使用效果进行盖缝选择。

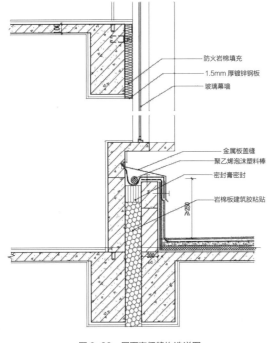

图 3-33 屋面高低缝构造详图

思考题

结合"湖南株洲某高层综合体建筑"案例（图 3-31），说一说为什么该项目变形缝在地下室底板部分不断开？

3.3 大型机器设备的处置：电梯、空调与构造设计

3.3.1 大型机器设备与建筑设计

20世纪以来，人类生活环境发生了巨变，越来越多的摩天大楼、城际高铁、海绵城市、不夜城、建筑奇观等被建造出来，其背后离不开技术的支持。我们的城市与建筑环境都越来越多地依赖和仰仗于大型设备，大型设备使人们生活在更加舒适、健康，甚至低碳节能与安全的人工环境之中。目前，楼梯、电梯、暖通空调设备、结构等辅助空间大约占总建筑面积的25%。[1]而在可预见的未来，大型设备占有的建筑空间只会越来越大，同时结构与机器设备等技术部分在建筑当中的应用也在影响建筑形式的发展，建筑形式不能拘泥于传统的框架和皮肤当中，这是历史给我们的教训。"……这种新措施的压力继续加诸建筑师身上，不断迫使其向新的途径探索，粉碎了建筑师固守与造作的形式主义，猛烈地敲击其象牙塔之门"。[2]

相比于高技派对于技术和机器鲜明而热烈的欢迎，建筑对待机器的态度是不明朗的。虽然现代建筑发端曾展现出对于机器的无比迷恋（图3-34 a），机器美学所带来的工业化的、冰冷的、非人性化的、不适宜居住的建筑气质，被认为是"不成功的机器时代的建筑产品，反而促成了20世纪70、80年代对于现代建筑的强烈抵制"。[3]在建筑中裸露还是隐藏机器与设备？变成了一个态度问题而不是技术问题。大量性的民用建筑善于隐藏设备于空间和形式当中，隐藏在结构之中或是顶棚、地板、墙体等围护结构之中。大型设备的主机和外机通常隐藏在建筑地下层或屋顶之上，小心地避免着与人的活动之

（a） （b）

图3-34 机器设备与建筑
（a）贝伦斯设计的台式风扇；（b）蓬皮杜文化中心裸露的设备和管线

---

[1] Edward Allen. Form and Force——Designing Efficient, Expressive Structures[M].Jersey: John Wiley & Sons, 2009: 570.
[2] 吉迪恩. 空间·时间·建筑——一个传统的成长[M]. 王锦堂，等，译. 武汉：华中科技大学出版社，2014：157.
[3] Robert Kronenburg. Spirit of the Machine——Technology as an inspiration in Architectural Design[M]. Jersey: John Wiley & Sons，2001: 30.

图 3-35 柯布西耶设计的位于斯图加特的魏森霍夫住宅

间的勾连，这当然有安全、降低噪声等因素的考虑。而裸露于建筑空间中的设备，要么类似于地下车库露明管线一般变成一种无意义的搁置，昭示着建筑的廉价与平庸；要么精心处置或者与建筑小品，以及环境景观相结合成为一种另类的装饰，而这种装饰往往要付出相当大的代价（图 3-34 b）。不论是高耸的烟囱还是通风百叶窗，设备空间都在潜移默化地影响着建筑形式的发展。然而不论是裸露还是隐藏，设备之于建筑似乎仍然是从属地位，是任形式支配的要素。总之，设备想要成为建筑形式的主要动因，或者成为支配建筑形式的一种直觉的创造力，不论从建筑目的还是意义的角度，都颇为困难。

除了隐藏或裸露管线之外，在柯布西耶设计的魏森霍夫住宅当中（图 3-35），设备管线穿过墙体和屋面板，在室内形成了一个突出物，如此昭示了管线的存在，这种非常放松的处理方式说明建筑师没有回避设备的问题，设备管线出现在空间当中，形成了一个"物体"。

1. 建筑中的机器与设备

建筑中所涉及的机器和设备（MEP、service）非常多，包括通风设备、给水排水设备、燃气设备、电气照明设备、消防设备、暖通空调设备、卫生器具、运送设备如电梯、自动扶梯等。无论是主动式节能或是特殊的空间和功能需求等都需要设备的参与，通常公共建筑造价中建筑设备的购置费往往高于土建费用。建筑设备的利用基本上要根据功能、需求、规范，以及建筑周边环境等因素来综合决定，例如机械通风设备通常适用于厨房、卫生间、有污染的实验室等房间。城市建筑用水通常来源于自来水公司，则需要供水管、止水栓、自来水水表等设备和管道，没有自来水管的乡村建筑则需要挖掘水井来取用水源。利用雨水作为中水（Grey Water）的建筑则需要净化槽等设备管线。没有安装污水管的建筑则需要安装独立的污水处理系统，建筑污水经过净化处理并达到城市污水排放标准后，才可直接流入河流或海洋。

建筑物不可避免的建造在场地之上,受到周围气候环境的制约。传统建筑并没有大型设备的介入仍然承载了数千年的人类活动,然而随着人口聚集、城市发展和技术进步,传统建筑所创建的系统已经无法满足舒适性和健康的要求,相应的机器设备被发明和应用到建筑当中,用来解决建筑当中用水、排污、照明、通风、热湿平衡等问题。同时随着计算机时代的到来,世界经济从扩张模式发展成为可持续模式,建筑中更合理地用能,以及如何减少能耗的问题也随之而来。从技术发展角度来说,建筑中的设备问题大体可以分为自然、机械和智慧三个阶段(图3-36)。在自然阶段,建筑主要依赖自身形式特点等进行自然采光和通风,采用壁炉、火炕等手段对建筑进行供暖。在机械阶段,开始利用大型机器设备提高室内空气温湿度和质量。在智慧阶段,通过合理的系统设计及碳排放监测等手段对设备进行有效地利用和管控。

从普通建筑的使用年限角度来讲,相比于建筑结构、围护,以及室内外装修系统来说,机器设备因为经常运作所以老化损耗较快,更新迭代较快,需要及时地维修、维护和更换(图3-37)。因此建筑设计要考虑为大型设备预留检修门、检修口,以及相应的设备通道,方便维护,以及方便起重机将老化的设备吊出后进行更换。由于建筑设备的种类繁多、系统设计复杂,因此本章节只针对电梯、自动扶梯和空调设备进行介绍。

2. 机器设备与建筑的集成一体化设计

在实际项目当中,真正将设备管线集成得比较好的建筑其实不多,尤其是在既有建筑改造当中。由于新功能和新需求导致设备和管线的增加,大部分建筑是简单地将这些设备放置在背巷、屋顶或地下室当中。在有些建筑当中,连接分体式空调室内机和室外机的软管随意地攀爬在立面上,建筑色彩如果是鲜艳颜色的话,这些缠着白色胶带的管线就异常地突出,好像生长在建筑上面的蛛网。有些建筑采用机械通风,将通风器密集地散落在坡屋面上,远看建筑像长了满头的虱子。有些与景观结合的覆土建筑有很好的理念,但是凸出屋顶绿化的冷却搭就大煞风景。因此建筑与结构、给水排水、电气、暖通空调、智能化等专业的协同合作非常重要,涉及建筑是否美观、节约、高效等问题。实现一体化设计最好的方式,就是方案设计阶段的各专业协同。关于专业协同问题并不能简单地责备建筑师没有这方面的意识,而是在目前的体制和合作模式下,结构工程师和设备工程师需要在比较明确的功能平面上工作,否则他们的劳动就会低效,从而带来资源浪费。这种合作模式要求建筑师相对的全能,要了解各专业的基本原理,避免出现原则上的错误。

图3-36 大型机器设备技术发展的三个阶段

图3-37 建筑中各系统使用年限示意图
注:图中时间为估算,并不准确,需要具体问题具体分析。

（a） （b）

图3-38 集成设计
（a）雷神山医院；（b）斯德哥尔摩冰球馆

集成一体化做得最好的是汽车，汽车将形式、结构、空间、能源动力、设备等方面集成在一起，形成完善的一体化产品，这是产品设计的流程和要旨所决定的，即产品研发阶段的全专业参与及产品生产阶段的各企业配合。而建筑的复杂性及在地性需要具体问题具体分析，很多时候难以成为产品。按产品集成设计理念建造完成的雷神山医院通过"无缝对接"的一体化管理，利用BIM技术对管线综合布置，模拟室内气流，完成了设计与施工、设备与土建部分的"无缝对接"[1]（图3-38a）。

此外，还可对大型设备进行多样化利用，例如香港汇丰银行的擦窗机就是与建筑物紧密结合，一方面作为大楼的附属清洁设备，另一方面其设计与建筑形式紧密关联，成为建筑的永久性装饰。斯德哥尔摩冰球馆为球体的造型（图3-38b），外墙和屋顶合为一体，景观电梯主要供游客观光游览，增加了建筑的娱乐性。同时维修人员对屋面材料的维修和更替可以借助景观电梯上下。

3.3.2 电梯与构造设计

电梯（Elevator、Lift）早期也被称为升降机，作为建筑当中最重要的垂直运送设备，被认为是"改变世界发明"。[2]电梯的发明直接促成了建筑向高层发展，同时成就了层叠建造的集约用地的城市模式。电梯的发展最早可以追溯到地下矿坑的运送设备。直到1850到1880年间安全制动装置、电机、牵引装置等的发明，电梯才开始大规模地运用到了建筑当中。在1853年纽约世界博览会当中，伊莱莎·奥蒂斯曾生动地展示了安全制动装置的作用。[3]在1885年建成的芝加哥家庭保险公司大楼平面图当中（图3-39a），可以看出电梯占据了大厅主要的采光观景面，大厅同时也是电梯的前厅。同样由电梯控制中庭的设计也出现在1894年马凯特大楼的平面图当中（图3-39b），在那个时代，电梯属于新发明的事物，代替了中庭景观成为控制建筑空间的视觉要素。

在19世纪乌托邦畅想中，电梯的运行方向可以水平的、垂直的或者斜向的。[4]1886年埃菲尔联合

---

[1] 中国建筑第三工程局有限公司.雷厉风行——雷神山医院建设实录[M].北京：中国建筑工业出版社，2020：178.
[2][3] 雷姆·库哈斯.癫狂的纽约[M].唐克扬，译.北京：生活·读书·新知三联书店，2015：36，38.
[4] James Westcott.Rem Koolhaas Elements of Architecture-Elevator[M].New York: Marsilio, 2014: 10.

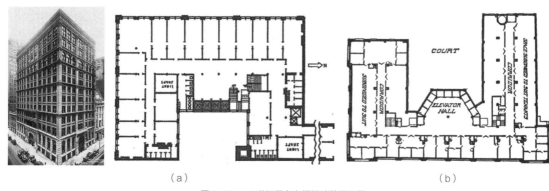

图 3-39 19世纪带有电梯的建筑平面图
（a）家庭保险公司大楼及平面图；（b）马凯特大楼平面图

图 3-40 埃菲尔铁塔方案
（a）1886年带有垂直电梯的埃菲尔铁塔方案；
（b）最终采用的斜向电梯

建筑师曾设计出一个给埃菲尔铁塔增加垂直电梯的方案（图3-40a），最终还是决定采用奥蒂斯公司的斜向电梯（图3-40b）。在目前我国城市老旧小区改造当中，一项主要的工作就是增加电梯，而围绕这一问题也产生了很多建筑空间，以及技术之外的问题。

1. 电梯与建筑设计

电梯作为建筑中最主要的垂直运送设备，不仅与入口联系紧密，方便人们快捷地到达各个功能区块。而且通常与电梯、楼梯、设备间、卫生间等辅助设施集中设置，尤其是在高层建筑当中。在仙台媒体中心项目中，电梯被集成在了钢网壳构成的巨柱内部（图3-41a），根据用途不同采用了不同的轿厢尺寸。因为电梯从上到下是打通的，巨柱内部提供了这种连通空间。仙台媒体中心的巨柱并不是上下一致的直筒，同样的在克雷兹设计的雷内科特办公楼中（图3-41b），楼梯被集成进了结构"巨柱"当中，垂直或斜向的连接各层开放办公空间，电梯井与垂直巨柱集成在一起，巨柱的不同方向给均质的平面带来了转换的契机。

电梯与建筑空间的交融主要体现在两个方面，一方面是与结构系统、楼梯空间、设备空间、卫生间等建筑当中的辅助空间或设施相结合，形成集结构、交通、设备等为一体的核心（Core），也就是路易斯·康的所提出的"服务空间"。建筑当中的电梯、楼梯，以及设备空间通常是个井洞，井洞内部没有楼板或梁，井洞的四壁可以设计成剪力墙，起到竖向承重，以及抵抗横向荷载的作用。路易斯·康有意识地将"服务空间"与"被服务空间"分离，这种平面构成清晰地体现在他所设计的理查德医学实验楼、萨尔克生物学研究所、印度管理学院学生宿舍等建筑当中，同时这种竖向核心往往也是立面的形式要素。

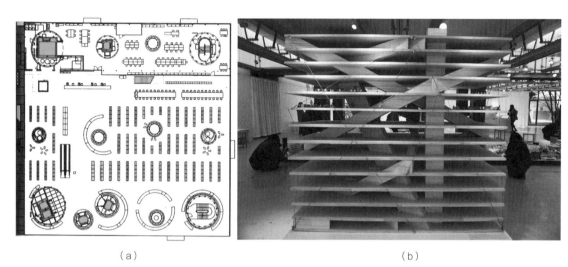

图 3-41 电梯分布示意
(a) 仙台媒体中心当中电梯的分布；(b) 雷内科特办公楼模型

在理查德·罗杰斯设计的伦敦劳埃德大厦平面当中（图 3-42），"被服务空间"是规整的矩形，不规则的场地形状由"服务空间"来填充、过渡和消化，塑造了建筑的轮廓。为了引入更多的光线，二者之间的接触面积减少到仅剩一条走道。这种相对严格且有意识的空间区分，以及形式独立，使得平面和空间得到控制的同时也受到了限制。这种空间构成使人想到欧洲中世纪的城堡建筑，在角部、转折处等位置设置的圆形碉堡。此外，电梯与建筑空间模式息息相关，提出了"均质空间"的密斯，在新国家美术馆、

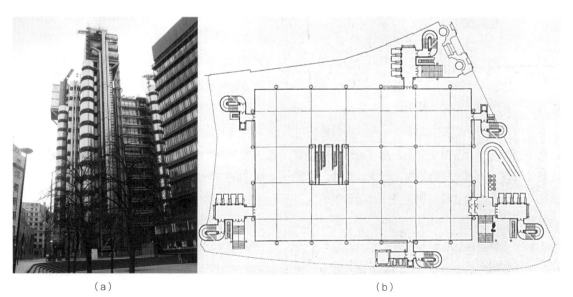

图 3-42 伦敦劳埃德大厦
(a) 实景图；(b) 平面图

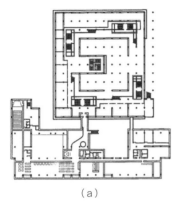 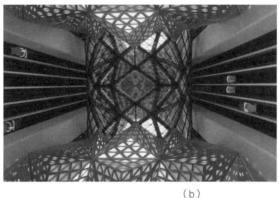 

(a) (b)

图 3-43 电梯与建筑空间的交融
（a）日本国会图书馆；（b）澳门摩珀斯酒店中庭空间的电梯

伊利诺理工学院克朗楼等诸多建筑中，将电梯、楼梯等服务设施均匀且对称地分布在空间当中，进一步从人的行为角度强化了空间的平等、同一和水平。例如在前川国男设计的日本国会图书馆平面中（图3-43a），楼梯呈风车状匀质地分布于空间当中，电梯与辅助设施一起布置在空间的中心位置，从竖向的角度强化了空间的中心对称性。

另一方面，20世纪60年代约翰·波特曼提出了一种城市酒店空间设计模式，即展示出电梯运行竖井的中庭空间，他把这种空间模式称之为"爆炸"（Exploded），每层的走道空间沿中庭布置，电梯采用玻璃轿厢，人们在行走、乘坐电梯的同时可以观察到其他人的运动同时也被其他人所观察。这些动态的要素使中庭空间更具观赏性和娱乐性，具有典型的商业化特征。波特曼为了使电梯成为视觉焦点，亲自设计了电梯的样式，并与奥蒂斯公司联手打造了发光的玻璃罩电梯产品。扎哈·哈迪德建筑事务所设计的澳门摩珀斯酒店中采用了这种空间模式，发光的全景玻璃电梯为建筑赢得了浓厚观赏性质的空间效果（图3-43b）。此外，电梯的空间和场景常常被描绘在文学作品或影视剧当中，因为乘坐电梯已经是都市人不可避免的行为经历，等候电梯的场所也成为人们见面会打招呼的重要交流之处。

2. 电梯的分类与选型

与楼梯一样，电梯需要一个井道空间，井道内部不能有梁或楼板等障碍物。井道底部需设置电梯底坑，底坑当中主要放置缓冲器，底坑往往会深入地面以下，因此埋入地下的部分要做好防水处理。井道下方如果是地下室，不可作为使用空间。井道顶部是电梯机房，用来放置牵引设备，机房也可以设置在底层或中间层，[①]也可以不要机房成为无机房电梯，无机房电梯通常应用于既有建筑改造当中。在井道内部，主要放置电梯轿厢（根据需求有不同规格），电梯轿厢的两侧有导轨，轿厢沿着导轨移动，导轨固定在井道内壁上。吊起轿厢需要较大的力，为了取得平衡，会设置平衡锤来减轻轿厢的重量，平衡锤的两侧也会设置导轨。电梯轿厢本身有门，同时建筑物每层洞口处有门，电梯是双门设计，当电梯停留某一层时，双门会同时打开。

---

① 杨维菊. 建筑构造设计（上册）[M]. 北京：中国建筑工业出版社，2013：140.

表 3-7　电梯的选型

名称	平面图	适用范围
乘客电梯	宽1900，深2200；平衡锤、井道、导轨、轿厢、双门；常用尺寸 单位：mm；注：井道周边墙体可以同时作为竖向支撑结构	1）需要设置电梯的民用建筑规定请参见图集《电梯、自动扶梯、自动人行道》13J404 第 17 页，例如住宅 7 层及以上、办公建筑 5 层及以上需设置电梯； 2）乘客电梯应布置在出入口附近； 3）无障碍电梯的轿厢最小尺寸为 1100 mm × 1400 mm； 4）高层建筑需设置消防电梯，消防电梯需设置前室，它的底坑、机房及井道需满足相应的防火要求
医疗电梯	宽2400，深3000；常用尺寸 单位：mm	在医院、疗养院等医疗建筑当中需设置医疗电梯，方便病床、急救担架的进入。医疗电梯轿厢的进深通常较大
载货电梯	宽2400，深2200；常用尺寸 单位：mm	载货电梯通常设置在商场、超市、工厂、仓库等建筑当中；货梯的轿厢面积通常较大，也可以两面开口，方便货物进出；货梯也可以与客梯合用，也常常兼作为消防电梯
杂物电梯	宽1100，深1100；常用尺寸 单位：mm	不是供人使用的电梯，例如设置在教育建筑当中，为了给各年级学生送饭的食梯；杂物电梯的轿厢面积较小、高度较低，根据运送的物品需要定期地维护和清洁
观光电梯	安全夹层玻璃、钢框架、平衡锤	观光电梯的平面比较多样化，可以采用方形、多边形、圆形、U 字形等多种形式，常设置在酒店、商场、观光游乐设施等吸引人眼球的娱乐性建筑当中；观光电梯的玻璃观景面需选用安全夹层玻璃，并应设置安全栏杆

电梯按国家标准可以分成六类，即乘客电梯、客货电梯、医用电梯、载货电梯、杂物电梯，以及频繁使用电梯。[①]频繁使用电梯顾名思义，就是高层建筑或公共建筑当中使用次数频繁的电梯。除此之外按照使用性质还包括消防电梯、无障碍电梯，以及观光电梯等。电梯的选型可见表 3-7，其中乘客电梯用途最为广泛，医用电梯需可以进入担架或病床。载货电梯通常较大，为了送货的便捷，可以考虑双向开门。观光电梯通常设置在酒店、观景塔等建筑当中，观光电梯具有较大的观景面和开阔的视野，伴随着电梯的运行可以获得特别的观景体验。观光电梯的井道是开敞的，可以是一面墙也可以是钢柱子。杂物电梯通常较小，只运送货物例如食物。在扬州何园二层洋楼的走道楼板上设有专门的圆孔开口，就是方便用绳子将食盒运送到二层而专门开设的孔洞。此外，电梯还可以按照驱动条件、运行速度等来进行分类。

电梯不能作为火灾发生时的人员安全疏散通道。

---

① 中国建筑标准设计研究院，主编. 中华人民共和国住房和城乡建设部，批准. 电梯、自动扶梯、自动人行道：13J404[S]. 北京：中国计划出版社，2013：7.

电梯选用要点、布置原则、高层建筑当中电梯的合理配置，以及消防电梯的设置条件等请参阅《电梯、自动扶梯、自动人行道》13J404，其中电梯不宜被楼梯环绕，也不应转角设置。单排布置时电梯不应超过4台，双排布置时不应超过8台，且规范中对电梯厅的最小宽度进行了规定，防止缺少足够的缓冲距离，造成人员拥堵。电梯的类型较多，不同类型的电梯轿厢尺寸规格也较多，相应的井道尺寸也较多。电梯的选型需根据项目类型、规模，以及需求进行合理选择。例如为了快速的上下客流，商业建筑当中的电梯通常宽度大于进深。

3. 电梯的相关构造

电梯井道的剖面如图3-44所示，电梯的噪声来源主要包括机房当中机器运行的噪声，以及轿厢运行中产生的噪声，其中轿厢和平衡锤的导轨与井道内壁相连，在轿厢运动过程中的噪声会通过井道周围的墙壁传递，如果导轨结构独立于井道内壁，那么就可以避免固体传声。这种固体传声会影响临近建筑空间的使用，应做隔声处理。在井道内壁用膨胀螺钉锚固隔声毡的方式（图3-44），对于消除固体传声最为有效。无障碍电梯轿厢内部需设置护板、专用选层按钮、栏杆、镜子，且轿厢最小尺寸为1100 mm×1400 mm。

电梯轿厢内部的装修材料主要有塑料、金属、石材、玻璃、镜子等，根据《电梯世界》关于2013年电梯轿厢装修材料的统计（图3-45），采用塑料的轿厢占60%，采用不锈钢装修的轿厢占25%，玻璃、铜，以及石材装饰分别占5%左右，还有其他木材等装饰材料。采用不锈钢装修的电梯常用于医疗电梯当中，便于清洁和消毒。采用玻璃、铜、石

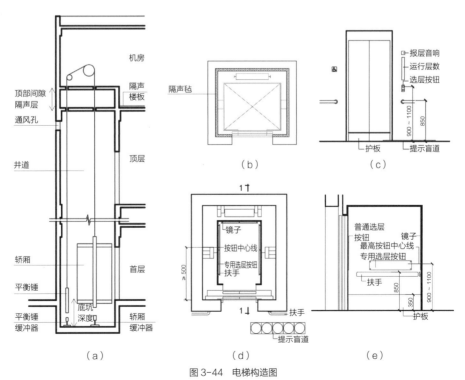

图3-44 电梯构造图
（a）井道剖面；(b)电梯隔声构造；(c)无障碍电梯立面；(d)无障碍电梯平面；(e)1-1剖面

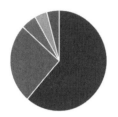

图 3-45　常用电梯轿厢的装修材料

图 3-46　pessace 住宅的壁炉与烟囱

材等装修的电梯常用于商场、酒店等建筑当中，突出场所的华丽与时尚。

3.3.3　空调与构造设计

空调（Air-Conditioning）也就是空气调节，狭义是指制冷系统，也就是降低室内环境的温度。但是从广义上来说，指改变空气参数的所有方法和过程，统称为 HVAC。通常情况下，空调是建筑当中耗能最大的设备。相比于空间制冷的问题，建筑室内供暖则历史悠长，最早可以追溯到原始社会穴居建筑当中的火坑，兼具烹煮食物和点火取暖的双重作用。时至今日，传统的蒙古包套脑下方空间仍然作为炉火灶台的功能。东北民居中的火炕、故宫养心殿地板下的地龙、西方建筑中的壁炉等，都是通过燃烧可燃物，然后将热气引入地板或墙上来达到空间供暖的效果。围炉夜话，西方传统建筑当中的壁炉逐渐演化成为集性能、空间于一体的精神性场所，被森佩尔列为建筑四要素之一。①在赖特的草原别墅，以及西方知名现代建筑大师所做的独立式小住宅当中，壁炉和烟囱都是不可或缺的建筑要素，成为一种建筑模式制约着建筑

的空间和形式。相反，柯布西耶在 pessace 住宅设计当中（图 3-46），并没有把壁炉和烟囱当作重要的精神性空间，属于完全根据需求而设置的必要装置，宣示了设备在建筑设计当中的从属地位，这也是后来很多建筑师处理设备的态度。

在菲利普·约翰逊的玻璃住宅（图 3-47）中，整个玻璃体的透明性被唯一的圆柱状实体打断，其中是壁炉和卫生间，圆柱体表面采用了与地面相同的红砖，圆柱体伸出屋面，成为整个空间当中唯一不可更改或者说无可争议的固定设施，强化了空间的流动性。菲利普评价这栋住宅时说："与其说这栋住宅设计受到了密斯的影响，其设计来源更多的来自于乡村小木屋，那些小木屋的基础，以及砖砌烟囱给我留下了深刻印象。"②在 2018 年"中国国际太阳能十项全能竞赛"（SDC）中，东南大学—布伦瑞克工业大学参赛作品 C-House（图 3-48），将楼梯、厨房、卫生间、设备间集成为一体的"核芯"，"核芯"位于建筑的中心处，管线从屋顶太阳能发电板到地下，管线到各个房间距离较短。采用毛细管辐射墙体对空间进行制冷和供暖，要求空间尽量减少分隔，从性能的角

---

① 森佩尔. 建筑四要素 [M]. 罗德胤，等，译. 北京：中国建筑工业出版社，2010，24.
② James Westcott.Rem Koolhaas Elements of Architecture-Elevator[M].New York: Marsilio, 2014: 79.

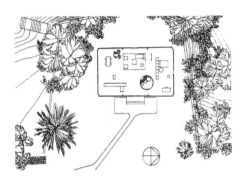

图 3-47 菲利普·约翰逊住宅平面图

（a）

（b）

图 3-48 C-House
（a）一层平面图；（b）二层平面图

度进一步强化了空间的流动性。

相比于空间制暖的问题，制冷空调直到 20 世纪初才发明出来，且一开始是为了工业的用途。[①]我国的公共建筑节能标准将气候区域划分成五个，不同区域建筑的得失热特性不同，空调可以使建筑维持自身的热湿平衡。我国北方主要是冬季制暖问题，南方主要是夏季降温的问题，而夏热冬冷地区，既要考虑冬季供暖也要考虑夏季降温。

1. 空调方案的分类与选型

空调方案大体可以分为分体式，以及集中式两种，其优劣势与适用范围见表 3-8。分体式空调的室内机分为柜式的和壁挂式的，从室外机的角度上来分类，也可以分为一拖一，即一个室外机与一个室内机的组合，以及一拖多，即一个室外机和多个室内机的组合，一拖多可以节省室外机的放置空间。从制冷供暖能力上来说，集中式空调优于分体式空调。柜式空调优于壁挂式空调。

采用何种空调方案，与场所气候环境、建筑类型、建筑得失热特点、投入和维护成本、耗电量等息息相关。例如商场、超市等建筑对外开窗面积很小，其冬季失热和夏季得热情况就与其他公共建筑类型有所区别。而游泳馆的湿度很高，还要考虑除湿的问题。

表 3-8　分体式空调与集中式空调

	优势	劣势	适用范围
分体式空调	1. 系统运作成本低； 2. 灵活高效，可移动； 3. 易于维修和更换； 4. 便于分别控制，可针对不同房间需求调整热湿情况	1. 室内舒适度较低，温度分布不均匀，波动较大； 2. 分为室内机和室外机，室外机，与室内外空间一体化程度较差； 3. 平均耗电较多，能耗较大	住宅、公寓、办公、教育等有独立单元式空间的建筑当中，以及既有建筑改造中
集中式空调	1. 室内温度分布均匀，舒适度高； 2. 与空间集成一体化程度高； 3. 平均能耗低	1. 系统运作成本较高； 2. 维修难度较大	商场、车站、博物馆等公共建筑当中

---

① 戴吾三. 技术创新简史 [M]. 北京：清华大学出版社，2016：188.

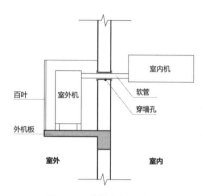

图 3-49 分体式空调示意图

图 3-50 香港百子亭旁住宅、厦门老街

2. 分体式空调的相关构造

分体式空调在我国应用比较广泛，分为室外机和室内机两部分（图 3-49），两者之间采用软管连接。采用分体式空调方案的建筑，在相应位置的墙体中，会预埋 PVC 管道，方便软管穿过。软管中主要包含冷媒管、泄水管和电线三部分。正因为分体式空调的灵活性，室外机的随意安装一度导致建筑乱象，被认为是破坏建筑及城市形象的元凶（图 3-50）。然而混乱的代价如果是舒适性的话，人们还是义无反顾地选择了舒适性。

目前室外机与建筑立面集成设计的方法还主要是"遮"和"藏"，主要可以分为两种方式（图 3-51）。一种是简单地将外机板凸出建筑立面，在立面上增设用于支撑室外机的挑板或钢支架，这种方式目前常用于既有建筑改造中，通常也会采用金属穿孔板或百叶等将室外机遮挡起来，然而室外机有散热的需求，遮挡构件不宜设置过密。挑板以及钢支架的构造可以在图集《分体式空调器安装》94 K303 当中查到。这种方式与建筑立面的集成度较低，而且挑板设计不当也会引发一系列安全和社会问题，例如在住宅设计当中，挑板设置在楼板的高度，导致壁挂式室内机与室外机之间的软管暴露在建筑立面上。再比如有些家庭选择一拖多的空调方案，室外机较大，导致挑板空间不足，无法安放室外机。还有些住户在空置的空调外机板上种花或堆放杂物，甚至踩在上面，额外的荷载导致空调外机板承载不足，造成人民生命财产的损失。另一种是与建筑形式相结合，增设设备阳台、利用建筑凹进，以及利用窗下空间等，这种方式使建筑外观整齐美观的同时增加了检修和更换的安全性。在"藏"的同时设计师还需要考虑室外机的散热需求。

3. 集中式空调的相关构造

集中式空调与建筑一体化程度高，其基本系统构成如图 3-52 左所示，主要可以分成处理器、输送管线和终端三个环节。这三个环节与建筑集成设计的关系，如图 3-52 右所示。对于建筑师来说，在处理器这个环节，需要根据设备要求、建筑防火需求，以及安全、降噪、维修与更换等需求来留出合适的空间。在输送管线这个环节，主要是与结构的集成，以及与围护的集成。与结构的集成可以分为利用结构内部的空间或空腔，以及避让结构的空间两种，前者适用于杆系结构，例如网架、桁架等结构形式。杆系结构内部的空腔便于各种管线的穿越（图 3-53），预制混凝土双 T 形板，在两个肋之

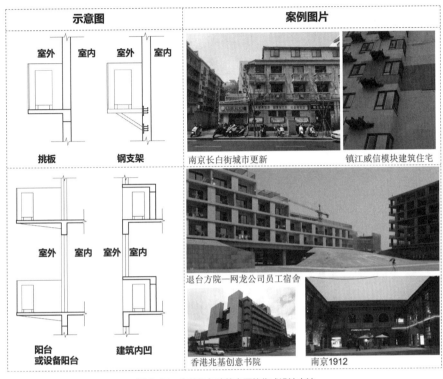

图 3-51 室外机与建筑立面的集成设计方法

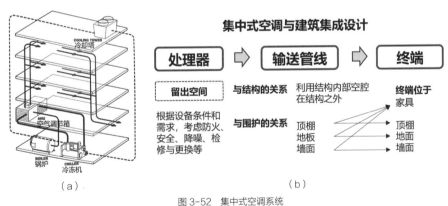

图 3-52 集中式空调系统
（a）示意图；（b）集中式空调与建筑集成设计

间的空间可以安置管道和设备。而实体结构例如钢筋混凝土实心梁，如果穿越管线的话，就需要在其上预埋管道孔。当有些管道直径较大时，在结构上开孔就需要结构工程师的计算。管线通过设备竖井通往各层的功能性空间，因此输送管线可以集成在顶棚、地板或墙面板当中。

在张冰老师设计的溧水极限管项目中，管线在屋顶网架中穿过（图3-54a）。也可将管线集成到

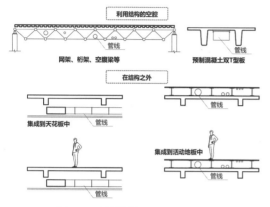

图 3-53 输送管线与结构、围护的关系

活动地板当中。在诺曼·福斯特事务所设计的威利斯·费勃、杜马斯公司办公楼中,从剖面可见楼板、地板中的设备,以及管线布置(图 3-54 b)。集成在顶棚当中的设备,因为远离人的活动,所以可以裸露也可以隐藏。内置于地板中的管线则需要隐藏起来。通常情况下,空调管线的直径较大,集成到墙体当中时,通常与空间家具相结合。采用辐射毛细管的管线占用空间较小,可以集成到墙体当中,但也需要保护起来,避免人为的破坏。

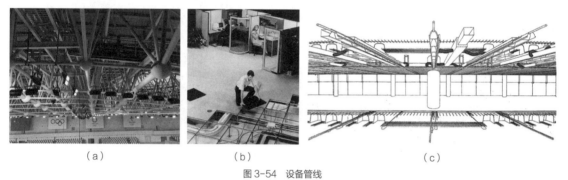

图 3-54 设备管线
(a)溧水极限馆网架当中的设备管线;(b)楼板、活动地板中的设备管线;(c)威利斯·费勃、杜马斯公司办公室标准层剖面

在终端送风这个环节,给室内供暖或制冷的终端可以集成在地板、顶棚、墙体等围护结构当中,同时输送管线要与终端相连。也可以利用空间中的家具,如由瓦格纳设计的维也纳邮政储蓄银行散布在空间当中的铝制散热装置(图 3-55)。地板送风与人的关系紧密,更加节能且适合层高较高的宽阔空间,这样的空间如果还是顶棚送风的话,效率会降低。AA 提出了新时代建筑的五条原则就包括空调的精准适配(Air-conditioned Gypsy)。[1]影剧院、音乐厅等建筑会利用座位下方或后部的空间做成风箱,热风或冷风经过座位背板送风。

图 3-55 维也纳邮政储蓄银行

---

[1] Alan J. Brookes, Dominique Poole. Innovation in Architecture[M].New York: Spon Press, 2004: 19.

3.3.4 电梯、空调与构造设计案例

1. 电梯与构造设计案例：既有多层住宅改造

电梯解决了高层建筑的垂直交通问题，使得人类对空间的占有可以向高处拓展。同时电梯的集成化程度很高，电梯生产商的标准化产品几乎可以满足大部分建筑需求，也可以根据特殊需求进行定制。建筑师只需对电梯的产品规格、技术参数、内饰，以及零配件等进行相应的选型。

随着我国人口老龄化问题的日益突出，在多层住宅改造当中加装电梯可以解决老年人垂直交通不便的问题，然而除了管理、邻里关系等社会问题之外，电梯体积过大、运行噪声、挡住低层住户采光、侵犯低层住户隐私、平层入户等问题也需要更加精细化的设计。随着大量的加装电梯需求，相应规范和标准化图则也应运而生。其中采用钢结构与玻璃幕墙的方式相对来说可以减少遮挡（图3-56），钢柱子与钢筋混凝土基础相连，首层入户空间需要根据不同建筑情况进行相应的改造，电梯也可以与连廊、外廊相结合对既有多层住宅进行改造，实现平层入户。图则仅仅是为建筑师提供参考，在面临具体设计的时候，还需要建筑师独立思考，做出可提升原有建筑品质的设计。

2. 空调与构造设计案例：阿尔梅勒艺术剧院与文化中心

妹岛和世与西泽立卫设计的位于荷兰的阿尔梅勒艺术剧院与文化中心于2007年建成（图3-57），建筑坐落在水边，其中临水的部分采用独立桩基础，使楼板架设在水上，建筑与水面的交接柔和且自然。预制钢筋混凝土梁放置在独立桩基础上，再在其上浇筑钢筋混凝土楼板。整个架空楼板向外悬挑一部分，使得视线所及的地方显得楼板更加的轻盈。架空楼板外侧采用夹心保温板包裹，防止出现冷桥。

建筑的自动灭火系统被集成在吊顶当中，而通风管线和空调管线被集成到地板当中。其中通风换气口位于架空楼板的下方，用管道与地面上的凹槽相连，凹槽上方采用金属隔栅封盖，此处为建筑制冷供暖和提供新风。建筑与设备管线的集成一体化程度很高，室内空间纯粹且冷静，使人的关注点集中在了周围水景上，空间的品质得到了提炼和升华。

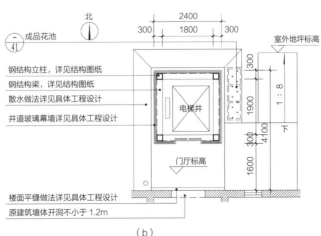

(a)　　　　　　　　　　(b)

图 3-56　郑州某小区加装电梯
（a）实景图；（b）加装电梯首层平面图

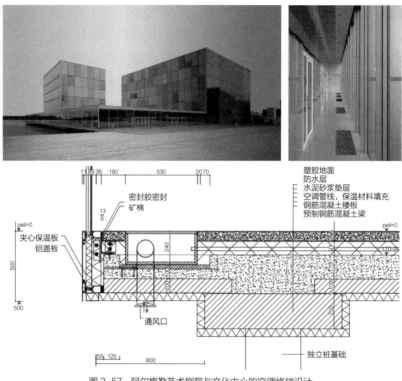

图 3-57 阿尔梅勒艺术剧院与文化中心的空调终端设计

本节小结

不同的建筑功能和需求对设备需求是不同的,本节无意于罗列设备。对于建筑师来说,需要为设备、管线及其终端留出足够的空间。作者在某多层办公楼的设计教学当中,有同学设计层高为 3 m,除去结构和集中空调设备占用的空间,最后层高无法满足办公楼空间的基本功能,同学解释说可以选用无梁楼板,无梁楼板有基本的高跨比、选用原则和适用条件,并非像同学想象的"抽象的平板"。所以对于技术方面,同学要有深入地了解和足够清醒地认知。齐康先生说做建筑要"留出空间、组织空间、创造空间",对于设备集成来说,为它们留出空间,才能够更好地创造空间。

思考题

某中华民国时期单层建筑需要更新改造,建筑面积约为 1000 m²,其结构为砖墙与三角木屋架相结合,原有功能为实验室,现需要改造为小型展览馆,采用集中空调的方式,请思考并给出合理的空调管线与终端的集成设计方案,并说明为什么?

本章参考文献

References

第 3.1 节

[1] 中国建筑科学研究院，主编. 中华人民共和国住房和城乡建设部，批准. 建筑地基基础设计规范：GB 50007—2011 [S]. 北京：中国建筑工业出版社，2011：7.

[2] 顾晓鲁，等. 地基与基础[M]. 4 版. 北京：中国建筑工业出版社，2019.

第 3.2 节

[3] 刘昭如. 建筑构造设计基础[M]. 北京：科学出版社，2008.

[4] 同济大学，西安建筑科技大学，东南大学，重庆大学. 房屋建筑学[M]. 4 版. 北京：中国建筑工业出版社，2005.

[5] 齐晓剑，黄文鸿，巫秉钢. 北京首都国际机场 3 号航站楼新型变形缝施工技术[J]. 建筑施工，2008，30(3)：178-179.

第 3.3 节

[6] 中国建筑科学研究院，主编. 中华人民共和国住房和城乡建设部，批准. 民用建筑供暖通风与空气调节设计规范：GB 50736—2012[S]. 北京：中国建筑工业出版社，2012.

[7] 中国建筑标准设计研究院，编制. 中华人民共和国住房和城乡建设部，批准. 电梯　自动扶梯　自动人行道：13J404[S]. 北京：中国计划出版社，2013.

[8] 中国建筑科学研究院，主编. 中华人民共和国住房和城乡建设部，批准. 分体式空调器安装：94JK303[S]. 北京：中国建筑工业出版社，2002.

[9] Reyner Banham. The Architecture of the Well-tempered Environment[M]. London: The University of Chicago Press, 1969.

[10] Paola Sassi. Strategies for Sustainable Architecture[M]. London: Taylor & Francis Inc, 2006.

[11] 程大锦. 图解建筑构造[M]. 林佳莹，译. 台北：易博士文化，2014.

本章图表来源　　Charts Resource

第 3.1 节

表 3-2　其中图"多米诺系统"　引自：Flora Samuel. Le Corbusier in Detail[M]. Oxford：Elsevier Limited, 2007：22；图"2017 年'SDC'华盛顿大学队"：由张宇涛，拍摄；图"布列根茨美术馆"：引自 Paul Lewis, Marc Tsurumaki, David J. Lewis.Manual of Section[M]. New York：Princeton Architectural Press, 2016：60.

表 3-5　其中图由郁清颖，绘制。

图 3-1　翻译自：Bill Addis. Building：3000 Years of Design Engineering and Construction[M]. London：Phaidon Press Limited, 2007, 593.

图 3-2（a）　引自：西安半坡博物馆官方网站；图 3-2（b）　中国科学院自然科学史研究所．中国古代建筑技术史 [M]. 北京：科学出版社，2000：12.

图 3-4　Jürg Conzett.The Trutg dil Flem Seven Bridges, Blurb, 2018.

图 3-13　由张宇涛，拍摄。

图 3-14（b）　国家文物局．中国文物精华大辞典：书画卷 [M]. 上海：上海辞书出版社，香港：商务印书馆（香港）：1996：271.

图 3-15　翻译自：项秉仁．赖特 [M]. 北京：中国建筑工业出版社，1992：116.

图 3-16　2014 年东南大学朱竞翔建筑设计展。

图 3-19（b）　李永革老师 2019 年故宫研习班授课课件。

图 3-20（a）　由东南大学张宏教授工作室，提供；图 3-20（b）由周天宇，绘制。

图 3-21　翻译自：《Detail》2023 年 1、2 期中第 17-23 页。

第 3.2 节

图 3-23　刘昭如．建筑构造设计基础 [M]. 北京：科学出版社，2008.

图 3-25　中国建筑设计标准研究院，编制．中华人民共和国住房和城乡建设部，批准．变形缝建筑构造：14J936 [S]. 北京：中国计划出版社，2014.

图 3-26　作者根据工程资料、图集及网络资料整合。

图 3-30　齐晓剑，黄文鸿，巫秉钢．北京首都国际机场 3 号航站楼新型变形缝施工技术 [J]. 建筑施工，2008，30(3)：178-179.

图 3-31　案例由中南建筑设计院股份有限公司，提供。

图 3-32、图 3-33 作者根据图纸改绘。

第 3.3 节

图 3-34（a）　包豪斯档案馆：玛格达莱娜·德罗斯特．包豪斯 1919—1933[M]. 丁梦月，等，译．南京：江苏凤凰科技出版社，2017：15.

图 3-38 (a)、(b)　引自湖北网络广播电视台官网。

图 3-39（a）　James Westcott, Rem Koolhaas. Elements of Architecture-Elevator[M]. New York：Marsilio, 2014：39；Vernon R. Anthony. Architecture and Interior Design-An Integrated History to the Present[M]. Upper Saddle River：Prentice Hall, 2012：591；图 3-39（b）吉迪恩．空间·时间·建筑——一个传统的成长 [M]. 王锦堂，等，译．武汉：华中科技大学出版社，2014：267.

图 3-40（a）　James Westcott, Rem Koolhaas. Elements of Architecture-Elevator[M]. New York：Marsilio, 2014：49；

图 3-40 (b)　根据 Gutenberg 官方网站资料整理。

图 3-41（b）　2015 年东南大学克雷兹建筑展。

图 3-42 (b)　Mario Campi. Skyscrapers：An Architectural Type of Modern Urbanism[M]. Berlin：Birkhäuser, 2000：141.

图 3-47　张钦哲，朱纯华．菲利普·约翰逊 [M]. 北京：中国建筑工业出版社，1990：20.

图 3-48（a）、(b)　由东南大学张宏教授工作室，提供。

图 3-51　引自 OPEN 建筑事务所官方网站。

图 3-52（a）　翻译自：Julia McMrorough. The Architecture Reference and Specification Book[M]. Cincinnati：Rockport Publishers, 2013：73.

图 3-54（a）　由王晓蓉，拍摄　右；图 3-54（b）　Edward Allen, Joseph Iano.Fundamentals of Building

Construction——Materials and Methods[M]. New Jersey: John Wiley & Sons, 2008: 938. 图3-54（c）: 窦以德, 等. 诺曼·福斯特[M]. 北京: 中国建筑工业出版社, 1997: 81.

图 3-55 Vernon R. Anthony. Architecture and Interior Design-An Integrated History to the Present [M]. Upper Saddle River: Prentice Hall, 2012: 581.

图3-56（a） 引自: 河南大学官网; 图3-56（b） 江苏省工程建设标准站, 编制. 江苏省住房和城乡建设厅, 批准. 既有多层住宅加装电梯通用图则: 苏TZJ01—2022 [S]. 南京: 江苏凤凰科学出版社, 2022.

图 3-57 翻译自: El Croquis. SANAA[J]. El Croquis, 139: 60-79.

住房和城乡建设部"十四五"规划教材
A+U 高等学校建筑学与城乡规划专业教材

建筑构造设计教程
（下册）

李海清　董凌　张弦　白晓霞　编著

中国建筑工业出版社

目 录

001	第1章		建筑构造设计理论专题
002		1.1	概说：空间生产、工程实现与材料连接
008		1.2	建筑构造设计发展历程：技术进步与技术应用
023		1.3	建筑构造设计与相关专业要素：协调与目标
033	第2章		建筑构造设计原理与类型专题
034		2.1	墙体构造设计
047		2.2	地坪层构造设计
052		2.3	楼板构造设计
062		2.4	屋顶构造设计
074		2.5	阳台构造设计
084		2.6	雨篷构造设计
101		2.7	门窗构造设计
112		2.8	楼梯构造设计
122		2.9	台阶与坡道构造设计
137	第3章		建筑构造设计拓展专题
138		3.1	隐匿的前置性工作：地基与基础构造设计
153		3.2	分与合的辩证关系：变形缝构造设计
163		3.3	大型机器设备的处置：电梯、空调与构造设计
183	第4章		建筑装修构造设计专题
184		4.1	建筑装修技术发展对构造设计的影响
193		4.2	建筑幕墙构造设计
205		4.3	建筑天窗构造设计
217		4.4	建筑遮阳构造设计
231	第5章		高层建筑构造设计专题
232		5.1	高层建筑技术发展对构造设计的影响
247		5.2	高层建筑结构技术与构造设计
258		5.3	高层建筑防火与构造设计
273	第6章		大跨度建筑构造设计专题
274		6.1	大跨度建筑技术发展对构造设计的影响
283		6.2	大跨度建筑结构类型及其构造设计
294		6.3	大跨度建筑屋顶与接地构造设计

311	第7章	**建筑发展的时代需求与构造设计专题**
312		7.1 建筑发展的时代需求对构造设计的影响
323		7.2 装配式建筑与建筑构造设计
343		7.3 新能源技术与建筑构造设计
359		7.4 数字建造技术与建筑构造设计
370		7.5 既有建筑加固改造与建筑构造设计

案例索引　　　　　　　　　　　　　　　　　　　　　　　　Case Index

033	专题一	建筑构造设计原理与类型专题
041		1. 墙体构造设计案例
041		1）砌块墙
043		2）混凝土墙
044		3）复合墙体
050		2. 地坪构造设计案例
050		1）隔声地坪构造：大卫·布朗洛（David Brownlow）剧院
051		2）"架空楼面"构造：华沙Keret实验性住宅
058		3. 楼板构造设计案例
058		1）设备隐匿：路易斯·康的空心楼板结构
059		2）绿色顶棚：Bloomberg公司欧洲总部新大楼
060		3）高性能木楼板：萨尔茨堡（Salzburg）技术学校
070		4. 屋顶构造设计案例
070		1）坡屋顶：阿莫西（Ammersee）湖畔别墅
070		2）玻璃屋顶：Menil收藏艺术馆
071		3）绿化屋顶：瑞士手表制造商博物馆
080		5. 阳台构造设计案例
080		1）混合阳台：埃因霍温特鲁多（Trudo）塔楼
080		2）纵向出挑的吊挂阳台：蒙彼利埃白树住宅
082		3）似是而非的折叠阳台：东京森林之家
097		6. 雨篷构造设计案例
097		1）简约不简单：南京长江路苹果4S店入口雨篷
099		2）传承与转译：苏州博物馆入口雨篷
100		3）融合与共生：东南大学亚洲建筑档案中心入口雨篷
109		7. 门窗构造设计案例
109		1）虚体的洞口与覆盖的门窗：大分市House N
109		2）极简外表下的窗域性能控制：瓦杜兹艺术博物馆扩建项目
110		3）保持立面自洁的窗户构造：瑞士建筑两例
110		4）功能分化的组合窗：阿尔萨斯某养老院
111		5）细部设计与门的开启：门的构造四例

119		8. 楼梯设计案例
119		1）整体现浇钢筋混凝土楼梯：维滕贝格城堡加建楼梯
119		2）装配式钢筋混凝土楼梯：乌特勒支某自行车停车场楼梯
121		3）木质组装楼梯：某室内楼梯
121		4）钢制螺旋楼梯：广岛丝带教堂
127		9. 台阶与坡道构造设计案例
127		1）博物馆入口台阶：瑞士库尔罗马遗址展厅
129		2）地下汽车库坡道：东南大学逸夫建筑馆
137	专题二	**建筑构造设计拓展专题**
151		1. 地基与基础构造设计案例
151		1）轻触大地：东南大学轻型结构产品的基础设计
151		2）横遮竖挡：圣胡安德鲁埃斯塔教堂基础的防潮设计
159		2. 变形缝构造设计案例
159		1）改扩建工程变形缝：华中科技大学校医院分期建设
160		2）大空间建筑变形缝：武汉天河国际机场航站楼
161		3）高层建筑变形缝：湖南株洲某高层综合体建筑
177		3. 电梯、空调与构造设计案例
177		1）电梯与构造设计案例：既有多层住宅改造
177		2）空调与构造设计案例：阿尔梅勒艺术剧院与文化中心
183	专题三	**建筑装修构造设计专题**
201		1. 建筑幕墙设计案例
201		1）玻璃幕墙构造设计案例：上海大剧院
201		2）石材幕墙构造设计案例：华盛顿国家美术馆东馆
204		3）重型板材幕墙构造设计案例：乌得勒支大学图书馆
211		2. 建筑天窗设计案例
211		1）最基本的平天窗：奥地利英雄纪念馆扩建工程
213		2）防冷凝水的天窗：北京中银大厦
214		3）整合变形缝的天窗：瑞士瓦尔斯温泉浴场
223		3. 建筑遮阳设计案例
223		1）室外可调节遮阳板：奥地利因斯布鲁克"点组团"公共住宅
225		2）室外可调节电控遮阳板：德国威斯巴登养老基金会办公大楼

231	**专题四**	**高层建筑构造设计专题**
256		1. 高层建筑结构技术与构造设计案例
256		1）斜撑的力与美：东京世纪塔办公楼
257		2）以柔克刚：SOM钢框架结构抗震节点设计
264		2. 高层建筑防火与构造设计案例
264		1）水平封堵：法兰克福商业银行总部
266		2）可靠的装修材料：纽约新当代艺术博物馆
273	**专题五**	**大跨度建筑构造设计专题**
289		1. 大跨度建筑结构类型及其构造设计案例
289		1）桁架：德国纽伦堡朗瓦萨居住区某教堂
290		2）两铰拱：意大利热那亚的布林轻轨车站
291		3）悬索：中国泰州师范学校体育馆
302		2. 大跨度建筑屋顶与接地之构造设计案例
302		1）张弦梁和屋顶结构与构造：浦东国际机场T2航站楼
305		2）钢筋混凝土支座和金属屋面：保罗·克利中心
311	**专题六**	**建筑发展的时代需求与构造设计专题**
335		1. 装配式建筑构造设计案例
335		1）木结构：IBM旅行帐篷
338		2）钢结构：中国国家大剧院
339		3）装配式混凝土结构：St.Ignatius教堂
350		2. 新能源技术与建筑构造设计案例
350		1）太阳能技术的设计案例
354		2）风能利用的设计案例
364		3. 数字建造技术与建筑构造设计案例
364		1）梅斯蓬皮杜中心屋顶木结构
365		2）NEST模块化研究大楼集成式索状混凝土楼板
367		3）天然纤维编织展亭livMatS
380		4. 既有建筑加固改造与建筑构造设计案例
380		1）木结构：留园曲溪楼加固修缮
384		2）砌体结构：无锡茂新面粉厂旧址加固修缮
388		3）近代钢筋混凝土结构：南京陵园邮局旧址加固修缮
392		4）现代钢筋混凝土结构：南京色织厂某厂房加固改造设计

Chapter 4
第4章 建筑装修构造设计专题
Building Construction Design: Finishing

我相信有情感的建筑。"建筑"的生命就是它的美。这对人类是很重要的。对一个问题如果有许多解决方法,其中的那种给使用者传达美和情感的就是建筑。

——路易斯·巴拉甘

"每种材料都有其特定的特性,如果我们要使用它,我们必须了解这些特性。钢铁和混凝土也是如此。"

——密斯·凡·德·罗

4.1 建筑装修技术发展对构造设计的影响

绝大部分普通人在日常生活中很难直接遭遇建筑学专业问题的挑战,而建筑装修则显然例外。因为它就存在于每天的日常生活之中,从幕墙被撞损毁、天窗渗水、玻璃雨篷污垢难以清理直至内墙粉刷受潮剥落、厨卫空间贴面墙砖空鼓、楼面木地板隔声不良,直至室内空气甲醛含量超标等,不胜枚举。若不能有效解决,则会不堪其扰(图4-1)。可见,建筑装修不仅是观瞻所系,且直接影响使用体验。

有必要强调的是,这里所谓"建筑装修",意指幕墙、遮阳、天窗、雨篷、专业舞台等后期安装在建筑上的大中型部件与配件,与建筑本体分层构造完成面品质直接相关。它既非指向表面化和图像化的装饰,也不特别指代改造出新的装修。所以,它不同于一般意义上的家庭装修、室内装修,[①]而是更多地强调针对大型公共建筑重要部位的"专门"装修,而较少涉及纯粹的装饰性工程。

4.1.1 现代建筑装修技术发展趋势与特点

在世界主要经济体进入工业时代以来,建筑工业化水平普遍提高。特别是进入后工业时代之后,各国经济普遍增长乃至更为发达,社会需求突破了早期的"有无"问题之瓶颈,而越来越关注品质的高低和设计意图的达成。

譬如建于20世纪50年代的法国里昂拉图雷特修道院(图4-2),是勒·柯布西耶(Le Corbusier)的名作。其质朴甚至可以说略嫌粗陋的表观效果,一方面说明了第二次世界大战刚结束不久,法国尚深陷印度支那战争和阿尔及利亚独立漩涡中难以自拔的窘迫处境,另一方面也多少反映出不再以古典时期常见的宏大规模和奢华装饰作为宗教建筑的追求方向,而是希望返璞归真,为使用者营造相对低调、内敛,利于冥想和自我审视的空间氛围的总体意图。

在此大背景之下,现代建筑装修技术的发展逐步呈现出如下三方面的趋势与特点。

图4-1 集合住宅屋面渗水引发内墙和吊顶粉刷剥落以及地板腐烂

---

① 这些内容请参见其他教材,此处不复赘述。

图 4-2 法国里昂拉图雷特修道院的简陋装修

图 4-3 20 世纪 30 年代专业期刊《建筑月刊》中的启新磁厂卫生陶瓷广告

1. 技术方面：材料生产工厂化、类型多样化与施工装配化

得益于 19—20 世纪全球范围内工业化生产水平大幅度提升，建筑装修材料生产普遍实现了规模化和工厂化。一改前工业时代建材主要出自手工作坊，生产规模普遍偏小、产能很低，难以形成统一规格，地区间开放程度较低而难以实现大规模流通的局面。新型装修材料的质量因为标准化生产而得到更好保证，价格通常也就会相应地遵循市场规律而逐步走低，使得普通工程也能够使用，正所谓"旧时王谢堂前燕，飞入寻常百姓家"。如 20 世纪 30 年代以来各类建筑卫生陶瓷制品在中国大中城市的引入和推广，以及中华人民共和国成立后尤其是改革开放以来烧结黏土砖和水泥生产持续 30 多年的高速发展，都为中国（尤其是日常性的砖混结构）建筑现代化的全面发展奠定了物质基础（图 4-3、图 4-4）。

正因建筑装修材料的工厂化生产可以更成规模地利用特定地区的社会经济资源，因而实现市场细分，所以材料类型多样化得到了迅速发展。不同地区生产厂商往往会根据本地自然资源条件，生产有当地特色的装修材料，如意大利出产高端石材，德国出产玻璃制品，北欧和加拿大出产工程用木材等。且材料规格、型号繁多，特别是有关配套产品如装配用金属零部件等，也普遍实现了工厂化生产，行业运行逐步形成体系化。

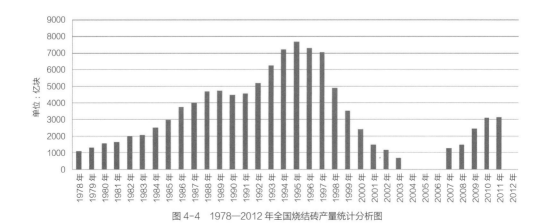

图 4-4 1978—2012 年全国烧结砖产量统计分析图

建筑装修材料的工厂化生产还有利于实现施工现场的装配化操作，流程规范性加强，有利于提高建筑装修施工的总体质量。

2. 制度方面：机制全球化、行业专门化与管理规范化

建筑装修材料的开发与生产实现工业化，是与经济流通及市场拓展的全球化并行的，但其中还有个市场分工问题，并非每个国家和地区都是全能型的。全球范围内拥有自主、完整工业体系的经济体屈指可数，剩下的都是各有专长、外循环依存度较高。比如总部位于意大利米兰的MAPEI集团于1937年成立，是国际建材行业巨头，典型的跨国集团，生产地板和墙壁装饰用胶粘剂和一些辅助产品（图4-5），也是生产建筑防水系统化学产品，以及混凝土中砂浆及水泥混合物的专家，甚至包括用于历史建筑物修复的专门性产品。长期以来MAPEI逐渐发展成为该领域的全球性领导公司，其总部虽设于意大利（图4-6），但只从事研发和管理，其工厂却遍布世界各地（图4-7），主要位于东南亚和南亚等一众发展中国家集中的地区。

具体到中国，建筑装修原本属于土建施工安装大门类之中，改革开放后逐步独立出来，成为一个自成体系的行业。现在一个大型建筑工程项目，室内空间最后多由室内装饰类专业公司操作，室外空间多由幕墙装饰类专业和环境艺术、绿化景观类专业操作，还有各种暖通空调、安防监控、消防控制、网络布线、智能化设备安装等（图4-8），各有专业公司提供专门的工程服务。似乎建筑师除了总体布局和平面功能安排之外，已无事可做。但实际上，所有这些众多专业的设计工作都得在建筑学的大目标、大背景下经过综合协调来实现和平衡（图4-9）。可见建筑装修涉及面很广，需要很多工种配合，细密的专业分工给这种综合协调和平衡把控带来了很大困难，也更能体现出建筑师综合协调价值所在。

从社会经济活动管理层面来看，中国建筑装修行业已成为建筑业中的三大支柱产业之一，同时又仍是劳动密集行业，其运行和品质涉及国家、社会、家庭和个人的生命、健康与财产安全，规范化管理至关重要。建筑装修行业是随着房地产热潮逐步兴起的，曾一度快速成长为朝阳产业，但随着"房住不炒"时代的到来，又难免回归常态。根据建筑物使用性质的不同，建筑装修业划分为公共建筑装饰业（公装）、住宅装饰业（家装），以及幕墙装饰行业。住房和城乡建设部及各地建设行政主管部门是建筑

图4-5 MAPEI集团总部咖啡厅内装用自产建材

图4-6 MAPEI集团总部大厅内装用自产建材

图4-7 MAPEI集团总部只从事研发

图 4-8　大型建筑工程项目室内外装修涉及的各方面工程分属各专业操作

图 4-9　建筑学专业背景的项目负责人在现场综合协调各专业门类设计工作

装修行业的主管部门，中国建筑装饰协会则是建筑装修行业的自律组织。20 世纪 90 年代中期建设部曾专门发文确定，中国建筑装饰协会的八项主要任务之一，就是在有关部门指导下，加强建筑装修行业市场管理。规范行业发展的一系列法律法规、技术规范和技术标准陆续得以制定并出台实施。可见，建筑装修和广义的建筑设计一样，也是要在各种专业技术规范制约下才能进行的。

3. 观念方面：品质高端化、气质国际化与风格地域化

20 世纪中叶以来，建筑装修方面的观念随着整个建筑潮流的走向而相应变迁，呈现出品质高端化、风格国际化与地域化等倾向。第二次世界大战结束之后，现代主义的国际建筑思潮在主要发达国家乃至一些发展中国家取得统治地位，立足于技术进步和现代艺术审美情趣的现代感和时尚感诉求成为主流（图 4-10）。而当反感千城一面、缺乏人情味儿的后现代主义思潮风起云涌，乃至于批判性地域主义渐受追捧之际，建筑装修品质又开始凸显地域性追求、乡土情结与怀旧感（图 4-11）。

正因存在如上大趋势，与装修技术有关的建筑设计实践应注意采取以下对策：

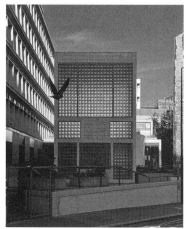 

图 4-10　早期和晚期现代主义建筑对于技术进步、科技感和时尚感的追捧

图 4-11　建于 1988 年的圣本尼迪克特教堂体现了瑞士建筑对于地域环境和乡土性的关注

首先是观念层面，对于行业动态，特别是建筑装修新材料和新技术的进展应保持好奇心和专业敏感，能够加以理性研判。利用一切可能的机会了解新材料发展态势，熟悉其查询渠道（网络资源、专业期刊、行业年鉴等）；审慎地对待建筑装修品质与风格的倾向性问题，确立选择倾向性时应依据建筑设计总体意图来把握装修格调。

其次是制度方面，正视社会分工细化特别是市场细分的现实，争取主动参与专业性合作。与建筑装修设计人员密切配合，力求在装修设计阶段圆满体现建筑设计的总体意图，注意行政管理程序的作用与影响，熟知相关法规的查询渠道。

再次是技术方面，积极向生产商、材料商和承造商学习，保持足够的现场咨询设计投入，关注建筑装修施工技术新进展，留意建筑工地上的新鲜事物，积极吸取施工人员的合理化建议，力求提高设计效率——他们是建筑技术与时俱进的主体性因素，万不可忽视。

4.1.2　建筑装修构造的目标与关键环节

鉴于以上技术发展趋势与特点，建筑装修构造的目标其实受制于建筑设计总体意图，故无外乎趋利避害、安全高效及养生悦心、舒适美观，并且还要在关键性环节上把握分寸。

1. 趋利避害，安全高效

首先，建筑物必须置身于自然界，而自然界有各种气候条件，如四季更替、冷暖交接、晨昏流转、阴晴雨晦等，特别是要面对风、霜、冰、雪的侵蚀。建筑活动必须要考虑建成环境受这些因素的影响，为生存空间争取充足的阳光、新鲜的空气和安全的饮用水。在此前提下，建筑装修构造还要尽可能保护建筑物各种构件免受或少受气候变化因素的影响，以利于延长建筑材料与构件使用寿命，如覆盖式构造设计此时就能发挥显著效能（图 4-12）。

此外，专业性的建筑活动还是一种需要融合多专业的社会生产，需要协调建筑设计各专业工种及其构件之间的关系——建筑、结构、机电、总图、景观、岩土、室内等，使之形成高效运行的技术系统。

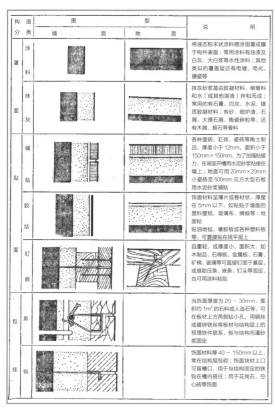

图 4-12 常规装修覆盖式构造设计常规做法

图 4-13 常规装修吊顶构造设计必须协调各专业之间的关系

客观来讲，每一个专业都有它自身的设计目标，并且受本专业相关设计规范和技术标准的制约。因此，不同专业自身的小目标相互之间常有矛盾和抵牾之处——如结构专业需要保证钢筋混凝土大梁的安全系数，梁高倾向于选择较高值；而建筑专业考虑到空间效率，又希望梁高选择较低值，以便控制标准层高不使建筑过高，此时建筑装修的吊顶空间构造如何设计就成为协调专业矛盾的抓手（图4-13）——所以，这些小目标及其之间的平衡和协调既要体现建筑设计总体意图，也必须满足基本的结构安全和消防安全需求。这个综合协调工作通常由主案建筑师来担任，其具体细节往往要落实到构造设计层面。

2. 养身悦心，舒适美观

基于上述基本需求的满足，建筑装修还要争取有效提高建筑空间的声、光、热等物理环境品质，保持较高环境质量特别是清洁卫生，利于满足人体舒适度要求和感官体验，乃至于争取为人们提供正向的、积极的、良好的审美体验。从途径上看，这一方面主要依赖于深化建筑物使用空间的细节设计，以方便日常生活，同时也需要设计者有意识地追求理想的空间体验效果，创造美学（感性学）价值。虽然这方面的需求和评价更为主观，难以评估和抉择，但统计分析型的研究仍指向了相对集中的方向，正所谓爱美之心人皆有之，且美学趣味存在着时代性和地域性，是有潮流和一定规律可循的。

3. 关键环节：合理选用适宜材料和工艺

建筑装修构造设计的关键环节当然首先在于选用适宜的材料及其工艺，而判断依据主要在于以下几个方面：

1）绿色标准

选材和工艺应有利于人体健康，维护生态平衡。必须注意到，某些天然石材具有放射性，威胁健康；而某些油漆、涂料含有害挥发物如甲醛、苯

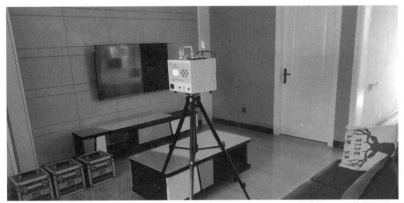

图 4-14 常规装修对于室内空气质量的影响须通过检测加以判断

图 4-15 常规装修对于完成面视觉效果应有足够的预期和判断

等，同样有损健康。选用这些材料要注意国家和有关部门的技术标准，有害物质含量超标的应杜绝使用（图 4-14）。此外，选材和工艺还要考虑减少残留固体废弃物与建筑装修垃圾。

2）知觉标准

选材和工艺还要考虑理想的视觉与手感、嗅觉与听觉等。对于材料和具体做法形成的完成面的形状、色彩、质感、肌理等效果，应有足够的预期（图 4-15）。应杜绝容易形成毛刺、尖锐突起等引发身体伤害的做法。

3）技术标准

选材和工艺也应考虑良好的加工性能——便于加工、运输、安装、维修和更换，通常情况下也应利于提高工业化水平。技术指标也应有合适性价比的考量，毕竟任何项目都有个投资限额问题。最基本的一条是要注意遵循有关设计规范，否则在技术审查阶段就难以通过，如《建筑内部装修设计防火规范》GB 50222—2017，各省、自治区、直辖市，以及地级市、自治州制定的地方法规。

最终究竟选用何种材料和工艺，是需要不断揣摩和讨论的综合权衡问题。但无论如何综合权衡，总不能与以上三条特别是第一条相左。

4.1.3 建筑装修构造设计一般规律

一般而言,建筑构造设计三要素是材料、做法和尺度。而具体到建筑装修,则完成面(Finishing)是涉及建筑物体最表层观感部分,更为引人注目。鉴于层叠式构造(Layered Construction)仍旧是建筑装修构造的常见选项,其完成面一般规律无外乎罩面、贴面、包挂三大类。

最普通的是罩面,如油漆、涂料、抹灰。这些做法是家装通常选用的方法,如果是大型公共建筑,一般应在工厂中已对饰面材料模块进行过相应处理,如氟碳漆喷涂、表面水泥砂浆喷砂等(图4-16)。

贴面是大型公共建筑和家装都常采用的做法,包括铺贴(人造板材、石材、瓷砖)、胶结(木材)、钉合(木材)等,其中铺贴类做法最为常见,应关注不同做法在工艺条件上的细微区别。如架空木地板的安装,地板钉要想最终钉入企口并对地板限位,则必须采用錾子之类的工具帮忙(图4-17)。又如钉合,采用圆钉、销钉、骑马钉,其力学性能与表观特征差别很大(图4-18)。包挂也是大型公建装修构造常采用的,如干挂(石材、重型人造板材)。

图 4-16 大型公共建筑室内装修罩面工艺普遍走向工厂化、预制化

图 4-17 架空木地板安装工艺须借助一些特殊工具

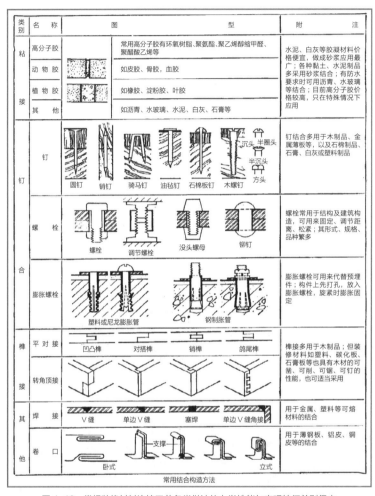

图 4-18 常规装修材料连接工艺各类做法的力学性能与表观特征差别很大

本节小结

综上，从形态上看，现代建筑装修技术高度发达，纷繁复杂；从业态上看，与现代建筑装修相关的行业千头万绪；从生态上看，现代建筑装修技术需要关注室内物理环境安全。因此，每遇具体项目，须谨慎行事——在何种情境之下，需要何种场所感？进而需要何种空间品质？何种限定界面？何种材质做法？以总体设计意图为前提，经过通盘考虑之后，方可决策。

思考题

建筑装修构造设计的目标与关键环节是什么？对于具体设计有何影响？

4.2 建筑幕墙构造设计

作为融建筑技术与艺术为一体的外围护结构，建筑幕墙（Curtain Wall）是建筑技术不断发展与进步的产物。它在国际上有较长发展历史，在中国也经历了40多年迅猛发展的过程，不同时期的建筑幕墙，其形式和技术也各有特点。时至今日，幕墙已成为大型公共建筑常用装修方式，作为"表皮"的一种范型，深入而具体地影响人们的日常生活。

4.2.1 建筑幕墙发展简介

图 4-19　建于 1851 年的伦敦水晶宫外景

大体来看，建筑幕墙的发展可简略分为如下三阶段。

第一阶段是探索阶段，即 1851 年至 20 世纪 50 年代，历时约百年。1851 年，英国伦敦建成了工业博览会水晶宫（Crystal Palace，图 4-19），这是世界上最早采用玻璃幕墙的建筑。其后，玻璃品种不断推出新、玻璃及其型材质量不断改进，并逐步解决了渗漏、不隔声、不保温、结构密封胶材料老化等技术问题。第一代世界建筑大师的设计实践有力地推动了玻璃幕墙发展，如沃尔特·格罗皮乌斯（Walter Gropius）的法古斯鞋楦工厂、密斯·凡·德·罗（Mies Vander Rohe）的巴塞罗那德国馆、柯布西耶的救世军大楼等，均为经典案例，影响深远。

第二阶段是发展阶段，即 20 世纪 50 年代至 20 世纪 80 年代，历时约 30 年。这一时期的突出特点是采用新技术和新材料，并找到了解决影响幕墙发展各项问题的途径和方法，如研制推广隐框、半隐框玻璃幕墙所用的硅酮结构胶，使其具有良好的粘接性、变形性、耐候性等。这一阶段，玻璃幕

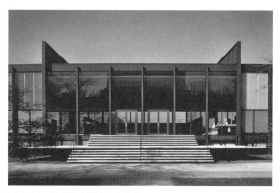

图 4-20　伊利诺大学克朗楼外景

墙技术进步具有一定的典型性。如美国宾夕法尼亚阿尔可大楼，是世界上首次采用压力平衡原理成功做到防渗漏的幕墙建筑。代表性案例如伊利诺大学克朗楼、湖滨公寓、西格拉姆大厦等（图 4-20）。

第三阶段是推广阶段，从 20 世纪 80 年代至今，已历 40 余年。这一时期的突出特点是建筑幕墙推广应用范围日益拓宽，技术含量不断提升，新技术应用日渐增多，表现出多样化、工厂化、现代化的鲜明特点。金属幕墙、天然石材幕墙、混凝土幕墙等日趋成熟，并成规模投入工程实践。单元式幕墙大量推广，其基本单元一般都是在工厂内制造，运至施工现场组合、安装，不仅提高施工效率，且工程

图 4-21　华盛顿国家美术馆东馆（左）和维也纳 Mumok 现代艺术博物馆（右）外景

质量也获得大幅提升。代表性案例如贝聿铭设计的华盛顿国家美术馆东馆和奥特纳兄弟设计的维也纳 Mumok 现代艺术博物馆（图 4-21）。

当下，世界范围内建筑幕墙的发展趋势突出体现为形式与结构日渐多元化，其次是结构连接方式愈加趋于安全、可靠——如何与结构主体连接是最重要问题，再就是越来越重视采用环保、节能、安全的幕墙材料。

中国建筑幕墙运用起步较晚，1982 年广州出口商品交易会大楼正面上半幅墙面采用大面积玻璃墙面作为会标底衬，可认为是玻璃幕墙雏形。但由于它仅仅是局部采用，所以并非实质意义上的建筑幕墙。真正严格意义的幕墙应用，可从 1984 年北京长城饭店算起，而后陆续建成的高层建筑如深圳国贸大厦、广州国际大厦、北京的京广中心、北京国贸大厦、上海锦江饭店等，都采用了大规模的建筑幕墙。至世纪之交，上海大剧院、国家大剧院、北京中银大厦（中国银行北京总部大楼），以及上海浦东国际机场等（图 4-22），均采用世界最先进的各类幕墙技术。

其中，"世界大理石建筑奖"扮演了重要的推手角色。它始于 1985 年，是在世界范围内循环评选的重要建筑奖项。授予那些从工艺或美学角度将大理石等石材更好地应用在建筑（幕墙）装修上，并有独特文化理念且视觉新颖、人与自然和谐、推动工艺创新的建筑师、设计师和规划师们，而并非仅使用石材装饰就可以申报的普遍性奖项。该奖由位于世界著名天然石材原产地的意大利对外贸易协会（ICE）、卡拉拉国际大理石及加工机械展览有限公司（IMM）组织，意大利托斯卡纳大区及其经济促进局支持，至今已评选近 40 年，见证并推动了建筑幕墙在世界范围内的运用与发展。

2001 年春，正是意大利对外贸易委员会和卡拉拉国际大理石及加工机械展览有限公司通过意大利驻上海总领事馆，约请中国清华大学、东南大学、同济大学、北京工业大学等高校多位建筑学专业教师赴佛罗伦萨、卡拉拉接受石材技术培训，编者忝列其中。培训课程主要结合 1∶1 放样（Mock Up）和构造设计图，详细介绍先进石材幕墙技术的发展和产品类型，并参观位于卡拉拉的高山采石场，以及山下的先进石材技术加工工厂，还有位于米兰、专事研发胶粘剂和结构胶的 Mapei 公司。这应该是欧洲先进石材幕墙技术向中国推广的重要标志性事件。

(a)

(b)

(c)

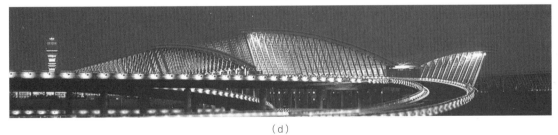
(d)

图 4-22 建筑外景
（a）上海大剧院；（b）北京中银大厦；（c）国家大剧院；（d）上海浦东国际机场航站楼 1 期外景

4.2.2 建筑幕墙构造原理

1. 建筑幕墙的概念及其建筑学意义

何为建筑幕墙？幕者，大面积表层覆盖、整体覆盖的界面；墙者，建筑空间维护或分隔的块面状构件或部件，多为竖向或斜向。幕墙，即建筑空间中的墙体表面使用大面积的、系统化的覆盖层，形成严整、连续的整体统一感。除玻璃结构形成的玻璃幕墙之外，幕墙通常为非承重墙，仅承受自重。

建筑幕墙的学科意义首先是"理"——表里之分背后的隐显之别，隐含着建筑价值观，并体现设计者的深层意图；其次是"形"——形态相对于传统的承重墙体更为自由、轻盈抑或更为厚重，同样承载着设计意图；再次是"造"——与模数制结合极易形成标准化单元，从而组成复杂体系，利于工厂预制、运输装配与维修更换。

2. 建筑幕墙的分类及其构造原理

以面材为凭，建筑幕墙类型变化多端，大体可分为玻璃幕墙、石材幕墙、金属幕墙、重型板材幕墙、轻型板材幕墙等（图4-23）。但万变不离其宗，其构造理路是相近的，即共同遵循"皮骨分化，构造生根，单元固定，化整为零"的基本思路。以下分具体类型逐一解析。

1）玻璃幕墙构造原理

（1）玻璃幕墙的构造组成

玻璃幕墙是由标准化设计、工厂化生产的面材（玻璃）与结构连接件（金属框、钢索、驳接爪等）共同组成（图4-24），其实所有幕墙的组成都不外乎这类规律。

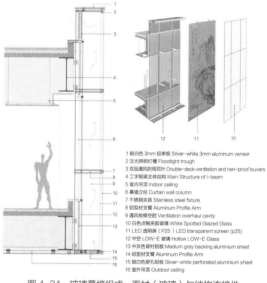

图4-24 玻璃幕墙组成：面材（玻璃）与结构连接件（金属框、钢索、驳接爪）

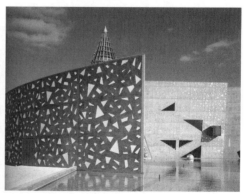

（a） （b） （c）

图4-23 建筑幕墙
（a）玻璃幕墙；（b）石材幕墙；（c）重型板材幕墙

具体到材料，结构连接件大多为钢制，类型与型号多样。而玻璃相对更为复杂，分为普通浮法玻璃（强度较低，破碎易伤人）、钢化玻璃（强度较高，破碎呈颗粒状，不易伤人）、半钢化玻璃（强度中等，破碎裂纹类似普通玻璃）、轧制玻璃（又称为压花玻璃，安全性较好，纹理丰富）、夹丝玻璃（内含金属丝网，安全及防火性能较好）、异形玻璃（如U形玻璃独特断面利于提高承载力）、玻璃砖（中空，装饰性的非承重部件，中度隔热）、压制厚玻璃（可作为承重构件，低隔热性）、隔热玻璃（又称 Low-E 玻璃，双层或多层玻片，其间抽真空或充惰性气体，玻片内表面涂层，改善 U 值），以及隔声玻璃、温感变色玻璃、电致变色玻璃、防火玻璃等。

需要特别提醒的是：由于面临极为紧迫的"双碳"任务目标带来的压力，节能减排成为当前我国建筑活动的重中之重，而玻璃幕墙建筑由于自身热工性能特点（热惰性较差）导致能耗较高，此外还可能存在光污染等相关环境技术问题，且难以清洗与维护，加上玻璃存在自爆、脱落等安全问题，故其使用要极为谨慎。

（2）玻璃幕墙分类与设计要点

玻璃幕墙按其视觉特征可分为明框玻璃幕墙、半隐框玻璃幕墙、隐框玻璃幕墙、①点支式玻璃幕墙及其他类型（图 4-25）。无论何种类型，其设计要点皆相似，即主案建筑师应关注、控制立面划分线及特殊节点——这些与最初方案设计意图可能直接相关。而具体技术设计则由幕墙工程方面的专业公司完成。除非有特别需要，主案建筑师才会单独提出设计并和幕墙工程专业公司沟通、合作，否则就基本上只要核准幕墙工程专业公司的设计成果即可。

（3）玻璃幕墙构造设计

玻璃幕墙构造设计主要包括依附于建筑主体结构的支撑结构，以及支撑节点二者的设计。

玻璃幕墙支撑结构，可视为依附于建筑主体结构的从属性结构，主要有钢结构、索结构和木结构三大类，前二者常见而木结构较少见。钢结构往往配套索结构使用，钢索选材须注意低变形、高强度，涂锌防腐层钢索应采用不锈钢绞线（Spiral Strand），而不应采用钢丝绳（Strand Rope），后者预张力松弛严重。不锈钢绞线使用前须多次预张拉，索的计算必须考虑温度影响和预张力大小，采用一般程序梁和拉杆单元对索进行计算是错误的。

玻璃幕墙支撑节点，以点支式玻璃幕墙为例，主要有固定支撑、弹性支撑和球铰支撑三类。无论采用哪一类支撑结构和支撑节点，都大体遵循"皮骨分化，构造生根，单元固定，化整为零"的组织构成思路，即幕墙表面块材（如玻璃）通过支撑节点（如驳接爪）连接在幕墙支撑结构（如玻璃框横竖挺）之上，而支撑结构又通过上一层级节点连接于建筑主体结构（如钢混凝土框架之柱、梁）。如果将建筑和哺乳动物乃至人类的身体结构进行类比，建筑主体结构（钢混凝土框架）好比骨骼系统，从属结构即支撑结构（玻璃框横竖挺）好比经络，而表皮（玻璃）则好比皮肤。

可见其从处理手法到设计思路正是："皮骨分化，构造生根，单元固定，化整为零。"这也是其他各类幕墙装修构造设计的共同理路。

---

① 隐框玻璃幕墙的玻璃框及铝合金框格均隐于玻璃后面，从外侧看不到框格，荷载均由玻璃通过胶传给铝合金框架，易发生结构安全问题，国内各地有禁止使用的趋势。

图 4-25　玻璃幕墙分类
（a）明框玻璃幕墙；（b）半隐框玻璃幕墙；（c）隐框玻璃幕墙；（d）点支式玻璃幕墙

    建筑————————人类
主体结构（钢混凝土框架）————骨骼系统
从属结构（玻璃框横竖挺）————经络
   表皮（玻璃）————————皮肤

2）石材幕墙构造原理

在现代石材幕墙出现之前，常见"石材贴面"这类传统做法（湿作业，即铅/铜丝固定石材于结构基层而后灌浆贴牢），相对简便，但耐久性不理想，其粘接材料如水泥砂浆容易与天然石材发生化学反应，引起墙面"泛碱"（图 4-26）；此外还可能因水泥砂浆空鼓导致粘接力减弱，石材易脱落。这些都会影响美观与安全，应运而生的石材幕墙，因采用干挂工艺，故能较全面和彻底地解决上述问题。

须引起注意的是，有关设计规范要求天然石材幕墙不宜用于高层及超高层建筑，当设计要求采用时，应有石材防碎裂措施。而高层、超高层建筑立面风压大，风力长期拉拔石材构造连接处引起脱落，实际上防碎裂措施很难落实，故审图时只允许用于多层及以下建筑。

图 4-26　石材幕墙用水泥砂浆黏结易引起墙面"泛碱"

（1）石材幕墙的构造组成

与玻璃幕墙类似，石材幕墙是由标准化设计、工厂化生产的面材（各种天然、人造石材）和结构连接件（金属龙骨、挂件支座、挂舌等）共同组成，也同样遵循"皮骨分化，构造生根，单元固定，化整为零"的设计思路。

（2）石材幕墙分类与设计要点

石材幕墙发展大体已历三代，即销钉法、销板法、背拴法（图4-27）。比较而言，后者先进、前二者简朴，各有长短，应根据实践需求具体选择应用。

销钉法：石材边缘打孔，用舌板、不锈钢销钉将相邻两片石材组装在一起。石材之间相互衔接，受力状态复杂，易产生不可确定的应力积累和应力集中。

销板法：除承载力提高以外，其余同销钉法。

背拴法：每块石材各自在背后固定，块材之间无直接联系，传力简洁明确；为柔性构造连接，内部附加应力小，适合高层建筑，以及抗震要求高的建筑；连接件隐藏在板材背后，利美观；可自由选择锚固位置，做法灵活，适合复杂外形；拆换方便。

石材幕墙的设计要点与玻璃幕墙相近，即主案建筑师应关注控制立面划分线及特殊节点的构造（图4-28），而具体技术设计则由幕墙工程方面的专业公司完成。

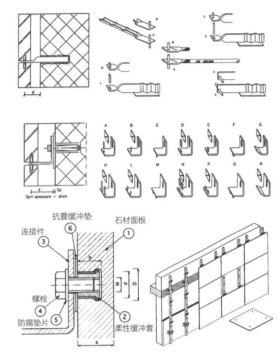

图 4-27　石材幕墙构造三代核心技术即销钉法、销板法与背拴法

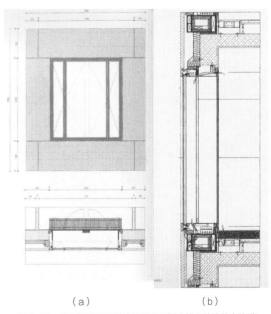

（a）　　　　　（b）

图 4-28　主案建筑师应关注控制立面划分线及特殊节点构造
（a）立面划分线；(b)特殊节点

（3）石材幕墙构造设计

石材幕墙构造设计也与玻璃幕墙相近，主要包括依附于建筑主体结构的支撑结构，以及支撑节点二者的设计，面材相互关系可分为开缝和闭缝两类，后者要在缝内打胶。

3）重型板材幕墙构造原理

（1）重型板材幕墙的构造组成

重型板材在这里特指除天然石材之外的人造石板材，以预制钢筋混凝土板材较为常见。尽管在理念上，天然石材也属于重质材料，但由于原料获取方式、表观品质等差异较大，故另行已在前文讨论。

与石材幕墙类似，重型板材幕墙是由标准化设计、工厂化生产的面材（各种预制混凝土板材）和结构连接件（金属龙骨、挂件支座、挂舌等）共同组成（图4-29），也同样遵循"皮骨分化，构造生根，单元固定，化整为零"的设计思路。

（2）重型板材幕墙分类与设计要点

重型板材幕墙设计要点与玻璃幕墙相近，即主案建筑师应关注控制立面划分线及特殊节点的构造，而具体技术设计则由幕墙工程方面的专业公司完成。

（3）重型板材幕墙构造设计

重型板材幕墙构造设计也与石材幕墙相近，主要包括依附于建筑主体结构的支撑结构，以及支撑节点二者的设计，面材相互关系可分为开缝和闭缝两类，后者要在缝内打胶。

4）金属幕墙构造原理

（1）金属幕墙的构造组成

与玻璃幕墙类似，金属幕墙是由标准化设计、工厂化生产的面材（各种人造金属板材）和结构连接件（金属龙骨、挂件支座、挂舌等）共同组成（图4-30），也同样遵循"皮骨分化，构造生根，单元固定，化整为零"的设计思路。

（2）金属幕墙分类与设计要点

金属幕墙的设计要点也与玻璃幕墙相近，即主案建筑师应关注控制立面划分线及特殊节点的构造，而具体技术设计则由幕墙工程方面的专业公司完成。

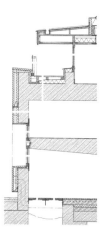

图4-29　重型板材幕墙由面材（各种预制混凝土板材）和结构连接件（金属龙骨、挂件支座、挂舌等）共同组成

图4-30　金属幕墙同样是由面材（各种人造金属板材）和结构连接件（金属龙骨、挂件支座、挂舌等）共同组成

（3）金属幕墙构造设计

金属幕墙构造设计也与石材幕墙相近，主要包括依附于建筑主体结构的支撑结构以及支撑节点二者的设计，面材相互关系一般为螺栓钉合或卷口压型。

4.2.3 建筑幕墙设计案例

1. 玻璃幕墙构造设计案例：上海大剧院

上海大剧院于 1998 年建成开业，坐落于上海市人民广场，总投资 12 亿元人民币，由法国夏邦杰建筑设计公司设计，占地面积 2.1 hm²，总建筑面积 64 000 m²，总高度 40 m，内设大、中、小三个剧场。采用先进的全自动机械舞台，拥有票务中心、芭蕾排练厅、乐队排练厅、贵宾厅、展示厅、艺术品商店、咖啡吧、宴会厅和停车库等完备的附属设施。是中国乃至亚洲首次采用钢索玻璃幕墙的大型公共建筑（图 4-31）。

其特点是无须用金属框架固定玻璃，而采用不锈钢索和不锈钢爪组成悬挂支承体系来固定大型玻璃块材，整个建筑呈现出白天朦胧、夜晚在灯光下通体透明的清透效果。该幕墙玻璃还采用彩釉印刷工艺，自上而下、由疏到密印上淡淡白色小方格花纹，花纹覆盖率达 95%，可反射 30% 紫外线，减弱光污染和暖房效应。

透过室内场景照片和支撑剖面图、单榀钢索图（图 4-32），可清晰感知玻璃幕墙并不依靠常见的钢框(明框或隐框)固定，而是运用钢爪(又称驳接爪)和钢索来固定，其上下两端均连接在建筑主体结构之上（通过水平向连系梁连接至钢筋混凝土主梁，通过地锚连接至地面）。巨大玻璃立面被切分成许多规格化的、工厂化生产的大型玻璃块材，以利运输与安装。由于幕墙悬挂支承体系最终生根于建筑主体结构，从而确保了安全承载，真正实现了"皮

图 4-31　上海大剧院外景及室内，清晰可见钢索玻璃幕墙

骨分化，构造生根，单元固定，化整为零"的构造设计理路。

2. 石材幕墙构造设计案例：华盛顿国家美术馆东馆

华盛顿国家美术馆东馆是著名美籍华裔建筑大师贝聿铭的经典之作，于 1978 年建成（图 4-33）。

原国家美术馆老馆于 1941 年建成，位于美国华盛顿政府中心区大林荫道东端，邻近国会大厦，采用古典复兴式风格。东馆是老馆的扩建，位于老馆与国会大厦之间的梯形地块上，其区位极其重要，又是在老建筑丛中造新房，设计难度很大。建筑设计方案巧妙地把梯形地块切分成一个等腰三角形和一个直角三角形，等腰三角形部分为主体建筑，作

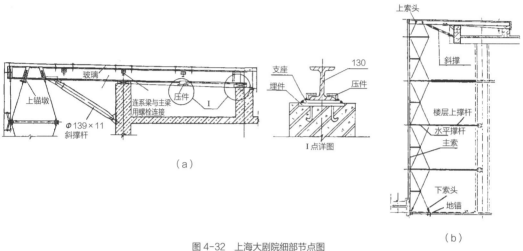

图 4-32 上海大剧院细部节点图
（a）支撑剖面图；（b）单榀钢索图

图 4-33 华盛顿国家美术馆东馆一角外景与平面示意图

为展览使用；直角三角形部分为附属建筑，作为研究中心，两座楼有分有合。显然，三角形成为其造型基本元素——锐角和钝角随处可见，甚至有一处外墙角部仅19°，如利刃一般。建筑造型奇特而又十分简洁，丰富却又不失统一。新老二馆虽风格大相径庭，但建筑师努力使二者间发生关联，即采用相同的外墙材料。为此，建筑师处心积虑地找到了40年前为老馆选石料的工程师，并专程赶赴那座早已关闭的石矿选料，甚至不惜让石矿重新开张。因此新老二馆建筑外饰材料完全一致，利于形成和谐观感。

东馆的石材幕墙构造设计可谓煞费苦心。

从常规技术逻辑来讲，其幕墙的结构传力很清晰——通过主体结构即现浇钢筋混凝土壁体角部预留钢筋头，端部焊接槽钢，再以螺栓连接T字形型钢，并从该型钢两侧焊接伸出三角形加劲肋板，板外口上翻，再用螺栓连接以更小型号槽钢，作为挂件来托挂石板。

这里最难处在于锐角很小，如何设置此处石材分缝是关键点：天然石材若打磨得过于尖锐，对于加工、运输皆很不利，锐角石材加工难度很大，角部极易碰坏，以至运输损耗较大。建筑师在此处挖空心思，将角部石材分缝设计成一反常态的做法。按常规，此锐角应一分为二，由两片更为尖锐的石材拼合而成。建筑师却回避了这种极为不利的工程做法，而是在角部基于完整锐角，用一整块不规则五边形石材；且此异形石材并非从上到下每一皮都是简单地对缝拼接，而是采用错缝干挂，使得整栋建筑看起来像是由石材砌筑而成的石构房子（图4-34）——按常理砌筑而成的承重石构不可能对缝。这种设计意图引导下的视错觉，使得建筑外观显得更为庄重和典雅，而大大弱化了廉价的工业化气质。可见，建筑师在外墙干挂石材的构造设计上，通过细部处理的形式诉求达成了某种隐含的设计意图——正向误导。这体现了设计者的一种隐含的价值观：建造关乎建筑的气质和品质。

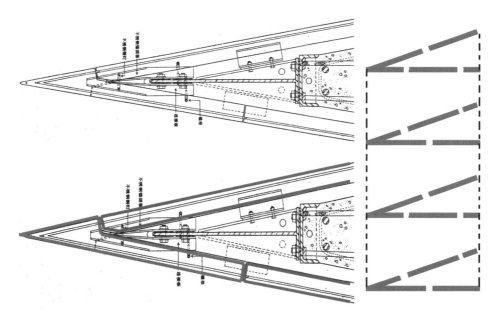

图4-34 华盛顿国家美术馆东馆外墙石材幕墙采用错缝干挂法示意图

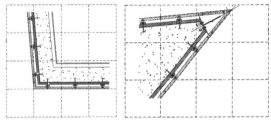

图 4-35　北京中银大厦外墙石材幕墙采用错缝干挂法示意图

也可为所有侧面提供阳光。

封闭的书库像不透明的云雾悬浮在空中,而开放性阅览与研究空间则给人一种宽敞和自由的感觉。树叶图案印在玻璃立面上,旨在营造出"森林的感觉",同时也减少日光射入。此处"封闭的书库"与"开放性阅览与研究空间"形成观感和氛围上的鲜明对比——重型板材幕墙正是应用于此。该幕墙乃是以一种印有花纹的黑色预制混凝土墙板为主材,并运用金属挂件连接于主体结构墙体基层之上(图4-36)。由内向外的层叠式构造依次为:250 mm 厚钢筋混凝土基层(漆成黑色)、100 mm 厚保温层、130 mm 厚通风间层,以及 100 mm 厚预制混凝土墙板(含 25 mm 厚浮雕)。

此案例精彩之处在于重型板材幕墙和玻璃幕墙二者在平面上完全平齐,形成精准的细节对位,建筑表皮犹如印刷般齐整,其中玻璃幕墙可开启扇又采用水平向外撑开的悬浮式构造,使得整个建筑显得十分轻盈、严整,而这一切全有赖于幕墙构造设计的精确处理和精准建造来达成。

无独有偶,此一做法成为贝聿铭的经典之举,在随后于 2001 年建成,位于北京中银大厦项目设计中,再次使用了这一独创性做法(图 4-22 b,图 4-35)。

3. 重型板材幕墙构造设计案例:乌得勒支大学图书馆

由维尔·阿雷兹及合伙人建筑师事务所设计的大学图书馆,是荷兰乌得勒支市新大学综合体的扩建工程,2004 年建成(图 4-36)。图书馆的书籍和其他光敏物品都要求封闭存储空间,而学生和研究人员则需要开放研究空间。设计者旨在以一种巧妙方式应对大学图书馆这种矛盾性的需求。

新建筑高 9 层,矩形平面尺寸为 100 m × 36 m。南部书库储藏 20 世纪前的文献,北部书库储藏较新资料,垂拔附近主楼梯和电梯可通往所有阅览室,馆外沿东侧有院子,把图书馆与停车场分开,

本节小结

综上,通过建筑幕墙构造设计原理和案例解析,

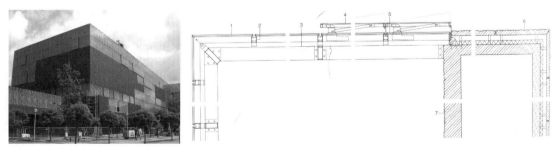

图 4-36　荷兰乌得勒支大学图书馆外景及玻璃幕墙、重型板材幕墙构造示意图

能够清楚地感知其构造设计的思路与逻辑，那就是"皮骨分化，构造生根，单元固定，化整为零"。因层叠式构造的实质所在，所有饰面层（玻璃板、石板、预制混凝土板乃至于金属板等）皆为皮相，其后都需要支撑结构，以便连接至主体结构而生根，从而实现有效传力。皮相重悦目，而传力重可靠与安全。二者相辅相成，不宜偏废。

思考题

请针对图 4-34 的大样图，谈谈国家美术馆东馆石材幕墙构造设计采用了怎样的思路？体现了设计者怎样的价值观？

4.3 建筑天窗构造设计

在汉语中，天窗亦作"天牕"或"天囱"，是指设在屋顶上用以透光和通风的窗子。而在英语中，skylight 有相近的含义。唐李白《明堂赋》："藻井采（彩）错以舒蓬，天牕（窗）赩翼而衔霓。"宋范成大《睡觉》诗："寻思断梦半蕾腾，渐见天窗纸瓦明。"明马愈《马氏日抄·奇盗》："一夕，有偷儿自天牕（窗）中下，检其细软，仍从屋上逸去。"《二十年目睹之怪现状》第五九回："听着街上打过五更，一会儿天窗上透出白色来，天色已经黎明了。"茅盾《天窗》："于是乡下人在屋面开一个小洞，装一块玻璃，叫作天窗。"可见，至少唐宋以降，中国人就已运用天窗，一直到现当代。这可能与夏热冬冷地区的气候条件有关。

4.3.1 建筑天窗发展简介

在中国古建筑中，天窗并不多见。建筑采光大多倚重开启直接面向院落的窗户，木结构的应用，使得建筑可以开很大面积侧窗，在接纳充足阳光的同时，也引入了院中乃至远山近水的景色。但当使用大面积砖墙或建筑进深较大时，仅靠常规侧窗就难以满足采光通风需求，传统民居为此开发出了亮瓦、天井乃至天斗等构造做法或空间调节措施（图 4-37）。

在西方，建筑天窗发展历程比较悠久，天窗的发展顺应了建筑室内空间的演进。譬如古埃及后期最重要的神庙建筑，通过开启天窗营造出宗教建筑所需的神秘、压抑的空间氛围（图 4-38）。在建于古罗马的万神庙中，天窗采光方式、建筑结构逻辑和空间艺术效果都达到了极高度的和谐统一。圆形天窗的设置，与整个建筑浑然一体的圆形穹窿顶配合得极为妥帖，穹隆壁体越往上越薄，至穹顶最高点自然形成圆形天窗，毫无牵强之感。同时，处于视觉中心的天窗，以变化万端的自然光线赋予整个空间以巨大的精神力量，心灵受到震撼之余，可感受其恢宏之美——来自宇宙的圣灵之光（图 4-39）。

至近现代时期，中大跨公共建筑的推广使用，推动了建筑天窗的普及，著名案例如荷兰阿姆斯特丹证券交易所、1889 年巴黎世博会机械馆（图 4-40）。近代中国于此也紧追世界潮流，清华大学老体育馆、东南大学老体育馆、武汉大学科学馆等都曾经或仍旧在使用天窗（图 4-41），一些为方便开启天窗而专用的机械类开窗器也应运而生。现当代建筑更是充分考虑屋顶空间使用效果，多采用技术水平较高的、工业产品类、定型化天窗系统，类型、款式趋于多样化，其开闭多采用先进的电

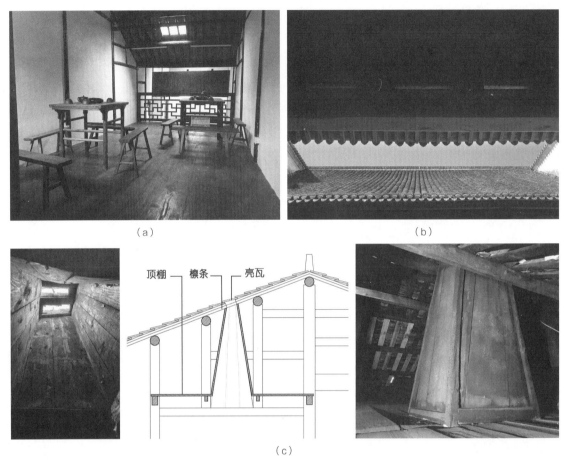

图 4-37 中国传统民居中的天窗
(a) 亮瓦；(b) 天井；(c) 天斗

图 4-38 始建于 3900 多年前的埃及卡尔纳克神庙，其多柱大厅利用中轴线和两侧柱高度差形成天窗

图 4-39 约公元 118 年重建的罗马万神庙，其穹顶设有圆形天窗

(a) (b)

图 4-40 近现代建筑天窗
（a）荷兰阿姆斯特丹证券交易所；(b) 1889 年巴黎世博会机械馆

(a) (b)

图 4-41 中国近现代建筑天窗
（a）武汉大学科学馆；(b) 清华大学老体育馆

动开窗机和无线电遥控技术，更为方便、灵活（图 4-42）。其中，"威卢克斯"是在中国最有影响力的天窗品牌，并于近年主导了在业界颇具声望的专业设计竞赛。

图 4-42 可采用开窗机和无线电遥控技术的现代天窗

4.3.2 建筑天窗构造原理

1. 建筑天窗的概念及其建筑学意义

建筑天窗，是为了为满足自然采光、通风以及其他需要而在建筑屋顶上开设的窗。

其建筑学意义显然在于环境调控——提高了相应的建筑室内物理环境质量，主要是光环境和空气质量。特别是夏天，房屋经过太阳照射，大量辐射热进（传）入室内，导致室内温度大幅升高，且越接近屋顶温度越高，严重影响室内热环境舒适度。此时，如果在屋顶开一天窗，热空气即可通过天窗外流，同时室外低温空气可通过立面窗户补充进入室内，以"热压通风"实现室内外空气快速循环，从而起到了降温效果，减少对于主动式设备技术的依赖。这一点极有现实意义——因面临极为紧迫的"双碳"任务目标带来的压力，节能减排成为当前我国建筑活动的重中之重，而使用可开启的天窗则可能有利于减少空调设备负荷。

2. 建筑天窗的分类及其构造原理

以采光口形态为凭，建筑天窗可分为矩形天窗、圆形天窗、方形天窗、带形天窗、多边形天窗等。

依据采光口在屋顶上的形状，建筑天窗可分为顶部采光式天窗、气楼式天窗、下沉式天窗等（图4-43）。其中，顶部采光式天窗又可分为采光顶、采光口、采光罩、采光带等。气楼式天窗主要由天窗架、天窗和高侧窗共同组成。

在建筑构件、配件已经高度工业化和产品化的当代，天窗本身的设计、制造已由厂商完成，相关建筑设计的任务，主要是选用合适的定型产品，以及天窗和屋顶衔接部位的构造设计，其关键点在于以下4个易忽视环节：

1）易忽视环节 1——防、排水设计

天窗和位于竖直墙面上的普通外窗有明显区别，那些普通窗与竖直墙面的接缝大多位于竖直面上，面临的防水、排水压力非常小，而天窗与平、坡屋顶的接缝多位于水平面，或接近水平面的坡面，故其接缝防水、排水压力很大，稍不留神就可能渗漏。因此，天窗框与屋面接缝处及玻璃与天窗框接缝处均应十分注意防水、排水问题的解决，天窗面尤其需要注意做出明确的排水坡度，并辅以导水板、披水板等泛水构造，以利于迅速排水。应当承认，这本是十分容易理解的道理，但事实上在实践中却常

(a)　　　　　　　　　　　　(b)　　　　　　　　　　　　(c)

图 4-43　天窗采光口形状分类
（a）顶部采光式天窗；（b）气楼式天窗；（c）下沉式天窗

图 4-44 某办公楼门厅上方天窗因渗漏而采取临时性措施

常被忽视而引发屋面天窗处渗漏,如某办公楼门厅上方的天窗,因防排水构造设计不力而只能在天窗面之上重新铺放临时性的阳光板,为防止轻质阳光板被大风吹走,又于其上压以砖头(图4-44)。

2)易忽视环节2——防阳光直射

同样,由于天窗大多位于屋顶之上,受阳光直射概率明显高于位于竖直墙面上的普通窗,因此防直射阳光引起的眩光、因燥热引致空调负荷加大、能耗加大就成为很现实的问题。其解决之道无非是天窗本身及其下方采取针对性的构造做法,如天窗透光材料采用磨砂玻璃、镀膜反射玻璃、Low-E 玻璃,或天窗中空玻璃内置遮阳格栅、百叶,调节进光量,或天窗下挂遮阳膜布等。

3)易忽视环节3——防、排冷凝水

天窗大多位于使用者难以到达的高耸屋顶,室内空气温度分布呈现明显变化,冬季室内外温差易导致天窗内侧产生冷凝水,一旦滴落室内极易引起舒适度受损甚至其他意想不到的事故。其解决之道一是防:天窗周围装暖气设备,向天窗吹送热风,使天窗部位温度始终保持在露点以上,防止产生冷凝水。二是排:天窗框或相关构件上设置排水槽,同时天窗面做成一定坡度,玻璃毛面向外,光面向内,利于冷凝水流至水槽排走。显然,立足防患于未然更为主动。

4)易忽视环节4——与机电设备整合

这可能是最容易被忽视的环节是需要各相关专

(a)

(b)

图 4-45 现代建筑的物理性空间与机电设备深深纠缠在一起
(a)暖通空调;(b)给排水

业配合,特别是设备专业,需要建筑师在设计构造时将其与机电设备整合。现代建筑不免和机电设备深深纠缠在一起——暖通空调(HVAC)、给水排水、电气(强弱电)、智能化、消防、安防等,涉及的机器

图 4-46　深藏吊顶之内的机电设备又反过来又影响现代建筑的形式空间呈现　　图 4-47　天窗设计未考虑与机电设备整合的结果

图 4-48　天窗设计考虑与机电设备整合的结果

类物件包括锅炉、制冷机组、散热器、风机盘管、风口、空气开关、电线、网线、桥架、灯具、（各类烟感、温感）自动报警器、水箱、上下水管道、消防自动喷淋头、水炮、监控摄像头……（图4-45），它们通常并非表现意义上的、形式空间的主角，但却注定要占据物理空间之一部，反过来又影响形式空间的呈现（图4-46）。也正因如此，尽管它们并非建筑师直接设计，却又不得不投入大量精力去处理它们所引发的"问题"——"我们……会常常不可避免地遇到机电设备的问题，可见它们是建筑师在设计阶段中必须自始至终关心的一项内容，但也是常常令建筑师感到头疼的事情……解决这些问题在设计工作中占了很大比重，成为设计的主要内容之一，甚至可以说从这些工作中进一步体会到了设计的含义。"[①]

而最近半世纪中，建筑机电设备方面确实增加了许多，通常情况下建筑师又未给予足够重视，遂成今日建筑设计之机电工程方面，建筑师几乎完全退出控制，或仅于机电末端处理时纠结于藏、露而已——可见天窗与相关机电设备整合实为亟待关注的行业难题。

以人工照明为例。天窗往往占据屋顶部分的较大面积，白天自可获得充足的天然采光，但夜晚，以及阴雨天则未必，这就需要及时加以人工采光补足——在满是清透玻璃面的天窗上，如何布置和固定灯具？如何走线？又如何检修、维护？如果没有事先经过仔细筹划，结果难免尴尬（图4-47）。

根据已有成功案例，上述问题无非有以下解决思路：一是与采光口直接结合，二是与天窗架构件结合，三是与天窗下方屋顶结构构件如网架下弦球节点结合等（图4-48）。只要循着这类思路，灯具布点、构造生根、管线行走、检修维护等都会有所依凭、有所固着。

---

① 薛明.寓艺术于技术——北京中银大厦设计回顾[J].建筑创作，2003（1）：46-107.

4.3.3 建筑天窗设计案例

1. 最基本的平天窗：奥地利英雄纪念馆扩建工程

奥地利英雄纪念馆（Heldenberg Museum）扩建工程，位于下奥地利州的贡波尔茨基兴（Gumpoldskircher），完成于 2000 年前后。建筑设计为"PETER EBNER and friends ZT GmbH"。这处著名景点由 19 世纪军事迷为纪念奥地利皇家军队而建（图 4-49）。原有石碑、方尖碑，以及小型柱式厅堂（一种小尺度罗马式广场），以纪念著名的战争英雄。为设置特定主题展览，旧建筑群通过增加新展览空间进行了整体翻新和加固，而新展览空间中也布设军史以外主题的展览。

建筑师显然是明智地回避了和精致的历史建筑群抢镜的尴尬处境，而将扩建部分埋藏在历史遗址后的小山中，因处于地下其空间反而可以自由塑造，同时也表达所谓"白色盒体"理念，所有空间形式都指向回应这一理念（图 4-50）。建筑师通过一个管状空间创造出一条并不"引导"游客的通道，又以空间宽窄、顶棚升降及引入秀美外景来暗示空间走向。露出地面的曲折入口提供了视觉方向，其中

图 4-49 奥地利英雄纪念馆扩建部分主入口外景

一个空间出口将游客引入一座古老的政府建筑，它坐落在神圣园前部被改建成一个柱式厅堂，神圣园中放置着奥地利英雄的石碑和塑像，第二出口将游客引领到重新设计的海尔贝登格（Heldenberg）古战场。游客在此看到的室内空间，呈现出对周围建筑的绝妙平衡，并作出自己的回应。

尽管其扩建部分是置身于山体之中的覆土建筑，因而有多处天窗，且天光的引入对于定义"白色盒体"理念的室内空间具有举足轻重的意义，但从构造设计角度而言，其最基本类型应该还是平天窗——即位于水平面上，最利于采光却最不利于防、排水的

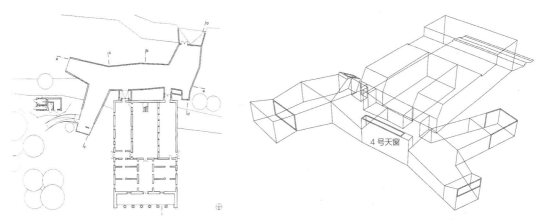

图 4-50 奥地利英雄纪念馆扩建工程平面示意图体块关系（左）及三维示意图（右）

天窗，即图 4-50 中的 4 号天窗。

由图 4-51 可知，其天窗构造设计有如下关键点值得重视和借鉴：

首先是平天窗也要设计出明确的排水坡度，正如平屋面一样，所谓"平"，也只是形态意义上的"水平"，而并非意味着技术层面的绝对"水平"，所以此处的平天窗玻璃面如果不做出明确的、大约 10% 的排水坡度，就会留下渗漏的隐患。

其次，并不是平天窗玻璃面有了明确的排水坡度就足以解决问题。如果能这样简单，那么前述图 4-44 那样的状况就不会发生。平天窗至少存在两类接缝，即玻璃与窗框，以及窗框与建筑壁体之间的接缝，都处于水平的状态，极易发生渗漏，所以必须将这些接缝以防水胶密封，再进一步采取细节遮掩的办法将接缝盖起来，形成可靠的泛水——防水胶固然可以堵缝，但它还是有耐候性问题，经年风吹、日晒、雨淋、冰冻、热胀冷缩等，胶体难免老化、开裂，从外部遮掩接缝是必要的加强保险措施。所以，此处天窗玻璃分为两层，且显然中空，有隔热意图，而最紧要处在于：外层玻璃比内层大了很多，四面延展出约 20 cm，遮住了下层玻璃与天窗框的接缝；

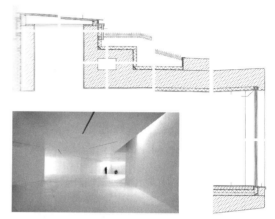

图 4-51　奥地利英雄纪念馆扩建工程墙身大样及室内实景

此外，在外层玻璃与天窗框接缝处又以油膏嵌缝压住一片 M 形金属板，遮住了天窗框与采光口壁体之间的接缝，甚至还遮住了采光口壁体竖直面之外的防水层、保温层及其与壁体之间的接缝，可谓"一石三鸟"，从而对顶面雨、雪水渗漏做到了严防死守。类似做法可见于德国马克特奥博多夫都市美术馆等案例（图 4-52）。

这正是一种多重防范、综合权衡的多目标设计思维的集中体现。

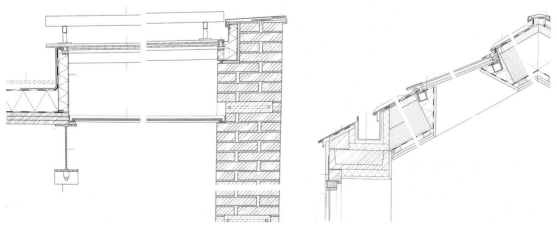

图 4-52　德国马克特奥博多夫都市美术馆天窗及类似案例详图

2. 防冷凝水的天窗：北京中银大厦

北京中银大厦是中国银行北京总部大楼（图4-22b），于1995年邀请世界著名美籍华裔建筑师贝聿铭担纲设计，由其子贝建中（Chein-chong Pei）和贝礼中（Li-chong Pei）组建的贝氏建筑事务所（PEI Partnership Architects）承担设计业务，建筑概念设计（Conceptual Design）于1995年1月至5月完成，当年又完成方案设计（Schematic Design），主要专业顾问是美国威德林格结构工程事务所（Weidlinger and Associates）及JB&B机电工程事务所，而中方配合设计单位为建研建筑设计研究院有限公司（原名为中国建筑科学研究院建筑设计院）。设计发展（Design Development相当于扩初设计）于1995年底开始，历时半年多。在此期间，现场已开始地下连续墙施工，施工图则从1996年下半年开始，在1998年出完基本图纸。此后随工程进展不断完善和修改设计，一直持续到2000年基本竣工。

漫长的设计、建造全过程足以让人们领会到：设计是贯穿整个建筑活动的一桩持续性的繁复、细致的系统工作，特别是方案后续阶段，技术设计（初步设计、扩初设计、施工图设计、设计修改等）不仅工作量大，且对整个工程质量有决定性影响，并非是起初方案设计几张兴之所至的草图可以全部统领与涵盖的。

北京中银大厦位于复兴门内大街和西单北大街交汇处西北角，建筑面积174 800 m²，平面呈"口"字形，东南部分12层，西北部分15层，最高处47.5 m。地下共4层。"口"字中央为55 m见方、45 m高中庭。其中部为水池、山石、竹林等构成的中国风味园林，中庭西北部是营业大厅。"口"字形本身被核心筒分为内外两个环状办公区，内环办公区开窗面向中庭，外环办公区开窗则面向场地四周。大厦公众出入口分别位于南侧和东侧，行人透过入口可见四季如春的中庭——而玻璃天顶（天窗）则令本已风景如画的中庭更加多姿多彩（图4-53）。

玻璃天顶依据模数分为4×4个单元，并随平面在西北角和东南角各增加一个单元。每个单元是一个四棱锥。在大堂中仰望天顶时，展现在眼前的是几何关系明确、形态轻盈利落的金属框架，似乎再简单不过——然而越是看上去简单的构件，其背后越可能隐藏着复杂的构造，这种构造上的复杂性更多地来自于在解决一系列功能和技术问题时仍然致力于追求外观简洁明了。以此处天窗需要解决的问题为例，可体会建筑设计工作乃是多目标综合权衡之复杂性：

①解决防水及排水问题；
②融化冬季积雪；
③为了保持玻璃天顶的清洁，需要考虑清洁人员攀缘的措施；

图4-53　北京中银大厦天窗采光中庭内景

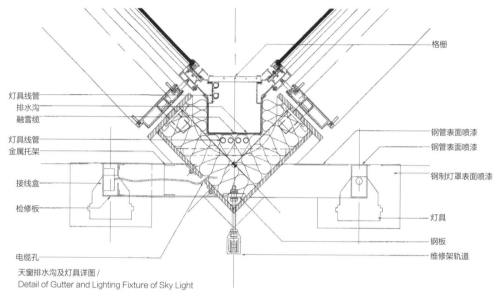

天窗排水沟及灯具详图 /
Detail of Gutter and Lighting Fixture of Sky Light

图 4-54　北京中银大厦天窗详图

④天窗底部要设灯具用以照明，并隐藏好线缆；
⑤天窗底部要设计维修及擦窗机轨道，供清洁人员清洁玻璃天顶内表面及中庭内墙面；
⑥适当位置设置检修口；
⑦依据我国防火规范，玻璃天顶必须涂敷防火涂料。

综合考虑上述要求，采取的设计措施有（图4-54）：在棱锥底部交接处设置排水沟，沟内设融雪伴热线缆；在棱锥适当位置设爬梯；将灯具与金属架统一设计，并将其线缆走向规划好，并藏于阴角或构造包裹内部，留好检修口；在棱锥下端设擦窗/维修架轨道，金属架敷涂薄型防火涂料，再加涂面漆，以保证表面光滑挺直，且色泽与未涂防火涂料部分一致。

显然，要完善地解决上述天窗构造设计相关的所有问题，所有这些措施之间要有很好的协调关系——专业协同、协调与协作。

3. 整合变形缝的天窗：瑞士瓦尔斯温泉浴场

瓦尔斯温泉浴场是世界著名瑞士建筑师彼得·卒姆托（Peter Zumthor）的经典之作，建于1996年（图4-55）。

瓦尔斯位于瑞士阿尔卑斯山区一处狭窄谷地，虽为海拔高度 1200 m 的偏远村落，但拥有令人称羡的、具有康养治疗功效的 30℃ 温泉。村民们大多居住于木构石顶的农舍中——此处有石头造房的传统（图4-56）。19世纪末村里建了一处温泉旅馆，20世纪60年代原旅馆建筑翻新。即使在今天，其突兀的现代风格仍与周遭自然环境显得格格不入。1983年村里买下了浴场和周边旅馆，并于1986年委托彼得·卒姆托设计新的温泉浴场。

卒姆托的新建筑之创造性首先在于：以地下通道连接老旅馆，虽然看上去二者完全脱离，实际上保持着交通联系。新浴场设计的核心理念是让它融入周遭环境，就像一块覆以绿茵的巨石。经过对建筑如何呼应地质条件、融入山地环境之地形、地貌等问题的探究，一座意味深长而又独具美感的新建筑应运而生，并呈现为自然地质层的有机延伸，浑

图 4-55　瑞士瓦尔斯温泉浴场外景

图 4-57　瑞士瓦尔斯温泉浴场建筑空间部分埋入山体之中

图 4-56　瑞士瓦尔斯温泉浴场附近山村木构石顶农舍

然天成（图 4-57）。

建筑使用了大量地产石材，而采石场距项目基地仅 1 km 之遥。结合片麻岩与混凝土的均匀复合结构建造技术是专为此项目而开发。齐整的建筑墙体上根本没有覆层或瓷砖，就像挡土墙一样干脆利落。墙壁、顶棚、地板、浴池，目光可及处皆为层层叠叠的片麻岩（图 4-58）。宽阔的室内空间曲折向前，就如同要通过侧面的巨大开口向前寻找着光线。整个建筑就如同一个拥有一系列不同类型与尺度单一（洗浴）空间的地下洞穴。光线的渗入甚至可能让观者从几何学角度将建筑解读为一块嵌入山体的自在巨石。

图 4-58　瑞士瓦尔斯温泉浴场建筑外围护结构充盈着片麻岩

图 4-59　瑞士瓦尔斯温泉浴场建筑室内因光缝而营造出极具特点的空间效果

图 4-60　瑞士瓦尔斯温泉浴场建筑屋顶平天窗远观

编者 2004 年夏季曾在苏黎世联邦理工学院（ETH Zürich）同仁引导下亲历了这个神秘、幽深而静谧的探索性过程——各种感官体验使沐浴中的感受倍加强烈：视野被雾气笼罩的氛围；水花泼溅在石头上柔和的声响；裸露的皮肤触及热水、湖水或冷水时的激越；蒸汽中温暖的玫瑰花瓣的芬芳；或矿泉本身的气息，都给人一种多层次的享受——但这一切都离不开最基本的光线所营造的空间氛围，玄幻的日光透过顶棚上的细缝（天窗兼变形缝）洒落在各空间中，安静的水光与灵动的波光参与其间，其微妙难以言表（图 4-59）。所以，来自窄窄天窗的日光扮演了极为重要的灵魂性角色。

那么，这些整合了变形缝的天窗究竟是怎样做的构造设计呢？

首先可以肯定的是，这天窗并非常规意义上的平天窗，而是在平天窗之外以及之上又专设了一层保护性的覆层磨砂玻璃，用以把开设平天窗的"天沟"给盖上（图 4-60），但并非密闭式的盖板，而是象征性地遮起来，优雅且低调地宣示和提醒："此处有窄窄天窗及其玻璃面存在——列位看客可要注意，别踩上了！"当然，用金属板材，保护作用会更显著，但也遮挡日光，天窗灵魂性的捕光器作用也就没了。

图 4-61　瑞士瓦尔斯温泉浴场建筑屋顶平天窗近景

同时，这层保护性覆层也自然带有泛水的笔意。值得注意的是，由于是保护性盖板，玻璃只是被搁置在沟口之上，而并不要固着生根。所以，采用沟壁向内出挑金属支座，辅以橡胶垫，轻轻托举了磨砂玻璃板（图 4-61）。

其次，一个极为重要的前提条件，是这些磨砂玻璃覆层之下那些真正的天窗并非仅仅只是在沟口两边简支采光口玻璃，而是认认真真做了盒状天窗架，并将突出沟底的外露天窗架部分，包括与玻璃接缝处全部涂以黑色沥青类防水涂料，采光口玻璃也分成内外两层，外层玻璃比内层宽，显然带有泛水的意图。最后如此一来，天窗处共有三层玻璃，多重防范的意识已是无以复加。

考虑明确的排水坡度和泛水处理，其次还必须关注遮阳，以及防、排冷凝水，最后在必要时需与有关机电设备整合。

思考题

天窗构造设计关键点究竟有哪几个？请分别针对图 4-51 和图 4-54 举例说明。

4.4　建筑遮阳构造设计

4.4.1　建筑遮阳发展简介

今天业界提起建筑遮阳，似乎其背景几乎无一例外是出于绿色建筑与建筑节能的需求，是很时尚的新生事物。而实际上，建筑与阳光、空气和水的

本节小结

天窗是伪装成窗户的建筑部件，它其实是屋顶的一部分，只是看上去像窗户，却比位于竖直墙面上的普通窗之构造要更为复杂。其构造设计首先要

关系，换言之，是人在建筑中的生活和阳光、空气、水的关系，即是自从有人类建造活动以来，一直必须面对的课题。自然，无论中西，对于处置建筑和阳光之间的关系，都有长期的实践经验积累——确实需要天然采光，但又要避免过亮和眩光，同时还要兼顾自然通风和遮挡视线等私密性需求。其中防晒、调光是首要的，即通过调整建筑外围护结构开启部分的通光量，使室内获得相对比较舒适和满意的照度。

与此相应，在建筑立面上扯起布篷之类的纺织品于烈日之下遮阳，则是中西通用的常见做法（图4-62）。中国木构建筑在长期发展过程中逐渐开发出各类庇檐、雨篷，即为此类目的而生。北宋张择端《清明上河图》中多有呈现（图4-63）。明清以来，支摘窗得到普及，其中支起来的窗户就兼有调整自然采光、组织自然通风，以及遮阳等多重作用。这一传统做法直至建于1951年的湖北宣恩县第一粮库的1号仓中仍有体现，颇具古风遗韵（图4-64）。理论上讲，通过调节支摘窗可开启部分的斜撑长度与角度，可获得更为精确的自然采光、通风效果，很符合今日"室外可调节遮阳"的绿色可持续意图，具有相当先进性。只是其生产制造属于前工业时代的水平，并未真正做到高度的精确和精巧。

由于受夏季炎热的地中海式气候的影响，南欧人对于建筑遮阳较为重视，底层局部架空、外廊空间自遮阳的运用及相应的遮阳构造逐步衍生出来，并随着16世纪以后西方文明向全球扩张，以及工业

图4-62　威尼斯街景中的窗口布篷

图4-63　《清明上河图》中的雨篷

图4-64　湖北宣恩县第一粮库的1号仓采用室外可调遮阳板

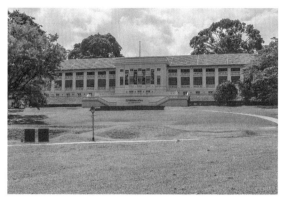

图 4-65 近代"外廊样式"建筑多采用木制百叶窗

图 4-66 福州鼓山近代建筑采用木制百叶窗、百叶门

化时代的到来而逐渐传播到亚洲，南亚和东南亚开始出现"外廊样式"；相应地，较为精确的、木制的、带可调角度百叶片的外窗逐步普及（图 4-65）。最初在中国澳门，后于 19 世纪中叶以来，这些遮阳空间配置和技术传入了我国大陆沿海地区，并向内地缓慢传播、逐步演变（图 4-66）。

20 世纪中叶，中国建筑学专业界受到"学苏联"，以及建筑物理学科建立的影响，建筑保温、隔热、防晒等性能问题普遍开始引起重视。特别是华南地区，十分关注建筑遮阳技术研发，作为建筑外围护结构一部分的各类固定遮阳板、遮阳百叶开始得到研发和运用，成为那一时期中国现代建筑的常见形式语言（图 4-67）。直至世纪之交，受国际潮流影响，绿色建筑理念逐步深入人心，各类经过标准化设计、工厂化生产的外遮阳定型产品进入市场，现当代意义的建筑遮阳逐步成为建筑设计实践中的常见问题，并得到大量研究、讨论和应用。

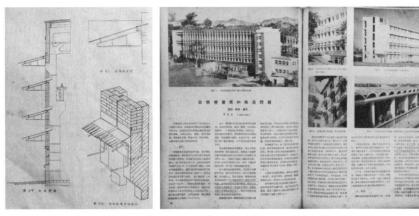

图 4-67 新中国早期工业建筑和教育建筑采用固定的外遮阳示例

4.4.2 建筑遮阳构造原理

1. 建筑遮阳的概念及其建筑学意义

建筑遮阳是使用于建筑外围护结构的、带有综合性功能诉求的构造配件，意图有效控制光线、视线，调节自然通风，减少直射及漫射日光带来的不利影响，提高室内热舒适度，并对建筑立面视觉效果、室内空间光线效果，以及建筑节能效率产生重要影响。这里需要特别说明的是：主要由室内装修完成的位于外围护结构室内一侧的各类窗帘，包括由纺织品做成的窗帘及各类工业化制成品（水平或竖直）百叶窗帘，由于并未将太阳辐射热有效阻隔于室外一侧，所以并不能视为建筑遮阳，而仅仅只是窗帘（图4-68）。

建筑遮阳的建筑学意义是多方面的，第一是控制光线（太阳辐射），调节射入室内的日光量，控制太阳辐射热传入室内的总量，利于形成舒适的室内热工环境——夏季阻隔辐射热降低室温，冬季吸纳辐射热提升室温，从而减少对于建筑设备的依赖，利于建筑节能；第二是调节和控制日光的光通量，可避免或减少眩光，维持室内照度在一个舒适区间，

(a) (b)

图 4-68 建筑遮阳与窗帘
(a) 真正的建筑遮阳（安装于室外）；
(b) 实质上的窗帘（安装于室内）

从而保护眼睛；第三是保护室内物品，减少日光中的红外线、紫外线照射带来的不利影响（如图书馆善本书库等）；再次是控制视线，即调节室内外之间的视线通达性，满足室内一侧的私密性需求；此外还能调节自然通风，即通过控制遮阳百叶片倾角等构造措施来调节室内外之间的气流循环线路与总量，满足室内对于新鲜空气的需求。

鉴于以上概念定义，似乎遮阳主要是用来阻隔

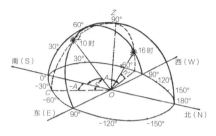

图 4-69　位于高纬度地区的挪威科技大学办公楼依旧需要使用建筑遮阳（内置式百叶）

图 4-70　阳光入射高度角与方位角示意图

太阳辐射热的，那么一个可能的问题是：在冰岛、挪威、格陵兰、新西兰这些高纬度寒冷地区乃至严寒地区，究竟需不需要建筑遮阳？回答是肯定的：需要。因为遮阳的功能是综合性的，而并非仅限于阻隔太阳辐射热进入室内这一项。它还承担着控制和调节日光的光通量、保护室内物品免受过量红外线与紫外线照射、控制视线，以及调节自然通风等功能，而这些功能并不因为建设地点位于高纬度寒冷地区就不需要。特别是高纬度地区太阳入射角在冬季往往很低，阳光几乎可以直接照射到室内深处，太阳甚至会直接出现在室内的人的视域之内，从而造成直接炫光，更容易对室内物品形成不利影响，故此更为需要建筑遮阳（图 4-69）。

2. 建筑遮阳的分类及其构造原理

1）建筑遮阳分类

建筑遮阳种类繁多，按时效，可分为季节性遮阳（临时性的窗台绿化、窗口竹帘、布篷等）和永久性遮阳（固定的遮阳板、遮阳百叶）；按工作状况可分为可调节遮阳（调节开闭、疏密、角度等）和不可调节遮阳（固定的遮阳板、遮阳百叶）；按形态可分为遮阳板、遮阳格栅、遮阳百叶、遮阳膜布等；按外观展开方式可分为水平式、垂直式、综合式等；按材料可分为木、金属、混凝土、膜布、塑料、玻璃等。

2）建筑遮阳构造原理

（1）遵循当地建筑日照规律

全球不同纬度地区在一年之中不同季节及一天之中不同时辰，其太阳辐射的具体状况（日光高度角和方位角）存在显著差异。从传统的设计理念来讲，高纬度地区的太阳入射角较低，更容易直接照进室内，形成直接眩光。因此，在项目地点明确之后，需要根据专业的设计资料集查询当地的太阳入射参数——高度角/方位角（图 4-70），以便做到心中有数，根据当地日照特点，选择确定建筑中究竟哪些方向和部位需要遮阳。随着建筑物理领域新研究取得进展，有专业建议认为：建筑所有朝向和部位的开启均需设遮阳。这是因为即使在日光无法直射的情况下，漫射日光同样也携带辐射热。如建筑阴面的相邻建筑之阳面外墙及其外窗玻璃反射的日光，还有大地反射日光等，均携带可观辐射热，从而对建筑室内热工环境产生影响。

（2）选择确定遮阳类别与形式

传统的设计理念认为，建筑不同位置、朝向应设不同类别遮阳，如南京地区东、西晒较显著，宜设置固定遮阳板，而南向日照相对较弱，可设置遮阳百叶，北向无需设置遮阳。但考虑到前述遵循当地建筑日照规律的具体应用，传统的固定式遮阳板或遮阳百叶存在明显缺憾，即因不能随着日光入射

图 4-71 固定式遮阳不能随日光入射角变化而调整工况致使其实际效能较低

高度角和方位角的四季变换和时辰轮转而相应调整变化，所以实际上总有相当时段是无法完全发挥效能的（图 4-71）。

因此，若不采用可调节遮阳，即使是设计者再怎么注意固定式遮阳的板片出挑深度、间距与方向等，也难以达到理想的遮阳效果。因此，早在 21 世纪初，瑞士的苏黎世联邦理工学院（ETH Zürich）Bruno Keller 教授团队早已指出，建筑遮阳应全部采用室外可调节遮阳，才能最大限度地达到阻隔太阳辐射热的目标——遮阳不仅要设于室外，且必须可调节。

（3）选择确定适宜的遮阳材料

不同材料的太阳辐射透过系数（E 值）不同，显然是越小越好。也就是说，建筑遮阳选用不透光的木、塑料、金属、混凝土等，其热工性能将会优于透光的织物，更优于高度透光的普通玻璃（图 4-72）。

（4）关注室外遮阳与相关外窗之间的构造关联

建筑设计最难处在于如何进行高效的综合权衡，因为几乎没有任何一个建筑设计问题来自于只认死理的"一根筋"式诉求，总归是多目标的，需要"一石二鸟"乃至"一剑封喉"式的智慧和技巧。就以上诸原理而言，建筑遮阳设计显然是选用定型化的工业产品为最便利，而不用项目设计者自己去做很微观的产品设计本身。但采用定型产品是不是就意味着万事大吉？显然不是。建筑毕竟是复杂系统，除非采用中空玻璃内置百叶类遮阳产品，否则的话，只要分设遮阳与外窗，采用定型的室外遮阳产品就特别需要注意处理好其与相关外窗之间的构造关联——是否会影响窗户开启？遮阳排水对于外窗是否存在不利影响？遮阳表面积灰一旦和雨水混合，在风力作用下会不会对其附近窗面或墙面造成污染？……

综上，建筑遮阳设计显然具有很大程度的综合性，究竟是采用室外可调节遮阳，还是选用相对传统的固定式遮阳板，并不完全取决于建筑物理学方面的科学理论，而是和具体的技术审查制度也存在关系。建议

(a) (b) (c)

图 4-72 建筑遮阳选材透光性影响其效能
(a) 不透光；(b) 半透；(c) 全透

采用室外可调节遮阳，只是绿色建筑和建筑节能的迫切需求。最终究竟选用哪一种遮阳类型或产品，还受到建筑设计特别是立面形式处理意图的决定性影响。在现行建筑设计审图制度背景下，需要专门关注绿色建筑有关技术审查制度，遮阳类型只要能满足建筑节能计算的指标需求，就能够被审查通过，但这并不一定意味着在专业学理上是最可取的做法（图 4-73）。只有通过了审查制度的许可，建筑设计理念才可能达到工程实现；而究竟何者最可取，只能说是仁者见仁智者见智，这就是设计工作的精髓——顺势而为，不可偏废，有法无式，随机应变。

4.4.3 建筑遮阳设计案例

1. 室外可调节遮阳板：奥地利因斯布鲁克"点组团"公共住宅

在奥地利因斯布鲁克的"点组团"（Point Blocks）公共住宅发展项目中，苏黎世联邦理工学院教授、奥地利著名建筑师狄尔特马·艾伯勒（Dietmar Eberle）和卡洛·包姆斯克拉格（Carlo Baumschlager）巧妙地采用"回"字形平面布局（图 4-74），出挑的阳台在整体上形成一个围绕建筑主体的环廊，自然形成建筑主体和外界环境之间的

图 4-73 扎哈·哈迪德（Zaha Hadid）设计的德国 Vitra 家具厂消防站使用效能低下的固定式遮阳板

一个过渡地带，一个有足够深度、可发生灵动生活行为的缓冲空间，而竖向安装的、可折叠收放的深色铜皮遮阳板则成为这缓冲空间的最外层（图 4-75）。

所以，它并非通常意义上一层薄薄的、很多情形下难免显得有些单薄、肤浅乃至虚假的"表皮"。

建筑物最外层是由阳台形成的私人户外空间，可通过固定在周边的铜皮遮阳板将其完全封闭。当遮阳板被关闭时，这些公寓建筑看上去就像巨大的铜质立方体；而当遮阳板向后折叠收起、露出建筑物绝热外壳时，这种似乎被刻意强调的几何形就消失了。由于住户会根据自己的具体生活场景选择遮阳板的开闭，于是建筑外观就会自然呈现出虚实有致的空间效果，间或隐现出绝热外壳上覆盖着的温暖的落叶松木墙板。

环廊之外部，阳台整体在构造上和钢筋混凝土主体结构相互分立，二者之间连以石棉绝热层；深色铜皮遮阳板与主体结构也是相互分立的，水平向伸展的阳台楼板作为主体结构之外沿，限定了这些看似十分自由欢畅的遮阳板"演员"们的活动范围，阳台楼板边际好比是技巧表演的舞台——以阳台楼板作为建筑空间、建造设计及其视觉呈现的水平向划分控制线（图 4-76）。

很明显，竖向安装的、可折叠收放的深色铜皮遮阳板是大规模工业化制成品，其设计也是中规中矩的滑轨限位、螺栓固定方式。而这案例设计的精巧之处在于：为了留出足够厚度的楼板空间实体提供给遮阳板连接部构造生根，阳台楼板外部修建成"凸"字形，一方面可减小阳台楼板在视觉上的厚度感，另一方面也有利于形成阳台外口的排水组织，形成此处微妙的室内外分界的过渡性处理（图 4-77）。

图 4-75　因斯布鲁克"点组团"公共住宅室外可调节遮阳的不同工况

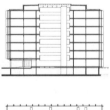

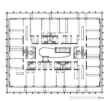

图 4-74　因斯布鲁克"点组团"公共住宅外观、平面图与剖面图

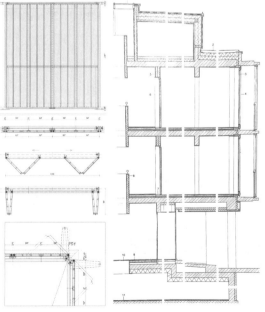

图 4-76　因斯布鲁克"点组团"公共住宅室外可调节遮阳详图（一）

图 4-77　因斯布鲁克"点组团"公共住宅室外可调节遮阳及其详图（二）

在北立面上，金属遮阳板能将垂直射下来的阳光通过顶板底部反射进办公室内进深较大的空间里去。而南立面上则设有可电动调控的遮阳板（图 4-79）——垂直控光系统，在阴天，该系统同北立面上的金属板一样能将垂直射下的自然光反射到顶棚阴面；在晴日阳光过剩时，系统内的可调控金属板会竖立起来进入遮阳模式。安置在立面分隔处顶端位置的内旋偏光部件提供了最大程度的遮阳效果，而中间部分保证仍有足够的直射阳光被反射进室内，系统最下层部分包含了一个外突部件，该部件也可发挥遮阳效能。与此同时，室内还可以看到无遮挡的室外景色。

南向采光遮阳构件更为复杂。南向因有日光直射，易造成室内眩光，须考虑两点：一是如何有效遮挡强烈的直射日光，避免眩光等不舒适状况；二是如何将日光反射到建筑深处，以便改善那里的天然采光。

建筑师提供的解决方案是采用一组两个联动的镰刀形遮阳构件，上设反光板，设计非常精妙（图 4-80）：上面的镰刀略大，是遮阳的主要构件。大镰刀通过连轴固定再支撑在杆件上，可围绕固定轴旋转。小镰刀有两个固定点，尾部与大镰刀通过

2. 室外可调节电控遮阳板：德国威斯巴登养老基金会办公大楼

位于德国威斯巴登的养老基金会办公大楼是著名建筑师、柏林工业大学托马斯·赫尔佐格（Thomas Herzog）教授及其合作者们的大型公共建筑作品，建成于 2000 年。其板式形体外立面上的可调节电控金属遮阳板是整个项目设计的亮点（图 4-78）。

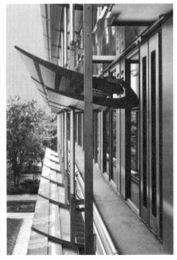

图 4-78　威斯巴登养老基金会办公大楼外景及电控遮阳板

图 4-79　威斯巴登养老基金会办公大楼电控遮阳板不同工况

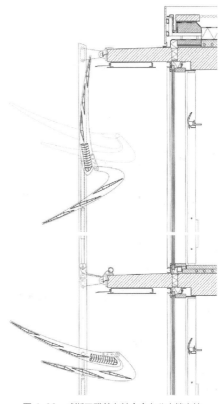

图 4-80　威斯巴登养老基金会办公大楼电控遮阳板外观及详图（一）：开、闭状态比较

连轴连接，中部则固定在下面的连杆上，连杆再固定在支撑杆件上，并可沿着杆件方向做上下往复的活塞式运动，连杆动力来自电控电机。

中午，当阳光过于强烈时，电机驱动连杆向下运动，小镰刀头部随之下移，而尾部呈前推状态，推动大镰刀尾部前移，整个大镰刀呈向上旋转的联动状态，最终竖直。因此，直射太阳光线可能影响到室内办公环境的部分，被大镰刀有效遮蔽，而其余光线则被大镰刀尾部的表面抛光小型反射器和小镰刀反射到顶棚上的铝合金反光板上，进而再反射到办公台面。

而当光线不足时，电机驱动连杆向上运动，小镰刀头部随之上推，尾部后拉，拉动大镰刀下旋，并最终与小镰刀折叠成水平状态。此时，一方面构件本身遮阳效果减至最小，且还可将太阳光线反射到顶棚，完全做到了在有效遮挡可造成眩光的直射日光同时，最大限度地利用太阳光。

北侧天光光源实际上是最稳定和最佳光源系统。如艺术学院的绘画、雕塑等专用教室，均以北侧天光或北侧自然光照作为首选。而为了延长利用自然光的时间，以及在多云、阴天时充分利用天光，建筑师在建筑北侧设计了简易的固定反光系统（图 4-81）。

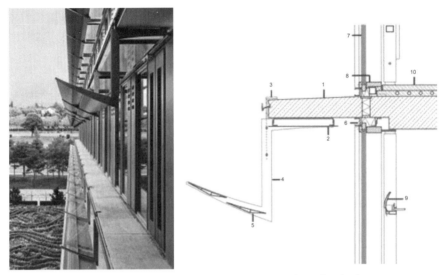

图 4-81 威斯巴登养老基金会办公大楼电控遮阳板外观及详图（二）：固定反光系统

本节小结

建筑遮阳既古老又年轻，其设计、生产和使用在近年随着绿色建筑和建筑节能的需求日益提高而越来越趋向普及和多样化，并且其工作状况直接受到具体项目当地日照条件的影响。采用标准化设计、工业化生产的室外可调节遮阳产品是首选高效举措，同时应处理好相关的构造连接问题。也不排除个别项目使用专门研发的特殊产品。

思考题

为什么提倡使用室外可调节遮阳产品？"可调节"是指调节什么？请针对图 4-76、图 4-77 举例说明。

本章参考文献 References

第 4.1 节

[1] Edward R. Ford. The Details of Modern Architecture[M]. Cambridge: The MIT Press, 1982.

[2] 安德烈·德普拉泽斯. 建构建筑手册[M]. 任铮钺, 袁海贝贝, 李群, 等, 译. 大连: 大连理工大学出版社, 2007.

[3] 赫尔佐格, 克里普钠, 朗. 立面构造手册[M]. 袁海贝贝, 译. 大连: 大连理工大学出版社, 2006.

[4] Edwar Allen. 建筑初步[M]. 北京: 中国水利电力出版社, 知识产权出版社, 2003.

[5] 钟训正. 国外建筑装修构造图集[M]. 南京: 东南大学出版社, 1994.

[6] 李海清, 于长江, 钱坤, 等. 环境调控与建造模式之间的必要张力——一个关于中国霍夫曼窑之建筑学价值的案例研究[J]. 建筑学报, 2017(7): 7-13.

第 4.2 节

[7] 陈缨. 细部的魅力——谈参加上海大剧院立面设计的一些体会[J]. 时代建筑, 1998(4): 27-31.

[8] 吴焕加. 华盛顿国家美术馆东馆[J]. 建筑工人, 1998(6): 42.

[9] 朱铭煌, 钱佩珠. 第三代玻璃幕墙——上海大剧院钢索玻璃幕墙的工程实践及质量控制[J]. 建筑施工, 1999(1): 37-40+51.

[10] 薛明. 寓艺术于技术: 北京中银大厦设计回顾[J]. 建筑创作, 2003(1): 46-107.

[11] 侯建华. 2005 世界大理石建筑奖(东亚)在北京揭晓[J]. 石材, 2005(4): 22-23.

[12] 维尔·阿雷兹, 徐知兰. 乌德勒支大学图书馆, 乌德勒支, 荷兰[J]. 世界建筑, 2005(7): 44-47.

[13] 侯建华, 晏辉. 贝聿铭的石头情结及对我们的启示[J]. 石材, 2020(2): 58-62.

[14] 王天锡. 贝聿铭[M]. 北京: 中国建筑工业出版社, 1990.

第 4.3 节

[15] 杨梦雨, 王晓. 湖北传统民居特色之天斗与亮斗解析[J]. 建筑与文化, 2018(2): 215-217.

[16] 展玥, 王红军, 焦梦婕. 清水江中下游窨子屋及其形成机制初探[J]. 建筑遗产, 2023(1): 37-47.

[17] 瓦尔斯温泉浴场, 瓦尔斯, 格劳宾登州, 瑞士[J]. 世界建筑, 2005(1): 62-71.

[18] 薛明. 寓艺术于技术——北京中银大厦设计回顾[J]. 建筑创作, 2003(1): 46-107.

[19] María Francisca González. Heldenberg Museum / PETER EBNER and Friends ZT GmbH[OL]. ArchDaily, 2019-03-19.

第 4.4 节

[20] 高漫. 夏热冬冷地区室外可调节遮阳与建筑立面一体化设计研究初探——以南京市居住建筑为例[D]. 东南大学, 2011.

[21] 南京工学院建筑系《建筑构造》编写小组. 建筑构造: 第二册[M]. 北京: 中国工业出版社, 1979.

[22] 克里斯汀·史蒂西. 太阳能建筑[M]. 大连: 大连理工大学出版社, 2009.

[23] 克里斯汀·史蒂西. 建筑表皮[M]. 大连: 大连理工大学出版社, 2009.

[24] Herzog+Partner. 建筑工业养老保险基金会扩建[J]. 建筑创作, 2004(1): 108-121.

[25] Lo sentimos, Página no encontrada[OL]. Arquitecturaviva.

[26] Baumschlager Eberle Architekten. Lohbach I Residential Development[Z]. Innsbruck.

本章图表来源

Charts Resource

第 4.1 节

图 4-3　引自《建筑月刊》1936 年第 4 卷第 1 期。

图 4-4　李海清，于长江，钱坤，等．环境调控与建造模式之间的必要张力——一个关于中国霍夫曼窑之建筑学价值的案例研究[J]．建筑学报，2017(7)：7-13．

图 4-12、图 4-18　南京工学院建筑系《建筑构造》编写小组．建筑构造：第二册[M]．北京：中国建筑工业出版社，1979：239，241．

第 4.2 节

图 4-19　光合作用．他描绘着自然　改变了世界设计史[OL]．搜狐，2020-06-09．

图 4-20　引自 J. Willard Marriott Library 官方网站。

图 4-21　左图　由章昊笛，提供。

图 4-22　引自上海大剧院、国家大剧院、上海浦东国际机场官方网站。

图 4-24　水石设计．水石设计 × 建筑|深圳世茂深港国际中心展示馆[OL]．水石设计，2019-06-11．

图 4-27、图 4-28　由意大利国际大理石及加工机械展览有限公司 (IMM)，提供。

图 4-29　引自《建筑细部》2005 年第 4 期"图书馆"专题。

图 4-32　朱铭煌，钱佩珠．第三代玻璃幕墙——上海大剧院钢索玻璃幕墙的工程实践及质量控制[J]．建筑施工，1999(1)：37-40+51．

图 4-33 左二图、右上图　由章昊笛，提供；图 4-33 右下图：王天锡．贝聿铭[M]．北京：中国建筑工业出版社，1990．

图 4-34　根据《贝聿铭》第 37 页图 10 改绘。引自：王天锡．贝聿铭[M]．北京：中国建筑工业出版社，1990：37．

图 4-35　薛明．寓艺术于技术——北京中银大厦设计回顾[J]．建筑创作，2003(1)：46-107．

图 4-36　引自《建筑细部》2005 年第 4 期"图书馆"专题。

第 4.3 节

图 4-37(c)　由王红军教授，提供。引自：展玥，王红军，焦梦婕．清水江中下游窨子屋及其形成机制初探[J]．建筑遗产，2023(1)：37-47，2019-06-11．

图 4-38　遥远经典　近在眼前．埃及—卡纳克神庙：世界上最大的神庙群，参天巨柱大厅、方尖碑，震撼游览【300 多幅图】[OL]．知乎，2021-08-17．

图 4-39　引自携程旅行官方网站。

图 4-40(b)　引自历史资料：Galerie des Machines，Exposition Universelle, 1889．

图 4-42　引自威卢克斯官方网站。

图 4-49~图 4-51　引自《Detail》2006 年第 4 期。

图 4-52　引自《建筑细部》2004 年第 1 期（创刊号）。

图 4-53、图 4-54　瓦尔斯温泉浴场，瓦尔斯，格劳宾登州，瑞士[J]．世界建筑，2005(1)：62-71．

图 4-59　艺术设计联盟．案例—瓦尔斯温泉浴场，卒姆托[OL]．新浪，2022-01-15．

第 4.4 节

图 4-63　《清明上河图》，由（宋）张择端，绘制。

图 4-65　小吉 Wiki．富康宁山公园[OL]．去哪儿网，2021-08-17．

图 4-70　南京工学院建筑系《建筑构造》编写小组．建筑构造：第二册[M]．北京：中国工业出版社，1979．

图 4-74~图 4-77　引自《Detail》2002 年第 3 期。

图 4-78~图 4-81　Thomas Herzog, Hanns Jörg Schrade, Klaus Beslmüller, Latz und Partner, Peter Bonfig, Robertino Nikolic．建筑工业养老基金会扩建[J]．城市环境设计，2016(3)：44-53．

第 5 章 高层建筑构造设计专题

Chapter 5　Building Construction Design: High-rise Buildings

今天建造 190 层的建筑已经没有任何困难，要不要造摩天大楼，或在城市中如何处理摩天楼，那并不是工程技术问题，而只是社会问题。

——法勒兹·康

要使建筑看起来毫不费力，需要付出很大的努力。

——诺曼·福斯特

5.1 高层建筑技术发展对构造设计的影响

5.1.1 高层建筑技术发展简介

1. 摘星揽月之志

从巴别塔的传说到武则天时期的通天塔，从金字塔、高耸的大教堂到高层楼阁和瞭望塔，人们向上不断突破重力的努力没有停歇。在以土、砖石、木等天然材料为主要建筑材料的古代，材料强度、连接技术、结构水平，以及建造能力等条件都制约了建筑向更高发展。土主要以层层堆叠的方式形成高台，上面再构筑建筑。砖石以砌筑的方式、木材以框架的方式形成高层建筑。不论是何种材料，这些现存下来的古代建筑都体现出静力平衡的原则，采用下大上小及减少上部建筑的重量等方式来抵御横向荷载。在达·芬奇对米兰大教堂十字交叉拱顶的设计手稿当中（图5-1a），上部拱券由2层砖拱券构成，外层和内层之间有连接，这样可以减轻上部拱券的重量。外层砖拱券落在内层砖垛的边缘，内层砖拱券由砖构成的肋支撑。砖与砖之间除了采用砂浆粘接之外，还做了榫卯构造，进一步保证了拱券的坚固和耐久。

我国现存最早的砖塔河南登封嵩岳寺塔（图5-2），内部是通高的，为了保证砖石砌体的稳定性，在外部出檐的位置内部也都有出挑，二者之间达到了平衡，可以使荷载路径更加接近竖向支撑结构的中心线。

虽然传统的无筋砌体结构（Unreinforced Mansory）可以建造高达百米的大教堂或者砖塔，但是这些并不是现代意义的高层建筑，它们不具备真正的实用性。前者内部通常是单层的，没有形成层叠建造的模式；而后者建造的主要目的是防御或观景，并不是土地集约利用的产物。

2. 高层建筑技术的发端

真正意义上的现代高层建筑（High-rise Building、Tall Building）发端于1850年前后，得益于垂直运送设备——电梯的发明，以及材料和结构技术的发展进步，高层建筑逐渐成为大都会的主要建筑模式。大城市的聚集意味着土地和空间的珍贵，人们需要上天入地来争取空间，相比于向下拓展和水平拓展，向上延展的代价更低。层叠建造也

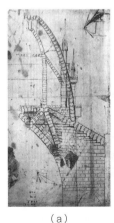 

(a) (b)

图 5-1 米兰大教堂
(a) 达·芬奇设计的米兰大教堂的穹顶（未建成）；(b) 米兰大教堂外观

图 5-2　河南登封嵩岳寺塔

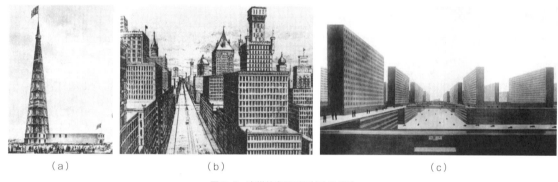

（a）　　　　　　　　　　　（b）　　　　　　　　　　　（c）

图 5-3　电梯的发明对于城市的影响
（a）拉丁瞭望台；（b）路易斯·沙利文绘制的街道假想图；（c）"高层城市"

就是人们可以在同一基址上多次复制和叠加。时至今日，随着楼面面积不断累积，为之服务的运送设备、保障设施、消防安全等要求也越来越高，所以高层建筑是资本精准谋算的结果，也就是相比于技术突破，高层建筑更加是一个经济和社会问题。

1853年曼哈顿博览会上的拉丁瞭望台（图5-3a），铁和木结构的结合，高约107 m，内置蒸汽升降机，人们可以俯瞰曼哈顿全景，同时奥蒂斯在这里展示了足以改变城市格局的发明。"在楼梯时代，二层以上的楼层都不适合于商业用途，五层以上的干脆没法住人。"①电梯的发明促成了层叠建造的城市模式，其背后是资本和经济的支持。以沙利文为代表的"芝加哥学派"在1880年芝加哥的全面重建中累积了大量建造高层建筑的经验。1891年，路易斯·沙利文绘制了芝加哥街道假想图（图5-3b），街道立面在八至十层处设计了统一的檐口，使街道保持了协调，上方的高层建筑则可以任意发展。这些高低不同的摩天楼重新定义了城市的轮廓，而统一的檐口则限定出规整的街道空间。这种思考启发了路德维希·卡尔·希伯赛默，他于1927年绘制出"高层城市"的设想图（图5-3b），统一的5层建筑限定出街道空间，第五层平台之上是整齐划一的板式高层建筑，地下有火车轨道以及各种城市管网。人们在五层建筑的

---

① 雷姆·库哈斯. 癫狂的纽约[M]. 唐克扬，译. 北京：生活·读书·新知三联书店，2015：125.

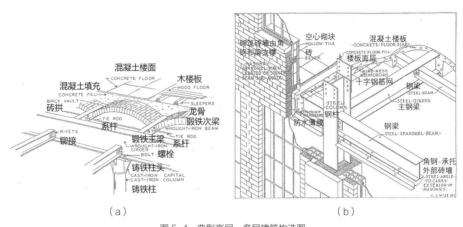

图 5-4 典型高层、多层建筑构造图
(a) 典型铸铁柱—锻铁梁—砖拱的多层建筑构造；(b) 典型钢结构高层建筑构造

屋顶平台上活动，街道上方有高架桥方便人们的穿行。在如今的东京、香港等城市都部分地体现出这些"高层城市"的设想。

关于钢结构在高层建筑当中的发展运用可追溯到 18 世纪，当铸铁和锻铁逐渐应用于建筑当中后，欧洲很多地区开始采用这些材料来兴建 7、8 层高的纺织厂房。在 1860 年到 1890 年美国多层建筑所采用的典型构造体系当中（图 5-4 a），采用铸铁柱子、锻铁梁（由于锻铁和铸铁的不同结构性能，欧洲工程师费尔·本恩提出了铸铁柱和锻铁梁的应用方法），锻铁主梁与次梁之间采用铆接，锻铁主梁与柱子之间采用螺栓连接。横向跨越系统采用了砖拱，并采用系杆来平衡拱中的侧推力，砖拱的拱脚落在次梁的下翼缘上。在 1850 年左右兴建的欧洲纺织工厂当中，也会将锻铁梁下缘稍微倾斜，与砖拱的拱脚垂直相交。砖拱上面浇筑混凝土，该图还给出了混凝土楼板和木楼板两种楼板的构造示意。得益于炼钢技术的迅猛发展，钢和钢筋混凝土材料逐渐取代了铸铁、锻铁和砖，成为多层建造的主要建筑材料。

由于材料的结构性能更好，高层建筑逐渐应运而生。标准化的高层钢框架结构体系的构造示意如图 5-4（b）所示，H 型钢柱和工字钢梁的截面尺寸更大，楼板采用钢筋混凝土楼板，外围护结构的面层采用砖砌体，每层的砖砌体由角钢支撑，角钢与钢梁相连。此外，为了解决钢结构的防火问题，钢梁由混凝土材料覆盖，钢柱子被砌筑到了砖墙当中。

钢筋混凝土在高层建筑当中的运用可以追溯到 1850 年，莫尼尔将钢筋混凝土这种混合材料制作了一系列花盆，1867 年到 1878 年，莫尼尔又对其在建筑当中的应用进行了研究，并发表了一系列专利[1]（图 5-5 a）。而真正系统探索钢筋混凝土建造技术的是法国建造师弗郎索瓦·亨尼比克。1892 年，他申请了钢筋混凝土框架体系的专利（图 5-5 b），采用箍筋和钩子将光面钢筋绑扎起来，解决了钢与混凝土的连接问题。[2] 这之后针对钢筋混凝土结构和建造技术迅速发展，1902 年到 1903 年建于俄亥俄州辛辛那提的高层建筑英格尔大厦（Ingall Building）就是采用的钢筋混凝土结构。

---

[1] Kenneth Frampton,Yukio Futagawa.Modern Architecture 1851—1945[M].New York:Rizzoli,1983. 16.
[2] Bill Addis. Building：3000 Years of Design Engineering and Construction[M].London：Phaidon Press Limited，2007：421.

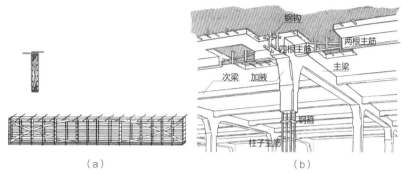

图 5-5 钢筋混凝土
（a）莫尼尔 1878 年申请的钢筋混凝土梁的专利；（b）亨尼比克的钢筋混凝土结构

图 5-6 芝加哥天际线

3. 高层建筑的发展趋势

现如今，如果说超高层建筑是城市的地标、是资本和财富的象征，那么高层建筑就已经是大中型城市基本建造模式。从芝加哥的天际线可以看出（图 5-6），虽然芝加哥没有完全按照沙利文所提出的设想发展，但是已经被高层建筑填满。一个没有被高层建筑主导的城市，视野之内都是开阔的天空，是舒适且宜人的。高层建筑已经改变了人们的生活和居住模式，人们被迫生活在高层住宅或高层公寓当中，与自然和大地相互脱节。在 C. 亚历山大等人所著的《建筑模式语言》中批判了高层建筑，并提出"高耸入云的建筑会使人发狂……人身居高楼就离开了地面，离开了自然的日常社会生活"，[①] 这种城市模式只在纽约、东京、北京、上海、深圳等大都会（Metropolis）中可以存在并具有可持续性。

当高层建筑被短期的经济效益裹挟，敷衍的基础设施和设备投入会导致后期运维的高成本，如果一旦达不到基本入住率，就会导致后期维护的瘫痪，进而导致高层建筑被废弃的命运。经历过经济发展红利的大城市都曾经有高层建筑不得不被拆除的案例。高层建筑还会造成城市热岛效应等近地空间舒适性的问题，因此建筑师面对城市高层建筑设计，需要肩负起应有的责任。

从总体上来说，高层建筑设计的发展趋势有：①如果说传统的高层建筑或者超高层建筑设计还是为了造型的新奇、形成地标、突出城市精神和城市

---

① C. 亚历山大等著. 建筑模式语言（上）[M]. 王听度，等，译. 北京：知识产权出版社，2002：291.

图 5-7 国外高层建筑
(a) 马尔默旋转大厦；(b) 伦敦市政厅

风貌，以及追求其所带来的长久的经济价值和社会效益（图 5-7）。那么新时代的高层建筑设计倾向于功能从单一走向综合，从点状孤立的高层建筑走向面状整体的立体建筑集群。这在香港、东京这种高密度的城市发展当中尤为明显，高层建筑下面通过连廊、平台、过街通道等与城市交通联系成为整体，建筑集商业、办公、旅馆、居住、餐饮等功能为一体，通过整体式开发和控制将城市公共空间纳入到高层建筑设计中来。通过大规模的城市综合体、多向度的空间联系、立体的交通组织等手段来应对和解决高密度集聚的问题。②节能减排、减少能耗，包括运用新材料——采用现代木结构建造的高层建筑；运用新建造技术——装配式混凝土高层建筑；综合运用各种性能测算和节能措施改善高层建筑的热湿环境、日照、通风、采光，以及高层建筑对城市物理空间环境的影响。③信息化智能化技术的运用，实现合理用能、高效管理和安全防护，保障人们安全、健康、舒适的空中生活。

此外，高层建筑还需要担负起组织城市空间的公共责任，20 世纪两栋差不多建于同时期的香港高层建筑，香港中国银行（香港中银大厦）与汇丰银行（图 5-8），汇丰银行采用了底层架空的手法，

图 5-8 国内高层建筑
(a) 香港中国银行；(b) 汇丰银行

这里在平时供来往的上班族穿行，周末就会成为菲佣互相社交的聚集地，由于人的聚集和活动，这里从空间转变成为有意义和价值的场所，凸显出了高层建筑对城市的责任和贡献。

典型的横向荷载主要是风荷载和地震作用带来的荷载，随着距离地面高度的增加，风荷载由于地面阻力减少，因此也在逐渐增加。当地面出现水平运动时，建筑物由于惯性作用并没有与地面一同运动，

5.1.2 高层建筑的定义和功能

1. 高层建筑的定义——"高层性"

本书所讨论的高层建筑，指的都是高层民用建筑。我们国家规定"建筑高度大于 27 m 的住宅建筑和建筑高度大于 24 m 的非单层厂房、仓库和其他民用建筑"[1]为高层建筑。建筑高度指的是从室外设计地面到屋面面层的高度，具体可参见《民用建筑通用规范》GB 55031—2022 当中的规定。其中 100 m 以下为高层建筑，100 m 以上为超高层建筑（Tower、Skyscraper），高度达到 250 m 以上则需要专门的消防专项论证（图 5-9 a）。国外高层建筑的规定多是以建筑层数为基础，其中日本为地震多发国家，因此对建筑高度规定相对严格。

目前大城市当中高度在 50 m 左右的建筑物非常普遍，用层数或高度来限定高层建筑或多层建筑并不科学，世界高层建筑学会对高层建筑的定义为"受'高层性'影响规划、设计和使用的建筑物。"[2]其中"高层性"在结构上为"在建筑物的高度不断提高的过程中，建筑结构逐渐发生的本质变化"[3]，以及在施工上随着高度增加所导致的施工方式和材料运转的难度。建筑主要受到竖向荷载和横向荷载的作用（图 5-9 b）。高层建筑的竖向荷载从上到下逐层累积，到达建筑物与基础连接处达到最大。

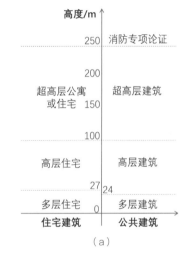

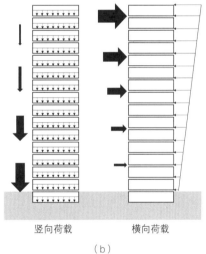

图 5-9 高层建筑
（a）我国对高层建筑的规定；
（b）高层建筑承受的竖向荷载与横向荷载

---

[1] 中华人民共和国公安部, 主编. 中华人民共和国住房和城乡建设部, 批准. 建筑设计防火规范: GB 50016—2014(2018 年版)[S] 北京: 中国计划出版社, 2018.
[2] Francis D.K. Ching, 等. 图解建筑构造 [M]. 张正谕, 译. 台北: 易博士文化, 2018: 278.
[3] 樊振和. 建筑结构体系及选型 [M]. 北京: 中国建筑工业出版社, 2011: 83.

这种运动不协调所产生的作用力就是地震作用。建筑物重量越大，惯性越大，地震作用也越大。在实际计算中，采用荷载等效原则，将地面运动所产生的惯性力等效为地面不动而施加到结构上的力。力的大小按牛顿力学第二定律计算：若地面往复运动的加速度为 a，建筑物物理质量为 m，则等效力为 $F=ma$。其中 a 随着与地面距离的增加而增加。建筑物达到一定高度后，横向荷载的作用开始起到决定性作用，并因此决定建筑的形态。[①]严格意义上说，横向荷载起决定性作用的建筑为高层建筑，即所谓的"高层性"。

"高层性"使得高层建筑结构的抗侧和抗扭设计成为关键。建筑底层竖向结构构件中的弯矩和剪力均为最大，因此确定正确的建筑形体，选择合理的结构体系，提高结构刚度，提高延性成为设计的主要方面。高层建筑结构与建筑设计高度融合，二者协同匹配度很高。结构的合理与建筑的美观在根本上是统一的。如果建筑物的某边长相对于建筑高度来说很小，或者建筑底面积很小，那么可能建筑没有超过 24 m，仍然具有高层性。因此决定"高层性"的因素除了建筑高度之外，还包括建筑的体型比例（图 5-10 a），香港知专设计学院（图 5-10 b）高约 55 m，而其建筑体型高宽比小于 1，因此其抵抗侧向力的深梁（隔板）和竖向承重构件更多，相对于横向荷载来说，还是竖向荷载起主要的作用。同样地，巴黎拉德芳斯的新拱门高约 110 m（图 5-31），整个体型近似中间带有洞口的立方体。而隈研吾设计的东京浅草文化旅游中心（图 5-11），虽然约为 41 m 高，但其体型的高宽比约为 3∶1，除了必要的竖向承重构件之外，建筑师增加了楼板的刚度。内部空间的顶棚采用了坡屋顶的设计，在首层通高空间处，增加了连系梁，用来联系两侧的楼板。"高层性"要通过建筑高度及体型比例综合判断而定。通常情况下对于钢筋混凝土结构来说，在非抗震设计下高宽比控制在 6∶1 以内比较合适。

不论是竖向荷载作用还是横向荷载作用，重力、剪力和弯矩都在高层建筑上部与基础相连的底层达到最大。因此高层建筑底层竖向承重构件例如墙体和柱子的截面都需要加大。埃菲尔铁塔（图 5-12 a）根据假定的铁塔上风荷载的分布，通过图解找形最终求得的形式，其底层的 4 根斜柱子截面很大，可以有效地抵抗弯矩。密斯设计的芝加

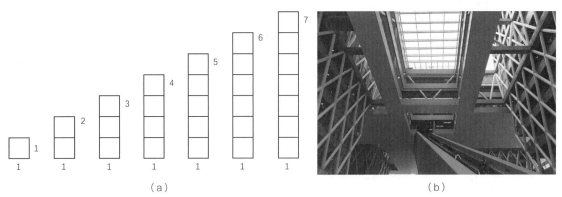

图 5-10　高层建筑的比例
(a) 示意图；(b) 香港知专设计学院

---

① 恩格尔. 结构体系与建筑造型 [M]. 林昌瑞，等，译. 天津：天津大学出版社，2002：251.

哥海角公寓共21层（图5-12b），下面6层的柱子截面一致，向上每隔5层变换一次柱子的尺寸，其变换柱子截面尺寸的方法是只减少一个方向的尺寸，另一方向的尺寸保持不变。这可以从芝加哥海角公寓的外观照片当中看出来，柱子与墙体的距离从上到下产生了明显的变化。另一方面，在很多高层建筑设计当中，会在上部空间增加共享空间等来减少上部荷载，从而减少底层的弯矩。高层建筑所有结构构件的截面都要保持必要的强度和刚度，同时还需要进行抗侧设计。6、7度地震烈度地区，60 m以上的高层建筑需要进行抗扭设计。超过一定高度的高层建筑结构可以看作一根巨大的悬臂杆，高层建筑因为基础埋置较深（参见本书第3.1节），因此常会做地下室。高层建筑通常会设置裙房，高低之间的交接需要设置沉降缝（参见本书第3.2节）。

2. 高层建筑的功能与空间

从平面形式的角度来说，传统的高层建筑设计以板式高层或点式高层为主，倾向于形成具有雕塑感的形式。在早期的高层建筑设计当中，会以典型的三段式（Base-Plus-Shaft）设计作为高层建筑设计的范式。在1938年纽约洛克菲勒中心摩天大楼设计竞赛当中，阿道夫·路斯所提交的竞赛方案（图5-13a），如今看来具有明显的讽刺意味，一个巨大的多立克柱子坐落在一个矩形基座上，这种高层建筑范式是孤立和排他的。即使如今设计技术手段更迭，使建筑师可以采用扭转、偏移、折叠等手法设计出更加多样的

图5-11 浅草文化旅游中心
（a）实景图；（b）剖透视图

图5-12 高层建筑承重构截面变化
（a）埃菲尔铁塔；（b）芝加哥海角公寓

图5-13 高层建筑设计变迁
（a）阿道夫·路斯的纽约洛克菲勒中心摩天大楼参赛方案；（b）北京当代MOMA中心

形式，其内核追求标志性特征的雕塑感仍然存在。56层的高层公寓梦露大厦，椭圆形的平面按照一定的规律旋转，结合外部连续的阳台，形成了扭曲性感的外观造型。

现如今的高层建筑尤其是高层公寓设计，倾向于借助架空、空中连廊、退台、洞口、悬挑等技术手段形成综合性的高层建筑组群或空中社区，在不同的高度上形成交通联络网和活动平面，同时规模更大，与城市公共空间联系更加紧密。例如史蒂文·霍尔设计的北京当代MOMA中心（图5-13b），建筑高度为78 m，总建筑面积大约为22万 m^2，采用箱形钢结构形成空中连廊。立面上的斜撑增加了悬挑部分及体型变化处的结构刚度。

高层建筑的平面形式也趋于复杂多变，H字形、L字形、Z字形、U字形、口字形、折线形、十字形、Y字形、弧形，以及各种形状的组合等。同时立面和剖面上可以出现各种内收、外挑、空洞、退台等操作，组合起来会形成多种多样的复杂的建筑形式。这些复杂性会通过具体的结构设计来实现，通过结构布置的连续性和均匀性来抵抗相应的竖向荷载和横向荷载。当建筑层数在40层左右，建筑高度低于150 m左右时，高层建筑的平面形式会比较多样和复杂。当建筑高度高于150 m，通常以点式高层为主（图5-14a）。主要原因在于，板式高层或者平面过于复杂的高层建筑会遮挡城市景观。南京和平大厦是板式高层，在城墙上看，很明显地遮挡了从紫金山到北极阁的自然景观。北京CCTV大楼（图5-14b），高210 m，平面虽然比较复杂，但是塔楼与塔楼之间形成了可供视线穿透的中空空间，使城市景观和文脉得以延续。

高层建筑从功能角度可以分为居住类（住宅、集合住宅或者说公寓，图5-15）、办公类、旅馆类、科研类等（表5-1），这些建筑类型的空间特点是有相对比较单元化的标准间，空间跨度不大，因此层与层之间的高度相对可控，层高也相对均匀，不会出现因空间性质不同而不规则改变层高的现象。由于垂直运送效率的问题，大空间或者说人流密集的空间，观光性质的空间除外，不适宜放在层数较高的高层。部分博览或展览建筑也会超过24 m，但是通常情况下体形偏大、高宽比小于1，通常不具备"高层性"，例如奔驰博物馆、古根海姆博物馆等建筑。

(a) (b)

图5-14 高层建筑设计形式
(a) 吉隆坡双子塔；(b) 北京CCTV主楼

表 5-1　不同功能类型的高层建筑的特点

建筑类型	特点
居住类 （住宅、集合住宅／公寓）	住宅以板式和点式高层为主，建筑层数通常在 30 层以内，高度在 100 m 以下，18 层以下为小高层；而公寓的平面则比较自由，层数差别也比较大，马赛公寓为 18 层，新加坡 The Interlace 公寓为 24 层，纽约 57 号街住宅 43 层，迪拜 Cayan Tower 75 层，这些公寓建筑高度不等，基本在 300 m 以下；不论是住宅或是公寓，明显特征都是设有阳台。建筑空间以单元式为主，采用走廊或厅联系各个空间；走廊与单元式空间的联结方式有内廊、外廊、双廊、环廊，也可以出现外廊和内廊相结合、厅和廊子相结合的方式；马赛公寓（图 5-15）采用了内廊，单元式的公寓采用了错层的方式，内部走廊隔层布置
办公类	吉隆坡双子塔 88 层，高 452 m，上海中心大厦合计 124 层，高 632 m，纽约 Bundle 大厦高 486 m；其空间特点是通常为单元式或开放式办公，同时结合边庭或中庭共享空间等形成可供交流的场所
旅馆类	南京金陵宾馆高 320 m，南京紫峰大厦高约 450 m，巴黎 Signal 高约 300 m，迪拜珍珠大厦高约 300 m；其空间特点为单元式空间
科研类	日本的 Spiral 塔高 170 m，日本 Cocoon 塔高 203 m；通常研发类建筑高度在 50 m 以下。其空间特点为单元式或开放式空间
综合类	基本所有的高度超过 250 m 的超高层建筑都是综合类的，且以点式平面为主，这类建筑通常是城市的标志；其空间特点通常为中间核心筒，周边为单元式或开放式空间

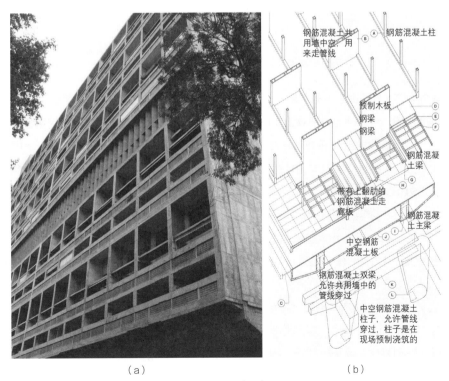

（a）　　　　　　　　　　　　　　（b）
图 5-15　马赛公寓
（a）实景图；(b)分析图

3. 高层建筑的外围护结构

高层建筑开口的处理通常是上下均质的,这与建筑类型,以及空间功能有关。高层建筑下部空间的结构构件的截面面积要大于上部结构,所以对应的开窗面积下小上大比较合适。但是由于上方空间的视野、安全等问题,以及下方空间与地面联系的问题,选择下大上小的开窗方式也是可行的(图5-16)。当外围护材料只有一种材料构成时,例如玻璃幕墙,则玻璃幕墙的支撑需要与结构的模数相协调。当外围护材料由2种或2种以上的材料构成时,除了与结构构件的模数相协调之外,材料与材料之间也需要模数协调。例如马尔默的 city in city 大厦(图5-17a)及奥斯陆办公楼(图5-17b),其外墙干挂面砖的尺寸与开口尺寸是相互协调的,4块干挂面砖的宽度与窗户开口的宽度相等,窗户开口的高度等于3块面砖的高度。保持模数协调是为了建造的方便,以及提高材料的利用效率,同时获得了美观的效果。

高层住宅或高层公寓建筑,其外围护材料通常会采用涂料,或者利用阳台形成双层界面,用于遮阳或隔热。利用结构形成天然的阴影,也即冷却系统,减少太阳对建筑物外墙的辐射,降低夏天的室内得热量。因此南方高层住宅通常会设计开敞式阳台,而北方则会采用封闭式阳台,减少建筑外界面的面积,从而减少冬季室内失热。高层办公、旅馆等公共建筑的外围护通常会采用幕墙系统。相比于涂料,幕墙系统是预制装配式的,可以减少现场的湿作业,同时更多地依赖机械设备。幕墙的自重轻,施工周期短,维修更换方便,这有利于减轻高层建筑的上部荷载。幕墙的支撑结构会因为面层材料重量、所承受的横向荷载大小等不同。

通常情况下,砖石等较重的各种人造板幕墙材料适用于 100 m 以下的高层建筑,[①]金属材料或玻

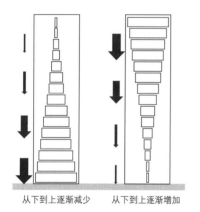

从下到上逐渐减少　　从下到上逐渐增加

图 5-16　高层建筑的开窗

(a)

(b)

图 5-17　高层建筑开窗实景
(a)马尔默 city in city 大厦及细部;(b)奥斯陆办公楼

---

① 江苏省装饰装修发展中心. 建筑幕墙工程技术标准: DB32/T:4065-2021[S]. 南京: 江苏省凤凰科学技术出版社, 2021: 8-14.

璃材料的适用高度不受限制，常用幕墙材料及其适用高度见表 5-2。钢筋混凝土高层建筑的幕墙系统基本上不受材料的限制，但是钢结构及木结构高层建筑的外围护系统通常采用轻质外墙板、金属类，以及玻璃幕墙系统。近年来随着新型材料的发展，UHPC 外墙板、GRC 外墙板逐渐应用到了高层建筑当中来，扎哈·哈迪德设计的南京青奥中心就采用了 GRC 与玻璃幕墙系统。

表 5-2 常用幕墙材料及其适用高度（单位：m）

瓷板	陶板	木纤维板	水泥纤维板	石材
60	80	24	100	100
铝合金板	不锈钢板	铜板	钛锌板	玻璃
250	250	250	250	不限

5.1.3 高层建筑不同构法对构造设计的影响

1. 钢筋混凝土高层建筑

混凝土自诞生以来，即在建筑舞台上在扮演着重要的角色，目前各种轻质混凝土、超高性能混凝土（UHPC）、纤维加强混凝土产品大量地应用于建筑围护构件，在可以预见的未来，混凝土的大规模运用是不可避免的。钢筋混凝土因其造价和防火等方面的优势而广泛应用于 100 m 以下的高层建筑当中。相比于钢结构来说，钢筋混凝土高层建筑构件的截面较大，相应的结构自重也较大，因此较少的应用于超过 100 m 的高层建筑当中。10 层及 10 层以上或房屋高度 28 m 的住宅及房屋高度大于 24 m 的其他高层民用混凝土结构须执行《高层建筑混凝土结构技术规程》JGJ 3—2010。

高层建筑主要是以抗侧构件的形式来分类的，钢筋混凝土可以制作成柱子、剪力墙和筒体等主要抗侧构件，因此适用于框架结构、剪力墙结构、框架—剪力墙结构、框架—核心筒结构、剪力墙—核心筒结构、筒中筒结构等。根据建造方法又可分为现浇和预制两种。现浇钢筋混凝土可以用于 100 m 以上高层建筑的建造，但是预制钢筋混凝土很少用于 100 m 以上高层建筑，也许随着技术的进步，这种技术壁垒会逐渐被打破。

现浇钢筋混凝土高层建筑根据构件的位置、形状，以及尺寸来支模，支模之前会绑扎固定钢筋，钢筋的数量、位置，包括搭接长度都需要根据结构计算确定。竖向构件通常是分层浇筑的，浇筑过程中要注意振捣到位，避免空鼓。水平构件的浇筑通常不需要上模板。待混凝土硬化并达到一定强度后就可以拆模。模板主要有木模板、钢模板，以及铝模板，也有的模板浇筑后与构件结合为一体，不需要拆卸。现浇钢筋混凝土都是在地施工，在节水、节电、节省施工时间、提高施工效率、环保节能等方面都不如预制混凝土，因此我国一直大力提倡的建筑产业现代化，就是限制现浇钢筋混凝土的大规模利用。

预制装配式混凝土通常被简称为 PC，是预制钢筋混凝土结构构件的总称，预制装配利用异地建造的原理，将高空作业地面化、现场作业工厂化、手工作业机械化。常用的预制结构构件有梁、柱、叠合梁、叠合板、预制剪力墙、预制楼梯等。预制构件的分解要便于生产、运输和吊装，同时需要选取在弯矩和剪力较小的位置，避免连接处的应力集中。装配式混凝土高层建筑需要在方案阶段考虑相关技术做到集成一体化设计，优化构件种类和数量，通过模数协调，实现标准化和多样化。

在南京在丁家庄保障房二期项目的外墙板为剪力墙（图5-18），下方墙体的钢筋穿过预留孔洞，与上方墙体相连，楼板采用叠合楼板，叠合楼板上方的钢筋与剪力墙体中的主筋相连，浇筑混凝土后使楼板和墙体合为一体。同时在孔洞内注入比墙体等级高一个等级的水泥，当出浆孔有水泥流出的时候，代表孔洞被填实了。剪力墙的两侧露出箍筋，现场会在中间设置主筋，主筋与箍筋相连，然后浇筑，将剪力墙横向连接在一起。这个项目中的剪力墙还集成了保温和外饰面板，上下和左右外饰面板之间采用斜缝拼接，最后的缝隙填充小圆棒后封涂耐候胶，将缝隙密封。因为高层建筑相比于多层建筑来说，雨水会因为风压而顺着缝隙进入建筑内部，侵蚀保温层，所以缝内部需要做防水处理。

2. 钢结构高层建筑、钢—混凝土高层建筑

相比于钢筋混凝土结构，钢结构高层建筑的用钢量更大，但是构件截面更小、强度更高、获得的空间更多。高度在100 m以上的高层建筑通常为钢结构或钢—混凝土结构。用于高层钢结构的主要钢构件有H型钢、方钢管或圆钢管，为了建造高度更高的建筑，通常钢构件会组合焊接在一起，形成截面更大的箱形构件。北京CCTV大楼的构件就是由钢板及标准钢构件相互焊接在一起构成的。钢构件和钢构件的连接可以采用焊接、附加连接板或套筒的螺栓连接，以及铆接。在高层建筑当中，通常采用前两种连接方式。此外，钢构件需要做防火处理，请参见本书第5.3节。

为了减少用钢量、增加结构刚度，以及增加钢结构的防火性能，高层建筑也会采用钢—混凝土结构，就是在钢构件的外部或者内部浇筑钢筋混凝土（图5-19），这又被称为SRC造（Steel-Reinforced

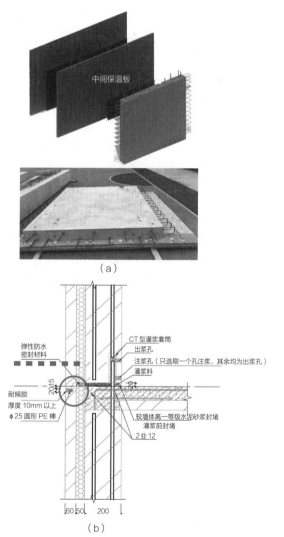

图5-18　南京丁家庄保障房二期项目外墙板连接构造
（a）示意图；（b）三合一预制保温夹心板断面图

图5-19　钢—混凝土结构构件的截面示意图

Concrete Construction）。钢—混凝土结构的构件截面比钢筋混凝土结构小，同时比钢结构刚度大且耐火，所以也常用于超高层建筑当中。

北京保利国际广场大厦的主塔楼高 161.2 m（图 5-20），外筒格构化为交叉网格，采用了直径 1.2 m，壁厚 30 mm 的圆钢管，在交接处焊接并增加了水平隔板，钢管内浇筑混凝土，有效增加了外部格构筒体的刚度。

3. 木结构高层建筑

木材是全寿命周期固碳节能环保材料，由于木结构在结构强度和刚度、连接等方面的问题，限制了其向高层的发展和应用。随着现代木材料（GLT、CLT）的发展，木结构高层建筑逐渐从实验室走向了实践应用。木材可以制成柱子、墙板及核心筒等竖向抗侧构件（图 5-21 a），木结构高层建筑的连接节点通常为钢节点，通过内置或外置钢连接件来

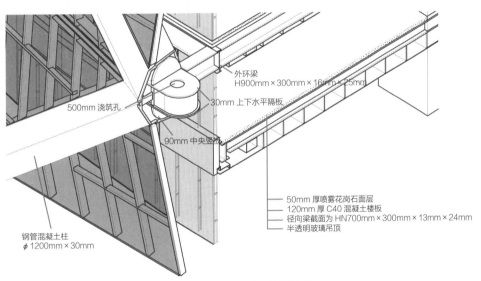

图 5-20　北京保利国际广场大厦的外筒构件

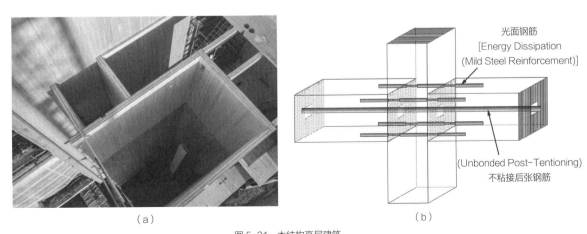

图 5-21　木结构高层建筑
（a）瑞典谢莱夫特奥市的 Sara Kulturhus 文化中心 CLT 核心筒；(b) 木结构连接节点的植筋技术示意

图 5-22 SOM 设计的木—钢筋混凝土混合结构高层建筑（未建成）

连接。也可采用植筋技术（图 5-21 b），即在构件中内置钢筋，然后将钢筋与其他构件的钢板或钢筋焊接，增加节点处的刚度。

木结构可以与其他结构相结合，形成钢—木高层建筑，以及木—钢筋混凝土高层建筑，在 SOM 研发的木—钢筋混凝土混合结构高层建筑中（图 5-22），除了采用植筋技术加强柱子和梁之间的连接之外，还采用 CLT 楼板，利用其深梁或者说隔板作用来达到抗侧的目的。其中所有核心筒的剪力墙也是 CLT 构件，构件之间采用了钢筋混凝土连系梁，完成墙构件与板构件之间的交接。木构件表面需要进行防火处理，也可以增加木构件的截面尺寸，在火灾过程中，CLT 或 GLT 构件表面会碳化阻止构件的进一步燃烧，从而为逃生争取宝贵的时间。

本节小结

目前我国关于高层建筑的规定与消防设施的扑

救高度有关，随着消防技术的发展，高层建筑与多层建筑之间的界限也许会调整。从结构角度来说，高层建筑应当具备"高层性"，即横向荷载起主要作用。依据这种理论，高层建筑与多层建筑之间无法规定出明确的界线，会因为建筑所在场地、体型比例等情况不同而不同。如今，层叠建造已然成为当今我国城市建设的主要模式，高层建筑是城市主打的建筑产品，应处理好高层建筑的设计与建造问题，为使用者创造安全、舒适、健康的空中生活。

思考题

请问目前世界上木结构高层建筑的建成案例有哪些？请研习其中一个案例并分析它的结构形式、结构构件的连接构造以及防火构造。

5.2 高层建筑结构技术与构造设计

5.2.1 高层建筑结构技术特点

1. 基于抗侧构件的高层建筑结构的分类

高层建筑需要控制侧向位移，高层建筑结构类型主要是以竖向抗侧构件特点来分类的，主要的抗侧构件有柱子、剪力墙和筒体，这三者的抗侧刚度逐渐增强。高层建筑当中的电梯间、楼梯间、设备间的四壁可以成为筒体结构，随着建筑高度的增加，就需要选择抗侧刚度更强的构件。柱子、剪力墙和筒体可以单独作用，也可以两两组合形成不同的结构形式，例如框架—核心筒结构，以及剪力墙—核心筒结构等。各种结构形式与这三种主要抗侧构件的相互关系，如图 5-23 所示。在高层建筑设计中，空间受到结构的制约，因此需要综合考虑结构与空间的共同作用。

高层建筑的主要结构类型有框架结构、剪力墙结构、筒体结构、巨型桁架结构、悬挂结构、箱体结构等，它们各自的空间特点和适用范围见表 5-3。近年来，高层建筑结构的发展出现了结构构件复合化和空间化、围护构件结构化等趋势，新的结构设计解放了空间，结构技术的发展将从根本上颠覆高层建筑的空间。

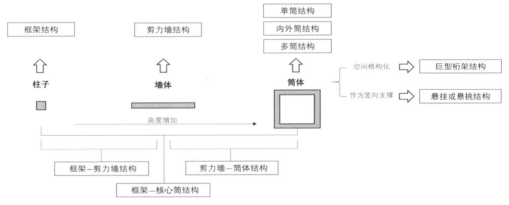

图 5-23 高层建筑结构形式之间的关系

表 5-3 高层建筑结构类型的空间特点和适用范围

结构类型	平面示意	适用范围
框架结构		单元式空间或开放式空间，其空间形式比较灵活，内部的分隔墙为轻质填充墙；钢筋混凝土框架结构通常适用于 20 层以下的高层建筑当中；钢框架结构需要斜撑等方式增加刚度，适用于 40 层左右的高层建筑当中
剪力墙结构	印度 Mumbai 公寓	空间跨度较小、不灵活，适合单元式空间；钢筋混凝土剪力墙结构适用于 60 层以下的高层建筑；CLT 剪力墙结构理论上适用于 30 层以下的高层建筑；钢材也可以做成剪力墙；在轻型钢结构与轻型木结构当中，常用螺柱与木板或钢板钉合，形成承重墙体，也有抗侧的作用，但是它们不适用于高层建筑结构

续表

结构类型	平面示意	适用范围
框架—剪力墙结构	新加坡 Aqua Tower	可形成单元式空间或开放式空间，框架—剪力墙结构可以为钢筋混凝土材料，也可以是钢框架—钢筋混凝土剪力墙结构，适用于60层以下的高层建筑
外筒结构	东京Tod's表参道店	外围护系统就是结构系统，可以形成内部无结构的自由且灵活的平面，可以为钢筋混凝土结构或钢结构，空间跨度和高度都受到限制，适用于20层以下的高层公共建筑
框架—核心筒结构		可形成单元式或开放式空间，核心筒的数量和位置可以调整，空间相对灵活自由，例如伦敦劳埃德大厦；钢筋混凝土框架—核心筒结构适用于50层以下的高层建筑，钢框架—核心筒结构适用于80层以下的高层建筑
外筒—内筒结构		可形成单元式或开放式空间，可以为钢筋混凝土或钢结构，适用于80层以下的高层建筑当中
束筒结构		可形成单元式或开放式空间，可以为钢筋混凝土结构或钢结构，适用于120层的高层建筑当中
巨型桁架结构		可形成单元式或开放式空间，通常为钢结构，适用于150层的高层建筑当中
悬挂或悬挑结构	香港汇丰银行	需要筒体结构作为支撑，优势是可以获得自由且整体的大空间，由于受拉构件的截面较小，占用空间小，因此悬挂结构可以获得更加灵活自由的平面；悬挑结构适用于40层以下的高层建筑，悬挂结构适用于80层以下的高层建筑

注：表中数据是根据现有建筑案例总结。

2. 高层建筑结构类型及其特点

1）框架结构

框架结构是梁与柱子刚接，可以传递弯矩的结构形式。其特点是抗侧构件均匀分布在整个楼层平面上，均匀分散地侵占了楼层的面积。框架结构的均匀性特点也决定了空间的匀质性，框架结构空间适应性，以及空间组合能力很强，可以根据空间需求而改变框架单元的尺寸。框架结构可以形成内部的中庭空间、底部架空、屋顶花园，以及边庭等，可以获得相对自由的平面和立面。随着建筑高度和层数的增加，简单增加柱子的截面面积对于整体抗侧刚度的增加收效甚微，也就限制了框架结构的应用。

钢筋混凝土框架结构适用于60 m以下的高层建筑当中。在有抗震需求的地区，钢筋混凝土框架结构的高度不宜超过 50 m。相比于钢筋混凝土框架结构，钢框架结构的构件截面更小、空间更大，但相应的用钢量更高。由于抗侧构件的截面面积小，因此钢框架结构在横向荷载作用下容易失稳。钢框架结构应用于高层建筑当中时通常需要斜撑（Bracing）加强（表 5-4），斜撑可以有效地将楼板中的荷载传递到柱子上。斜撑通常选用压杆而不是拉杆，防止拉杆在非受拉状态下的失效。增加斜撑的方式有单独斜撑、交叉斜撑、人字撑、八字撑等，这些斜撑通常占据一整层高度或者跨越多层高度。人字撑和八字撑的优势是不阻碍建筑的开门或开窗。角部加强有利于梁中的荷载传递到柱子上，但是仍然会使柱子产生弯矩。外拉索的缺点是占据外部场地空间，而且外拉索也给行人或车辆通行带来不便，容易遭到人为的破坏，进而导致结构失效。

当代高层建筑结构的发展趋势是结构构件空间化，结构构件与空间集成和复合程度更高，它打破了框架结构的规则性，各层平面和立面不同，给空间制造了矛盾、有控制的混乱，以及不均质。中钢总部大楼采用了巨型斜撑（图 5-24 a、b），斜撑跨越了 6 层的高度，斜撑与柱子的截面为箱形，两者连接处增加了横隔板。在克雷兹设计的 Holcim Competence Center 中（图 5-24 c），建筑表面的斜撑与柱子相融合，不仅起到抵抗横向荷载的作用，还作为建筑主要的竖向承重构件，与内部的柱子一起，共同支撑着建筑整体。

2）剪力墙结构

剪力墙（Shearing Wall）是用于抵抗横向荷载的抗侧构件，剪力墙与承重墙（Load-Bearing Wall）在材料、构造，以及建造方式上没有区别。剪力墙主要用于抵抗横向荷载，而承重墙主要用于承担竖向荷载。剪力墙或承重墙需要与建筑物等高。钢筋混凝土剪力墙的厚度通常为 160~300 mm，最厚可达到 500 mm，160 mm 是保证剪力墙构造的最小厚度。剪力墙通常不应小于楼层高度的

表 5-4 增加斜撑的方法

方法	单独斜撑	X 撑	人字撑	八字撑	加强角部	增加截面	外设拉索
图示							

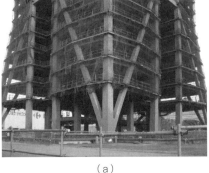
（a）

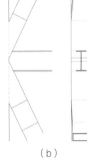
（b）

（c）

图 5-24 巨型斜撑
（a）中钢总部大楼；（b）斜撑与柱子的连接；（c）Holcim Competence Center

1/25。[1]剪力墙的形式有一字形、Z字形、T字形、H字形、U字形等（图5-25）。剪力墙的平面布置与楼板类型、建筑物空间需求、平面布局等要素有关。剪力墙结构适用于具有单元化平面的建筑类型当中，例如住宅或宾馆当中。由于住宅或宾馆的平面功能相对固定，短时间内不会改变功能属性，因此在空间分隔位置设置剪力墙，不影响正常功能使用。钢筋混凝土剪力墙结构可以现浇也可以预制。

3）筒体结构

相比于柱子和剪力墙来说，筒体结构的抗侧刚度更大，筒体是由X方向和Y方向的墙体组成，相比于单方向的墙体来说，其抵抗横向荷载的维度更多，因此可以支持建筑建造得更高。筒体可以分为实腹筒，以及格构化筒体。实腹筒体可以有效利用高层建筑中必不可少的构件作为结构构件，如楼梯井、电梯井、设备管道的四壁墙体，将这些需求与结构相互集成在一起，在空间上集中就形成了筒体。采用筒体作为抗侧构件的建筑由于功能性空间和服务性空间的分离，以及服务性房间的相对集中，因此内部空间无论是在水平方向上还是垂直方向上都能得到较自由且连续的流动空间。

兴起于20世纪60年代的以日本建筑师为代表的新陈代谢派，将结构、交通、设备空间复合在一起，形成"联系核"（Joint-core System），楼板由这些联系核支撑，以此构成有序生长的建筑，以及城市结构，这些联系核往往都是筒体结构。

(1) 外筒结构

外筒结构的特点是高层建筑的外围护同时作为主要竖向支撑，这种结构形式可以在建筑内部留出完整的空间，可以满足各种不同的功能需求，同时也给空间组合带来了多种可能性。将结构完全布置在建筑外界面也被称为表皮结构。表皮结构将建筑物的内部空间解放出来，内部空间不受结构的影响，功能空间的划分也更容易。但是由于支撑条件和结构跨度等问题，该结构形式的高度和跨度受限。伊东丰雄设计的Mikimoto Ginza（图5-26），外表皮的承重使建筑内部空间进一步解放，室内形成完整的无立柱的水平向大空间。

(2) 筒中筒结构

筒中筒结构由外筒和内筒组成，外筒与内筒之间的空间不再布置其他的柱子或剪力墙，可以形成相对开阔的围绕中心筒体的开放式空间。其缺点是外筒的结构属性导致开洞受到了限制。迪拜O-14大厦高102 m（图5-27），合计22层，由钢筋混凝土外筒和内筒结构来支撑，平面简洁且明朗。内部核心筒安置了4部电梯和2部楼梯，空间自由且灵活。外筒上的开口根据结构、视线、日光辐射和照度需求来进行调整。外筒与建筑主体之间留有1 m的空腔，利用烟囱效应有效地冷却内层玻璃幕墙。这种被动式节能措施提供了自然冷却效果，大大减少了能源消耗并节省了空调成本。连续的钢筋网结合填补孔洞的预制材料，两侧固定模板后浇筑混凝土。外筒的孔洞只有5种尺寸，因此填补孔洞的预制材料可以重复利用。

(3) 多筒结构

多筒结构即根据具体要求在平面上布置多个筒体结构，核心筒位置可以居中也可以在角部，多筒

| 一字形 | Z字形 | T字形 | H字形 | U字形 |

图5-25 剪力墙的平面形式

---

[1] 张建荣. 建筑结构选型[M]. 2版. 北京：中国建筑工业出版社，2011：308.

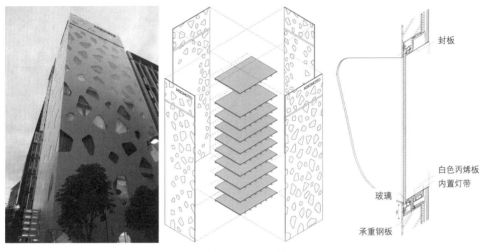

图 5-26 Mikimoto Ginza

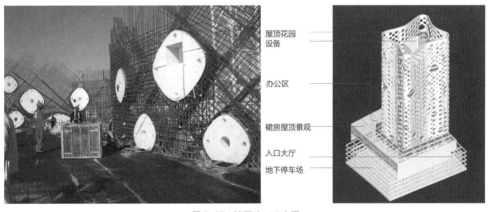

图 5-27 迪拜 O-14 大厦

结构的空间形式十分灵活。有利于满足高层建筑空间的开放性及流动性。束筒结构属于多筒结构中的一种，是一组筒体由共同的内筒壁相互连接形成，在横向荷载作用下的刚度更大，各内筒壁受力的不均匀性大大减少。这种结构形式受到内筒壁位置的限制，不利于布置大面积的开敞空间。芝加哥的西尔斯大厦是束筒结构典型案例，它由 9 个尺寸相同的 22.86 m 见方的筒体组成，共 110 层，底层平面 68.6 m 见方，总建筑面积 37 万 m²。组成束筒的各个筒体的高度不同，形成了阶梯状的变化的体量。

4）框架—剪力墙结构、框架—筒体结构、剪力墙—筒体结构

由抗侧构件两两组合，就可以形成不同的组合结构形式。框架和剪力墙相结合，可以形成框架—剪力墙结构，框架与筒体结构相结合，可以构成框架—筒体结构，这两种结构都是利用了框架灵活自由的原则。剪力墙与筒体结构相结合，可以形成剪力墙—筒体结构。SOM 设计的南京紫峰大厦（图 5-28），就是采用了钢框架—钢筋混凝土核心筒结构，从平面比例上可知，核心筒占据的空间非常大，为结构

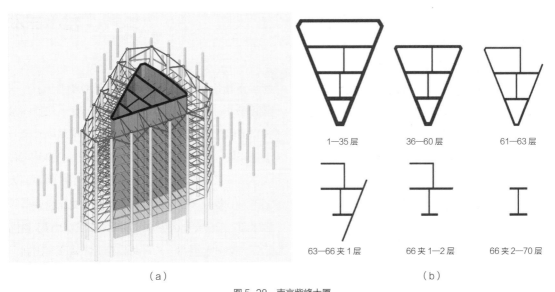

图 5-28 南京紫峰大厦
（a）结构示意图；（b）核心筒

提供了足够的抗侧和抗扭的刚度。随着建筑层数的增加，核心筒的平面也逐渐减少，符合层叠建造的原理，同时构成核心筒墙体的厚度从 1.5 m 减少到了 0.4 m。

5）其他结构形式在高层建筑中的应用

（1）悬挑结构

悬挑结构就是抗侧构件同时作为竖向承重构件，水平结构构件如板、梁、箱体等从竖向承重构件当中悬挑出来，所构成的高层建筑结构形式。赖特设计的约翰逊制蜡公司试验楼（图 5-29），15 层高的试验大楼是赖特少数建成的高层建筑之一。大楼采用钢筋混凝土核心筒结构，楼板以核心筒为中心向四周悬挑，在悬挑边缘处逐渐变薄，金属悬挂在楼板的边缘，用以支撑玻璃管幕墙。整体结构受到佛塔的影响，呈现杉树的形态。偶数层的楼板内收呈圆形，与玻璃筒幕墙之间形成空隙，使得 2 层为

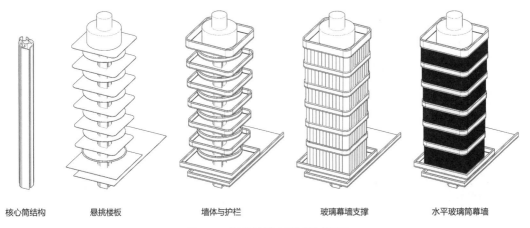

图 5-29 约翰逊制蜡公司的结构分析图

一个空间单元，打破了较矮的层高带来的压迫感，也形成了空间的韵律和美感。悬挑结构占用基底面积小，底层可开辟用作花园或开放空间。但是空间尺度受限于水平结构构件所能跨越的距离。

（2）悬挂结构

悬挂结构通常是以筒体结构为竖向承重结构，各层楼板由筒体结构上悬挂出的吊杆支撑。这些吊杆也可以悬挂在从筒体结构上悬挑出的巨型桁架上。由诺曼·福斯特（Norman Foster）设计的深圳大疆总部就是在核心筒上不对称地悬挑出巨型桁架结构，然后向下悬挂出各层楼板，由于受拉构件的轴向受力特点，其结构构件的截面很小，因此悬挂部分可以形成相对轻盈且自由灵活的大空间，这种结构形式也为形成底层大空间创造了有利条件。

悬挂结构需要处理好偏心荷载的问题。例如香港汇丰银行，两侧的斜拉杆从同一巨柱上悬挂出，避免了单侧悬挂对巨柱造成的偏心荷载（图5-30a）。明尼苏达州的明尼阿波利斯联邦储备银行采用了悬索结构（图5-30b），各层楼板支撑或悬挂在悬索结构上，同样获得了底层架空的大空间，顶部的巨型桁架平衡了悬索对两侧巨柱造成的水平拉力，避免了受拉端的位移过大。

（3）巨型结构

巨型结构包括巨型桁架结构、巨型框架结构、带有刚性加强层的结构等。通常这些巨型结构将结构分层级，最大的结构往往占有一层甚至多层的空间，次一级的结构将荷载传递到更大的结构上，多采用钢材来建造。巨型桁架结构的特点是荷载主要由分布在空间中的巨型桁架承担，空间的自由度大大增强，建筑的功能空间只要避开空间中的桁架即可。著名的巨型桁架结构的高层建筑案例就是贝聿铭设计的香港中银大厦。巴黎拉德芳斯（图5-31）就是巨型框架结构的案例，第一级结构以21m为网格，在这一结构层级之下，细分出次结构，次级结构将荷载传递到第一级结构上。从根本上说，这是"体"的格构化，体现了建筑的建造逻辑与秩序。

（4）盒子结构

东京中银舱体大厦（图5-32），由很多箱体类

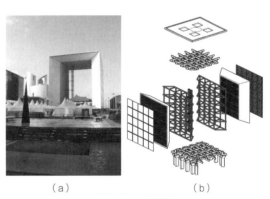

图5-31　巨型结构
（a）巴黎拉德芳斯；（b）结构分析图

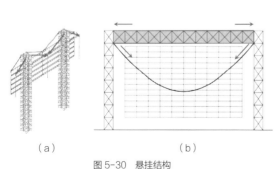

图5-30　悬挂结构
（a）香港汇丰银行；（b）明尼阿波利斯联邦储备银行

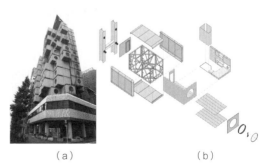

图5-32　盒子结构
（a）东京中银舱体大厦；（b）箱体拆分图

似积木一样堆叠起来,内部核心筒采用了钢骨混凝土建造,核心筒周边布置了预制楼梯,箱体采用了钢结构。这种形式与框架—核心筒结构的不同之处在于,各个箱体部分的起到了结构作用。也就是箱体堆叠可以作为高层建筑发展的一种结构类型,只要箱体四围结构具有足够的强度和刚度。但是其弊端在于比较浪费材料。东京中银舱体大厦的建造预算大幅度增加,因此这栋建筑更像是一种宣言,试图介绍新陈代谢派理念的广告。在看似精密且多义集成的背后,却是基本生活单元即"胶囊"的固化。人们的生活被定义了,缺少灵活性和变通。最后这栋建筑也没有如建筑师设想的一般可以随意更换和维修。因此在大力发展建筑产业现代化的当今社会,需要合理地针对结构、空间和建造技术进行设计。

5.2.2 高层建筑结构制振与构造设计

地震是偶然的、随机的,我国是地震频发的国家,我国根据地震发生规律、地质构造等将国土划分成不同的抗震设防烈度区,并规定6度以上地区的建筑必须进行抗震设计,也就是说我国近80%区域的建筑都需要做抗震设计。当传统抗震设计不能保证结构安全时,就需要隔震、减震等措施来减轻结构在地震中的损伤。传统的抗震设计需要结构工程师专门的计算,例如对于钢筋混凝土结构来说,会根据计算结果对具体的结构部位、具体的钢筋型号、钢筋数量、钢筋间距、搭接长度等作详细的规定。这导致很多人认为建筑的**抗震、隔震、减震**设计是结构工程师的工作,这是个典型的误区。

建筑物建造得越高越难抗震,同时地震作用产生的影响,以及造成的破坏也越大。隔震通过在基础与上部建筑之间设置隔震层阻隔地震作用向上方建筑传递。而减震则是通过可变形或可破坏构件的变形和破坏来消化地震能量,从而提高建筑物的抗震能力。隔震只用于抵抗地震作用。减震除了抵抗地震作用外,还可以用来抵抗风荷载带来的振动。基本上所有结构都可以利用减震技术。高层建筑结构制振包括抵抗地震作用带来的水平荷载及风荷载。

1. 基础的隔震构造

相对增加结构刚度而言,采用隔震设计会大大减少上部结构的用材。隔震技术适用于高烈度地区对地震加速度敏感的建筑。隔震需要设置隔震层,隔震层相对低矮,但要允许检修人员出入,同时隔震层要做好防潮设计。隔震设计的缺点是造价高,不适用于软弱土层等。

隔震层需要设计在基础与上部建筑连接的位置(图5-33a),即将上部建筑与基础之间断开,中间用隔振器连接,当地震来临时,由隔振器的摆动

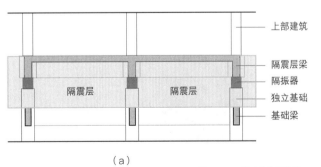
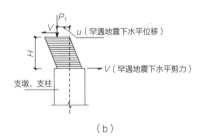

(a) (b)

图5-33 基础的隔震构造
(a)隔震支座设置示意;(b)隔震层支墩等承载力验算简图

来消耗和分散大部分地震能量，避免上部结构遭受破坏。隔振器所连接的上方建筑与下部基础都需要具备一定的刚度。例如上部建筑下方设置隔震层梁，将分散的柱子联系起来。下方的独立基础设置基础梁，提高基础整体刚度，防止地震作用下的不均匀沉降。隔振器也会用于减少桥梁和汽车的振动，伦敦的千禧步行桥就采用了隔振器来减少桥面板传递到支撑结构的振动。建筑上使用的隔振器造价较高，难以重复使用，也不适用于高宽比大于 4 : 1 的建筑当中。

2. 减震阻尼器

减震阻尼器可以提供运动的阻力，消耗运动的能量。减震阻尼器不仅可以用于抵抗地震作用，还可以抵御强风，减轻建筑在横向荷载作用下的振动，控制建筑的摆动。台北 101 大厦在 88 层到 92 层之间设置了重达 660 t 的钢球作为阻尼器，类似钟摆的原理利用钢球的反向摆动来减缓建筑物的晃动。减震阻尼器一般设置在水平构件与主要竖向抗侧构件的连接处，在地震来临时，主要竖向抗侧构件与水平构件的摆动频率不同，减震阻尼器可以降低摆动的幅度，进而达到减震的目的。

3. 增加结构柔性的构造

在满足结构承载力的情况下，适当增加结构的柔性，可以缓解和消化剧烈振动带来的影响。通常情况下结构需要增加刚度，提高抵抗外部荷载的能力，使其更加"耐震"，但是"过刚易折"，如果一味增加结构的刚度，一方面代价比较大，另一方面在剧烈冲击下容易损坏。就好像大自然创造人类的骨骼，赋予了骨骼一定的柔性，可以容许女性在生产时的变形，使得人类基因得以延续。增加结构柔性的构造适用于所有的建筑类型，不局限于高层建筑当中。南京苹果 4s 店的玻璃幕墙的上下两端与主体钢筋混凝土结构之间采用了橡胶垫片和螺栓连接，左右两侧与主体结构的连接采用了活动铰链连接，橡胶垫片及活动铰链都可以容许玻璃幕墙在风荷载作用下的位移与主体结构的位移有所不同，不至于导致脆性玻璃的损坏。

在苏州狮山综合广场的外部 V 字形支撑中（图 5-34a），大部分采用了刚性节点，也有部分节点采用了铰接节点，铰接节点可以增加结构的柔性。刚性节点可以传递弯矩，使不同构件联合起来共同抵抗弯矩。铰接节点在理论上不传递弯矩，可以容许各构件分别独立作用和变形，减少对彼此的

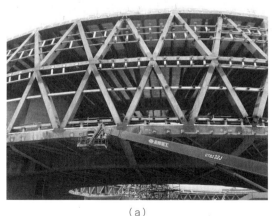
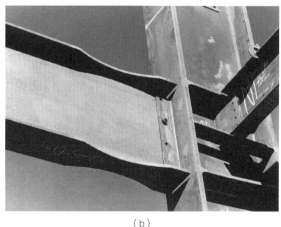

（a） （b）

图 5-34 结构柔性的构造
（a）苏州狮山综合广场工地；（b）钢框架结构的连接构造

影响。在钢框架结构当中，在满足整体刚度的条件下，也会在部分位置采用"弱连接"，例如 H 型钢梁与 H 型柱子连接时（图 5-34 b），上翼缘和下翼缘与柱子不连接，腹板与 H 型柱子上焊接的竖板之间采用螺栓连接，这个节点基本不传递弯矩。同时在靠近连接节点处，H 型钢梁的上下翼缘微微变窄，进一步降低了连接处的结构刚度。

木构件本身就具有柔性，可以消化部分地震能量，这对于抗震是有利的。在坂茂设计的苏黎世塔梅迪亚办公楼项目中采用了胶合木框架结构（图 5-35），建筑地上 7 层、地下 2 层。整个建筑并没有采用胶合木结构常用的钢节点，而是将柱子与梁之间的连接节点放大，类似人体骨骼的关节。坂茂认为钢节点会破坏木结构的统一性，除此之外，同一种材料具有相同的弹性模量，在外部荷载作用下可以保证变形的一致。梁为双梁，中间夹住柱子，

梁与柱子中间穿孔，然后由椭圆形的连梁完成连接。椭圆形的连梁不同于圆形，可以防止构件之间的转动，整个建筑带有强烈的手工艺特征。

5.2.3 高层建筑结构技术与构造设计案例

1. 斜撑的力与美：东京世纪塔办公楼

诺曼·福斯特事务所设计的东京世纪塔办公楼建成于 1991 年（图 5-36），采用了钢框架结构，基础深达 45 m，总建筑面积为 2.65 万 m^2。东京世纪塔办公楼由两栋分别为 19 层和 21 层的建筑组成，中间以狭窄的中庭连接。为了抵抗台风和地震作用，满足当地的抗震要求，建筑主体框架采用了八字斜撑加强，斜撑可以有效地抵抗地震作用产生的横向荷载。结构主体框架高两层，每层主梁下部悬挂着

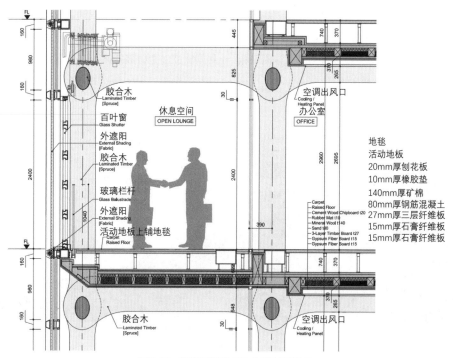

图 5-35 苏黎世塔梅迪亚办公楼的细部构造

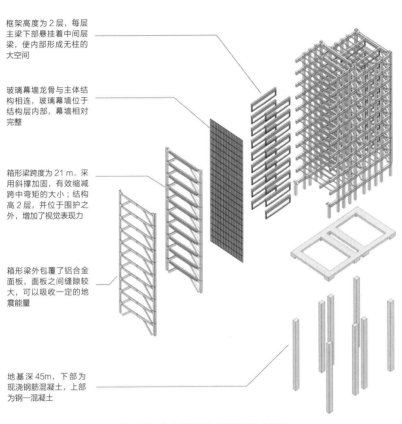

图 5-36 东京世纪塔办公楼的结构分析图

中间层的梁，使内部形成无柱的大空间，在其中办公的人可以充分享受自然光和室外美景。玻璃幕墙位于结构层内部，玻璃幕墙龙骨与主体结构相连，幕墙相对完整。

建筑主体框架采用了箱形构件，外面包覆了铝板，铝板之间留有缝隙，可以消解部分的地震能量。结构框架裸露在外，成为建筑立面的控制性要素，斜撑作为必备的抗侧构件，增加了建筑的视觉表现力。

2. 以柔克刚：SOM 钢框架结构抗震节点设计

为了降低建筑抗震设计的成本，提高建筑结构的安全性，SOM 在 1954 年设计了适用于地震区域钢框架结构连接的特殊铰接节点（Pin-Fuse）（图 5-37），这种连接方式增加了结构的柔性，容许结构在横向荷载作用下产生到一定的变形，从而消解风荷载或地震作用产生的能量。

H 型钢柱与 H 型钢梁头预先连接，连接处采用焊接，H 型钢柱内部对应梁头翼缘位置需加肋板。梁与梁头之间分别采用半圆形凸和凹的形式，梁头的腹板插入梁的腹板当中，二者之间采用螺栓连接，形成一个类似剪刀铰的铰节点。翼缘连续到半圆形部分，并在翼缘的两边开多个螺栓孔，螺栓孔为长条形，然后采用螺栓将梁头与梁的半圆形翼缘连接起来。当地震来临时，建筑主体框架产生变形和位移，这个特殊的铰接点及较大的螺栓孔可以使梁与柱子之间的变形不一致，并能够在地震结束后恢复原状，从而保护结构框架免遭破坏。

图 5-37 钢框架结构抗震节点（Pin-Fuse）

本节小结

高层建筑结构主要是以抗侧构件类型来分类的，也就是柱子、墙体及筒体3种类型，从这一角度来梳理高层建筑结构类型，所有关系就会清晰很多。在技术日新月异的今天，建筑已经不再拘泥于某种一成不变的结构类型，而是通过结构的组合、变化及拓展来满足功能需求和解决实际问题。建筑的制振构造包含几个层级，首先位于地震区的所有建筑都需要做抗震设计，当抗震设计无法保证安全时，就需要采取隔震或减震措施。制振构造并不是高层建筑的专属，但是高层建筑的制振难度更大。如果构造设计与建筑造型关联不大，就不会受到建筑师的重视，也就难免会产生技术与设计的割裂。因此建筑师需要了解所有隐而不见部分的技术原理和设计方法，并思考这些部分与建筑造型之间的结合点，使建筑如同机器一样更好的运作下去。

思考题

某15层钢结构高层办公楼主要采用矩形钢管建造，其中部分的连接节点为铰接节点，请根据上述要求，设计出实用且美观的柱子与梁之间的连接构造方案。

5.3 高层建筑防火与构造设计

建筑防火的重要性不言而喻，相比于地震、洪水等其他灾害，火灾的发生频率更高。随着时代发展和生活水平的提高，各种电气设备的使用不当也容易引发火灾，而城市人口聚集、人口密度大，火灾造成的损失也会更大。建筑防火设计的目标是"预防建筑物火灾的发生、减少火灾损失、保护人身和财产安全"。[1]

高层建筑火灾的特点主要有火势蔓延快、逃生困难，以及消防扑救的困难等方面，高层建筑的竖井空间类似高耸的烟囱，封堵不当，就会导致火势沿着竖井蔓延到不同楼层。随着高层建筑高度的增加，建筑面积增加的同时容纳的人数也增多，同时人们与地面或紧急避难层的距离也增加，一旦发生火灾，逃生比多层建筑困难得多。再者由于消防员高空施救难度大，消防水车等设施器材高空运作困难，对于消防设施设备要求更高，这些都导致消防扑救的速度远低于火势蔓延的速度。此外，高层建筑的功能越来越综合化，往往会与地下停车库、地下人防相结合，相应辅助设备较多，使用或维护不当就会造成火灾隐患。因此高层建筑防火的难度更高，需执行更加严格的防火规范，同时做好消防安全设计及防火构造设计是建筑师的基本职业素养，以及不可推卸的社会责任。

与高层建筑消防安全相关的设备设施包括消防

---

[1] 中国建筑标准设计研究院.《建筑设计防火规范》图示：18J811—1[S]. 北京：中国计划出版社，2018. 详见"1.0.1"。

控制室、消防电梯、消防给水和灭火设备、自动灭火系统、机械防排烟系统等。这些设备设施与建筑的集成设计请参考第 3.3 节。

5.3.1 高层建筑的分类和耐火等级

在本书第 5.1 节已经介绍了高层建筑的定义，这个规定与消防安全技术息息相关，我国根据高层建筑的高度、建筑物重要程度、安全疏散的难度等将高层建筑分为一类高层建筑和二类高层建筑（图 5-38 a）。其中超过 24 m 的非单层重要公共建筑都属于一类高层建筑。民用建筑的耐火等级划分为四级，规范对不同耐火等级建筑相应构件的燃烧性能和耐火极限进行了规定。高层民用建筑的耐火等级分为两级，一类高层建筑的耐火等级为一级，二类高层建筑的耐火等级不低于二级。根据建筑的耐火等级、内部空间功能、部位等合理选用符合要求的建材。高度超过 250 m 的建筑防火设计需要提交消防主管部门组织专家论证。

开发商对于价格非常的敏感，为了符合规范要求的同时缩减造价，消防安全规定影响了住宅产品的类型。例如 11 层住宅产品与 32 m 以上的高层建筑需设置防烟楼梯间的规定有关；18 层住宅产品是二类高层建筑，其中建筑构件和材料的选用标准低于一类高层建筑；百米住宅产品是因为 100 m 以上的高层建筑需设置避难层或避难间。有些消防方面的规定也会影响建筑造型，例如防火规范规定"高度超过 100 m 且标准层建筑面积大于 2000 m² 的公共建筑宜设置直升机停机坪或直升机救助的设施"，[①] 望京 SOHO 为整体曲面造型建筑（图 5-38 b），建筑轮廓向上逐层内收直至屋顶，不论是在屋顶设置停机坪抑或是建筑伸出平台放置停机坪都会影响建筑形式。

需要考虑防火安全的建筑构件和材料会进行耐火极限的测试，并标明耐火等级。建筑构件大体上可以分为结构构件、围护构件和装饰构件。这些构件

图 5-38　一类高层建筑与二类高层建筑
（a）示意图；（b）望京 SOHO

---

① 中国建筑标准设计研究院.《建筑设计防火规范》图示：18J811—1[S]. 北京：中国计划出版社，2018. 详见"7.4.1"。

除了满足相应的功能需求之外，还要满足防火要求。

目前现行主要的高层建筑结构材料为钢筋混凝土、钢和木，其中钢筋混凝土的防火性能最好。钢是不燃的材料，但是钢的强度会随着温度的升高而降低，以至于失去承载能力，因此钢结构需要做防火处理，主要的处理方法包括涂抹防火涂料、外包防火板，以及采用钢筋混凝土保护层3种。台北101大厦的钢梁涂有25 mm的防火涂层。在美国早期典型高层钢结构建筑中（图5-39 a），箱形钢柱子的外侧包覆了防火层，钢梁的上部覆盖了混凝土和瓷砖，钢梁的下部吊顶涂抹了灰泥，这些材料都具有一定的防火性能。西格拉姆大厦（图5-39 b）的柱子和梁外侧都浇筑了钢筋混凝土保护层，一方面提高了结构强度，另一方面也起到了防火保护的作用。

木结构分为轻型木结构和重型木结构，其中重型木结构可用于高层建筑结构当中。木构件防火主要包括防火涂料、包覆防火板，以及增加结构构件的截面尺寸。在苏黎世塔梅迪亚办公楼项目中，胶合木结构构件的侧面都多做了40 mm，目的就是使结构构件遇火燃烧后外表面形成碳化层，阻止构件的进一步燃烧，保护时间经测算可以达到1小时。

从而为逃生争取宝贵的时间。该建筑的墙面采用了石膏板，吊顶采用了水泥粘接刨花板，进一步提高了消防安全。

除了结构构件之外，建筑围护构件及装饰材料的耐火极限和燃烧性能也需要满足相应的规范要求。在中海地产南京小龙湾高层公寓项目中（图5-40 a），采用了回字形平面，内部围合出一个天井，为了防止烟囱效应，面对天井的建筑立面所选用的围护材料均满足规范要求，此外在层间还做了防火封堵。室内隔墙采用了装配式ALC板材，耐火极限达到2 h，同时隔墙与地面和顶板相连处做了密封处理。

根据《建筑内部装修设计防火规范》GB 50222—2017，室内装饰装修材料燃烧性能等级分为四级，分别为不燃性A、难燃性B_1、可燃性B_2，以及易燃性B_3。目前常用的室内装饰材料例如石材类、瓷砖类、石膏板、硅藻泥等都具有较好的防火性能，也可以通过表面喷涂防火涂层来提高防火性能，实际项目需要结合情况进行合理地选用和设计。在办公、会展等公共建筑常用的整体装配式墙板（图5-40 b），具备良好的防火、隔声隔热等性能，同时便于安装和清洁。

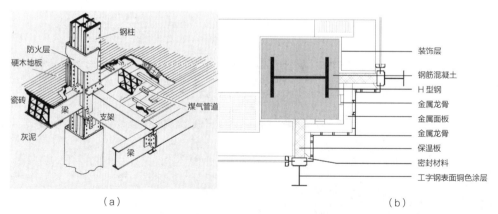

图5-39 钢结构防火构造
（a）示意图；（b）西格拉姆大厦的转角构造

(a) (b)

图 5-40 建筑围护构件及装饰材料的防火实例
（a）中海地产南京小龙湾高层公寓项目工地；（b）南京格满林难燃装配式装饰墙板

5.3.2 高层建筑防火设计

1. 高层建筑总平面布局

在高层建筑总平面设计中（图 5-41a），需要处理好建筑与建筑之间、建筑与道路之间的防火间距；设计好消防车道；布置好消防车登高操作场地，以及高层建筑登高操作面。相关规定可在《建筑设计防火规范》图示 18 J811—1 中第 7.2 条查到。防火间距是消防安全设计的重要环节，它可以防止火灾的蔓延、方便消防救援设施的使用。防火间距除了规范的硬性规定之外，还要根据建筑高度及面积进行设计，确保消防车和消防人员的消防救援操作。此外还需要考虑建筑结构材料和外立面材料的燃烧性能，以及建筑周边环境等情况。有条件的情况下应尽可能地拓宽防火间距，避免火灾扩散。

在北京当代 MOMA 中心设计当中（图 5-41b），消防车道布置在建筑群外侧，可以顺畅的连接到所有的高层建筑，相应的高层建筑登高操作面的设计符合规范规定，内部围合出相对私密和安静的庭院空间。建筑整体功能布局合理，保障了消防安全。

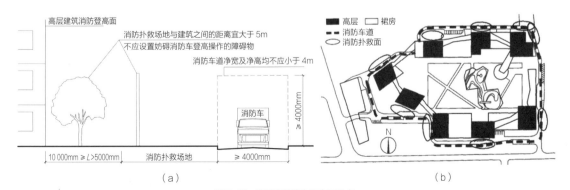

图 5-41 高层建筑总平面布局要点
（a）示意图；（b）北京当代 MOMA 中心总平面

2. 高层建筑防火分区与防烟分区

防火分区指的是将建筑内部空间划分为不同的区域，区域之间通过防火分隔物分隔，当火灾发生时，防火分隔物可以阻止和延缓火灾的蔓延，从而为人员疏散和灭火提供更好的条件。高层建筑地上部分的防火分区最大允许面积为 $1500 m^2$，当采用自动灭火系统时，最大允许面积可增加一倍。这个面积规定是依据民用建筑使用性质、人员聚集程度与疏散难度等条件综合决定的。防火分区根据面积大小设置安全出口，安全出口需要考虑人员密集度、疏散距离等因素。防火分区之间需采用防火分隔物来分隔，通常情况下不同楼层为不同的防火分区，由符合规定耐火极限的楼板或其他分隔物来分开。当不同楼层之间设置中庭、开敞楼梯等连通空间时，需要结合面积和空间要求综合确定防火分区。

防烟分区是针对防火分区内部空间的划分，防止烟雾扩散，以及便于将烟雾排出室外。火灾发生后，各种建材的燃烧会产生烟雾和有毒气体，影响人的呼吸系统，甚至导致人员窒息和死亡。烟雾还会遮住人的视线，导致逃生困难。如果防火分区中，净高太低或者存在排烟困难的空间例如面积过大的房间、长度过长的走廊等，就需要利用机械排烟系统排烟，通过通风管道将烟气和有害气体排出建筑物。所有的防火分隔物都可以用于防烟分隔，挡烟垂壁是专门用于防烟分隔的构件，通常用于连续空间的顶棚之下，采用防火玻璃等耐高温的不燃材料制成，可以有效阻挡烟雾在顶棚下的横向流动，不阻碍空间的流畅与人员的通行。

3. 安全疏散和疏散楼梯间

高层建筑的安全疏散包含安全出口、疏散距离、疏散楼梯间几个主要部分。安全出口是紧急情况下逃生的重要通道，指的是直通室外安全区域的门，以及非地面层的疏散楼梯间的入口。高层公共建筑每个防火分区的安全出口应经过计算确定，且不应少于 2 个，以应对不时之需。安全出口或者说疏散楼梯间的数量、位置、宽度等都应该综合建筑功能、结构、空间等合理确定。疏散距离指的是房间门到安全出口的距离。为了保障紧急情况下人员的安全疏散，规范对于不同情况下疏散距离、疏散宽度等作出了详细的规定。

目前高层建筑的安全疏散主要依靠楼梯，在高层建筑火灾时，电梯用作安全疏散还需要论证，消防电梯主要用作消防员与消防设施的转运。疏散楼梯间包括开敞楼梯间、封闭楼梯间和防烟楼梯间（图5-42），高层建筑需采用封闭楼梯间和防烟楼梯间。封闭楼梯间即楼梯间被封闭起来，联通被服务空间时采用防火门，门的开启方向面向疏散方向。防烟楼梯间带有防烟前室，防烟前室可以比较有效地防止烟雾蔓延进楼梯间，保障疏散楼梯的通畅。通向前室和楼梯间的门均为防火门，以防止火灾产生的烟雾进入楼梯间。前室如无法自然排烟的情况下，须采用机械排烟装置。防火门的开启不能影响疏散楼梯的疏散宽度要求。在实际项目当中，防烟楼梯的前室可以与消防电梯的前室合并以节省空间。

此外，室外楼梯也可以用作疏散楼梯，在 SANAA 设计的日本 Gifu Kitagata 公寓当中（图 5-43a），采用了室外楼梯疏散，同时公寓设

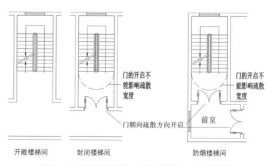

图 5-42 开敞楼梯间、封闭楼梯间和防烟楼梯间

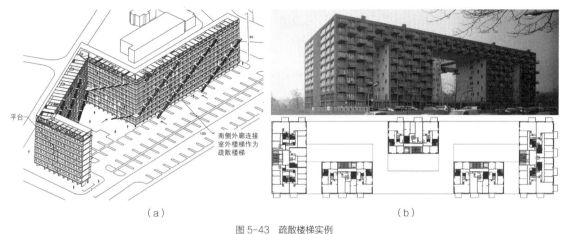

图 5-43 疏散楼梯实例
(a) 日本 Gifu Kitagata 公寓；(b) 阿姆斯特丹帕克兰德公寓

置了很多户外平台，室外楼梯同时连接了不同的室外平台，保障了建筑的消防安全。在 MVRDV 设计的阿姆斯特丹帕克兰德公寓当中（图 5-43b），为了满足每个防火分区两个安全出口的要求，疏散楼梯采用了节省空间的剪刀楼梯，即两个直跑楼梯相互重叠形成剪刀形状，可以作为两部楼梯。两部楼梯之间需完全分隔开，分隔的墙体等构件需满足相应的防火规范要求。

5.3.3 高层建筑防火构造

1. 防火分隔物

防火分隔物是防止火灾蔓延的建筑构件，在防火分区之间必须设置防火分隔物分隔。主要包括防火墙、防火门、防火窗、防火卷帘等。防火墙是由耐火极限达到规范要求的材料制成的墙构件，钢筋混凝土剪力墙、达到规范要求的室内隔墙等都可以作为防火墙。防火墙通常由墙板和密封材料构成，防火墙与建筑地面和顶板交接时不能留有缝隙，所有的密封材料不能低于防火墙的耐火极限要求。防火墙上尽可能不要穿越管线，如有穿越管线需求，需要用防火密封材料填实。

防火门是起到防火分隔作用并能够满足联通需求的构件，通常用于走廊、楼梯间、电梯间、防火墙等位置，防火门需要具备防火、隔热，以及防烟等性能，通常由钢材或其他耐火材料制成，所有的五金配件都需要具备防火隔离功能。防火门需朝疏散方向开启。防火窗通常由钢材和防火玻璃制成，通常用于防火墙、防火门、疏散通道、楼梯间、机房等位置。防火卷帘是代替防火墙的，设置在连续空间当中的防火分隔物，防火卷帘通常隐藏在吊顶之中，在火灾发生时会自动关闭。

所有防火分隔物的构造重点都在于不能留有缝隙。例如隐藏在吊顶当中的防火卷帘必须与梁、楼板等结构构件相连（图 5-44），若留有缝隙或封堵不严，发生火灾后就会成为防火薄弱部位。此外，楼板也是重要的防火分隔物。楼板通常由钢筋混凝土材料制成，楼板厚度的确定除了需满足结构功能之外，还要满足防火要求。上海环球金融中心的钢筋混凝土楼板厚度为 150 mm，北京保利国际广场

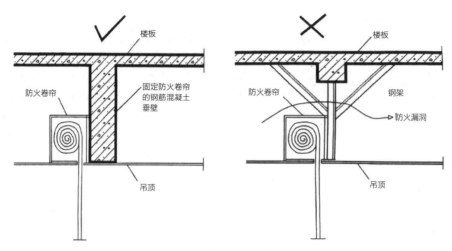

图 5-44 隐藏在吊顶当中的防火卷帘构造

大厦主楼的钢筋混凝土楼板厚 120 mm，台北 101 大厦的钢筋混凝土楼板厚 150 mm，汉考克大厦的钢筋混凝土楼板厚 120 mm，贝鲁特立方体的楼板厚达 300 mm。这些楼板厚度都可以满足相关的防火规定。

2. 防火构造设计重点

防火构造设计重点在于空间联通部位和缝隙的构造处理。高层建筑如果设有中庭等连通空间，则面向中庭的所有墙体、门窗应为防火墙和防火门窗，面向中庭的走廊、回廊等应设置防火墙或防火卷帘，中庭应设置排烟设施，面向中庭的走道应设置自动灭火系统等。[①]在天津滨海图书馆的中庭设计当中（图 5-45），面向中庭的防火墙隐藏在空间家具后面，从而满足防火要求，防火墙的底部与顶部与结构直接相连。同时与中庭联通的空间设置了两道防火卷帘，防火卷帘与钢筋混凝土梁直接相连，没有缝隙。

高层建筑通常情况下会采用幕墙作为围护结构，由于幕墙通常在结构之外并且连续，幕墙与结构之

间就会形成缝隙，那么层间的防火封堵就尤为重要。在北京 CCTV 大楼（图 5-46）中，钢筋混凝土楼板厚度达到了 150 mm，可以满足相应耐火极限的要求，在此基础上，还在架空地板下方做了防火棉，进一步增强了不同层之间的防火隔离效果，防火棉还兼具隔声的作用。水平的防火棉延伸到外侧幕墙龙骨处，将幕墙与结构之间的缝隙填实，同时还设置了一段垂直的防火棉，用钢托板支撑，钢托板与龙骨相连，这段垂直的防火棉挡住了水平防火棉与龙骨之间的缝隙，使封堵更加有效。

5.3.4 高层建筑防火与构造设计案例

1. 水平封堵：法兰克福商业银行总部

诺曼·福斯特事务所设计的法兰克福商业银行总部大厦共 49 层（图 5-47），平面呈三角形，内部带有一个三角形的中庭空间，并在建筑周边设置了多个 4 层高的花园。整个办公空间穿插着错落有

[①] 中国建筑标准设计研究院.建筑设计防火规范图示：18J811—1[S].北京：中国计划出版社，2018.详见"5.3.2"。

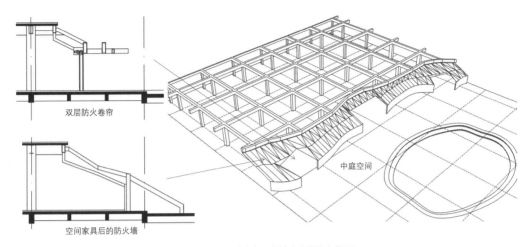

图 5-45　天津滨海图书馆中庭的防火分隔

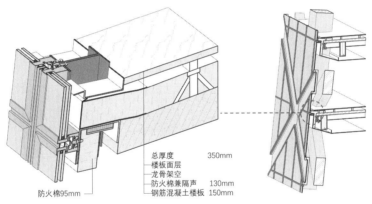

图 5-46　北京 CCTV 大楼楼板与幕墙之间的防火封堵

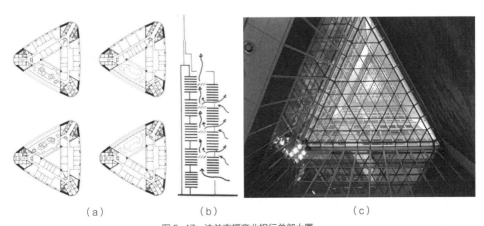

图 5-47　法兰克福商业银行总部大厦
（a）平面图；（b）中庭空间示意图；（c）中庭水平玻璃封堵

致的空中花园，为人们提供了日常交往的场所，缓解了工作压力，成为精神放松和激发办公活力的容器。这种设计可使阳光最大限度地进入建筑内部，并获得最好的景观。中庭空间设置了4个水平玻璃隔断，有效地防止了火灾的蔓延，同时有利于通风和排烟。"水平玻璃隔断将大楼中的天井划分成了4个区段，空气会自然流通横向穿过办公区，每9层为1区段的中庭和空中花园，气流可以通过百叶窗进行调控，发生火灾时，百叶窗可以起到排烟的作用"。①

这栋建筑被誉为生态建筑的模板，建筑外围护结构采用了双层幕墙，中间的空腔起到了气流交换的作用。在玻璃幕墙与结构之间，设置了防火棉封堵（图5-48），防火棉延续到了吊顶当中，进一步增强了楼板的防火性能。防火棉同时也具有保温的作用。钢结构外侧包覆有防火板，钢梁的上下两侧包覆了两层防火板，因为幕墙与结构之间做了防火封堵，所以右侧临近幕墙的位置只包覆了一层防火板。这栋建筑很好的平衡了技术与设计的问题，同时在防火方面的优越性保障了建筑的安全与可靠。

2. 可靠的装修材料：纽约新当代艺术博物馆

SANAA设计的纽约新当代艺术博物馆建在狭小的基址当中，建筑高54 m，竖向上采用了错叠的白色盒子，错动为每一个展厅争取了设置天窗的机

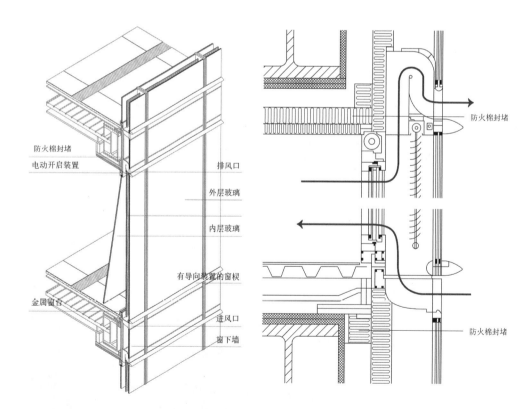

图5-48 法兰克福商业银行总部大楼楼板与双层幕墙之间的防火封堵

---

① 比尔·阿迪斯．创造力与创新——结构工程师对设计的贡献[M]．高立人，译．北京：中国建筑工业出版社，2008：22．

会（图 5-49 b），空间赢得了更好的采光和通风效果。建筑大部分立面上都没有开窗，外部设置了铝合金隔栅网的表皮，给建筑带来了朦胧的美感，使建筑看起来更加轻盈。

建筑设置了两部疏散楼梯间（图 5-49 a），隐身在围护结构当中的钢构件表面都喷涂了较厚的防火涂料，室内露出的钢梁和压型钢板都薄涂了防火涂料。建筑采用了自动灭火系统，该系统被集成进了顶棚当中（图 5-50）。保温材料为玻璃棉，防火性能较好。同时室内装饰装修材料都具备相应的防火性能。用于吊顶的聚碳酸酯板具备较好的防火性能，耐高温并耐热。室内墙面采用了经过防火处理的胶合板，外涂乳胶漆，属于难燃的装饰材料。地面为水泥基材料。建筑通过选用防火达标的材料，合适的防火构造处理和防火保护措施，以及自动灭火系统保障了建筑的消防安全。

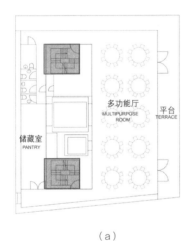
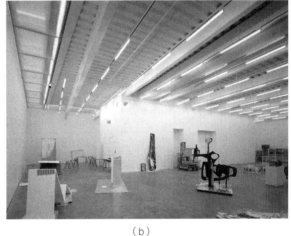

（a）　　　　　　　　　　　　　　　（b）

图 5-49　纽约新当代艺术博物馆
（a）六层平面图；（b）室内空间

图 5-50　纽约新当代艺术博物馆室内构造细部

本节小结

对于职业建筑师来说，建筑防火设计是不容逾越的底线，是服务社会义不容辞的职责。《建筑设计防火规范》GB 50016 和《建筑防火通用规范》GB 55037 几乎可视为是建筑师的圣经。建筑设计人员成为职业建筑师就是从研习防火规范开始的。但是我们需要动态的看待规范和相关问题，例如我国将 24 m 以上的公共建筑划定为高层建筑，这与国产消防车的最大工作高度有关，然而随着技术的进步，这个数值可能会被突破。同时规范也会随着时代发展及社会进步而不断修订，因此对于学生来说，文中的数值多少并不重要，重要的是对方法的掌握和原理的深入理解。

建筑防火构造保障的是人的生命线，高层建筑防火设计要做好总平面布局、设置合理的防火分区和防烟分区、按规定设计好疏散距离和疏散楼梯间、选用符合规范的构件和材料等。高层建筑的所有构件，从结构构件到围护构件再到装饰装修构件都需要满足规范要求。同时对于设备系统要重点关注，对于一些有消防隐患的设备间需要设置防火门和防火墙，有些设备管线要做好防火保护，穿越防火墙的管线要做好防火封堵。高层建筑防火构造需要做好防火分隔物的设置和建筑构件材料的防火构造保护，处理好空间连通部位和缝隙的封堵。总结下来就是"隔"和"堵"两个字，做好分隔，堵好缝隙。然后再结合先进的技术手段监测火灾，采用自动灭火系统及机械排烟系统等，使人们的空中生活安全有保障。

思考题

某 12 层的高层公共建筑设计有 5 层高的中庭空间，结构为钢框架结构，楼板为钢筋混凝土楼板，请结合天津滨海图书馆的案例，为中庭设计隐藏防火卷帘的构造方案，并检查防火卷帘与钢梁及钢筋混凝土楼板之间的关系。

本章参考文献

References

第5.1节

[1] 中华人民共和国公安部,编制.中华人民共和国住房和城乡建设部,批准.建筑设计防火规范:GB 50016—2014(2018年版)[S].北京:中国计划出版社,2018.

[2] 中华人民共和国住房和城乡建设部,主编.中华人民共和国住房和城乡建设部,批准.高层建筑混凝土结构技术规程:JGJ 3—2010[S].北京:中国建筑工业出版社,2011.

[3] 中华人民共和国住房和城乡建设部,批准.高层民用建筑钢结构技术规程:JGJ 99—2015[S].北京:中国建筑工业出版社,2016.

[4] 张建荣.建筑结构选型[M].北京:中国建筑工业出版社,2019.

[5] 刘建荣.高层建筑设计与技术[M].北京:中国建筑工业出版社,2005.

[6] 肯尼迪·弗兰姆普敦.现代建筑:一部批判的历史[M].张钦楠,等,译.北京:生活·读书·新知三联书店,2012.

[7] 吕西林.高层建筑结构[M].3版.武汉:武汉理工大学出版社,2011.

[8] 朱轶韵.建筑结构选型[M].北京:中国建筑工业出版社,2016.

第5.2节

[9] 中国建筑科学研究院,主编.中华人民共和国住房和城乡建设部,批准.建筑抗震设计规范:GB 50011—2010(2016年版)[S].北京:中国建筑工业出版社,2016.

[10] Andrew Charleson. Seismic Design For Architects: Outwitting the Quake[M]. Oxford: Elsevier, 2008.

[11] 刘建荣.高层建筑设计与技术[M].2版.北京:建筑工业出版社,2018.

[12] 卓刚.高层建筑设计[M].2版.武汉:华中科技大学出版社,2017.

第5.3节

[13] 中华人民共和国公安部,编制.中华人民共和国住房和城乡建设部,批准.建筑内部装修设计防火规范:GB 50222—2017[S].北京:中国计划出版社,2017.

[14] 中国建筑标准设计研究院,编制.中华人民共和国住房和城乡建设部,批准.防火门窗:12J609[S].北京:中国计划出版社,2012.

[15] 中国建筑标准设计研究院,编制.中华人民共和国住房和城乡建设部,批准.《建筑设计防火规范》图示:18J811—1[S].北京:中国计划出版社,2018.

[16] Mario Campi. Skyscrapers: An Architectural Type of Modern Urbanism[M]. Berlin: Birkhäuser, 2000.

[17] Alan Colquhoun. Modern Architecture[M]. Oxford: Oxford university Press, 2002.

[18] 杨金铎.高层民用建筑构造[M].北京:中国建材工业出版社,2007.

本章图表来源

Charts Resource

第5.1节

图 5-1（a） Rowland J. Mainstone Structure in Architecture[M]. Variorum, 1999, 97.

图 5-3（a） 雷姆·库哈斯.癫狂的纽约[M].唐克扬,译.北京：三联书店,2015, 35.；图 5-3（b） Alan Colquhoun. Modern Architecture[M]. Oxford: Oxford university Press, 2002, 24.；图 5-3（c） 海伦·托马斯.伟大建筑手稿[M].马尧,婷玉,译.北京：中信出版集团,2019, 254.

图 5-4 翻译自：Talbot Hamlin F. A. I. A, Froms and Functions of twentieth-century architecture[M]. New York: Columbia University Press, 1952: 429, 432.

图 5-5（a） Bill Addis. Building: 3000 Years of Design Engineering and Construction[M]. London: Phaidon Press Limited, 2007: 422, 424. 图中文字标注为作者加注.

图 5-6 由应媛,拍摄.

图 5-11（b） Paul Lewis, Marc Tsurumaki, David J. Lewis. Manual of Section[M]. New York: Princeton Architectural Press, 2016: 60.

图 5-12（b） 肯尼思·弗拉姆普顿.建构文化研究[M].王骏阳,译.北京：中国建筑工业出版社,2007: 191. 图中标注为作者加注.

图 5-13（a） Kenneth Frampton, Yukio Futagawa. Modern Architecture 1851—1945[M]. New York: Rizzoli, 1983: 16.；图 5-13（b） 根据斯蒂文·霍尔建筑事务所（Stevenholl）官方网站资料整理.

图 5-15（b） 翻译自：Edward R. Ford. The Details of Modern Architecture: Volumes2: 1928 to 1988[M]. Cambridge: The MIT Press, 2003, 183.

图 5-16 由南京长江都市建筑设计股份有限公司,提供.

图 5-20 由李东耘、谭新宇,绘制.

图 5-21（a） 引自《中国日报》官方网站；图 5-21（b）、

图 5-22 翻译自：Erol Karacabeyli P. Eng, Conroy Lum P. Eng. Technical Guide for the Design and Construction of Tall Wood Buildings in Canada[M]. Canda: FPInnovations, 2014: 36-37.

第5.2节

图 5-24（a）（b） 根据姚仁喜的大元建筑工场官方网站资料整理；图 5-24（b） 引自2015年东南大学克雷兹建筑展.

图 5-26 中图纸翻译自：EL中文版编辑部.Toyo Ito[M].宁波：宁波出版社,2006, 342.

图 5-27 翻译自：尹志伟.O-14,迪拜,阿拉伯联合酋长国[J].世界建筑,2009(8):30.

图 5-28（a） 由冉旭、张学荣,根据资料绘制；图 5-28（b） 邱锡宏,黄轶.南京紫峰大厦超高层建筑施工技术[J].上海建设科技,2009(2): 35-38.

图 5-29 由周楚茜、唐哲坤,根据资料绘制.

图 5-31（b） 由陈择旭、秦瑜,根据资料绘制.

图 5-32（b） 由高居堂、郎烨程,根据资料绘制.

图 5-33（b） 深圳市建筑设计研究总院,广州大学.深圳市建筑隔振和消能减震技术规程：SJG 56—2018[S].深圳：深圳市住房和城乡建设局,2019.

图 5-34（b） Edward Allen, Joseph Iano. Fundamentals of Building Construction——Materials and Methods[M]. New Jersey: John Wiley & Sons, 2008: 434.

图 5-35 翻译自：Erol Karacabeyli P.Eng, Conroy Lum P. Eng Technical Guide for the Design and Construction of Tall Wood Buildings in Canada[M]. Canda: FPInnovations, 2014: 56.

图 5-36 由张柏洲、周雋恒,根据资料绘制.

图 5-37 根据SOM官方网站整理.

第5.3节

图 5-39（a） Kenneth Frampton, Yukio Futagawa, Modern Architecture 1851—1945[M]. New York: Rizzoli, 1983, 16.；图 5-39（b） 由王昱康、刘璇,根据资料绘制.

图 5-41（b） 中国建筑工业出版社，中国建筑学会. 建筑设计资料集：第 8 分册 [M]. 3 版. 北京：中国建筑工业出版社，2017，155.

图 5-43（a） 翻译自 Farshid Moussavi. The Function of Style[D]. Cambridge: Harvard University, 2014: 81.；图 5-43（b） El Croquis. MVRDV[J]. El Croquis, 173: 94.

图 5-44 翁如璧. 现代办公楼设计 [M]. 北京：中国建筑工业出版社，1995：130.

图 5-46 由姜悦慈、杨大伟，根据资料绘制。

图 5-47 窦以德，等，诺曼·福斯特 [M]. 北京：中国建筑工业出版社，1997，45.

图 5-48 由杨清、陈庆，根据资料绘制。

图 5-49、图 5-50 翻译自：El Croquis. SANAA[J]. El Croquis, 139: 156-170.

第6章 大跨度建筑构造设计专题

Chapter 6　Building Construction Design: Long-span Buildings

我在处理问题时从不考虑美观。但如果解决方案不是很美，我就会知道这是错误的。

——巴克敏斯特·富勒

节点是看得见的，并且是设计者个人风格的表现。

——伦佐·皮亚诺

6.1 大跨度建筑技术发展对构造设计的影响

大跨度建筑通常是指屋盖跨度达到30 m以上的大空间建筑。

某些建筑由于功能需求,必须采用连续性的无柱大空间,如体育馆、影剧院、展览馆、大会堂、候机、候车、候船大厅等公共建筑和工业建筑的大型厂房、飞机库和仓库等,此时就需要建造大跨度建筑。当代的大跨度建筑,其屋盖结构形式主要有门式刚架、薄腹梁、折板、桁架、拱、壳体、网架、悬索和薄膜结构等。大跨度建筑在今日已深入到生活各方面,与人类社会公共性的、日常性的经济、文化、生产活动密切相关。

6.1.1 大跨度建筑技术发展概况

古代西方与中国的大跨度建筑

早在2000多年前的古罗马时代,大跨度建筑就已出现,且作为上层建筑服务于各类社会活动,也触及了市民的日常生活。如建于公元120—124年的罗马万神庙(图6-1),至今尚存。其圆形平面穹顶直径达43.3 m,用天然石材和火山灰混凝土砌筑而成,是古代大跨度建筑技术的经典之作。其穹顶中央开1个8.9 m直径的圆洞,投射下变幻的日光,宏伟壮观且形成宗教性的神秘氛围。穹顶底部厚约6 m,顶部厚约1 m,为减轻自重,其壁体内侧施以叠涩,减薄处理成方形凹格,兼具装饰功效。其技术理念、效能和视觉效果,堪称古罗马时代的登峰造极之作。

在万神庙之前,古罗马还有建于公元1世纪的阿维奴斯某浴场,其穹顶直径约38 m;而在万神庙之后,还有建于公元211—217年的卡瑞卡拉浴场,其穹顶直径约35 m。这两个案例虽一前一后,但技术水平都没有超越万神庙。

与高层建筑技术不同,中国古代的大跨度建筑技术不甚发达,现存可考遗迹主要集中于桥梁建筑领域。据唐寰澄先生研究,中国木拱桥始建于北宋(1032年或1033年)汴梁即今开封,称"虹桥"(图6-2),随后在当时的汴水流域及其周边地区被广泛应用。但明代以来出于种种原因没有再建记录,而早期案例均已损毁。但其核心技术并未就此湮灭,如至今仍大量存活于浙南闽北地区的编木拱桥(图6-3),多达130余座,其中甚至有几座建于明代,大部分建于清代及民国时期,也有近三分

图6-1 罗马万神庙外景与室内空间

图 6-2 《清明上河图》所见之虹桥

图 6-3 浙南闽北地区的编木拱桥

之一建于中华人民共和国成立后乃至近年。其单跨最大跨度达 37.6 m，大多数桥的矢跨比都在（1∶7）~（1∶4）之间。其结构之高效与精巧，以及贴合当地环境和农耕生活氛围的总体气质，堪称精妙绝伦。其实，这些木拱桥都与著名的宋画《清明上河图》中的"汴水虹桥"属同一大类技术，但相对具有更多合理性。中国木拱廊桥传统营造技艺于 2009 年被批准列入联合国教科文组织《急需保护的非物质文化遗产名录》；闽浙两省 7 县 22 座木拱廊桥于 2012 年入选《中国世界文化遗产预备名单》。

6.1.2　近现代西方的大跨度建筑

大跨度建筑在近现代西方得到了迅速发展,究其动因,无外乎三个方面。首先是社会需求,文艺复兴以来神权式微,尤其是17、18世纪资产阶级革命以后,皇权衰落而民权伸张,社会公共活动迅速增长,如大型公共集会、展览、交易等,急需公共性的大空间作为活动场所。其次是建筑结构科学的进步,经典力学理论体系得到进一步完善,建筑结构科学理论研究获得巨大进展。再次是有关建筑材料供应方面的改善,工业革命致使全世界钢产量激增,从19世纪70年代约50万t发展到20世纪初2830万t,仅用了30年时间。再然后,特别重要的是工程经验,18世纪以来,生产力解放促使仓库、工厂、桥梁等大量兴建,积累了大量工程技术经验。

有了以上基础条件,19世纪后半叶以后,大跨度建筑在西方资本主义国家得到迅速发展,特别是第二次世界大战后的几十年更是突飞猛进,建成一大批带有突破性的实例。例如1889年为巴黎世界博览会建造的机械馆(图4-40 b),跨度达到115 m,采用三铰拱钢结构;又如1912—1913年在波兰布雷斯劳建成的百年大厅,直径为65 m,采用钢筋混凝土肋穹顶结构;再如建于1921—1923年法国巴黎奥里机场飞艇库,采用钢筋混凝土肋架拱结构,跨度91 m;建于1953—1954年的美国Raleigh市牲畜展赛馆(图6-4),采用悬索结构,跨度91.5 m;建于1958—1959年的巴黎国家工业技术展览中心(CNIT),采用钢筋混凝土双层薄壳,跨度205 m;美国底特律的韦恩县体育馆,圆形平面的空间跨度达266 m,为钢网壳结构;新加坡国家体育馆是目前世界上最大的大跨度穹顶建筑——跨度高达310 m,采用屋顶可开合的钢结构(图6-5)。

6.1.3　近现代以来中国的大跨度建筑

西方在近现代时期迅速发展起来的大跨度建筑,于19世纪中叶之后逐步引入中国,民国时期开始加快发展,特别是20世纪80年代以来更是飞速进步,进入21世纪之后终于达到世界先进水平。

建于1931年的广州中山纪念堂(图6-6~图6-8),跨度30 m,采用组合分式钢桁架;建于1935年的上海市体育馆(图6-9),跨度42.7 m,采用三铰拱钢桁架,这应该是中华人民共和国成立之前的最大跨度案例;建于1936年的上海龙华飞机库,跨度32 m,采用梯形钢桁架。中华

图6-4　建于1953—1954年的美国Raleigh市牲畜展赛馆

图6-5　新加坡国家体育馆外景

图 6-6　建于 1931 年的广州中山纪念堂外景

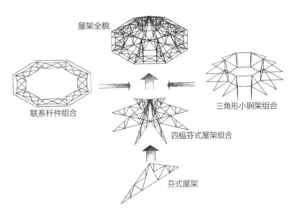

图 6-8　广州中山纪念堂八角形攒尖顶钢屋架组合示意图

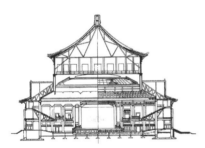

图 6-7　广州中山纪念堂剖面图

图 6-9　建于 1935 年的上海市体育馆外景及三铰拱钢架示意图

人民共和国成立以后，随着国家工业化和社会主义建设的迅速展开，大跨度建筑得以较快发展。如建于 1953 年的重庆人民大礼堂（图 6-10），跨度（内径）46.3 m，采用半球形钢网壳结构；建于 1968 年的北京首都体育馆（图 6-11），跨度 99 m，采用平板网架结构；建于 1975 年的上海市体育馆（图 6-12），跨度达 110 m，同样采用平板网架结构；建于 1994 年的天津体育馆（图 6-13），跨度 108 m，采用球面网架结构。为举行划时代意义的 2008 年北京奥运会而兴建的国家体育场"鸟巢"（图 6-14），其结构主要由巨大的门式刚架组成，共有 24 根桁架柱，建筑顶面呈鞍形，跨度长轴为 332.3 m，短轴为 296.4 m。

除跨度不断加大，中国大跨度建筑技术发展还表现在效率的追求，近年迅速发展起来的充气膜结构堪为代表。我国最早的气膜建筑是 1980 年建成的上海工业展览馆充气展览厅，可见引入较晚，但发展速度却很快。如今气膜结构已广泛应用于工业、农业、会展、电力等领域的大跨度、大空间结构中，且价格低廉，性价比很高（图 6-15）。

总体上看，近代以来，大跨度建筑技术在全球范围内快速发展，日新月异，成为现代建筑潮流中一股不可忽视的重要力量，也推动了人类建造活动不断向前探索。

图 6-10　重庆人民大礼堂外景

图 6-11　北京首都体育馆外景

图 6-12　上海体育馆外景

图 6-13　天津体育馆外景

图 6-14　北京的国家体育场"鸟巢"外景

图 6-15　充气膜结构体育馆外景

6.1.4　大跨度建筑技术特点

1. 结构安全性诉求突出

人类建造活动的技术难度主要表现在两个方向：高度和跨度，故此大跨度建筑技术和高层建筑技术一样，一旦产生突破都是具有标志性意义的。建筑技术进步普遍依赖强度高、刚度大、自重轻，但较小跨度的建筑，是以强度控制为主的，而大跨度建筑则是刚度、自重控制比强度控制更重要——刚度大则变形小、抗裂性高、稳定性好、抗震性强，自重小则结构内力小、变形小、结构高度小、耗材少。

如果大跨度建筑的结构合理，就易于或能够达到

 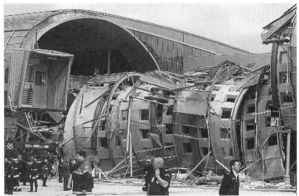

图 6-16　戴高乐机场 2E 候机厅内景（左）及屋顶局部坍塌事故现场（右）

刚度大、自重轻，反之则未必。所以，结构合理性是大跨度建筑技术及其设计的首要原则，必须予以高度重视。然而，世界各地不断发生的各类建筑工程事故即为明证，其中不乏发达国家、建筑大师的大跨度建筑作品也发生坍塌破坏、死伤惨重的案例。

距今最近的即为巴黎戴高乐机场 2E 候机厅倒塌事故。2004 年 5 月 23 日巴黎当地时间清晨 7 点，刚建成不久的戴高乐机场 2E 候机厅屋顶坍塌（图 6-16），造成包括 2 名中国公民在内的 6 人死亡、多人受伤。所幸当时并非客流高峰时段，否则可能造成更大伤亡。戴高乐机场 2E 候机厅造价 7.5 亿欧元，2003 年 6 月建成交付，倒塌时使用还不足 1 年。2003 年底至 2004 年春，编者访学旅行曾两次经过该候机厅，侥幸躲过一难。事隔近 9 个月之后的 2005 年 2 月 15 日，法国政府专此成立的"独立调查委员会"公布了事故最终调查报告，认为设计时的"应对偶然性安全系数不足"导致了候机厅顶棚坍塌。

调查委员会负责人让·贝尔捷解释说，由于最初设计的安全准备不足，顶棚处于"濒临死亡"状态，虽然支撑了一段时间，但抵抗外力的能力却逐渐减弱。一系列结构上的问题使顶棚抗外力强度逐渐受损，最终导致结构坍塌。调查委员会还指出该建筑的一些缺陷：钢筋混凝土骨架不够或定位不好、缺乏当某一局部出现问题时向其他区域分散压力的可能性、连接水泥顶棚和下层玻璃的承梁抗击外力的能力不足等。总之，调查报告认为该候机厅建筑"存在设计缺陷"。无论外界对此报告作何评价，这是迄今为止最权威的调查结论。

无独有偶，现代建筑史上另一桩公案即"西柏林会议厅"（现名为世界文化馆）坍塌事故亦颇能发人深省。该会议厅始建于 1956 年（图 6-17 a），由美国建筑师 Hugh A. Stubbins 设计，采用马鞍形悬索屋盖，但设计上也存在缺陷，引起巨大的钢筋混凝土斜拱之拱体开裂，雨水渗入导致钢筋锈蚀以至不堪负载，于 1980 年 5 月 21 日发生屋盖垮塌（图 6-17 b），并于 1984—1987 年按原样重建，设计也做了改进（图 6-18）。幸好当时一场重要会议刚结束，参会人员大多离去，仅有一位在屋檐下等候出租车的记者不幸身亡，而另一名正在餐厅内工作的服务员则幸免于难。布正伟先生在《现代建筑的结构构思与设计技巧》一书中曾尖锐地指出："西柏林会议厅马鞍形悬索屋盖虽然是对称的，但由于只有两个支点，因而，向两侧悬挑的屋盖结构

（a）　　　　　　　　　　　　　　　　　　（b）

图 6-17　西柏林会议厅
（a）建成外景；（b）屋顶垮塌事故现场

图 6-18　西柏林会议厅设计改进及重建之后外景

是处于极不稳定的'平衡'之中。为了避免屋盖倾覆，设计者不得不设置一道十分复杂的呈空间曲线变化的特大圈梁，与两个斜拱共同起传力作用。殊不知，这是最笨拙的方法！"

可见，维特鲁威早已在《建筑十书》中提出的"坚固、实用、美观"至今并未过时，结构合理性关涉终极意义的安全问题。以上发生在巴黎、柏林等地的惨剧再次提醒人们：无论生活世界如何变化，建筑学基本问题重要性依旧存在。

2. 经济合理性诉求也应高度重视

除去结构合理性之外，大跨度建筑技术在经济方面的合理性也是其设计决策的重要依据，应考虑综合性的经济合理性，而并非仅限于省钱——造价、维护费用、使用寿命等，一并加以通盘考虑和再三权衡。

戴高乐机场2E候机厅造价 7.5 亿欧元，按当时汇率约合人民币 75 亿元，因为发生了结构设计不合理引发的设计缺陷并进而导致不可逆转的安全事故，虽然倒塌部分长度仅 30 m 左右，但为了确保安全，最后只能全部拆除，经济损失惨重。

3. 与建筑形式的关系应经得起拷问

与跨度较小的建筑不同，大跨度建筑的结构形式通常较为强悍，从很大程度上直接影响了建筑的内外观感，对于建筑形式负有直接责任，不同的大跨度结构形式将直接对建筑空间效果产生影响。因此，其形式与技术特别是结构技术之间的关系难免成为拷问的对象，需要足够的合理性诠释。

6.1.5　大跨度建筑技术特点对于构造设计的影响

大跨度建筑技术上述诸多特点，特别是尺度的巨大，决定了建筑师面临着相应的技术难题。这"巨

图 6-19　国家体育场"鸟巢"屋顶的排水构造设计

大"究竟能有多大？试举一例说明，建成于 2008 年的上海浦东国际机场 T2 航站楼包括主楼、候机长廊及二者间的连接体三部分，其中航站主楼长 414 m，宽 150 m；候机长廊长 1414 m，宽 41～65 m；连接体长 292 m，宽 31 m，高度均为近 40 m，足见其"巨大"。由于大跨度建筑空间尺度大，出入口多，流线组织难度相应较大；再者，大跨度建筑空间容积大，通风组织与空调设计难度较大；此外，大跨度建筑空间进深大，采光设计难度也很大。这些都需要依靠建筑师的综合权衡，在和其他各专业的配合中解决。这些技术特点自然也对构造设计产生如下重要影响。

1. 屋面排水困难

大跨度建筑巨大的屋面尺度使得其屋面排水组织较为困难，一则内排水并不适宜，因为凌空落下的雨水管总要依凭柱、墙之类的建筑部件，但却和大跨度无柱空间的基本诉求相抵牾；二来雨水的汇水面积大带来巨大排水量，不便于雨水管和雨水口的位置选择和尺寸控制（图 6-19）。

2. 节点构造设计超乎寻常的重要

由于大跨度建筑的结构形式通常较为强悍，从很大程度上直接影响建筑内外观感，特别是当其屋顶结构直接呈现于视野之内而不是被吊顶、饰面遮蔽时，结构构造直接身兼建筑构造，其节点设计将会成为至关重要的环节（图 6-20、图 6-21）。

3. 接地方式设计须引起重视

大跨度建筑强悍的结构如何接地——以恰当的方式将重力有效地传至基础和地基，并对其视觉呈现负责？任何结构的工作都是为了平衡万有引力，在地球上建造正是需要解决重力问题，而接地构造设计将要直接对此加以回应（图 6-22），这正是其重要性所在。

图 6-20　卡拉特拉瓦设计的里昂国际机场航站楼屋顶结构暴露而不是被遮蔽

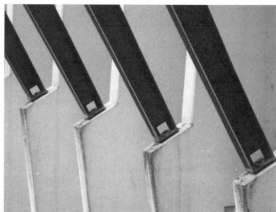

图 6-21 里昂国际机场航站楼结构/建筑的节点与构造设计处理

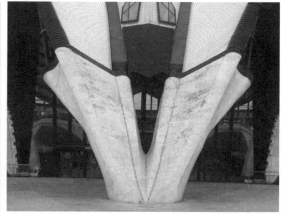

图 6-22 里昂国际机场航站楼屋顶结构接地方式设计处理

本节小结

大跨度建筑技术古已有之，西方较为发达。近现代以来，大跨度建筑技术携工业文明之威在世界范围内不断发展，中国也在近一个世纪内追赶了潮流，逐步成为新技术的试验场。大跨度建筑技术在结构合理性、经济合理性应得到足够关注，故此其与建筑形式的关系也常被拷问。凡此种种，都对其构造设计产生各层面的诸多影响。

思考题

请比较古代中西方大跨度建筑技术发展之特点，阐释其共性和差异。

6.2 大跨度建筑结构类型及其构造设计

一般来讲，大跨度建筑按其结构类型可分为桁架、拱、刚架、网架、薄壳、网壳、折板、悬索和膜结构等，近年来一些新兴的复合型、杂交型结构也层出不穷，包括张弦梁、索桁架、桁架梁等。以上分类是仅就其基本性状而言的，尚未将材料和工程因素纳入进来考虑，而一旦如此就更为复杂。特别是其构造，与具体结构类型的选材有直接关系——采用钢材、钢筋混凝土、木材、塑料等不同材料，其基本构造自会千差万别。限于篇幅，这里仅就目前较为常见的几种大跨度建筑结构及其构造设计稍作阐释，以便读者深度了解其设计思维，起参考、借鉴之功。

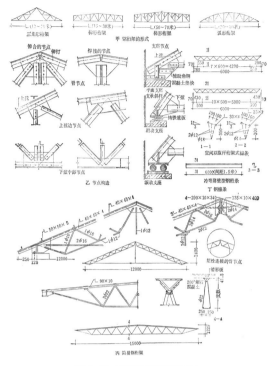

图 6-23 桁架基本类型示意图

6.2.1 桁架结构及其构造设计

1. 桁架结构的定义、分类、特点及适用范围

桁架是由杆件组成的格构式结构体系，杆件内力为轴向力，可充分利用材料强度，减少耗材及自重，增大结构跨度。基于形态差别，桁架大体可分为以下几类（图 6-23）：

① 三角形桁架：跨度 ≤ 18 m，坡屋顶，用材为钢材、木材、钢木组合或钢筋混凝土；
② 拱形桁架：18 m ≤ 跨度 ≤ 36 m，弧形屋顶，用材为钢材或钢筋混凝土；
③ 梯形桁架：18 m ≤ 跨度 ≤ 36 m，缓坡屋顶，用材为钢材或钢筋混凝土；
④ 门形桁架：桁架式刚架，跨度 > 36 m，结构与视觉整体性皆好，用材为钢；
⑤ 异形桁架：形式多样，用材多为钢。

桁架结构具有悠久历史，也是日常生活中最为常见的中大跨度建筑结构类型，之所以使用范围面广量大，还是和它自身的特点有关：首先，桁架上、下弦杆件的线形变化易形成丰富的屋顶轮廓与室内观感，高效达成空间形塑目标；其次，桁架用材选择与搭配较少受限，包括纯粹用钢材的钢桁架、纯粹用木材的木桁架、纯粹用钢筋混凝土的钢筋混凝土桁架，还有混用钢材与木材的钢木组合桁架（图 6-24），可供设计者选项较多；再次，每一榀桁架之间的联系构件不仅起到加强结构整体性、提高抗侧刚度等作用，还可以丰富建筑空间视觉效果，加强建构学意义上的可读性。

桁架结构并不适用于超大跨度的建筑，但对于常见的中等规模及以下的体育馆、影剧院、火车站、展览馆、航空港与会议中心等公共建筑，以及工业

图 6-24 桁架用材选择
(a) 钢；(b) 木；(c) 钢筋混凝土；(d) 钢木组合

厂房而言，可应付裕如。

2. 桁架结构的构造设计要领

首先，应基于桁架自身的结构受力特点做好精准选材，如钢木组合桁架，应分清楚究竟哪些杆件受拉和受压，受拉杆件采用钢材，就可以最大限度地发挥其自身的力学性能。其次，在目前乡村振兴有关建设活动方兴未艾的背景下，应关注"非正规"设计的桁架结构如何以小材拼大料从而实现节材降耗，如钢木组合桁架下弦杆一般较长，难以寻找到合用的整根木料，而以钢板、螺栓连接两根短料拼成长料就成为不二之选（图 6-25）。最后，桁架节点连接构造方式可选项很多，从最现代化的焊接、螺栓连接到较为原生态的扒钉（马钉），应有尽有，应根据项目自身具体条件选用合宜的连接构造方式。

6.2.2 网架结构及其构造设计

1. 网架结构的定义、分类、特点及适用范围

网架是由很多杆件按一定规律组成的网状结构体系（图 6-26），杆件互相支撑，形成多向受力的空间结构，整体性强，稳定性好，空间刚度大，因而跨度较大。网架和桁架都依靠杆件承受轴向力发挥结构效能，但桁架通常为平面结构，而网架则是空间结构。

网架结构的优势在于：首先，其杆件内力主要为轴向力，可充分利用材料强度，减少耗材。其次，

图 6-25 钢木组合桁架或木桁架下弦杆以钢板、螺栓连接短料拼成长料

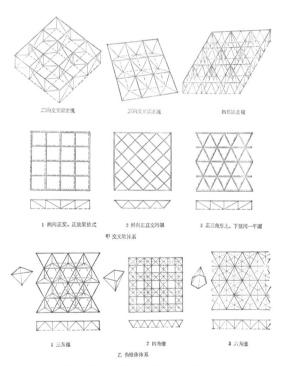

图 6-26 （平板）网架基本类型示意图

网架结构高度较小，可有效利用空间。再次，其杆件规格简明、统一，利于工厂化生产，也能创造多样化大空间，适合各种平面形式。最后，网架常用于体育馆、火车站、展览馆、会议中心等大型公共建筑的屋顶及入口雨篷等工程中（图 6-27）。

网架结构种类较多，若按外形，可分为：平板网架（自身没有侧推力，简支支座，构造简单，应用最广）和曲面网架（多数有侧推力，支座复杂，造型独特）；若按材料，可分为钢网架（杆件为钢管或角钢）和木网架（杆件为木制，中国因木材资源问题几乎不用，仅见于资料），以及钢筋混凝土网架（因施工吊装技术复杂中国也几乎不用，仅见于资料）；若按自身构造，可分为单层网架（部分曲面网架）和双层网架（所有平板网架及部分曲面网架）。

2. 网架结构的构造设计要领

网架杆件为角钢时，其杆件连接多用焊接或螺栓连接；杆件为钢管时，其杆件连接通常采用球形节点，

图 6-27 网架用于体育建筑、办公建筑大厅、空港航站楼，以及公共建筑入口雨篷场景

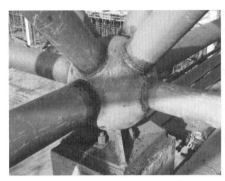 

图 6-28　钢网架球节点构造设计两大常见类型：焊接球和螺栓球

图 6-29　钢网架屋面构造找坡以上弦节点加焊短支座之高度差形成屋面坡度

杆件与钢球之间则用焊接或螺栓连接（图6-28）。

网架结构大跨度建筑的屋面构造，其排水找坡分为两种，一种是网架结构自身起坡，即所谓结构找坡，各节点标高变化复杂，较少采用；另一种是屋面构造起坡，即所谓构造找坡，以网架上弦节点加焊短钢管或型钢（角钢、工字钢）等，成为短支座，通过调整不同位置短支座的高度形成屋面坡度（图6-29）。

6.2.3　悬索结构及其构造设计

1. 悬索结构的定义、分类、特点及适用范围

悬索结构是由柔性受拉索及其边缘构件所形成的承重结构。其受力特点是仅通过索的轴向拉伸来抵抗外部荷载，无弯矩和剪力，可充分利用材料强度（图6-30）。

从外形看，悬索结构可分为单曲面悬索和双曲面悬索（图6-30）；从索网布置方式来看，悬索结构又可分为单层悬索和双层悬索。二者综合来看，常见种类有单层单曲面悬索、双层单曲面悬索、双曲面轮辐式悬索和双曲面马鞍形悬索结构等。

悬索结构因其钢索自重小，屋盖结构轻，安装过程无须大型起重设备，故施工较简便。悬索结构不仅跨度大、材料省、易建性较强，且形式多样，布置灵活，能适应多种建筑平面。但悬索结构易被风荷载破坏，其结构分析与设计理论比常规结构复

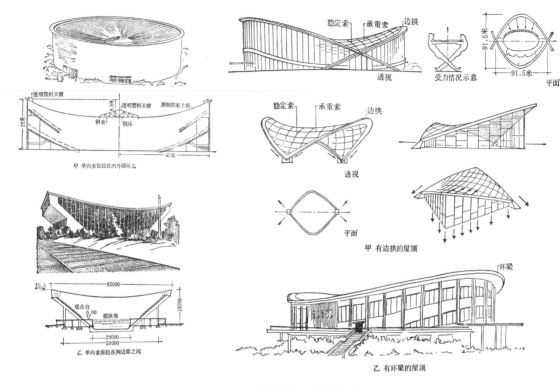

图 6-30　悬索结构基本类型示意图

杂，限制其广泛应用。

因其如上特点，悬索结构主要用于大跨度桥梁工程，以及体育场、体育馆、展览馆等大跨度屋盖结构（图 6-31）。

2. 悬索结构的构造设计要领

首先是根据项目条件选材。索材可用钢丝束、钢丝绳、钢绞线、链条、圆钢，以及其他受拉性能良好的线材；屋面覆盖材料宜选用自重轻的金属板材、复合板材。其次是悬索结构的屋面构造设计，其节点连接方式涉及屋面排水、保温隔热、隔声降噪等方面的具体性能。最后是在悬索之上布置屋面构造必需的支座、檩条等构件，较为特殊和复杂，应在满足各种技术指标的前提下尽可能整合设计要素，提高设计效率。

6.2.4　膜结构及其构造设计

1. 膜结构的定义、分类、特点及适用范围

利用各种金属骨架（多为钢材）、锚点、索网，将各种纤维织成的基布上涂敷树脂或橡胶而成的薄膜材料吊挂、绷紧成为覆盖面，进而形成可用空间的建筑（图 6-32）。

按照薄膜的受力方式，膜结构建筑可分为张拉膜结构、支承膜结构，以及充气膜结构三大类，前二者较为常见，而后者近年才在中国逐步推广（图 6-33）。

由于薄膜很轻，只能承受拉力，故屋面自重小；正因如此，膜结构建筑构造简便，装配化施工，安装迅速，便于拆卸、搬迁和重复利用。此外，薄膜

图 6-31　东京代代木体育馆富有表现力的屋盖采用悬索结构

图 6-32　巨石状 ETFE 膜结构立面建筑——西班牙普拉森西亚会议中心和礼堂

还可滤除大部分紫外线,防止内部物品褪色。自然光透射率较高,在结构内部产生均匀的漫射光,无阴影与眩光,具有良好显色性。夜晚在周围环境光和内部照明的共同作用下,膜结构表面发出自然、柔和的光彩,十分悦目。特别是张拉膜结构,其双曲面自然形态,受力状态一目了然,外观轻盈,可读性强;屋面形态随着撑杆数量、方向、位置、高度,以及索网的牵引、锚固方向、锚固部位而变化,千姿百态。

但膜结构毕竟是轻型的,其抗风能力较差,膜布材料易老化。

有鉴于此,膜结构适合各种平面形和跨度,造型自由度较大,膜材色彩丰富,有较大发展潜力。主要用于各种临时性、半永久性或永久性建筑,大到世博会展馆、空港航站楼、体育馆、火车站,小到雨篷、候车亭,以及建筑小品等(图 6-34、图 6-35)。

须引起注意的是,按我国现行有关消防规范,膜结构更适宜做景观小品,真正带有完整气候边界的建筑要用膜结构,则多应设消防水炮,成本较高,以至于膜结构在公共建筑中使用率较低。

2. 膜结构的构造设计要领

膜结构建筑设计基本原则是着重考虑风荷载,合理选择拉索支点、曲率和预应力值;支撑体系、锚点与拉索布置应使膜布表面呈纤维弯曲方向相反的双曲面,且拉索应有适当预应力,确保抵挡任何方向的风荷载并保持膜布的绷紧状态和原有形态。

构造设计方面,首先应在每一结构单元布置足够拉索或骨架,使膜布表面形成光滑的连续曲面而非多棱曲面;其次是膜结构屋面应有足够坡度,避免积存雨雪;最后是尽可能简化膜与支承结构间的连接节点,降低现场施工工作量,同时支承结构也应轻量化,以充分彰显空间的(半)透明及其轻巧的形态。

综上,大跨度建筑结构类型多种多样,常见的桁架、网架、悬索、膜等各有特点,前二者皆为杆

图 6-33　张拉膜结构、支承膜结构及充气膜结构

图 6-34　丹佛国际机场膜结构屋顶外景

图 6-35　上海站北广场膜结构雨篷外景

件受（轴向）力，效率较高，悬索和膜的效率则更高；曲面网架、悬索和膜受力较复杂，形态也因此更为丰富多变，但后者找形及下料（剪裁）也很复杂。应根据项目在预算、周期、承建单位工程技术水平、现场条件等具体状况加以灵活选择与处理。

6.2.5　大跨度建筑结构类型及其构造设计案例

1. 桁架：德国纽伦堡朗瓦萨居住区某教堂

该新教教堂 1986 年建于德国纽伦堡朗瓦萨居住区（图 6-36），建筑师是 Eberhard Schunck 和 Dieter Ullrich，结构工程师是慕尼黑的 Fritz Sailer 和 Kurt Stepan。朗瓦萨居住区的普世美尼卡尔奇中心是其核心地带，拥有未经修饰的重建石头外墙和锌板屋顶，在纽伦堡郊区的异质性中创造了一个宁静的焦点。该综合体 10 栋建筑分布在南北轴线两侧，是主要的环形地带。它穿过一条并不十分重要的东西轴线，形成中央广场。新教和天主教教堂在此呈掎角之势，前者也用于宗教服务之间的公共活动，空间开放而明亮。南向空间设天窗和前立面开启，外面的景色尽收眼底。

单翼屋顶外露结构由精致、醒目的型钢组成：铰接在柱子上的桁架支撑着屋顶（图 6-37），承载间距为 2.3 m 的檩条，反映了建筑的网格化结构。为保证刚度，有必要将屋顶设计为板，从而在屋顶板、墙壁和中部混凝土通道之间限定一种适当的传力细节。桁架由成对的角钢组成，角钢之间焊接有 I 形截面；下弦由两根圆杆组成。支柱通过固定在端跨檩条上的系杆进行稳定（图 6-38）。桁架之上是由 H 型钢檩条、与檩条垂直的椽子（龙骨），以及保温层、屋面板等组成的屋面构造系统。由桁架支撑的屋顶及其笼罩之下的室内空间整体效果显得明亮、轻盈而又有工业时代普罗大众唾手可得的平易之美。

2. 两铰拱：意大利热那亚的布林轻轨车站

建于 1994 年的意大利热那亚的布林轻轨车站由伦佐·皮亚诺建筑工作室担纲设计（图 6-39），结构工程师是来自当地的 Mascia 和 D.Mascia。

设计者为该市轻轨车站开发了标准化但又可变的建筑,系统，可适用于不同区位。部件大多是预制的，因热那亚地处海滨，空气盐分较高，这些预制构件得到精心保护，以防腐蚀。布林站的设计标志着轨道交通网从地下隧道切换至高架系统，可谓是典型的基本型。因此该站有两个主要部分：在道路层面有一个入口区和机房，仅限于高架轨道正下方区域。置于 17.5 m 中心的刚性固定基础框架，跨度为 9.5 m。这些框架由螺栓和焊接箱形截面大梁组成。道床包括与框架成直角的悬挂式次梁，并与钢筋混

图 6-36 德国纽伦堡朗瓦萨居住区某教堂外景

图 6-37 德国纽伦堡朗瓦萨居住区某教堂内景及桁架细部

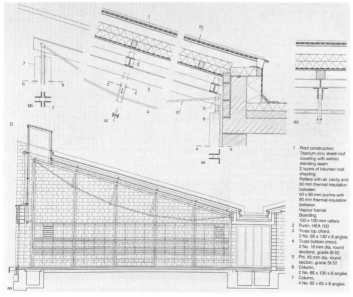

图 6-38 德国纽伦堡朗瓦萨居住区某教堂剖面图及屋顶详图

图 6-39 意大利热那亚的布林轻轨车站鸟瞰及内景

凝土面板共同作用（图6-40）。

另两个箱形截面梁支撑在框架上，形成平台。这种重型底座与90 m长的轻质大跨度站棚屋顶形成鲜明对比。每隔2.5 m设有一榀两铰拱屋架，跨越13 m宽的平台和轨道。拱架由三个独立部件焊接在一起，承载着由太阳能控制玻璃平板构成的屋顶覆盖层，这些玻璃平板像瓦片一样排列，以满足建筑外形的需求，榀间大量使用了不锈钢剪刀撑，以确保结构整体刚度和稳定性（图6-41）。因为是钢—玻璃结构，主要节点均采用焊接和螺栓连接。

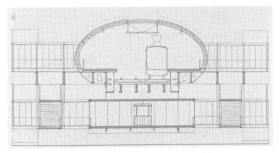

图6-40　意大利热那亚布林轻轨车站剖面图

3. 悬索：中国泰州师范学校体育馆

建于1999年的泰州师范学校体育馆位于中国江苏省泰州市师范学校校园内（图6-42），建筑设计者为东南大学建筑设计研究院，东南大学建筑学院单踊教授团队主创，结构设计由东南大学土木工程学院单键教授团队负责，施工组织由东南大学土木工程学院郭正兴教授团队负责，建成后已成为该校标志性建筑。该工程屋盖采用双曲抛物面鞍形索网结构，平面近似菱形，对角尺寸为69.6 m×67.2 m，平面面积约为3459.5 m²。

索网悬挂在4根直线形现浇钢筋混凝土箱形边梁上，大梁截面为1400 mm×1800 mm，索网共设有承重索（主索）40束，稳定索（副索）41束，皆采用钢绞线。索网网格水平投影尺寸为

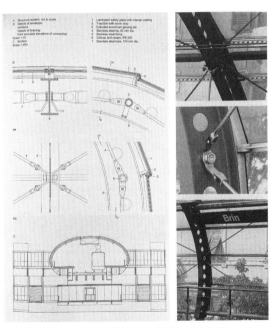

图6-41　意大利热那亚布林轻轨车站细部及详图

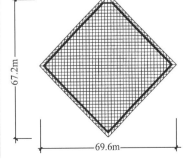

图6-42　中国泰州师范学校体育馆外景及平面示意图

1.6 m×1.6 m，中央主索矢度和中央副索拱度均为6 m（图6-43）。

锚具及其配件设计：工程选用低松弛镀锌钢绞线，并自行设计了一套非标准带微调的夹片锚具。主索使用双孔夹片锚具（图6-44），副索使用单孔夹片锚具。可对索内力适当调整，有利于索网成形。还针对主索与副索间的连接与固定，专门设计了夹具和立柱（图6-45）。

钢索防腐和防火处理：悬索结构常规的钢索防腐处理较复杂，需除锈、涂油、包裹，工期长且费工。项目对此简化，直接采用镀锌钢绞线，包覆厚度为1 mm以上的高密度聚乙烯塑料保护层，并直接在索网、立柱及夹具上涂刷防火涂料。

所有主副索都安装完毕、调整后，索网曲面初步成形，其上安装夹具、小立柱及剪刀撑。之后，小立柱上方再安装槽钢檩条，采用高200 mm、厚1.6 mm的内卷边槽钢（图6-46）。为使索网受载均匀，檩条架设在索网节点立柱上，以角钢连接。檩条（投影）步长为1.6 m，每段檩条实际长度的确定须用现场实测法，即在索网张拉结束，立柱、剪刀撑都拧紧到位后，现场实测每段檩条的具体尺寸，并标注在平面图上，据此下料、加工和安装（图6-47）。可见，并非每一根材料的尺寸皆可在项目开工前就能在图纸上精准预设，技术细节设计和施工并行、交叉是工程设计常态，设计者不下工地显然是罔顾科学精神的——技术设计尺寸和工程设计尺寸（下料尺寸）之间并非总是能够完全一致。

在钢索檩条安装完毕后进行屋面构造施工——

图6-43　泰州师范学校体育馆悬索结构施工现场可见主索和副索呈索网网格

图6-44　泰州师范学校体育馆悬索结构施工现场可见锚具及张拉钢索应力测试

图 6-45 泰州师范学校体育馆悬索结构施工现场可见主、副索连接专设夹具及立柱

图 6-46 泰州师范学校体育馆悬索结构主、副索连接专设夹具、立柱及安装好的檩条

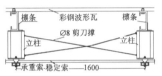

图 6-47 泰州师范学校体育馆悬索结构屋顶构造实景及详图

图 6-48 泰州师范学校体育馆悬索结构施工现场人力输送彩钢屋面板

铺设彩钢屋面板。该分部工程由上海宝钢集团彩色钢板厂负责施工,主要质量指标是采用隐藏式卡扣固定彩钢板,现场轧制,整体安装,确保满足防水、保温等建筑性能要求。在 20 世纪末中国人口红利正值高峰、人工较为便宜的状况下,施工现场出现了一长队工人头顶高举长条形彩钢屋面板,向屋顶工作面攀登、输送、就位、安装的奇观(图 6-48)。

本节小结

无论跨度多大,大跨度建筑也属于建筑,并不因其空间尺度、技术难度和投资规模等超常而例外于基本规律。而建筑设计从来没有、也不可能有标准答案。任何一种设计解答都反映出客观条件的制约以及业主、设计者等的个人理解与偏好,在比较、差异与变化中体现某种特定的价值观。同理,在大跨度建筑结构类型考量既定的前提下,其构造设计作为微观层面的建筑设计,也没有标准答案,也应因地、因时、因事、因人制宜。

思考题

具体项目运作中,该如何选择大跨度建筑结构类型及其构造设计方向?请以图 6-47 为例加以针对性地说明。

6.3 大跨度建筑屋顶与接地构造设计

顶天立地，天经地义。面向天空，触接大地，这是每一个建筑都无法回避的真切需求和现实境况。那为什么要把大跨度建筑的屋顶和接地拿出来给予专门的讨论？这是因为大跨度建筑有其自身特点，那就是空间尺度大、技术难度大，又大多采用空间结构形式，以至于屋顶结构复杂，结构安全和屋面排水困难，而接地形态及其构造措施也相应复杂。

6.3.1 大跨度建筑屋顶构造设计

大跨度建筑屋顶多采用空间结构承重，除了与一般屋面一样要考虑防水、保温、隔热之外，在保证屋顶有足够刚度并满足抗震要求的同时，宜选用轻质材料以减轻屋面荷载，更应注意消防安全和便于检查维修。而屋顶构造包括承重结构和屋面，屋面由防水层与屋面基层组成。因钢筋混凝土具有自防水性能，故钢筋混凝土薄壳屋顶有一定的抗渗性，壳体本身就是结构层又是屋面。而其他屋顶由于采用防水材料不同而基层构造各异，为减轻屋顶自重，常采用金属板、钢丝网水泥板及轻质混凝土板、复合板材等屋面板。供各种结合件与网架的杆件或悬索的索网连接，屋面板之上再进行防水处理。在一般有檩条、椽子，以及屋面板的屋顶，则在屋面板上做防水层，其构造与一般屋面相似。而室内温度高、湿度大的屋顶则需设置隔汽层，以防止水蒸气向屋面渗透，并应设通风层以排放潮湿气体。

1. 大跨度建筑屋顶构造分类

根据面层防水材料之不同，大跨度建筑屋顶可分为以下几种。

1）卷材防水屋面

主要适用于大跨度建筑平屋面防水。常见防水卷材虽种类繁多，但皆属于有机高分子材料，易于卷曲、运输和铺装。具体包括橡胶类、合成橡胶和树脂类等，如常见的PVC卷材或三元乙丙橡胶卷材。因其防水效果较好，使用寿命可达20、30年，且施工简便，但造价较高，故常用于等级较高的大型公共建筑（图6-49）。

2）涂膜防水屋面

其形成机理是在屋面基层施以防水涂料，使其表面形成不透水的薄膜，屋面从而获得防水性能。

图6-49 卷材防水屋面使用的防水材料及施工现场

其优点是可在常温下施工,操作简便,适合于各种曲面屋顶和各种复杂形状的屋面,使用寿命可达 10 年左右,屋面自重较轻(图 6-50)。

3)金属板屋面

以薄型镀锌钢板、镀铝锌板、铝合金瓦或铜材等做防水层,厚度不足 1 mm(图 6-51)。其优点为自重轻,利于减轻屋顶荷载,防水性能好,使用寿命可达 30 年以上。缺点是拼缝多,施工现场工作量大,造价较高,故多用于较高等级的大型公共建筑。金属板屋面的构造层次一般是在檩条上先固定木屋面板,再在木屋面板上钉牢金属板。为防水保险起见,应在金属板材下加铺一层防水卷材。

4)彩板屋面

彩板是彩色压型钢板的简称,常用于大型公共建筑尤其是大跨度建筑屋面。彩板为厚度仅为 0.4～1 mm 的薄钢板,其表面经防腐处理,镀锌、涂饰并辊压成各种断面的型材。根据其断面形式,彩板可分为波形板、梯形板及带肋梯形板。其优点在于轻质高强,施工便捷,色彩丰富,使用寿命为 10 年到 30 年不等,但造价较高。根据其材料组成又可分为单层彩板和夹芯保温彩板。单层彩板用于屋面须另加保温层,而夹芯保温彩板则是在工厂生产环节就完成保温层设计——两层薄钢板之间填充聚氨酯泡沫塑料板,三层板材复合成形后,实现了防水、

图 6-50 涂膜防水屋面使用的材料及施工现场

图 6-51 金属板屋面使用的材料及施工现场

保温、饰面等多种功能一体化，因此又称复合彩板（图6-52）。彩板屋面一般是将彩板直接搁置于檩条上，用各种螺钉、螺栓连接。彩板间拼缝可为搭接、卡扣及锁边。为防水起见，屋面板纵长方向（即排水水流方向）最好不要出现接缝。若长度较长，屋面板之间可用搭接连接。在施工现场直接辊压成形，可以用于总长达数十米的整块屋面（图6-53）。

2. 大跨度建筑屋顶构造设计原理

1）分区排水

大跨度建筑屋面尺度大，一旦发生暴雨，汇水量之巨超乎想象，必须组织好排水设计，以利迅速排水。其最重要原则就是——分区排水，同防火分区、分区疏散的理念相似，将大尺度问题转变为小尺度组合，以降低难度——大事化小，小事化了。这是建筑设计思维中经常需要借助的经验。其具体做法略述如下：

首先是屋面区域划分与分水线设置。施工图设计中，应明确表达不同排水方向相邻屋面之间的交界线、瓦材大小和形状、接缝位置、屋脊分水线及天沟位置。檐沟应结合建筑形式具体考量，落水管可置于墙内，做暗管处理。

其次是屋面特殊部位如天沟、泛水、斜沟、檐口、雨水口，以及屋面防雷等均应做好构造设计。如天沟的深度必须考虑汇水量并给予足够尺寸，同时应结合屋顶结构和形态大势做好排水坡度设计。以泰州师范学校体育馆为例，其天沟位于屋顶的钢

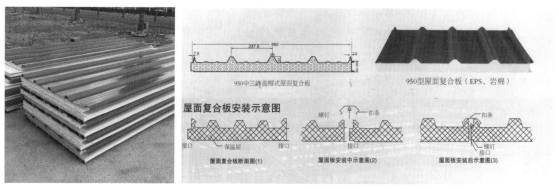

图6-52 复合彩板屋面使用的材料及块材拼合构造示意图

（a）

（b）

（c）

（d）

图6-53 南京禄口国际机场T2航站楼屋面彩板铺设现场
（a）现场弯弧板压制；（b）现场直立锁边板压制；（c）现场屋面板安装；（d）直立板锁边

筋混凝土大梁边缘，由于采用菱形平面、悬索结构，双曲面屋顶的屋面雨水完全汇聚到坡度很大的四条天沟中，又由于天沟长达数十米，因此在沟内采用立砌单砖将其分段，以分区汇水（图6-54），并按立面上柱距有规律地设雨水口，有组织收集雨水，将雨水管附着于钢筋混凝土结构柱外表，引致地面排放至室外明沟。

又如泛水设计，金属瓦材屋面须将瓦材上翻钉入立墙槽口内，嵌缝油膏封口。涂膜防水屋面须将防水层向上延伸到女儿墙顶部金属板泛水之下。

2）保温隔热

大跨度建筑屋顶主要由承重结构、屋面、基层、保温隔热层及屋面面层组成。传统做法大多基于屋面基层搁置保温隔热层，分有檩和无檩两类。有檩做法是承重结构上置檩条，然后再放置单层或多层龙骨，之上再搁置屋面板。而无檩做法则是在承重结构上直接搁置屋面板，保温隔热层设于面层之下，或挂在格栅之下，亦可在吊顶之上，可见此类做法较为简易。

近年来，将饰面和保温隔热性能合成一体的趋势较为明显，复合彩板应运而生。它是将彩色涂层钢板或其他面板及底板与保温芯材通过胶粘剂（或发泡）复合而成的保温复合维护板材（图6-52）。其特点是：重量轻，仅 $10~14\ kg/m^2$，相当于砖墙的 1/30；保温隔热及密封性能好；施工方便，安装灵活快捷，工期较短；外形严整，无须另做表面装饰；强度高，抗弯抗压。其面材主要有彩涂板、镀锌板、不锈钢板、铝箔纸板、PVC板、三合板等，芯材主要有EPS、岩棉、玻璃丝棉、阻燃纸蜂窝板、聚氨酯等。

3）建筑马道

大型公共建筑如体育场馆、会展中心、影剧院等，其屋盖结构常采用大跨度空间与相应结构，其上通常设置灯光、音响及其他一些舞台控制设备，以便场地开展活动时用于照明、电声等。而架在高空中的大跨度结构可到达性较差，为了对这些电器设备进行必要的日常维护或修理，就必须给运行、检修提供相应的、用于高空行走的通道——"马道"（图6-55）。它是通过大跨度结构设计预留的，即悬挂于大跨度屋顶结构之上，留足相应高度与宽度的人行空间，考虑到承重达标、方便维护操作即可。

4）吊顶及设备

如上所述，大跨度建筑屋顶主要由承重结构、屋面、基层、保温隔热层及屋面面层组成。而吊顶正与屋面类似，是附着于屋顶结构上的构造部件及其相关措施，只是二者的位置有显著区别——屋面

图6-54　泰州师范学校体育馆钢筋混凝土大梁内缘设天沟以单砖立砌、分区汇水

通常在屋顶结构层之上，而吊顶通常在屋顶结构层之下。如果说大跨度建筑屋面构造分为有檩和无檩两类，那么吊顶通常与檩条无涉，而是借助一层层龙骨，生根于屋顶结构层，向下悬挂（铺设）而成（图6-56）。

6.3.2 大跨度建筑接地构造设计

建筑不是空间站和宇宙飞船，即使是，也无法完全摆脱万有引力的控制。因此，立足于大地之上的建筑将以何种方式触接大地就成为一个问题——洞穴是深深掘进大地、树屋是高高架空离地（水），而土房则似乎是由大地自然生长出的一个细胞。从古至今，建筑接地所形成的整体状态无外乎以上三类，但现代意义的大跨度建筑的具体接地处理则形式多样，也从基础上定位了它们的一般性特征。也就是说，大跨度建筑的结构系统在如何处理其基础、上部结构与大地之间关系上，表现各异。具体而言，接地构造在形式上至少可分为四大类：埋地、栽地、锚地与坐地，在节点设计上至少可分为基于钢结构的支座连接和节点板连接，以及基于钢筋混凝土结构的整浇塑形连接。

1. 大跨度建筑接地构造形式

1）埋地

大跨度建筑主体结构是钢结构，但其基础是整体或部分埋入地表之下的钢筋混凝土基础，上部结构与其连接部位尺度较小，其接地形式较为轻盈、传力逻辑清晰、视觉可读性较强，如伦佐·皮亚诺（Renzo Piano）设计的瑞士巴塞尔的保罗·克利中心，以及慕尼黑体育场（图6-57）。

2）栽地

大跨度建筑主体结构是钢结构或钢筋混凝土结构，其基础是整体埋入地表之下的钢筋混凝土基础，上部结构如钢筋混凝土柱或钢柱的柱脚插入地下与

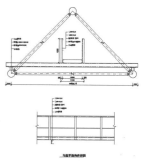

图6-55 大跨度建筑屋顶空间须给运行、检修提供相应的、用于高空行走的"马道"

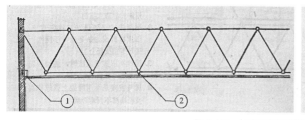
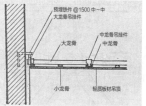

图6-56 大跨度建筑屋顶吊顶构造示意图

图 6-57 瑞士巴塞尔的保罗·克利中心及慕尼黑体育场大跨度建筑接地构造形式

基础连接，如同栽植的乔木树干，其接地形式的传力逻辑也较为清晰、视觉可读性较强，如卡拉特拉瓦设计的里昂机场航站楼（图 6-20、图 6-22）、苏黎世 Stadtelhofen 轨道交通站等（图 6-58）。

3）锚地

大跨度建筑主体结构是钢结构，其基础是整体埋入地表之下的钢筋混凝土基础，上部钢结构柱脚通过钢构铰支座与基础连接，紧紧锚固在基础之上，其接地形式极富力度感、传力逻辑清晰、视觉可读性较强，如苏黎世克洛滕机场航站楼、卡拉特拉瓦设计的西班牙瓦伦西亚艺术与科学城（L'Umbracle）景观建筑（图 6-59）。

4）坐地

大跨度建筑主体结构是钢结构或钢筋混凝土结构，其基础是整体或部分埋入地表之下的钢筋混凝土基础，上部结构如钢筋混凝土壳体或钢网壳体自然下探，在地表附近与基础连接——不是支柱类的点连接，而是连同外围护结构在一起的线性连接。其接地形式较为传统，传力逻辑相对模糊、视觉可读性较弱，如卡拉特拉瓦的瓦伦西亚艺术与科学城（图 6-60），以及挪威特隆赫姆采用气膜结构的某体育中心（图 6-61）。

2. 大跨度建筑接地构造节点

无论大跨度建筑接地采用何种构造做法，它都

图 6-58 苏黎世 Stadtelhofen 轨道交通站大跨度建筑接地构造形式

图 6-59 苏黎世克洛滕机场航站楼、瓦伦西亚艺术与科学城大跨度建筑接地构造形式

图 6-60　瓦伦西亚艺术与科学城大跨度建筑接地构造形式

图 6-61　挪威特隆赫姆气膜结构体育中心大跨度建筑接地构造形式

是主体结构与支撑结构或基础结构之间的连接构件，其首要功能是提供主体结构反力或限制变形的各种约束条件，并传递主体结构内力至支撑结构或基础，实现结构内力与位移的协调，保证主体结构与支撑结构的内力及刚度、连续性的实现。在此前提之下，才谈得上具体的形式、风格和观感问题。按构造节点类型之不同，大跨度建筑接地方式可分为支座连接、节点板连接和整浇塑形连接，前两者是基于钢结构的做法，而后者则是基于钢筋混凝土结构的做法。

首先是支座连接，可分四大类：自由转动支座，单向转动支座，水平荷载由滑动曲面支撑的球面和柱面支座,以及其他类支座。其中,球面支座因其可以实现万向转动,在各个方向上具有良好的释放弯矩的性能,能够适应各类复杂的工况,在大型复杂大跨度建筑钢结构中得到广泛应用,如尼古拉斯·格雷姆肖设计的 1992 年西班牙塞维利亚世博会英国馆(图 6-62)。

其次是节点板连接,是钢结构构件之间常用连接方式。通常,每个节点都有一块钢板与交会于该节点的各构件连接(主要是焊接),此钢板的厚度、尺寸、形状是经过力学计算、分析而设计出来的,谓之"节点板"。譬如钢拱架拱脚落地,钢筋混凝土结构基础外露部分预设一块厚钢板,和拱脚收束部位的钢板采用螺栓连接,如卡拉特拉瓦设计的西班牙瓦伦西亚景观建筑(图 6-59 右图)。

而整浇塑形连接则是指钢筋混凝土柱脚落地,和同为钢筋混凝土材质的基础整浇在一起,卡拉特拉瓦设计的里昂机场航站楼(图 6-22 右图)以及苏黎世 Stadtelhofen 轨道交通站(图 6-58 右图)。通常情况下,此类连接为刚性连接。

6.3.3 大跨度建筑屋顶与接地之构造设计案例

1. 张弦梁和屋顶结构与构造:浦东国际机场 T2 航站楼

浦东国际机场 T2 航站楼于 2008 年建成,与 T1 航站楼由法国巴黎机场公司保罗·安德鲁操刀完成设计的不同在于:包括 T2 航站楼在内,二期工程航站区的设计工作是由中国华东建筑设计研究院作为设计总承包单位全面负责,其中的所有建筑单体工程如 T2 航站楼、交通中心及相关的配套设施等的设计,均为华东建筑设计研究院原创(图 6-63)。

浦东国际机场 T2 航站楼基本功能布局是一个集中的中央处理主楼及一个前列式指廊,建筑面积约 51 万 m^2,在总体上与 T1 航站楼沿南北向中轴线对称布置。其建筑立面造型与 T1 协调呼应,延续整个航站区朴素庄重而又充满时代感的气质:下部采用清水混凝土或花岗石实墙面,上部为通透的玻璃幕墙和轻盈的钢结构屋顶,虚实对比效果强烈。

图 6-62　1992 年西班牙塞维利亚世博会英国馆外景及接地构造设计

图 6-63 浦东国际机场 T2 航站楼外景及室内

主楼和候机长廊 13.6 m 标高以上皆为大空间，以下则是相对较小空间，采用钢筋混凝土结构与钢结构混合的结构体系，以适应这一特点。整个航站楼包括两个外形协调而结构体系不同的钢屋盖，覆盖着主楼和候机长廊，主楼钢屋盖还覆盖在楼前高架路上方，其平面投影尺寸为 414 m×217 m，堪称巨大。

航站楼下部钢筋混凝土结构纵向支承点间距为 18 m，横向支承点间距分别为 46 m、89 m 和 46 m。沿纵向每 90 m 或 72 m 设结构缝，将整个屋盖分成 5 个区段，与下部钢筋混凝土结构分缝对应。在横向上，217 m 长度跨越三个钢筋混凝土结构单元，因无合适位置设缝，并考虑到波形屋盖释放温度应力的能力，以及支承钢柱较小约束刚度，采用连续多跨结构。

钢结构屋盖采用刚性与柔性相结合的混合结构体系——Y 形斜柱支承的多跨连续张弦梁。通过分叉的 Y 形斜柱与下部钢筋混凝土结构连接并提供全部抗侧刚度（图 6-64）。每个钢筋混凝土结构中间支承点上分叉设置两个沿横向左右倾斜的 Y 形钢柱，边支承点上各设一个向外倾斜的 Y 形钢柱（图 6-65），将宽 217 m 的屋盖分为 5 跨。Y 形柱两个纵向分叉又将间距 18 m 的钢筋混凝土支撑点减小为 9 m。如此，则以中心距 9 m 均匀布置的张弦梁得以直接搁置于柱顶，省去托架梁转换，受力更为直接。屋盖上弦为五跨连续变截面箱形梁，其中中柱顶的两个小跨截面高度最大处为 600 mm×2200 mm；其余三个间隔布置的大跨上弦截面高度往跨中逐渐收小至 400 mm×800 mm，并设置下弦形成梭形的张弦梁结构。上下弦间以平行布置的腹杆相连。

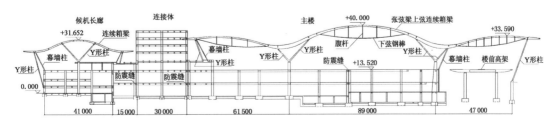

图 6-64 浦东国际机场 T2 航站楼横剖面示意图

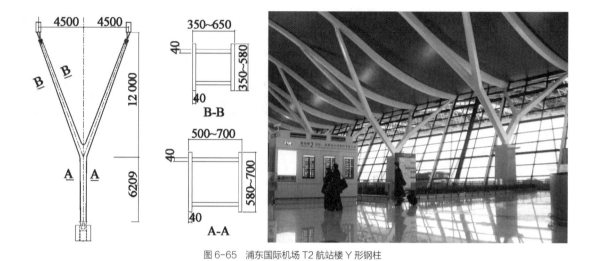

图 6-65 浦东国际机场 T2 航站楼 Y 形钢柱

图 6-66 浦东国际机场 T2 航站楼张弦梁结构

张弦梁下弦采用高强度钢棒，截面直径为 100 mm 和 130 mm，以铸钢锚具与上弦及腹杆相连。根据不同的受力情况，三跨分别采用不同的腹杆数量（图 6-66）。

为配合建筑造型，张弦梁上弦平面投影也是曲线形的：在柱顶支承部位及两个小跨内均为单根箱形截面构件，然后向大跨跨中逐渐分叉为两根较窄的箱形构件，并围合出一个梭形空间，以精准配合上方屋面梭形天窗的设置。与上弦截面形式相呼应，Y 形钢柱也采用箱形变截面。其中柱下端与钢筋混凝土结构的钢骨混凝土悬臂柱刚接，上端铰接于张弦梁下翼缘。高架道路一侧，边斜柱下端固接，上端铰接；另一侧边斜柱上下端均为铰接。Y 形中柱与边斜柱、柱顶纵向连续梁、横向张弦梁共同形成屋架完整的抗侧力体系，以确保屋盖结构具有足够刚度（图 6-67）。

Y 形柱顶与钢屋架张弦梁连接是整个结构构造的关键节点之一。该处变形协调要求柱顶在沿屋架跨度方向和垂直于跨度方向都要允许有一定的转动，并能有效传递轴力和剪力，是一种理想的万向铰接节点，传统单向销铰连接显然不能满足要求。设计者创造性地将机械领域应用较为成熟的向心关节轴承融入节点设计，实现柱顶理想铰接（图 6-68）。向心关节轴承转动机能是通过两个精密配合的光滑球面间相互滑动产生的，摩擦力小、性能稳定、结构紧凑。鉴于其重要性和首创性，设计者还进行了

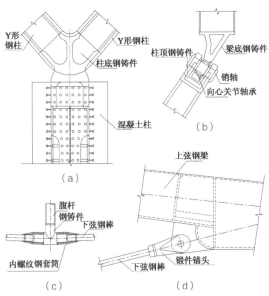

图 6-67 浦东国际机场 T2 航站楼 Y 形钢柱、张弦梁连接构造
（a）Y 形柱底；（b）Y 形柱顶；（c）下弦钢棒—腹杆节点；
（d）下弦钢棒—上弦梁节点

图 6-68 浦东国际机场 T2 航站楼 Y 形柱顶与张弦梁连接设计采用向心关节轴承原理

节点足尺模型试验和有限元分析，以了解其轴向、径向受力性能和应力应变规律，并考察其安全储备情况。

2. 钢筋混凝土支座和金属屋面：保罗·克利中心

竣工于 2005 年的保罗·克利中心是一处位于瑞士伯尔尼的艺术博物馆（图 6-57 a、b，图 6-69），设计者为伦佐·皮亚诺建筑工作室，并与 arb Architekten（伯尔尼）合作。总建筑面积：16 000 m²，2~5 层高，含有一个 300 座礼堂。

这座博物馆不远处就是埋葬保罗·克利 (Paul Klee) 的墓地，距市中心仅几公里，设计旨在向这位瑞士艺术家及其作品致敬。建筑四周是缓缓起伏的群山，以阿尔卑斯山为背景，在这舒缓的环境中拔地而起，形成起伏甚巨的波浪形体量，从而定义了 3 个连续空间。建筑保存了艺术家最重要的 4000 件作品，其中大部分是素描。

就像是雕塑家手中的黏土一样，这座建筑已塑造成功且成为当地自然地貌的一部分。这种融入景观而不干扰它的愿望源于对克利作品的诠释，即世界的本质应该是沉默与平和的。第一个波浪形屋顶下覆盖着一个可容纳 300 人的音乐会礼堂和一个儿童博物馆；第二个容纳展览区（主画廊在地面上，

图 6-69 与自然地形、地貌融为一体的保罗·克利中心外景

专门用于临时展览的画廊位于地下室）；而第三个则是保护区，保存着需要额外保护因而无法展示的作品，仅供研究人员和专家使用。

方案设计不仅从模仿整合自然环境的形式中汲取灵感，而且还依循附近的高速公路，定义汽车路线，强调其有机轮廓，并提出通过公共人行天桥平行组织其循环，该天桥穿过综合体较高区域的"人造"山丘，连接3个体量在地下楼层的服务路线。

因为赋予建筑独特形状的弯曲钢型材每个部分都是不同的，所以使用了计算机控制的机器切割。倾斜的拱门轻盈而多变，并使用钢缆连接楼板和屋顶。如此精致的钢构配置，其灵感居然是来自古老的造船方法。因为藏品须避免阳光照射，所以放弃了复杂的顶部采光系统，而是依靠西立面的大玻璃将自然光线引入室内。

两座拱门的拱脚相接部分就是需要特别介绍的接地做法——巨大的钢筋混凝土基础深埋于地下，但上表面露出地面少许，拱脚则以八字形钢板支座（两侧各有9片三角形加劲肋板）托起，并每侧钉入8根长杆螺栓，紧紧锚固于钢筋混凝土基础之上（图6-70）。

巨大的拱门并非仅有落地拱脚支撑，在室内空间高3m左右的挡土墙顶部还设有铰支座，用以支撑拱结构，其上才是室内侧用以托底的波纹金属板面材，再往上依次是隔蒸汽层、高密度绝热层、普通绝热层、防（排）水膜、通风间层、挡水条等。而各种线缆则隐藏于墙顶外侧的凹槽所自然形成的桥架内，非常巧妙。为保险起见，挡土墙外侧还设置了两道防水层（图6-71）。

本节小结

大跨度建筑空间尺度大、技术难度大，又大多采用空间结构形式，以至于屋顶结构复杂，屋面排水困难，而接地形态及其构造措施也相应复杂。但无论规模多大，形式多复杂，其构造设计依旧要回答一些基本问题：如何置身于大地之上？如何面对雨雪风霜？如何处理室内外那些因为自然现象或使用便利相关诉求引发的各种状况？正是基于这些问题的处理，建筑设计才真正获得了它自身的价值，而不仅只是廉价的、表观的形式。

图6-70 保罗·克利中心巨型拱脚接地设计别出心裁地将钢筋混凝土基础深埋于地下

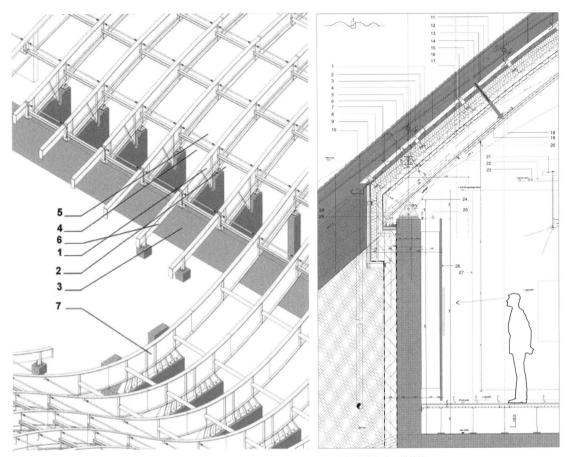

图 6-71　保罗·克利中心室内挡土墙顶部还设有铰支座以支承拱结构

思考题

大跨度建筑接地构造形式可分为哪几种？其基本特点如何？请以保罗·克利中心为例加以说明。

本章参考文献 References

第6.1节

[1] Heino Engel. 结构体系与建筑造型[M]. 林昌明，罗时玮，译. 天津：天津大学出版社，2002.

[2] Fuller Moore. 结构系统概论[M]. 赵梦琳，译. 沈阳：辽宁科学技术出版社，2001.

[3] Pier Luigi Nervi. 建筑的艺术与技术[M]. 黄运升，译. 北京：中国建筑工业出版社，1981.

[4] 日本建筑构造技术者协会. 图说建筑结构[M]. 王跃，译. 北京：中国建筑工业出版社，2000.

[5] 虞季森. 中大跨建筑结构体系及选型[M]. 北京：中国建筑工业出版社，1990.

[6] 布正伟. 现代建筑的结构构思与设计技巧[M]. 天津：天津科技出版社，1986.

[7] 李海清. 中国建筑现代转型[M]. 南京：东南大学出版社，2004.

[8] 刘先觉. 圣地亚哥·卡拉特拉瓦设计作品集[M]. 台北：圣文书局股份有限公司，1996.

[9] 世界最大跨度的木拱桥. 胥口青虹桥[J]. 科学中国人，2019(5)：68-69.

[10] 杨艳，陈宝春. 现存中国木拱桥结构调查与分析[J]. 福州大学学报（自然科学版），2015，43(6)：809-814.

第6.2节

[11] 布正伟. 现代建筑的结构构思与设计技巧[M]. 天津：天津科技出版社，1986.

[12] 郭正兴，许曙东，刘志仁. 预应力鞍形索网屋盖工程施工工艺研究[J]. 施工技术，1999(12)：9-11.

[13] Schulitz, Sobek, Habermann. Steel Construction Manual[J]. Birkhäuser Edition Deatil, 2000.

第6.3节

[14] 汪大绥，周健，刘晴云，等. 浦东国际机场T2航站楼钢屋盖设计研究[J]. 建筑结构，2007(5)：45-49.

[15] 姚自君，徐淑常，王玉生. 建筑新技术·新构造·新材料[M]. 北京：中国建筑工业出版社，1991.

[16] Andrew Watts. Modern Construction Handbook[M]. Vienna: AMBRA, 2013.

[17] Renzo Piano Building Workshop. Zentrum Paul Klee[OL]. fondazionerenzopiano.

[18] Renzo Piano Building Workshop. Zentrum Paul Klee[OL]. arquitecturaviva.

[19] Renzo Piano Building Workshop. Zentrum Paul Klee[OL]. rpbw.

本章图表来源

Charts Resource

第 6.1 节

图 6-1　圈子团队. 万神庙当时穹顶是怎么砌筑的？[OL]. 知乎, 2017-10-16.；《孤独星球》杂志. 从佛罗伦萨到罗马, 仿佛经过了整个世界[OL]. 搜狐, 2017-08-14.

图 6-2　引自《清明上河图》, 由 (清) 张择端绘制.

图 6-4　Galerie des Machines, Exposition Universelle, 1889.

图 6-5　Maciej Nowicki. Dorton Arena[OL]. Architectuul.

图 6-6　Arup Associates. Singapore National Stadium[OL]. 筑龙学社, 2016-09-30.

图 6-7 (b)、图 6-8　李海清. 中国建筑现代转型[M]. 南京: 东南大学出版社, 2004.

图 6-16 (b)　巴黎戴高乐机场屋顶坍塌：中国公民 1 遇难 1 失踪[OL]. 中国新闻网, 2004-05-23.

图 6-19　王飞, 吴婷. 鸟巢推出"双奥"主题旅游体验线路, "五一"全面营业[OL]. 中国新闻网, 2022-04-20.

第 6.2 节

图 6-23　南京工学院建筑系《建筑构造》编写小组. 建筑构造: 第二册[M]. 北京: 中国建筑工业出版社, 1979: 125, 132, 154-155.

图 6-31　澎湃新闻. 从 1964 东京奥运会看日本建筑与设计: 混凝土中的重生[OL]. 凤凰新闻, 2020-08-04.；澎湃新闻. "沉闷乏味、缺少火花"的奥运会建筑如何重获生命力[OL]. 新浪网, 2021-07-23.

图 6-33 (a)　TraveliD. 世界最美机场盘点, 最后一个绝了[OL]. 知乎, 2018-01-17.

图 6-36~图 6-38　引自《Detail》1991 年第 3 期.

图 6-39~图 6-41　引自《Detail》1993 年第 4 期.

图 6-42~图 6-47 (a)　由郭正兴教授, 提供.

第 6.3 节

图 6-50　合成高分子防水涂膜, 由材料厂商提供；氯丁胶乳沥青防水涂料、氯丁橡胶沥青防水涂料, 由材料厂商提供.

图 6-51　河南帷顶金属材料. 铝镁锰金属板, 新型屋面材料可适合各种屋面造型[OL]. 知乎, 2021-10-13.；铝镁锰金属屋面板扇形屋面板, 由材料厂商提供.

图 6-52　由材料厂商提供；彩钢复合板, 由材料厂商提供.

图 6-53　建筑工程鲁班联盟. 来现场看超大异型曲屋面的安装过程[OL]. 搜狐, 2018-01-11.

图 6-55　左权胜. 马道也许不叫马道[OL]. 钢构地图, 2020-10-09.

图 6-56　姚自君, 徐淑常, 王玉生. 建筑新技术·新构造·新材料[M]. 北京: 中国建筑工业出版社, 1991.

图 6-62　AC 建筑创作. 演讲 | RIBA 皇家金奖得主格雷姆肖: 下一步, 进化[OL]. 搜狐网, 2020-01-03.

图 6-64、图 6-65 (a)、图 6-66 (a)、图 6-67、图 6-68　汪大绥, 周健, 刘晴云, 等. 浦东国际机场 T2 航站楼钢屋盖设计研究[J]. 建筑结构, 2007(5): 45-49.

图 6-70、图 6-71　Renzo Piano Building Workshop. Zentrum Paul Klee[OL]. Fondazionerenzopiano；Renzo Piano Building Workshop. Zentrum Paul Klee[OL]. arquitecturaviva.

Chapter 7
第 7 章 建筑发展的时代需求与构造设计专题

Building Construction Design: The Demands of Contemporaneity

限制使创造性思维具有创造力。

——沃尔特·格罗皮乌斯

我相信建筑就像生活中的其他事物一样都是进化的。观念在演变;它们不是来自外太空而撞到绘图板上的。

——比尔克·英格斯

7.1 建筑发展的时代需求对构造设计的影响

20世纪中叶之后，尤其是进入21世纪以来，人类文明在新科技革命必胜信念和技术进步失控风险之两极挣扎中毫无悬念地攀爬上了一座新高原。建筑活动由于其综合性、复杂性和耗资巨大，其实对社会需求的转变本不十分敏感，也仍不可避免地迎来了三大转向——后现代转向、数字化转向，以及风土转向。尤其是数字化转向，几乎从底层逻辑上改变了建筑。更有甚者，由此上溯至工业革命时代，人类活动对气候及生态系统造成全球性影响从那时起就已经开始——"人类世"正是在这个意义上表达了一种关切。

荷兰大气化学家、诺贝尔化学奖得主克鲁岑（Paul Crutzen）于2002年在《自然》上发表《人类地理学》一文指出："在过去的3个世纪里，人类对全球环境的影响不断升级。由于人为的二氧化碳排放，全球气候可能在未来几千年内严重偏离自然行为。将'人类世'一词赋予目前这个在许多方面由人类主导的地质时代似乎是合适的，它为'全新世'——过去10~12个千年的温暖期作了补充。'人类世'可以说是从18世纪后半期开始的，当时对极地冰层中的空气分析表明，全球二氧化碳和甲烷的浓度开始增加。这个日期也恰好与1784年詹姆斯·瓦特设计蒸汽机的时间相吻合。"[1]

2009年，国际地层委员会下属的第四纪地层分委会成立了"人类世工作小组"（Anthropocene Working Group，以下简称AWG）。2016年，国际地质大会（International Geological Congress，IGC）在南非开普敦召开，AWG正式建议地质学接纳"人类世"的概念。[2]而关于其后果，有人危言耸听地宣称人类可能在100年内灭绝，"人类世"将终结。诚然，人类各种活动的确已对整个地球产生了深刻影响。然而对其是否已严重到需要专门划分出"人类世"，地质学家们尚未作出最后决定。但该项提议及其相关努力的核心意旨是：人类活动对地球的影响已达到形成新地层与新生态的地步，使地球进入了一个新时期——人类是时候放下高傲、反躬自省了。正如有识之士指出的那样：地球不需要被拯救，需要被拯救的是人类自己。

与此相应，改革开放以来，中国仅用40年左右就基本完成了人类有史以来规模最大的城市化进程。其伴随着的海量基础设施建设与建筑活动，不仅极大地促进了经济发展，改善了人民生活，使人居环境品质获得质的提升，而且也重塑了中国自身的样貌，显著改变了东亚地表的物质性状况。正是在此国际、国内背景下，当代中国不仅要关注建筑活动方式本身，更要关注主宰建筑活动过程的思维方式。以"可持续发展—绿色建筑—健康建筑—健康城市"为先导，信息化—数字化—智能化风起云涌；另一方面，在城市更新和乡村振兴浪潮推动之下，既有建筑改造相关技术与研究持续跟进，而建筑工业化因获政策层面充分重视而快速发展。这四大类时代需求，前两者有深刻的国际、学科和行业大背景，

---

[1] 张磊."人类世"：概念考察与人文反思[N].中国社会科学报，2022-03-22（3）.
[2] 关于"人类世"的开始时间仍有较大争议，有观点认为应该以工业革命时期为起点，但也有人认为应回溯到12 000年前农业革命时期，更有科学家认为20世纪中期人类开始核试验，核爆产生的放射性物质进入地球的自然环境才是"人类世"开端。参见：张磊."人类世"：概念考察与人文反思[N].中国社会科学报，2022-03-22（3）.

而后二者特别是建筑工业化，则更多是出于对国内自身经济、社会发展阶段性特点的考虑而作出的有意识安排。

由于建筑活动的物质属性和工程特征，无论是在哪个前沿发展方向上，都难以避免影响到建筑构造设计。下文将大体按四类时代需求出现的先后加以简要分述。

7.1.1 时代需求一：绿色建筑

今天，功能—性能、绿色—健康、环境—碳排放，这几组话题对于建筑学专业界似乎已是司空见惯，但经典建筑学原先其实并不关心这些问题。转变之所以会发生，是因为时代发展到了这一步：20世纪70年代因中东战争导致石油紧缺，现代生产、生活其高能耗、高污染引发环境危机，进而引起国际社会普遍关注，可持续发展和绿色建筑思潮随之兴起。中国大约从20世纪末开始关注可持续发展问题，后建筑界逐步跟进，绿色建筑—健康建筑—健康城市等一系列探讨接续兴起，逐步在全社会建立起共识。2016年2月6日，中共中央 国务院印发《关于进一步加强城市规划建设管理工作的若干意见》出台，提出新时代建筑方针——"适用、经济、绿色、美观"，在国家层面首次将"绿色"写进顶层设计决策。

绿色建筑并非一种新的建筑类型，而是经典建筑学面向可持续发展需求的当代性延展，并集中体现为一种开放系统，涉及观念层面的伦理学／生活方式、制度层面的管理学／评估体系，以及技术层面的建造学／设计集成。在上述三组因子中，观念具有极重要的先导意义，而从技术角度看，系统思维要求绿色建筑必须引入集成设计，即破除单纯依赖建筑技术手段的陋习，而这集成设计体系又将进一步强化建筑师的主体意识：采用包括建筑技术手段在内的系统方法，建筑师全程有效介入，从建筑设计源头即策划、规划、建筑设计方案开始，关注建筑全寿命周期的环境影响，其效果自然更理想——高效集成优于简单拼凑。参与项目各方、各专业技术工种由相互脱节趋于紧密联系，由粗糙拼凑趋于交互渗透，由专业、行业分化趋于全面整合。其中至少包括：

①节地与室外环境：合理规划／地下空间／植被／土方／透水地面；

②节能与能源利用：建筑单体方案／新能源／围护结构热工性能；

③节水与水资源利用：非传统水源／先进灌溉／节水器具设备；

④节材与材料资源利用：建筑垃圾再生利用／简化装饰／环保建材；

⑤室内环境质量：主被动结合／自然调节为主／设备补充为辅；

⑥运营管理：生活垃圾管理与分类处理／智能化控制提高设备利用率。

建筑师在上述几个方面的统合即集成设计中将大有用武之地，从项目策划、总图规划、建筑单体方案、初步设计直至施工图设计的每一细部，从建筑、城市规划、土木工程、建筑设备、建筑物理、景观学等专业，直至环境工程专业中的每一技术细节，建筑师都有从宏观阶段一路跟踪协调下来的学理必要和实践可能。

当然，在纷繁复杂的系统工作中，就建筑本体而言，与建筑构造关系最为直接和密切的，当属"节能与能源利用"这一环节，主要体现在以下几个方面：一是保温隔热，采用全包裹的绝热层，而此前在夏热冬冷地区则只有屋顶才铺设保温（隔热）层，现在则堪称是"武装到了牙齿"（图7-1）；二是采用断桥隔热铝合金门窗，进一步改善门窗气密性，

图 7-1　2008 年前后南京银城房地产开发有限公司项目引入全包裹外保温技术（外墙与屋顶）

图 7-2　具备多种开启方式、性能优良的断桥隔热铝合金门窗逐步推广

降低门窗配件的热损失（图 7-2）；三是采用室外可调节遮阳，而此前则多采用固定式遮阳或无遮阳。此外，清洁可再生能源特别是太阳能的利用，也对建筑构造提出了新要求——如太阳能光伏板的布置和安装，在构造上就需要综合考虑防热、角度（遮阳、发电效率）防水等。

7.1.2　时代需求二：全面数字化

20 世纪后半期至 21 世纪初，以电子计算机、原子能、空间技术和生物工程三项核心技术为代表的第三次工业革命席卷全球。其中，电子计算机技术更是经历了信息技术—数字技术的代际发展，深入到人类社会生活各领域。计算机技术—信息技术—数字技术从根本上改变了世界，建筑活动自然不能例外（图 7-3）。

计算机技术介入建筑领域是 20 世纪 80 年代从辅助设计（Computer Aided Design）开始的，后又有辅助制造（Computer Aided Manufacturing）、辅助管理（Computer Aided Management）等。但最初计算机技术辅助设计仅限于绘制二维图纸、制作效果图、动画视频等表现方面，尚未真正深度

图 7-3　2015 年苏州市吴江区黎里镇某隧道窑砖厂使用工业机器人码放砖坯

介入建筑设计—建造全过程。21 世纪以来数控建造（Digital Fabrication）技术逐渐成形，统筹考虑设计、建造、材料等要素，通常采用计算机编程进行设计，用数据驱动数控（Computer Numeric Control, CNC）设备完成加工与建造。在此背景下，建筑学各方向都触及数字化延伸，如方案设计——生成设计（Generative Design）、建筑结构——拓扑优化（Topology Optimization）、建筑构造——数字建构、建筑物理——性能优化，以及建造与施工——数控建造，可谓开始全面数字化进程。

据东方网 2021 年 4 月 26 日报道：上海建工四建集团有限公司承建的中共一大纪念馆项目，用砌墙机器人进行外墙总体施工。据悉这是中国首次在重大工程项目中开展自动砌墙技术应用及砌墙机器人现场砌筑，工艺水平达到国内领先（图 7-4）。

而建筑数字化技术初步成熟的标志是数控建造的实现（2000 年以后），表明数字化方法可以贯穿从设计到建成的所有环节。数字技术在建筑设计中的首要优势是强大而灵活的塑形能力，在工程实现方面又能高效、精确地加工与建造，特别擅长传统

图 7-4　2021 年我国在重大工程项目中用砌墙机器人进行外墙总体施工

工艺中难以胜任的非标准加工。具体到建筑构造方面，由于数控建造自身的设备、工艺流程和常用材料特点的制约，目前主要呈现出三个新趋势：极简构造、微观构造与无节点构造。[①]

（1）关于极简构造：数控加工设备和工艺有一些先决性特点，一是外围设备不易频繁更换，很难像手工操作时代那样灵活使用多种工具加工同一构件；二是被加工物体的固定与更换较麻烦，目前多需人工操作，不利于加工全程自动化；三是大部分数控加工设备无法获取加工状态实时信息，几乎

[①][②]　华好. 数控建造驱动的构造设计趋势 [J]. 建筑学报, 2014（8）：26-29.

图7-5 苏黎世联邦理工学院格拉玛兹与科勒(Gramazio & Kohler)团队设计并建造系列流线型墙体

无法及时侦错、纠错和自我调整。[②]有鉴于此，一些数控建造中的构造设计有意识地采用简化构造的设计思维，以贴合数控加工设备和工艺特点。如苏黎世联邦理工学院格拉玛兹与科勒（Gramazio & Kohler）团队设计并建造了一系列流线型墙体（图7-5），以机械臂精确放置每一块砖，除胶水粘接外，上下左右砖块间无任何构造，甚至不用任何粘接材料。当然，这种极简构造策略往往是形式、力学、材料、加工设备之间相互制约的结果。如由苏黎世联邦理工学院 Block 团队设计的薄壳结构，石块与石块之间并无连接构造。然而，这貌似简单的构造设计一方面是对薄壳结构整体与局部力学特性进行数字化分析的结果，另一方面也因为综合考虑了当地加工设备（5轴切割机）的作业能力。

（2）关于微观构造：现代工业制造技术使微观构造设计成为可能，并突破传统建筑设计尺度范围。在生物化学领域及一些制造业中，加工与组装尺度已到纳米级。微观制造在建筑设计中得到成熟应用的是三维打印。早期三维打印以加热塑性材料为主要工艺（Stereolithography），曾广泛用于制作建筑模型。三维打印产品通常貌似没有节点及其构造设计，但实际上要处理极小尺度材料连接关系。如意大利工程师恩里科·迪尼（Enrico Dini）开发一套以粉末为原料的大型三维打印机，能精确控制点状胶粘剂将粉末凝聚成固体（图7-6），其团队甚至提出在月球上利用月球粉尘打印建筑的设想，充分说明微观材料与构造可以在数控技术帮助下，也能通过微观构造达成建筑目标。[①]

（3）关于无节点构造：似与极简构造类似，其实不然。这里是指以仿生式、接续可变材料代替机械式构造与节点。"生物结构往往并不像机械那样具有明确的节点，但却能以自己独特的方式实现复杂功能"。而有些特殊材料只有与数控技术结合才能把自身特性真正展现出来。如德国蒙格斯（A. Menges）教授的 ICD 小组在 2012 年采用混合黏性树脂的玻璃纤维与碳纤维（Resin-Saturated

图7-6 以粉末为原料的大型三维打印机技术及其试验产品

---

① 华好. 数控建造驱动的构造设计趋势[J]. 建筑学报, 2014（8）: 26-29.

图 7-7　德国 ICD 小组 2012 年用混合黏性树脂玻璃纤维与碳纤维建造轻型构筑物

Glass and Carbon Fibres）建造了一个轻型构筑物——先做好作为模架的木骨架，以机械臂在骨架上缠绕具有黏性的纤维线，形成若干纤维线薄层，最终生成完全的纤细结构——一个整体无节点构筑物。"这种无节点设计不是消极地回避构造，而是新材料与数控加工高度结合的产物"[1]（图 7-7）。

7.1.3　时代需求三：既有建筑改造

中国建筑活动从总体上由增量扩充进入存量优化——城市更新及乡村振兴——其实时间并不长，但先发国家早就遭遇过这样的转型，对于既有建筑保护改造也就显得十分驾轻就熟。如果我们将建筑活动的根视为居住空间的搭建，那么在工业时代、大规模城市化运动来临之前，人类绝大部分建筑活动都发生在极少数城市以外的乡村地区。乡村建设中的房屋建筑活动，不但是人类建筑活动的本源，而且在数量上也占有绝对优势。中国建筑学人着眼于乡村中的民间建筑而参与乡村建设的学术兴趣，始于抗战大后方最艰苦卓绝时期。无论是中国营造学社刘敦桢、梁思成等对西南地区民间建筑的关注，还是诸多建筑设计实践者在抗战大后方所从事的借

---

[1]　华好. 数控建造驱动的构造设计趋势 [J]. 建筑学报, 2014（8）：26-29.

鉴中国传统民间建筑技术的创作,乃至于1945年10月抗战胜利以后出版的末期《中国营造学社汇刊》具体提出关于乡村建设之建筑活动的内容,都呈现出专业界对于乡村振兴的浓厚兴趣、强烈使命感,以及蕴藏着的巨大社会需求。

稍早于此的是大中城市里的房屋建筑,也普遍于世纪之交进入旧城更新时代——近现代时期遗留下来的大量木结构或砖木结构民房,如果划入历史街区则不能轻易拆除,而需要加以修缮和改造利用;即使并未获得相应保护身份,其使用者也未必都有条件拆旧建新,或弃旧购新。如此,则既有建筑改造利用自然就提上议事日程。

既有建筑改造利用在构造层面提出的要求可谓纷繁复杂,至少需要从三个方面加以应对:一是务实地面对真切的具体条件,二是细致地回应琐碎的现实需求,三是妥善解决气密性问题。所谓务实地面对真切的具体条件,是指应搞清楚具体改造对象的身份,厘清工程设计的边界条件。譬如,历史建筑,其改造首先面临的是结构安全鉴定和加固问题,在构造做法上应关注"整旧如故"。外围护结构保温隔热处理,通常都会比较低调而内敛——如果增设保温层,宜设于室内一侧,即选择内保温做法(图7-8)。因为做外保温虽说性能更合理,但易于破坏传统风貌。

而细致地回应琐碎的现实需求,是指面对既有建筑的现实使用功能,既不能轻易放弃,也不应完全无所作为,而应因势利导,适度加以改进和性能提升。譬如,鉴于既有集合住宅外窗及阳台护栏形式多样,且部分用户不同意拆除护栏,此处保温构造宜采用外保温,可直接做到窗框处,外保温与窗框交角处可打密封胶。

妥善地解决气密性问题,是指既有建筑经过长期使用,材料劣化、构件变形等极易招致建筑气密性降低乃至恶化,严重影响热工性能。譬如中国南方常见的传统木构空斗青砖墙民居,其空间多开敞、四壁透风、坡屋顶为冷摊瓦屋面,瓦缝甚至可见天光,老旧木门窗密闭性差(图7-9),其建筑室内热环境和亭子几无区别,如果在现当代继续加以利用,非得全面性能提升不可,特别是热工性能,其中改善气密性尤为重要。如东南大学建筑学科对江苏宜兴古南街得义楼茶馆进行的改造利用设计,既关注建筑性能提升,也注意融入中国营造传统智慧。针对其大进深空间,将明瓦扩大为简易天窗,从而改善室内光环境;屋面满铺防水卷材并密实坐浆,

图7-8 挪威特隆赫姆2018年春季的一处既有居住建筑改造工地可见内保温

图 7-9　中国南方传统民居老旧木门窗密闭性欠佳

现代建筑材料生产技术,以及一大批现代建筑施工机械设备,并采用现代的建筑施工管理方法和组织形式。尤其是 20 世纪下半叶以来,经历 20 世纪 50 年代、80 年代,以及 21 世纪 00 年代这三个高峰时段,分别对应于社会主义改造和全面工业化起步阶段、改革开放初期主要面向乡镇企业的全面工业化阶段,以及基于高新技术发展的新型工业化阶段。

其中,早期工作常会被人遗忘。如 1965 年南京工学院(现东南大学)建筑系曾与江苏省建工局建筑工程总公司合办"江苏省装配式住宅建筑研究组",在高校建筑系科中率先开展预制装配式钢筋混凝土大板建筑设计研究与实践,结合本科生毕业设计,于南京设计建成多栋住宅楼(图 7-11)。全国范围内,尤其是在北京、上海等中心城市和大城市,先后建成一批工业化水平大体相当的大板建筑。但由于当时整个国家工业化水平总体较低,实验性建设还是难逃外墙渗水之类的顽疾,至 20 世纪 80 年代终于偃旗息鼓。

再铺设小瓦(图 7-10),可解决原先冷摊做法屋顶易渗、气密性差、热工性能不良等问题。

7.1.4　时代需求四:装配式建筑

中国建筑工业化大体从洋务运动中后期引入机制砖瓦生产技术开始,之后相继引入水泥、钢铁等

而到了 21 世纪 10 年代,以装配式建筑为主要发展路径,建筑工业化居然在中国强势"复出"。在 2014 年全国住房和城乡建设工作会议上,住房和城乡建设部就将"大力提高建筑业竞争力、实现

图 7-10　江苏宜兴古南街得义楼茶馆改造利用设计关注建筑性能提升

图 7-11　1965 年南京工学院（现东南大学）建筑系开展预制装配式钢筋混凝土大板建筑设计研究与实践

图 7-12　"远大住工" 2014 年在江苏省溧阳市保障房开发中运用预制装配式钢筋混凝土体系（PC）

转型发展，实现建筑产业现代化新跨越"作为 2015 年的重点工作任务。2015 年底召开的全国住房和城乡建设工作会议更是将推动装配式建筑取得突破性进展列为 2016 年 8 项重点工作之一，要求全面推广装配式建筑。2015 年住房和城乡建设部在已完成征求意见的《建筑产业现代化发展纲要》中明确提出，到 2025 年，装配式建筑占新建建筑的 50% 以上。2016 年 2 月 6 日，中共中央 国务院印发《关于进一步加强城市规划建设管理工作的若干意见》明确提出："发展新型建造方式。大力推广装配式建筑，减少建筑垃圾和扬尘污染，缩短建造工期，提升工程质量。制定装配式建筑设计、施工和验收规范。完善部品部件标准，实现建筑部品部件工厂化生产。鼓励建筑企业装配式施工，现场装配。建设国家级装配式建筑生产基地。加大政策支持力度，力争用 10 年左右时间，使装配式建筑占新建建筑的比例达到 30%。积极稳妥推广钢结构建筑。在具备条件的地方，倡导发展现代木结构建筑。"在此背景下，"远大住工"这样的龙头企业率先作了成规模的探索性尝试（图 7-12）。建造作为一种综合性的人类社会生产行为，必然要承担某种基本责任及相应后果。明确这一诉求，将有助于突破诸多重围，如产业转型困难、地方性特色消失等——产业转型并非一定只是技术上的升级换代，地方性特色也并非一定意味着布景式的符号学方法。

中国人在这一领域的积极探索终于在 2020 新

图 7-13　武汉火神山医院 2020 春季施工现场

春应对突发疫情的紧急建造医疗设施项目上得到了丰厚回报：仅用短短 10 天时间，武汉火神山医院就顺利建成并开始使用（图 7-13）。其总建筑面积超过 3 万 m²，门诊区、病房楼、ICU 一应俱全。与此同时，全国各地也建成大批类似应急医疗设施。而此前"远大住工"早已开始预制钢筋混凝土 PC 住宅体系的研发，在长沙生产基地顺利实现了高度自动化的流水线生产（图 7-14）。

预制装配式技术作为建筑工业化在现时代的代表，其最大特点是多采用螺栓连接、铰接、卡扣等简易快捷的连接构造，对于构件加工尺寸及安装工艺误差的容忍度极为有限。而这很可能就是 20 世纪 80 年代最终搁置建筑工业化预制大板建筑的主因——那时整个国家的工业化水平还远远不够，在构件加工及安装工艺精准度方面存在很大差距。

而在这一层面之上的，是建筑工业化依赖长途物流运输对于建筑设计的直接影响——所有预制构件和部件都应匹配国际标准海运集装箱的规格尺寸——常见货柜内径长分别为 2.99 m、5.89 m、9.13 m、11.9 m、13.35 m，宽皆为 2.35 m，高 2.38 m 或 2.69 m。而建筑计划（Programme）则必须考虑物流交通路径选择及关涉因素，并会直接影响项目工程实现周期。与此相关的著名案例，是 2021 年 3 月 23—29 日发生在苏伊士运河的"长赐号"货轮因错误操作引发航道堵塞（图 7-15）。仅不足一周时间，被堵远洋货轮达数百艘，其他船只

图 7-14　"远大住工"在长沙市的生产基地其 PC 体系高度自动化生产线

图 7-15　2021 年春苏伊士运河"长赐号"货轮误操作引发航道堵塞现场

不得已绕道好望角，航程徒增 29 天！整个国际经济走势都遭受到巨大影响，每天损失高达近百亿美元。

恰好在此时段内，第十七届威尼斯国际建筑双年展平行展，确定于 2021 年 5 月 22 日在意大利威尼斯"禅宫"举行开幕式。中国团队参展作品在深圳装船启运后不久，就发生了"长赐号"货轮堵塞苏伊士运河事件。值得庆幸的是，直至堵塞解除，所乘货轮刚过马六甲海峡，恰巧错过了堵塞高峰，没有对运输过程造成实质性影响（图 7-16）。

中国团队拟在现场展出土家族木构建筑 1∶2 "mock up 模型"一具，为原木结构、预制装配，建成尺寸约为 4 m（宽）×3.6 m（高）×3 m（深），其生产车间在苏州。理论上看，从苏州工厂到威尼斯"禅宫"现场的物流运输，可能采用哪些方式？各种物流方式的特点如何？建筑工程确定物流方案一般是按照什么样的优先原则排序？

首先，从苏州工厂到威尼斯"禅宫"现场的物流运输，可能采用的方式有：陆运（中欧班列）；海运（途经南海、印度洋、红海、苏伊士运河、地中海）。空运（直航包机或定班货机）。无论采用哪种方式，都应采用国际标准海运集装箱分装，以提高运输配送效率，但建筑构件规格、尺寸也因此受到集装箱自身规格的限制。

图 7-16　2021 年第十七届威尼斯国际建筑双年展平行展中国团队参展作品物流场景

其次，就各种物流方式特点比较而言，陆运较快、运力较强，但较贵，且受制于铁路轨宽国际差异，必要时须换轨，加长运输周期；海运最慢、最便宜，但运力最大，却又受制于沿途海盗袭击、运河堵塞、局部战争等难以控制的因素影响；空运最快，但最贵、运力最小，且又受制于机场具体起降条件。

最后，装配式建筑工程确定物流方案并无定规，而应结合实际需求具体问题具体分析、决策。一般是按照以下优先原则排序：期限、预算、安全。建筑工业化对于物流运输的高度依赖由此可见一斑。

本节小结

不难发现，伴随新科技革命和技术进步，建筑发展在不同方向上的时代需求对于建筑技术和建筑构造设计已产生了全面而深刻的影响，但这些影响尚未发展到颠覆性的程度——绿色建筑的高质量发展仍有赖于建筑构造的持续深化和优化；建筑实践的全面数字化虽诱发极简构造、微观构造乃至无节点构造，但并非无构造，而只是面向数字化的积极回应；既有建筑改造和建筑工业化的勃兴更是仰仗于建筑构造设计的针对性拓展——总之，建筑构造设计一般规律仍具有相对稳定性。正如专业领域权威人士早已指出的那样："建筑技术科学"中的建筑技术是"与建筑设计融为一体"的技术。[1] 无论这些技术如何发展，总归要落实到空间形塑、环境调控和工程实现三者关系这一建筑学基本问题上来，而建筑构造设计正是主要从微观层面具体呈现了这些基本问题，并希望集成性地加以解决。

思考题

新科技革命和技术进步对于建筑发展特别是建筑构造设计产生了哪些方面的影响？试以既有建筑改造加以说明。

7.2 装配式建筑与建筑构造设计

"装配式建筑"是一个现代建筑语汇，也可以称为"预制装配建筑"，其核心内容有两个：①建筑构配件的预先制造；②现场组装。但是"预制装配"这个建造行为并非产生于工业化进程，而是可以一直追溯到很久之前的手工业时代——木构建筑的建造方法。建筑工业化发展赋予"装配式"更新、更先进的内涵，从"手工艺"到"工厂化生产"，制造工艺流程的突飞猛进使得建筑构件生产加工的标准化程度、效率、品质，以及类型得到了巨大提升。

7.2.1 建筑工业化背景下的装配式建筑构造发展简介

木构建筑是和砌体结构并行发展的一种重要的杆系支撑结构系统，也是最早的"装配式"建筑类型。中国是有着悠久木构建筑历史的国家，中国木构建造技术在汉代已经基本成形，经过隋唐时期的定型发展，至宋朝达到成熟。不仅如此，中国传统木构建筑还形成了高度规范的技术标准，以《营造方式》和《工部工程做法则例》为典型代表。榫卯构造作

---

[1] 刘加平，何知衡. 新时期建筑学学科发展的若干问题 [J]. 西安建筑科技大学学报（自然科学版），2018,50（1）:1-4.

为中国木构连接技术的精华,不仅技术成熟、种类繁多,还具有极高的艺术价值(图7-17)。

在西方,木构建筑同样有着悠久历史。木筋墙结构和井干结构是西方民居建筑中常见的建造技术,木屋架亦是西方公共大跨度建筑屋顶结构的常用建造技术。建筑工业化促进了传统木构建筑的材料、结构、构造技术的现代发展主要体现在以下三个方面:①集成木材料技术的进步;②结构体系的拓展;③新型构造节点技术的创新。经过100多年的建筑工业化发展,现代轻型木构建筑和重型(大跨度、高层)木构建筑功能丰富,形式多样,应用场景广泛(图7-18)。

虽然建筑中出现金属构件已有数千年历史,但金属作为建筑承重结构材料还是在工业革命之后。随着钢铁工业在汽车、造船、飞机工业中的迅速发展,建筑工程也开始尝试使用轻质高强的铸铁来取代厚重的砖石结构。1851年,英国园艺师约瑟夫·帕克斯顿(Joseph Paxton)在伦敦世博会的英国馆——

(a)

(b)

图7-17 中古传统木构建筑及构造技术
(a)佛光寺东大殿;(b)佛光寺东大殿的斗栱构造节点

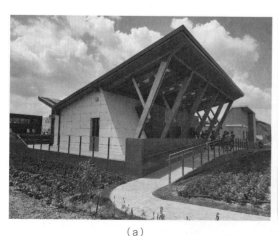
(a)

(b)

图7-18 现代木构建筑
(a)现代轻型木构建筑;(b)现代大跨度胶合木结构

水晶宫的设计中采用了预制铁构件作为框架结构，玻璃作为表皮，其晶莹剔透的造型在当时令人叹为观止，展现了钢结构建筑作为一种新的预制装配体系在空间自由化、构件标准化、建造效率化上的巨大潜力。在现代主义建筑发展历程中，钢结构建筑一直都是一条重要的线索：建筑师密斯·凡·德·罗将钢结构建造技术应用在不同类型的建筑中，并最终升华成为一种极致的建造艺术；高技派建筑师如诺曼·福斯特、理查德·罗杰斯（Richard Rogers）、伦佐·皮亚诺等也在他们的经典案例中展现了钢构件的典雅、精致以及多元可塑性等特质（图7-19、图7-20）。

混凝土在建筑中首次出现可以追溯到公元前300多年，但直到钢筋混凝土技术的出现才让这一历史悠久的建筑材料在现代大放异彩。19世纪末，经过欧洲英国、法国、德国等众多工程师的共同努力，钢筋混凝土成套建造技术逐步完善，并开始应用于住宅、工厂、仓库等不同类型的建筑中。钢筋混凝土结构的建造方式一开始采用的是"现浇体系"，即以现场支模、扎筋、灌注混凝土、养护为主要流程的建造方式。

得益于机械化设备的发展，另一种以"干作业"为主的装配式混凝土建造技术很快就实现了。相比较"现浇体系"，装配式钢筋混凝土建筑的大部分构件都在工厂完成生产，大大减少了现场"湿作业"的工作量，提高了建造效率。尤其是在抗震问题解决后，装配式钢筋混凝土技术发展突飞猛进，形成了多种成熟的建造体系：如装配式框架结构，装配式墙板结构，装配式盒子结构等。装配式混凝土建造技术不仅能实现标准、高效、绿色的建造过程，还能根据建筑的类型进行特殊定制，满足多元需求（图7-21）。

图 7-19　柏林新国家美术馆

图 7-20　巴黎蓬皮杜艺术中心

(a) (b)

图 7-21 现代预制装配混凝土建造技术
(a)特殊预制混凝土墙板的工厂生产；(b)现场装配

当下，木结构、钢结构和装配式钢筋混凝土建造体系都已成熟，产品部件种类丰富，既可以按标准类型批量生产，也可按需求单独定制，几乎可以满足所有建筑类型的不同建造要求。此外，追随时代潮流从关注"建造速度"到提高"建造品质"，再到聚焦"可持续性发展"，装配式建造技术的内涵和外延也在日新月异地进步着。作为未来建筑产业先进生产力的重要发展方向，装配式建筑的不断革新也要求建筑师与时俱进，熟练掌握各种装配式建筑构造基本原理及具体技术应用方法。

7.2.2 装配式连接构造分类及设计原理

1. 装配式连接构造分类

现代装配式结构按照材料的类型可以分为三大类：木结构、钢结构和装配式钢筋混凝土结构。此外，还有一些特殊的装配式结构，如竹结构、铝合金结构、玻璃结构等，受材料性能的限制，这些材料结构适用的建筑类型比较有限。

装配式构造连接按照受力方式可以分为刚性连接和柔性连接（也称为铰接）。刚性连接不仅可以承受剪切力还传导弯矩，如钢结构的焊接构造；柔性连接可以自由转动，只能承受剪切力和轴向力，不能承受弯矩，如螺栓构造。

装配式连接构造按施工方法可以分为湿式连接和干式连接。干式连接不需要灌注混凝土，如螺栓、焊接连接构造；湿式连接是需要一定的混凝土浇筑的建造方式，如混凝土墙板的连接中，需要在板缝中灌注混凝土，加强连接的整体性。

装配式连接构造按节点的特征可以分为直接连接和间接连接，二者的区别在于是否采用了中间媒介。直接连接是指构件之间的连接是直接接触，没有介入其他连接件，比如木结构的榫卯构造、钢结构的焊接。间接连接是在连接过程中采用了辅助连接构件，如用以连接木构件的金属构件。

总的来说装配式构造连接种类丰富，形式多样，建筑师在设计中不仅需要考虑基本的力学原理，还要从材料的性能、结构表现力、美学形式等多方面综合考量。

2. 装配式连接构造设计的基本要求

装配式建筑构造连接大多数是机械连接,即铰接连接。为了保证结构的可靠性,节点的连接强度、稳定性和耐久性是首要考虑要素。首先,要保证连接的结构强度满足各种荷载的要求,节点要有明确的传力路径;其次,不同材料的构件受力方式是有差异的,比如木材是各向异性的材料,钢材和混凝土是各向同性材料,构造连接要针对材料受力特征合理设计;再次,由于装配式连接的节点经常会暴露出来,因此需要保证暴露的节点具有较强的耐候性及防火性;最后,暴露的连接节点也是建筑结构整体形式的一部分,因此需要结合建筑的艺术表现力进行统一考虑。

3. 典型装配式连接构造原理

1)木构建筑连接构造

基于木材的材料特征,木结构难以实现钢结构和钢筋混凝土结构的刚性连接,为了保证木结构的整体结构强度,其构造连接需要满足以下几个基本要求:①明确的传力路径;②良好的延性,即在连接破坏前能产生较大变形;③一定的紧密性,在避免木材因收缩而导致开裂的前提下保证连接节点的相对紧密性,加强节点的受力性能。

木构建筑的构造连接基本都是机械连接,因此设计应尽量简洁、有效,以便于施工和拆卸。对于暴露的节点需要着重进行耐久性、防虫防火的构造处理。此外,木构框架存在大量外露的节点,对于建筑结构的整体性和美观性表现有重要影响,因此,如何设计这些节点的形式(或精致,或粗犷,或简洁或复杂),需要系统设计。下面选取现代木构建筑中典型的连接构造进行具体阐述。

(1)绑扎与箍连接

绑扎连接是木构建筑中最原始的一种连接技术。最早的绑扎采用的是藤条,之后开始使用绳索,后来又出现了金属丝等。绑扎连接技术便捷、高效,又不损坏木材,尤其在竹构建筑中应用广泛。即便在工业技术发达的当下,这种便捷的建造技术依然在一些小型木构、竹构建筑中存在。箍连接是绑扎连接在现代工业技术下拓展的一种新形式:采用扁钢条作为箍件,通过螺栓进行紧固,多用于圆形构件截面。箍连接比绑扎连接有更高的连接强度和稳定性,因此在现代竹木建筑中有着更为广泛的应用(图7-22)。

(2)榫卯连接与齿连接

榫卯连接是一种契合构造连接,即没有间接连接构件,仅依靠构件之间的相互挤压和剪切来传递力。榫卯构造从受力特征上属于半刚半铰的连接方式,具有一定的强度、韧性和变形能力。榫卯连接易于拆卸和维修,但由于木材构件断面的缺失,结构承载能力有限。

在中国和西方传统的木构建筑中都大量应用了这种精巧的连接方式。中国传统木构建筑中的榫卯构造规则严整,丝丝入扣,种类繁多,形式多样。为了简化传统榫卯构造,现代木结构发展了一种特殊的榫卯连接——齿连接:在两个构件上分别做齿榫和齿槽,通过承压传递力,并用螺栓加强节点稳定性。根据螺栓的数量可以分为单齿连接和双齿连接,这种特殊的榫卯构造被广泛应用于屋架的木桁架或立体桁架的构件连接构造中(图7-23)。齿连接比传统榫卯连接更简单,传力清晰,但变形能力较弱,易发生脆性破坏。

(3)销连接和齿板连接

采用各种类型的销(钢销、木销)、螺钉,以及螺栓等细长的杆状连接件统称为销连接。销连接承受的荷载主要是剪力。销连接强度大,整体性强,是木构建筑最高效的连接方式之一。因为通常需要

图 7-22 竹结构扁钢绑扎构造

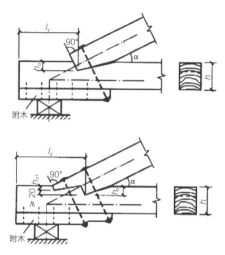

图 7-23 现代榫卯构造—齿连接

多组销排列完成一个节点的连接，为了避免木构件的劈裂、顺纹受剪破坏等隐患，销不宜排列成平行作用力方向的一行，同时要满足销类紧固件的各方向间距的尺寸要求。

钉是最轻巧的销连接件，施工方便、造价低廉，主要用于轻型木框架中尺度较小的木构件或金属件的连接。螺栓是应用最广泛的销连接，不仅可以承担剪力，还可以承受轴向力，一般和垫圈、螺母成套使用。螺栓的直径不宜过大，避免造成节点延性差而导致失效风险增大（图 7-24）。

齿板连接是一种特殊的销连接，即把若干金属钉组合成一块整体齿板，起到整体固定作用。连接时将齿板齿口朝向连接构件两侧，通过压力将其压入连接的构件内，齿板连接便捷高效，多用于轻型木桁架的节点连接或者木构件的接长与接厚连接（图 7-25）。

图 7-24 钉连接和螺栓连接

(a) (b)

图 7-25 齿板连接
（a）齿板构件；（b）齿板连接在轻型木结构中的应用

（4）键连接

键连接是一种隐藏式的加强连接构造，通过将钢质或木质的块状或环状构件嵌入两个木构件内，增加受剪面积来加强连接。键连接可以增强连接节点的刚度，同时减少螺栓或螺钉的数量，通常用于对连接刚度要求较高的节点。键连接的典型构件有两种，裂环和剪板。

裂环是一种闭合的圆形钢构件，嵌入两个相连木构件表面预先加工的环形槽内，再用螺栓将两边的构件紧固。裂环作为抗剪构件起主要传力作用，可以充分利用木材的承载力，连接强度高，但也可能发生脆性破坏，需要考虑裂环的直径、强度和木材承压能力（图 7-26）。

剪板和裂环相似也是一种圆形的构件，呈圆盘状，圆盘上有和紧固件连接的圆孔。剪板受力，紧固螺栓抗剪，相较于裂环，剪板便于拆装，不仅可以用于木构件之间的连接，还能用于木构件和钢板之间的连接（图 7-27）。

（5）金属转接件

随着现代建筑结构要求的不断提高，加上木构件与其他材料如钢材和混凝土构件的连接需求增多，

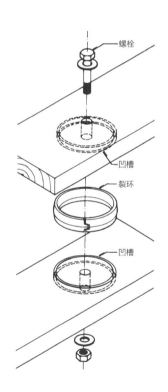
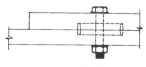

图 7-26 裂环连接

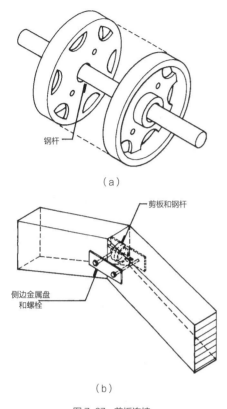

图 7-27 剪板连接
（a）剪板；（b）剪板与钢板共同连接

单一类型的连接已经不能满足复杂的连接需求，由此产生了专门的金属转接件。金属转接件是一种成套使用的金属连接件，包括节点板及配套的钉、螺栓等。

金属转接件按照制造方式可以分为两大类：定型产品和定制产品。定型产品通常是指固定的、可根据需求直接挑选的现成的产品，标准化程度比较高，常见于轻型木框架体系中。定型产品造价低、质量可靠、连接便捷，出现问题也容易拆除更换（图 7-28）。

对于尺度大、连接复杂，或者特殊形式设计的节点，无法直接选用定型金属转接件，就需要根据具体要求进行定制设计，定制金属转接件及构造节

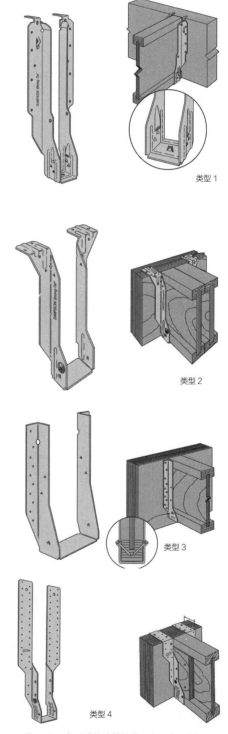

图 7-28 轻型木构建筑的常见定型金属转接件

点时常会被建筑师赋予丰富的形式。

根据连接的部位，定制金属转接件可以分为三种：基础与柱连接件，梁与柱连接件和梁与梁连接件。在基础与柱的连接构造中，金属转接件底部一般会采用螺栓或者焊接的方式与基础预埋钢板或者金属基座连接，顶部通过螺栓与木柱连接（图7-29）。在梁与柱的连接构造中，金属连接件主要用于柱顶梁或梁顶柱的连接中，可以分为单侧连接、双侧连接和多向连接等方式。在梁与梁的连接构造中，金属连接件可以用于梁的单向接长及双向或多向连接（图7-30）。

根据金属转接件与木构件连接的方式，可以分为三种基本类型：①隐藏式金属内插板，金属件插入预先开口的木构件内，通过钢销、螺栓等进行固定；②半包式金属外夹板，金属板在木构件外侧形成半包式夹固，再通过销连接进行固定；③全包式金属外夹板，金属板在木构件外侧形成全包围夹固，再通过螺钉、螺栓固定。上述三种连接方式隐藏式金属内插板的防火性能最优，全包式金属外夹板连接安装比较便捷（图7-31）。

2）钢结构建筑构造连接

钢材和木材有着相似的受力性能，但是由于钢材是人造材料，不存在材料上的天然缺陷，也不易受环境变化影响，因此在刚性上要比木材大很多，这也是钢材能在大跨度和高层建筑中应用更广泛的主要原因。影响钢材受力的主要因素是其塑性变形（也称"屈服"）的特点，因此控制屈服点应力是钢结构设计的重点。钢材虽然不易燃，但在高温下强度会降低，导致变形，因此作为结构构件的钢材外层需要附着防火涂层或者包裹防火材料（图7-32）。此外，防腐也是钢结构建筑需要重点处理的构造措施，尤其是在湿度较大的环境中，有效的

(a)　　　　　　　　　　(b)

图7-29　与基础连接的金属转接件

（a）与金属基座连接的金属转接件；（b）与楼板连接的金属转接件

图 7-30 与梁连接的金属转接件
(a) 单向接长金属转接件；(b) 多向金属转接件

防腐构造可以有效延长钢构件的使用寿命。

钢结构建筑的结构构件一般由热轧柱、梁、空腹格栅等组成。钢柱和梁可选择不同形式的热轧型钢（图7-33），其中最常被选用的是宽翼型（工字型）截面。宽翼型截面不仅结构承载力强，并且可在多方向实现高效连接。

钢结构建筑的构件连接可以分为两种基本类型：一种是机械连接，如销连接（螺丝、螺栓等）、金属转接件；另一种是焊接连接，如钎焊、铜焊等。

（1）机械连接

铆钉和螺栓是钢结构建筑最常用的两种机械连接构件。铆钉是一端有帽的钉形金属构件，是人类已知的最古老的金属连接技术之一。铆钉种类丰富，在金属制品中应用广泛。不过现在，铆钉构造连接已经被装配效率更高，强度更大的螺栓连接所取代。

高强度螺栓是现代钢结构建筑构件最常用的机械连接方式，通常情况下高强度螺栓会和不同形状的转接件配合使用。这些节点通常出现在柱梁的交接处、柱与基础的交接处或者柱梁的接长连接处。这些显现的节点也经常被建筑师进行特殊的形式处理来表达机器美学。巴黎的蓬皮杜艺术中心作为机器美学的重要代表建筑，采用了极富挑战性的结构暴露技术方案。暴露在幕墙之外的巨大钢结构采用了先进的桁架与悬臂梁结构，不仅结构方案前卫，建筑师与工程师还精心设计了构件与节点造型。

"牛腿"状的悬臂梁以醒目的造型展现了现代钢铁工业的力量，渐变的截面也揭示了结构力学的理性逻辑。主体桁架的斜向支撑杆件及钢索借由圆形金属圆盘连接在一起，桁架、悬臂梁又通过高强螺栓和巨大的钢柱连成一体。整个建筑就如同一台

（a）

图 7-31　三种不同形式的金属转接件
（a）隐藏式金属内插板；
（b）半包式金属外夹板；
（c）全包式金属外夹板

（b）　　　　　　　　　　　　（c）

图 7-32　金属结构构件的防火构造

精密的机器，每个构件都经过仔细设计，安排井然有序，连接浑然一体。这一预制装配建筑史上里程碑式的经典之作正面回应了建筑工业变革时代的技术发展需求，也展现了极致的建筑机器美学潜力（图 7-34）。

（2）焊接连接

焊接连接是一种坚固、高度一体化的刚性连接，强度大，不便于拆卸，对施工环境和施工技术要求较高。焊接连接的钢构件结构和形式相较于机械连接有着更强的整体性。焊缝连接形式根据不同连接部位和连接要求可以分为对接焊缝、T 形焊缝、角接焊缝和搭接焊缝四种基本方式（图 7-35）。北京的国家体育馆——"鸟巢"的整体钢结构由于体量巨大，因此拆分成了多个模块预先在工厂完成预制，然后在现场整体焊接。相比较机械连接，焊接连接构造一方面为"鸟巢"复杂的结构提供了更强的刚度；

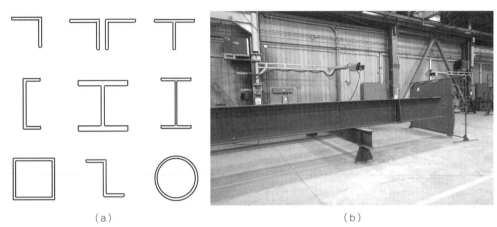

图 7-33 典型钢结构构件
（a）不同截面的型钢；(b) 典型的工字型钢构件

图 7-34 蓬皮杜艺术中心的钢结构节点

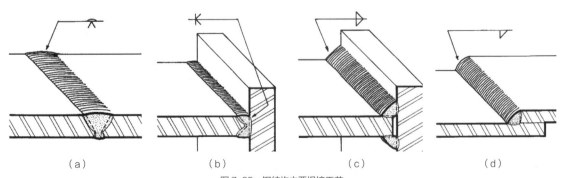

图 7-35 钢结构主要焊接工艺
（a）对接焊缝；(b) T形焊缝；(c) 角接焊缝；(d) 搭接焊缝

另一方面焊接连接构造让建筑的每个构件的线条得以完整延续，让"编织"的肌理更加流畅，实现了"鸟巢"概念方案的初衷（图 7-36）。

3）装配式混凝土构造连接

装配式混凝土构件与现浇混凝土构件在构成上没有区别，主要差别一方面体现在建造/制造的流程及工艺上；另一方面则体现在连接构造工艺上。现浇混凝土结构的各部分是通过拉筋，支模后统一浇筑，一次成形；装配式混凝土结构的各部分构件（柱、梁、楼板、墙体、楼梯等构件）则是在工厂分类完成预制（图 7-37）。预制构件端头或者边缘预留钢筋接头，安装的时候在连接处先进行钢筋与预埋套管或者预留金属件之间的连接，再通过少量的湿作业完成最终连接。预制构件的连接主要通过金属转接件和螺栓完成，湿作业量少，建造效率高（图 7-38）。

不同于现浇钢筋混凝土墙的一次成形，装配式钢筋混凝土建筑构件需要在现场进行二次施工安装，在施工现场需要使用起重机吊装构件至安装位置，因此预制构件的边缘或表面会预先安装临时吊挂构件，以便构件运输和建造过程中不会出现损坏，在安装后再拆除临时吊装构件（图 7-39）。

7.2.3 装配式建筑构造设计案例

1. 木结构：IBM 旅行帐篷

IBM 旅行帐篷是一个精巧的现代木构建筑。"帐篷"寓意了这是一个可移动的建筑，但不论是材料还是造型，这个建筑都和传统我们所熟知的标准化单元帐篷产品大相径庭。伦佐·皮亚诺赋予了这个建筑和帐篷一样的可拆卸性和移动性，并且从传统的拱形屋顶形式中抽取了相似的要素，创造了一个可以在世界各地搭建的具有现代科技感的可移动临时建筑（图 7-40、图 7-41）。

IBM 旅行帐篷（48 m×12 m×6 m）主体结构采用了木材，由 48 个半弧组成建筑的半圆形通长空间，建筑外表面采用了聚碳酸酯制成的三角锥单元表皮。每一组弧形单元是由内外共三榀半圆形木桁架和三角锥聚碳酸酯表皮共同组成（图 7-42）。

为了实现 IBM 帐篷便捷拆卸、组装的目标，皮亚诺精心设计了可多向连接、便于拆卸的铸铝节点来连接结构构件与表皮构件。每个铸铝节点可在三

图 7-36 国家体育场——"鸟巢"连续的钢结构连接

图 7-37 装配式钢筋混凝土典型预制构件
（a）预制柱；（b）预制墙板；（c）预制梁；（d）预制阳台板

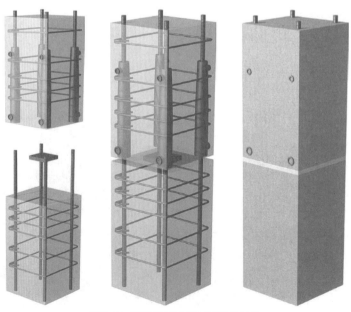

图 7-38 装配式混凝土柱的连接构造示意

图 7-39 预制构件边缘或表面设临时吊挂构件

图 7-40 IBM 旅行帐篷内部连续的展览空间

图 7-41　IBM 旅行帐篷在不同地方反复搭建展览

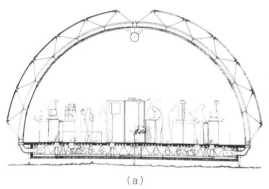
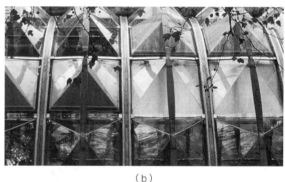

（a）　　　　　　　　　　　　　　　　（b）

图 7-42　IBM 旅行帐篷的标准单元构成
（a）IBM 旅行帐篷的半圆形单元结构；（b）IBM 旅行帐篷表面聚碳酸酯三角锥表皮

个方向上连接木构件拼接桁架，铸铝节点的端头紧紧插入木构件槽口内，就如同人体骨骼的关节紧密地咬合在一起，有机而动感；与桁架垂直向外方向的金属构件用以连接聚碳酸酯三角锥表皮单元（图7-43）。整个铸铝节点的设计将现代轻型木构建筑连接节点的灵巧、高效与可定制性体现得淋漓尽致。

2. 钢结构：中国国家大剧院

中国国家大剧院是由法国建筑师保罗·安德鲁设计的钢壳体结构建筑。大剧院东西轴长212 m，南北轴143 m，高46 m，地下最深处32 m，表面覆盖了近19 000块钛金属板和1200多块超白透明玻璃，对称、优美的椭圆曲面宛若"一滴晶莹的水珠"

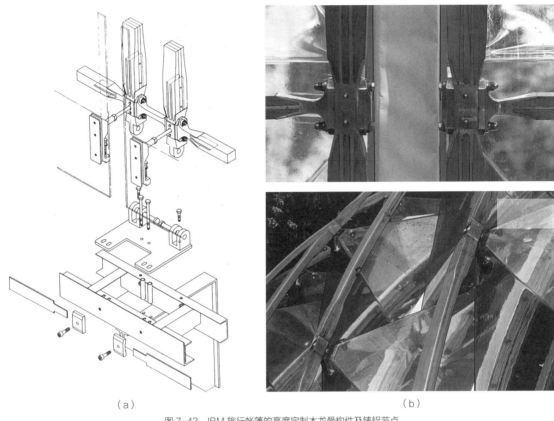

图 7-43　IBM 旅行帐篷的高度定制木龙骨构件及铸铝节点
（a）构件爆炸图；（b）连接结构与表皮的多向铸铝节点

轻盈地坐落于北京的人民大会堂旁（图 7-44）。中国国家大剧院不仅造型优美，还体现了钢结构建筑的建造工艺之美。

建筑壳体主要的支撑钢结构采用了格构化的弧形钢桁架，沿椭圆形平面放射展开，顶部由顶环梁固定，底部锚固于巨大的混凝土圈梁上。结构从地面到屋顶形成完整的支撑体系，形成了巨大的无柱空间，可自由布置功能。主体桁架在水平向上采用圆形钢管连接形成网格结构，加强壳体结构的稳定性。圆形钢管与主体桁架采用焊接连接，与纵向桁架连接的钢管球形端头进行了十字形变截面处理，醒目而精致（图 7-45）。

由于建筑采用了曲面形式，墙体和屋顶连成一片，形成建筑完整的幕墙系统，而支撑幕墙的金属框架也自然依附于钢桁架外侧。表皮支撑框架的杆件汇聚于多向金属节点，并最终与主体桁架结构的延伸端头进行固定。多向金属节点不仅可以在四个方向上固定幕墙的金属框架，铰连接还可以提供较好的抗震性（图 7-46）。

3. 装配式混凝土结构：St.Ignatius 教堂

斯蒂文·霍尔（Steven Holl）在西雅图大学的 St.Ignatius 教堂的设计中，为了实现快速、经济的建造过程，采用了预制混凝土墙板结构。不过他并没有采用标准的构件产品，而是根据教堂特殊的空

图 7-44　中国国家大剧院主立面

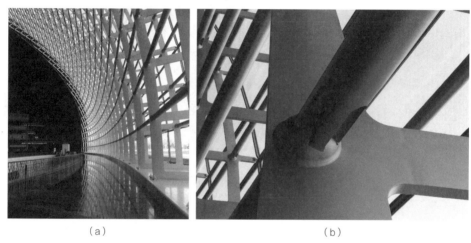

　　　　　　（a）　　　　　　　　　　　　　　　　（b）

图 7-45　钢结构桁架及构造细部
（a）放射形的钢结构桁架；（b）钢结构桁架与水平系杆的焊接节点

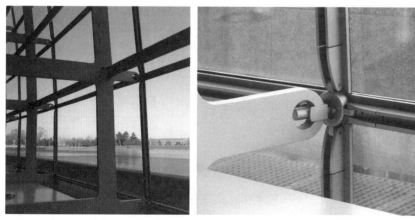

图 7-46　与主体结构连接的幕墙支撑结构及节点细部

间形式进行了非标准的定制设计。建筑师不仅保留了教堂空间应有的神秘性，还刻意保留下建造信息以彰显该建筑的工业化特征（图 7-47）。

虽然是非标准化定制，预制装配的效率是极高的：21 块大小不一，形式各异的预制墙板在工厂中经过 18 天的预制，在现场 12 小时内就被组装起来（图 7-48）。不仅如此，建筑师在设计过程中结合窗洞的划分来巧妙地分割预制墙板，大小不一的窗洞口正好处在预制墙板的交接处，也避免了外墙上额外开洞口。由于单片墙板尺寸超过一般标准构件，

图 7-47　St.Ignatius 教堂主立面

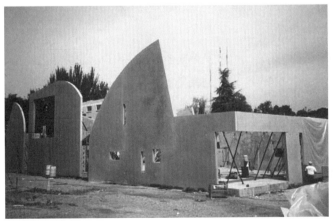

图 7-48　St.Ignatius 教堂的预制装配过程

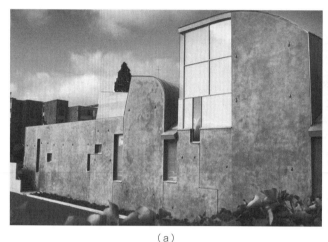 

图 7-49 St.Ignatius 教堂表面显著的装配痕迹
（a）清晰的墙板拼缝；(b) 覆盖扒点的精致青铜构件

墙板的表面均匀分布用于起重机吊挂的扒点，这些扒点可以承受 3.6 t 的重量，用以平衡和放置每一块定制墙板。在建造完成后，这些扒点并未被去除，而是被建筑师以精巧的椭圆形青铜件进行了装饰，和未加掩饰的墙板拼缝一起诉说着这个建筑诞生的故事（图 7-49）。

已经在装配式建筑中茁壮发展。作为建筑师，我们不能单一地从建造角度去看待装配式建筑的构造技术，而需要从各个交叉领域系统地学习、研究和探索新的融合技术，这样，未来才能像福斯特、皮亚诺、罗杰斯等高技派建筑师那样，不被技术所束缚和奴役，而是主动应用技术实现设计创新。

本节小结

装配式建筑代表了目前建造技术发展的前沿方向，其核心内容是建造流程的集成化。装配式建筑构造技术仅仅是整个系统中的一部分内容，这些不同材料的构件、节点设计不仅涉及建筑工程设计领域，还包括了材料研发、产品设计制造、施工流程组织的方方面面。从构件到组件，再到模块，已经在其他制造领域成熟应用的集成化设计方法和技术

思考题

某偏远乡村在一次自然灾害中损毁了不少房屋，包括了乡村医院。现在需要建造一个临时医疗场所，进行简单医疗服务，尺寸为 6 m（长）×3.6 m（宽）×3 m（高）。请选择合适的材料和结构形式进行建筑设计（平面图、立面图、剖面图、模型），并绘制基础、墙体、屋顶的大样图。

7.3 新能源技术与建筑构造设计

7.3.1 新能源技术的应用背景

从有人类活动以来，用能量发生着巨大的变化。人类用能的剧增，起源于工业革命。自 1775 年以来，人类用能量从接近于 0，激增至接近 12×10^{12} kW·h。而人们意识到能源的重要性，是来自第一次石油危机。从 1971 年到 2012 年，人类用能量从 4×10^9 t 油当量增长至接近 9×10^9 t 油当量，增长了 2 倍多，其中，增长量主要来自石油等化石能源的用量变化。随着化石能源用量的增多，其引来了大量的能源、环境问题。为了保证全球可持续发展的目标，巴黎会议提出了第三份国际法律文本，确定了 2020 年后的全球气候治理格局，即承诺让全球平均气温升高不超过 2℃，并且朝着不超过 1.5℃的目标努力。而为了实现该目标，需要对全球的碳排放量进行控制。

国际能源署（International Energy Agency, IEA）给出了为了实现全球温升不超过 2℃，不同技术途径对实现低碳排放的贡献，如图 7-50 所示。从图中可以看到，大力发展可再生能源是实现全球碳排放降低的重要工作之一。因此，各国都在进行能源结构调整，大力发展可再生能源。

常见的可再生能源包括太阳能、风能、水能、潮汐能、地热能、生物质能等。而能够应用到建筑上的可再生能源主要有：太阳能、风能、地热能、生物质能。其中，在建筑构造过程中，主要能够整合的是太阳能和风能。因此，本节主要针对太阳能和风能在建筑中的应用进行介绍。

7.3.2 新能源技术与建筑构造设计原理

1. 太阳能的概念及其特点

我们常说的太阳能指的是太阳所负载的能量，它一般以阳光照射到地面的辐射总量来计量，包括太阳直接辐射和天空散射辐射的总和。而太阳能资源，不仅仅包括直接投射到地球表面上的太阳辐射能，而且还包括水能、风能、海洋能、潮汐能等间接的太阳能资源，甚至前面提到的生物质能也是通

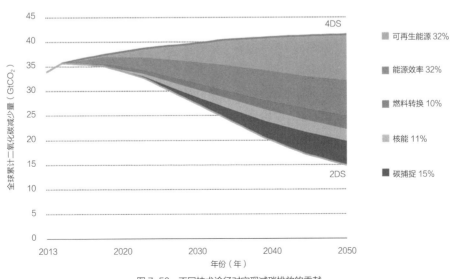

图 7-50 不同技术途径对实现减碳排放的贡献

过绿色植物的光合作用固定下来的太阳能。太阳能是各种可再生能源中最重要的基本能源，生物质能、风能、海洋能、水能等都来自太阳能，广义地说，太阳能包含以上各种可再生能源。

太阳能的优点主要可以总结为：①储量的无限性：太阳每秒钟放射的能量大约是 118 668 kW，一年内到达地球表面的太阳能总量折合标准煤共约 12 046 596 千亿 t，是目前世界主要能源探明储量的一万倍。相对于常规能源的有限性，太阳能具有取之不尽，用之不竭的"无限性"。②存在的普遍性：对于地球上绝大多数地区，太阳能普遍存在，这点是区别于其他能源形式而言非常重要的一点。其可就地取用，能够为很多国家和地区解决常规能源缺乏的问题。③利用的清洁性：太阳能在开发利用过程中几乎不产生任何污染，和风能、潮汐能等一样，均为洁净能源。④利用的经济性：太阳能的经济性体现在太阳能利用技术的可靠和成熟性上。现在，太阳房、太阳能热泵、太阳能发电这些太阳能利用技术都达到了市场成熟度，可以推广使用。

我国太阳能资源被分为了四个太阳能资源带，分别为：Ⅰ区——资源丰富带；Ⅱ区——资源较富带；Ⅲ区——资源一般带；Ⅳ区——资源贫乏带。值得注意的是，中国的太阳能资源分布的总趋势为北高南低，西高东低。与同纬度的其他国家相比，除四川盆地和与其毗邻的地区外，绝大多数地区的太阳能资源相当丰富，和美国类似，比日本、欧洲条件优越得多，特别是青藏高原的西部和东南部的太阳能资源尤为丰富。

2. 太阳能利用的分类及其构造设计原理

太阳能利用技术可分为光热转换与光电转换。其中，通过转换装置把太阳辐射能转换成热能利用的属于太阳能热利用技术，简称为光热技术。光热技术可以分为被动式和主动式两类。光电技术通过转换装置把太阳辐射能转换成电能利用，有光电转换和光导光照明技术两类。光电转换装置通常是利用半导体器件的光伏效应原理进行光电转换的，因此又称为太阳能光伏技术。而太阳光导光照明技术是由集光机、石英光纤传输导线，以及尾端投射灯具组成，又称"向日葵采光系统"。

1）太阳能光热技术

（1）被动式太阳能利用

被动式太阳能供暖是通过集热蓄热墙、附加温室、蓄热屋面等向室内供暖（热）的方式。

被动式太阳能供暖的特点是不需要专门的太阳能集热器、辅助加热器、换热器、泵等主动式太阳能系统所必需的部件，而是通过建筑的朝向与周围环境的合理布局，内部空间与外部形体的巧妙处理，以及建筑材料和结构构造的恰当选择，使建筑在冬季充分地收集、存储与分配太阳辐射，因而使建筑室内可以维持一定温度，达到供暖的目的。常见的被动式太阳能利用方式包括直接接受太阳能、集热蓄热墙、附加阳光间等。

直接接受太阳能的利用模式下，通常会设置较大面积的南向玻璃窗，这样冬天阳光能够直接照射至室内的地面墙壁和家具上，使其吸收大部分热量，因而温度升高。室内所吸收的太阳能，一部分以辐射、对流方式在室内空间传递。需要注意的是，采用这种方式的太阳房，由于南窗面积较大，应配置保温窗帘，并要求窗扇的密封性能良好，以减少通过窗的热损失。

同时，窗户应设置遮阳板，以遮挡夏季阳光进入室内。此外，直接得热太阳房让太阳辐射直接进入室内，让室内的墙面和地面蓄热，因此，需要根据供暖计算所需蓄热材料的面积和厚度。其优点是，在拥有充足阳光的同时拥有开阔的视野，需要增加的额外建设费用很少，效率很高；缺点在于室内温度波动大，容易发生夏季过热的情况，为了保证蓄热材料暴露在直射阳光下，需要限制铺设地毯，在墙上挂画或增加木装饰等行为。

针对直接得热太阳房的不足，产生了一种新的被动式太阳能利用方式，也就是集热蓄热墙。在法国，Felix Trombe 和 Jacques Michel 发展了将玻璃装配的阳光墙与蓄热体相结合的方法，获得了以研究者名字为名称的特隆布墙（Trombe Michel 墙）专利，并于 1967 年，在北纬 43.5°的 Odeillo 地区建造了太阳房。获得专利的特隆布墙是在一个厚度为 600 mm 的混凝土墙前装设玻璃墙，玻璃厚度为 120 mm，在冬天，墙上顶部和底部的开口允许暖空气进入，在夏天，装配的玻璃在顶部打开，使日光热量流走。特隆布墙还可以做成单面墙体的形式，也称蓄热墙式。在此构造中，将朝阳墙面做成厚重实墙，外涂黑色，外层设玻璃幕墙，两者之间留出空气隔层。实墙上留出适当的采光面积，上、下留洞口。这样，白天室内的冷空气通过下部洞口，进入空气隔层受热上升，经由上部洞口进入室内，如此形成对流循环，室内温度即可不断提高。夜间将洞口关闭，并下帘幕，使室内热量不致散失。夏季开启厚墙和玻璃幕墙上的小窗，可通风降温。

直接利用太阳能还有一个典型方式——附加阳光间，其在不少农宅中，包括城市底层或者顶层的居民住宅中，均有实际案例。附加阳光间是在向阳侧设透光玻璃构成阳光间接收日光照射，阳光间可结合南廊、入口门厅、休息厅、封闭阳台等设置。其围护结构全部或部分由玻璃等透光材料构成，与房间之间的公共墙上开有门、窗等孔洞。该形式具有集热面积大、升温快的特点。阳光间得到阳光照射被加热，其内部温度始终高于外环境温度。所以既可以在白天通过对流供给房间以太阳热能，又可在夜间作为缓冲区，减少房间热损失。此外，需要

注意的是，阳光间内中午易过热，应该通过门窗或通风窗合理组织气流，将热空气及时导入室内。只有解决好冬季夜晚保温和夏季遮阳、通风散热，才能减少因阳光间自身缺点带来的热工方面的不利影响。夏季可以利用室外植物遮阳，或安装遮阳板、百叶帘，开启甚至拆除玻璃扇。

为了使得附加阳光间内的温度更加均匀，服务的时间延长，可以结合蓄热材料进行优化设计。比如，在屋顶上放置有吸热和贮热供暖的贮水塑料袋或者相变材料，其上设可开闭的盖板，冬夏兼顾，都能工作。冬天白天打开盖板，水袋吸热，晚上盖上盖板，水袋释放的热量以辐射和对流的方式传到室内。夏季与冬季相反。需要注意的是，这种措施适合冬季不太寒冷且纬度低的地区，因为纬度高的地区冬季太阳高度角太低，水平面上集热效率也低，而且严寒地区冬季水易结冻。另外系统中的盖板热阻要大，贮水容器密闭性要好。此外，如果结合使用相变材料，热效率可提高。

（2）主动式太阳能利用

主动式太阳能系统是由太阳能集热器、管道、风机或泵、储热装置、室内散热末端等组成的强制循环太阳能系统，它可以将传热介质（水或空气）通过太阳能集热器输送到蓄热器。因此，按照传输的介质区分，可以将其分为加热水和加热空气两大类。

其中利用集热器加热水的主动式太阳能利用方式包括太阳能热水器、太阳能供暖和太阳能空调等。他们都包含一个集热器，典型的形式如图 7-51 所示。集热器中包括盖板，对集热器起到保护作用；此外，一个关键的组件是吸热板，一般会镀深色涂层，加强太阳的吸收；吸热板附近还有设置有保温材料，避免热量的散失。

集热板一般可设置于屋顶，或者阳台处，便于太阳光照射到其表面。集热器的安装朝向以正南为

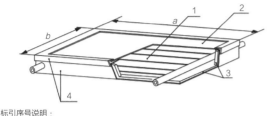

标引序号说明：
1—吸热体；
2—透明盖板；
3—隔热体；
4—壳体；
a、b 分别表示外形平面尺寸的长度和宽度。

图 7-51　平板型太阳能集热器（管板式）结构示意图

用风机将空气通过碎石贮热层送入建筑物内，并与辅助热源配合。因为增加了需要动力的风机和引导气流的风管，有的还包括了储热部分，所以将其归为主动式。由于空气的比热小，从集热器内表面传给空气的传热系数低，所以需要大面积的集热器，而且该形式热效率较低。但随着技术和材料的发展，该类型出现了多种形式。

一个典型的集热器加热空气的产品就是太阳能墙。太阳墙系统由集热和气流输送两部分系统组成，并且，以房间作为储热器。集热系统包括垂直墙板、遮雨板和支撑框架。气流输送系统包括风机和管道。"太阳墙系统"可将 50%~80% 的太阳辐射能量转化为可用的热能，可将空气加热至高于环境温度 15~35℃。太阳墙系统的主要组成部分包括太阳墙板、空气间层、输配系统，以及可能设置的夏季旁通。"太阳墙板"吸收太阳辐射能量的过程是通过边界层空气在经过微小的孔缝被抽入空气间层的同时被

最佳，其倾斜角和当地纬度相等。当集热器设置在阳台时，其支撑可以考虑三种构造做法，分别为挑板支撑、直接铺板和支架悬挑，如图 7-52 所示。

而主动式太阳能利用的另一种重要形式是利用集热器加热空气，也就是以空气作为媒介，其实际上是源自被动式太阳能供暖技术。这种模式下，其传统形式是在建筑的向阳面设置太阳能空气集热器，

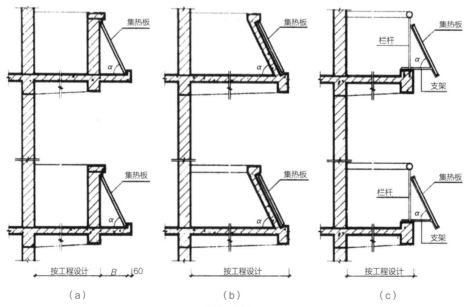

图 7-52　集热器安装在阳台的构造
（a）挑板支撑；(b)直接铺板；(c)支架悬挑
注：α 取当地纬度 +（5°~25°）为宜

加热。加热后的空气经进风口进入暖通空调系统或由简单风机鼓入室内，经由常规分配系统均匀地分配到建筑中。当风机运行时，通过外墙的热量损失又被热空气回收。而在夏季不需要太阳辐射热时，热空气由顶部排出，此时太阳墙板可以作为遮阳板防止阳光直射外墙面。由于太阳能墙占用了南向的采光通道，因此其较多运用于一些厂房等对采光要求不高的建筑中。以加拿大 Ville St-Laurent 的 Bombardier 飞机公司组装厂为例，该厂房使用 10 000 m^2 太阳墙，每年可以节省能耗 23 210 GJ，减少二氧化碳排放量为 1 175 000 kg/年。

几种常见的太阳能利用方式的优缺点对比见表 7-1。总结一下，被动式的太阳能利用方式造价低，更需要设计师的精心设计和细节考虑。主动式的太阳能利用技术更加方便，适用的季节、空间更加多元，但需要额外的能源及造价。

2）太阳能光电技术

光伏发电是最常见的太阳能光电技术。该项技术是应用半导体器件将太阳光转换为电能，具有安全可靠、无噪声、无污染、无需燃料、无机械传动部件等优点。但需要注意的是，目前用于商业生产的太阳电池效率只有 13%~15%，而在实验室不计成本制成的太阳电池效率也不过 23%~24%。太阳能光伏电池制造成本虽逐年下降，但仍处于较高的水平，相应的发电成本与常规能源尚不具备可比性。

在光伏建筑的概念中，大致分为 BIPV 和 BAPV 两种，后者全称为 Building Attached Photovoltaic，即将光伏设备附着在建筑上，目前，BAPV 为主流的光伏建筑类型。太阳能光电技术在建筑中的应用发展方向为 BIPV（Building Integrated Photovoltaic，中文为光伏建筑一体化），这是一种在建筑外表面设置光伏器件，将太阳能发电与建筑功能集成在一起的新型能源利用方式。相比于 BAPV，由于 BIPV 直接将设备作为墙体或屋顶，使其可以更为美观，同时，不需要其他固定结构的特性使其安全性更高。除了具备光伏发电的能力外，为了使 BIPV

表 7-1 几种常见的太阳能利用方式的优缺点对比

系统	优点	缺点
直接受益式	景观好，费用低，效率高，形式很灵活； 有利于自然采光； 很适合学校、小型办公室等	易引起眩光； 可能发生过热现象； 温度波动大
集热蓄热墙	热舒适程度高，温度波动小； 易于旧建筑改造，费用适中； 大供暖负荷时效果很好； 与直接受益式结合限制照度级效果很好	玻璃窗较少，不便观景和自然采光； 阴天时效果不好
附加阳光间	作为起居空间有很强的舒适性和很好的景观性，适合居住用房、休息室、饭店等； 可作为温室使用	维护费用较高； 对夏季降温要求很高； 效率低
主动式空气集热系统	可以提供新风，供暖与通风兼顾； 有效降低夏季热负荷； 新型系统热效率高； 北向房间也可以利用太阳能供暖； 集热单元可以实现工业化生产	造价高； 技术较为复杂

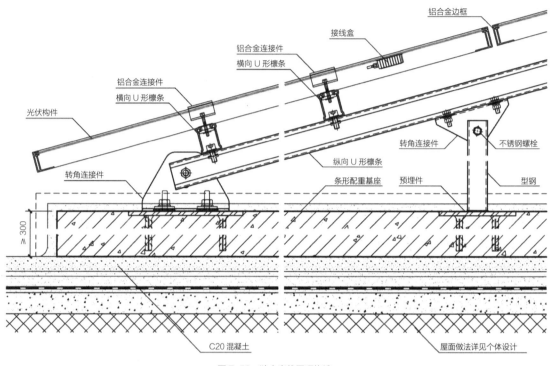

图 7-53 独立光伏屋顶构造

建筑拥有防水、防火性能、并具有结构性、材料性及电气安全等特性，BIPV 产品主要由光伏组件和建筑构造组成，光伏组件包括太阳能薄膜电池、逆变器、光伏玻璃等重要组件，建筑构造包括满足搭接要求的边框、边缘防水构造、支撑结构和女儿墙等。

（1）光伏屋顶

光伏屋顶主要有三种形式：独立光伏屋顶、集成光伏屋顶和光伏采光顶。

在独立光伏屋顶形式下，光伏装置并不具备屋顶系统的保温、隔热、结构等方面的功能，其仅仅作为一个后加的设备，独立于屋顶本身结构之外。因此，其安装方式更加灵活，不受屋顶本身的倾斜角限制，能够根据光伏组件对太阳的需求合理调整安装角度。以平屋顶为例，其独立光伏屋顶形式下的光伏构件构造，如图 7-53 所示。

集成光伏屋顶是将光伏装置与屋顶合为一体。即光伏组件是屋顶的一个组成部分，整个屋顶包括光伏板、空气间隔层、屋顶保温层、结构层。因此，这种光伏板能防雨雪、也具有一定的抗压能力，这就对光伏产品提出了更高的要求。以坡屋顶为例，其集成光伏屋顶形式下的光伏构件构造，如图 7-54 所示。

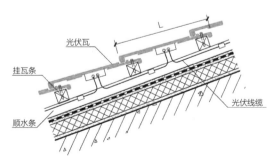

图 7-54 集成光伏屋顶构造

而光伏采光顶在集成光伏屋顶的基础上，进一步具有屋面采光的要求。所以，光伏采光顶具有一定的透光能力，需要采用具有透光性的光伏元件，如薄膜电池，其透光率设计一般在 10%~50%。以框式光伏采光顶为例，其构造图如图 7-55 所示。

（2）光伏墙体

光伏在墙面上的应用主要是以光伏幕墙的形式出现，光伏幕墙是指将光伏组件设置在建筑的围护结构之外，或直接取代建筑围护结构，实现光伏发电与建筑物有机结合的一种方式。其可以分为两种主要的形式，即单层光伏幕墙和双层光伏幕墙。

单层光伏幕墙的光伏组件一般通过结合在墙体或者窗户中，以替代建筑围护结构。其通过和透明、半透明的玻璃组合在一起，营造出不同的建筑外立面及建筑室内的光影效果。而双层光伏幕墙，是在传统的建筑围护结构之外，再增设一组光伏组件。这样，光伏组件和固有的围护结构之间，有一定厚度的空气间层。因此可以利用中间的空气层流动，调节光伏组件和围护结构的表面温度，从而缓解光伏组件发电过程中局部过热问题，提高发电效率，进行建筑隔热。

此外，光伏构件还可以结合在建筑遮阳、雨篷、阳台等建筑元件中，在建筑中进行灵活布置，增加建筑物的光伏使用面积。

3. 风能的概念及其特点

风能就是空气的动能，是指风所负载的能量，风能的大小由风速和空气的密度所决定。风能是可再生的清洁能源，其储量大、分布广，但它的能量密度低（只有水能的 1/800），并且不稳定。在一定的技术条件下，风能可作为一种重要的能源得到开发利用。目前对风能的利用以风力发电为主。在建筑中利用风力发电通常是对高层或者超高层建筑来说的。通常，风机在风速 2.7 m/s 的情况下能够产生电能，在 25 m/s 时达到额定功率，保证持续发电的风速为 40 m/s。高层建筑离地面高，顶部的风力资源相对于底部来说十分充足，提供了一个利用风力发电的很好条件。因此在高层或者超高层建筑中利用风能不是不可能，但必须对当地的平均年风速、风向、风力资源进行充分了解。因此高层建筑顶部修建风力发电机组具有一定的可行性。但在设计高层建筑时，应该把顶部风力发电机组的荷载给考虑进去，否则会对高层建筑造成结构上的损坏，甚至倒塌。

建筑物高度和密度比较大的城市，由于其下垫面具有较大的粗糙度，可引起更强的机械湍流，其局部风场的变化也将明显加强。因此，城市风能具有风速较小、紊流大等特点。由于建筑物的影响，城市也能制造局部的大风。高层建筑屋顶上经常会出现一个较大的风速区，即"屋顶小急流"，建筑物的开洞部位也会有明显的穿堂风。城市街道及两栋大楼之间的通道，由于"夹道效应"，在无大风

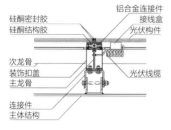
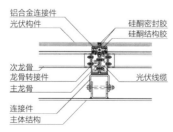
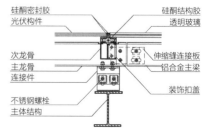

图 7-55　光伏采光顶构造

时会制造局部大风。

我国的风能资源丰富和较丰富的地区主要分布东北、华北、西北地区，以及沿海及其岛屿地区。

4. 风能利用的分类及其构造原理

1）自然通风

从广义上说，在建筑中合理利用自然通风，也是一种利用风能的主要途径。在建筑设计中，合理利用自然通风能够节约能源、提高室内环境质量，是建筑环境营造中非常重要的一个措施。自然通风的形成机理，是通过空气的热压和风压，使得空气通过建筑立面的开口和内部的通道，流过室内，从而在建筑中注入新鲜空气，排除室内废气，同时对室内的温湿度进行调节。

自然通风效果与建筑结构（窗、门、墙体等）有着密切关系。所以在建筑设计过程中，要充分考虑这些因素。自然通风的主要入口是由窗户组成的，因此，窗户的形式、面积大小及安装位置均对自然通风的具体效果产生影响。此外，屋顶处的形状设计也会对建筑的自然通风效果产生影响。可以用翼形屋顶在上侧形成风压的高低压区，从而促进空气的流动，增强自然通风效果。双层玻璃幕墙是一种常见的建筑表皮构造方式，其能够避免直接开窗对室内温湿度的干扰，减少室外噪声的传入，而且有利于提高自然通风效率，降低建筑冷负荷。在构造过程中，为了防止由于玻璃的大量使用导致的夹层温度较高的问题，内层可采用浅色玻璃，间层内设置窗檐，同时注意窗檐、风口、窗户的合理安装。此外，建筑中的中庭是形成自然通风的重要因素。不少自然通风的经典建筑案例中，都有中庭元素的加入。高层建筑可利用中庭的热压实现自然通风。但要注意的是，虽然现在建筑内的中庭越来越多，但大多数的中庭是封闭式的，因此实际上无法起到通风的效果，仅仅是出于采光目的而采用。同时，

很多建筑为了增强自然通风，还会采用风塔。风塔一般由垂直竖井和几个风口构成。可以通过与太阳能加热器结合，在排风口末端设置加热装置，从而对进入的空气起到抽吸作用。

2）风力发电

风力发电的原理，是利用风力带动风车叶片旋转，把风的动能转变成风轮轴的机械能，发电机在风轮轴的带动下旋转发电。由于自然界的风速是极不稳定的，风力发电机的输出功率也极不稳定。所以其发出的电能一般不能直接用在电器上，先要用储能装置储存起来。因此风力发电机组，一般包括叶轮、发电机（包括装置）、调向器（尾翼）、塔架、限速安全机构和储能装置等部件，如图7-56所示。

7.3.3 新能源技术与建筑构造设计案例

1. 太阳能技术的设计案例

OM阳光体系的核心概念是一个气动系统，其

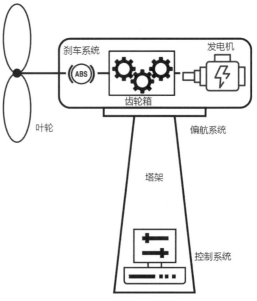

图7-56 风力发电机组构造图

可以利用太阳能在冬天为房屋加热，并在其他季节提供热水。该体系基于广泛的研究和设计实验，在建筑中通过对热量和空气进行设计，进而实现对太阳能的有效利用。在过去的 20~30 年中，日本已建造了 25 000 多个 OM 阳光体系建筑，在日本不同气候条件不同的地区进行安装和测试，从极寒的札幌开始，一直延伸到具有半热带气候特征的冲绳岛，如图 7-57 所示。

OM 阳光体系的房屋设有朝南的屋顶，该屋顶是空心的，允许空气在内部循环。随着屋顶外部暴露在阳光下变暖，屋檐内的通风孔将新鲜空气吸入室内。当屋顶表面在阳光下加热时，空腔内的空气上升到山脊。然后，热空气通过风扇驱动的处理单元，迫使其通过大的垂直管道向下流动。地面层通常会升高到地基上方，以形成气室。热空气通过整个房屋的地板通风口进入室内。

该系统具有多种模式，具体取决于一天中的时间和季节。在冬季白天，系统如图 7-58 所述循环热空气。在夜间，空气流通被切断。因此，在建筑设计中采用具有蓄热作用的建筑构造有助于保持温暖并在整个晚上辐射热量。

在夏天，仍然可以使用热空气来加热水，但是在通过处理单元后，热空气将排出室外，避免室内升温。而在夏季夜间，冷空气可以通过系统向下引导，冷却房间，如图 7-59 所示。

在春季和秋季，用户可以平衡空间和热水之间的热空气分配，以保持舒适的内部环境。

OM 阳光体系在日本的应用中，可采用多项功能对系统性能进行优化（图 7-60、图 7-61）。如屋顶腔体的最上层可采用玻璃，以增加内部的太阳能获得量。屋脊顶部可采用小光伏面板为处理单元供电，以减少额外能量的输入。还可以采用太阳能

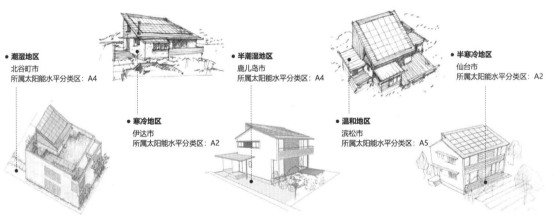

图 7-57 OM 阳光体系住宅在日本的应用

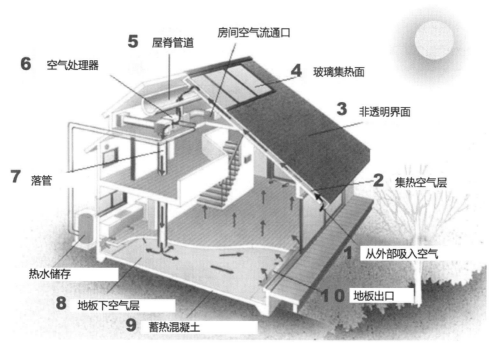

图 7-58 OM 阳光体系住宅冬季工作原理图

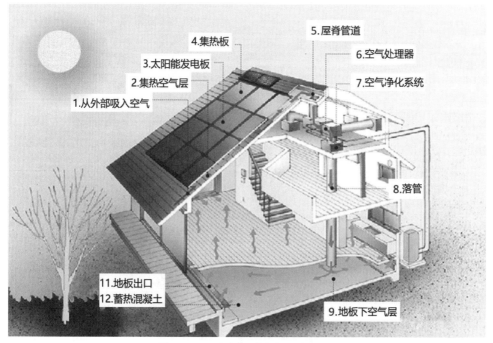

图 7-59 OM 阳光体系住宅夏季工作原理图

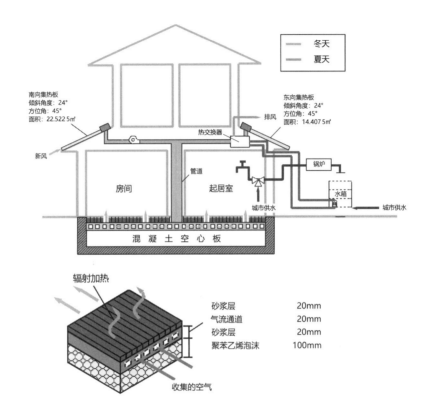

图 7-60　OM 阳光体系木造住宅混凝土空心板（蓄热系统）详图
注：该项目位于日本爱知县长久手市

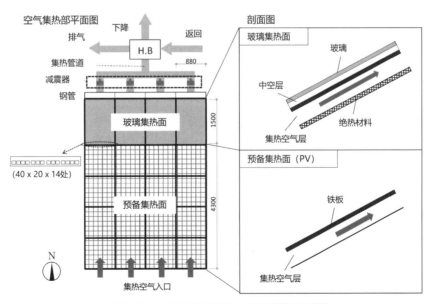

图 7-61　OM 阳光体系建筑屋顶空气式集热器构造图

光电光热一体化模块（PV-T）覆盖屋顶，这样不仅可以将太阳能转换为电能，还可以将热量传递到屋顶空腔中，以加热内部的空气。在空间布局方面，适宜采用阁楼及开放式居住布局模式以达到最优的室内环境效果，这种布局方式下，有助于温暖的空气从地板升起，并在整个室内自由流通。如果室内空间相对封闭，则可以采用管道的方式进行热空气的传输。此外，OM 阳光体系采用整体方法进行可持续设计。大多数内饰采用木材，很容易集成到大多数常规结构中。从外部看，OM 阳光体系的房屋看起来颇为典型，仅沿着屋脊的玻璃条显示了其独特性。

OM 阳光体系具有较强的可扩展性，除住宅外，也被用于在日本各地建造的许多大型公共建筑，包括学校、美术馆、教堂、体育设施等（图 7-62、图 7-63）。

2. 风能利用的设计案例

1999 年建成的诺丁汉大学朱比丽分校新校园（Jubilee Campus），是目前公认的生态建筑标志之一（图 7-64、图 7-65）。2001 年，该项目获得了英国皇家建筑师协会杂志的年度可持续性奖。

朱比丽校区是在原自行车工厂用地的基础上更新再建的，整个校园的设计将一个废旧的工业重地变成了一个充满生机的公园式校园。整个新校园约 41 000 m² 的建筑面积，可供 2500 个学生使用。其平面图如图 7-66 所示。该校园的设计重点是

图 7-62　使用 OM 阳光体系的高中校园建筑

图 7-63　使用 OM 阳光体系的住宅街区

图 7-64　诺丁汉大学朱比丽分校外景

图 7-65　诺丁汉大学朱比丽分校校园俯瞰

图 7-66　诺丁汉大学朱比丽分校校园平面图

13 000 m² 的线性人工湖，使其成为有机的缓冲体，将新建筑与郊区住宅连接起来，对于整个城市则成为一个"绿肺"。在这一水体的设计上，人工化被尽量避免，而试图营造一种人工的自然平衡。

该校园的一大特色，就是著名的 3 层中央教学建筑（图 7-67、图 7-68），这些建筑形式相似，每栋都由 3 个翼楼组成，这些翼楼通过全高倾斜的玻璃房或开放式庭院相连。建筑物的内部垂直流通是由圆形楼梯塔提供的，这些塔的屋顶部设有空气处理机组，气流通过这些机械设备提供动力，形成流通。

朱比丽校园设计所采用的通风策略可以称作为热回收低压机械式自然通风，它是一种混合系统，即在充分利用自然通风的基础上辅以有效的机械通风装置。这一通风系统的使用在建筑上表现为两个明显的特征：

一个是 25 mm×125 mm 见方的太阳能集热片，它们被集成在中庭屋顶的 6 mm 厚的吸热强化玻璃中，用于提供驱动机械通风扇的能源，同时它们起到一定的遮阳作用；整合太阳能板设计是这个建筑的一个特点。所谓整合设计就是在做建筑设计的时候就把太阳能光电板设计考虑进去，而不是后来才加的。建筑师考虑了适合的太阳水平角和高度角把光电板安置在中厅。同时为了减小其对自然光的影响特意把它安置在中间（图 7-69）。

另一个是"风塔"，其主体为楼梯间，在顶部是集成的机械抽风和热回收装置，在建筑外部呈一造型独特的金属"风斗"（图 7-70），它可以在风速 2~40 m/s 之间顺利运作，由周围空气流动所产生的真空效应，让室内空气可以自然地被抽拔出来，也因为尾部有一个类似扰流板的构造，让风斗永远随着不同的风向转动。风斗除了是一个风向旗之外，

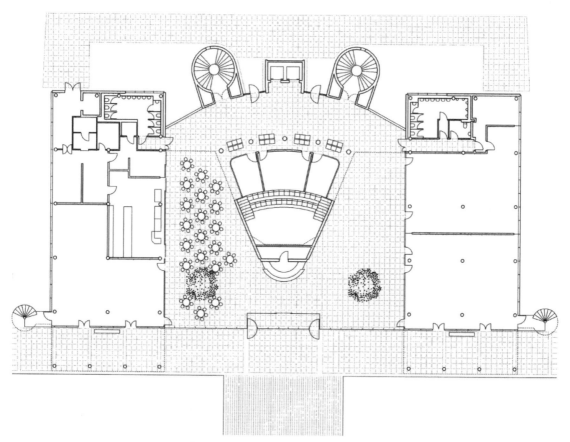

图 7-67 诺丁汉大学朱比丽分校教学楼平面图

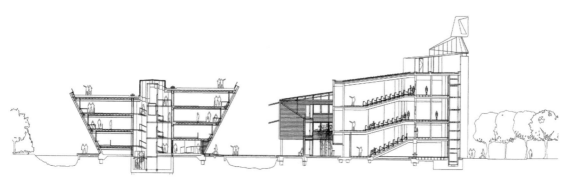

图 7-68 诺丁汉大学朱比丽分校教学楼剖面图

也让排气的一端永远处在下风处。

这一系统的运作或气流的组织可以理解为 "穿越式"和"机械低压式"两种的混合。所谓"穿越式"就是通过建筑窗口的设置形成穿堂风（图 7-71），

这一点充分体现在中庭的设计上，在面湖立面的地面层设计许多通风百叶，沿着水面风起冷却的效应，在室外温和气候状态下，气流在凹进的中厅入口的引导下，经过大门上部开启的玻璃百叶进入到中厅

图 7-69 太阳能中庭

图 7-70 风斗

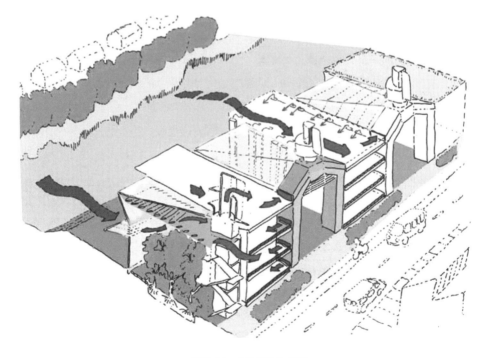

图 7-71 穿越式通风示意图

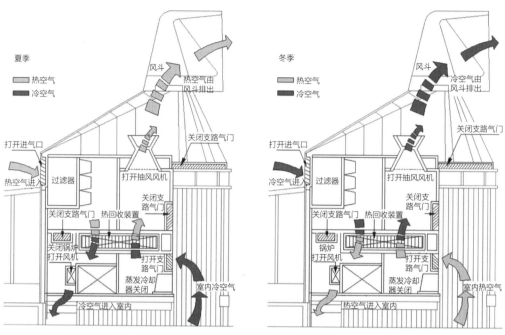

图 7-72 机械低压式通风示意图

内,整个气流穿过中庭空间,最后流窜到背面的八个楼梯间,由所谓的"烟囱效应"让使用过的气流上升穿过整个圆形,类似烟囱的楼梯间,最后经由风斗排放出去,完成整个低耗能,被动式的空气循环动作。

所谓"机械低压式",就是在机械的辅助下,充分利用烟囱效应在建筑内部形成自然风循环(图 7-72),这尤其适用于酷热或寒冬气候条件下,当建筑窗口关闭时。其循环路径为:新鲜的空气通过处于风塔上部的机械抽风和热回收装置被引入到风道中,然后进入到各层楼板的夹层空间,进而在楼板低压发散装置的辅助下进入到室内;而废气的排出是通过走道和楼梯间的低压抽风作用,最终又回到风塔上部,再经过热回收或蒸发冷却装置,通过风斗排出。

建筑师原本打算用自然通风系统,可是考证发现自然风并不能有效地服务建筑教学区,于是就采用了机械系统。尽管建筑在全年大多数时间内都在运行这个系统,但是通过制动控制系统在一些日子内通过打开南边的玻璃和热压效应可以得到良好的自然通风效果。

本节小结

伴随着全世界各国对低碳环保的重视,新能源技术在建筑中的应用也得到了建筑设计师们的关注。太阳能和风能作为两种最重要的新能源之一,二者在建筑中的应用是最为常见和重要的。两种新能源虽然类型不一,运用方法不同,但在建筑中的应用都可概括为被动式和主动式两大类。太阳能的利用在构造设计上需要考虑能源的收集、存储和运输,风能的利用在构造设计上主要需要考虑风的引导和流通。

思考题

如何将太阳能和风能进行整合利用？试着提出对应的构造设计。

7.4 数字建造技术与建筑构造设计

7.4.1 数字建造简介

数字建造（Digital Fabrication）是把虚拟的设计转化为实物的过程，通常采用计算机编程或参数化工具进行设计，用数据来驱动数控（Computer Numeric Control，CNC）设备完成加工与建造。[1][2]在这种数字化设计与建造实践过程中产生了新的结构与构造设计，如木材的不规则细部设计及其数控加工、3D打印混凝土墙体构造（图7-73）、纤维编织构成的轻薄结构等。

数字建造涉及计算机辅助设计（CAD）技术、计算机辅助制造（CAM）技术、各类数控机械（如3D打印机、激光切割机、机械臂等）和其他自动化技术、信息技术、智能技术。数字建造过程始于数字模型的设计与创建，然后将其转换为机器可读的代码，指导数控设备生产实物。数字化制造可以实现更高的精度、准确性和效率，并与当下的绿色低碳、低能耗、高效率等时代需求相结合，不断衍生出新型构造及其制造工艺。

数字建造对设计、建造、材料等建筑要素进行统筹考虑，因此它并不是设计的下游环节。当今运算化设计（Computational Design）与数字建造融为一体，由"设计运算—数控制造"构成的数字链

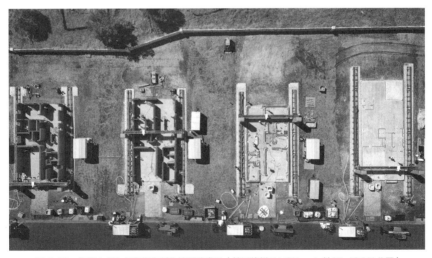

图 7-73　混凝土3D打印机定制化地制造房屋（美国德州 Wolf Ranch 社区，ICON 公司）

---

[1] 李飚. 东南大学"数字链"建筑数字技术十年探索[J]. 城市建筑，2015(10): 39-42.
[2] 华好. 数字建造驱动的构造设计趋势[J]. 建筑学报，2014(8): 26-29.

促使设计师探索新的结构与构造。从建筑学历史上看,数字建造扮演着"承上启下"的角色:勒·杜克(Viollet-le-Duc)关于构造要真诚地反映材料本性的理论、安东尼奥·高迪的悬链线找形方法、皮埃尔·路易吉·奈尔维(Pier Luigi Nervi)的应力线密肋楼盖结构[①](图7-74)、弗雷·奥托的最小曲面等,都是当今数字建造频繁研究的话题。

21世纪以来,以机器人技术为代表的数字建造技术把设计与建造重新融合起来,[②]使建筑的数字化与物质化获得了统一,为当今的建筑领域提供了一个系统化的视角来处理形式、材料、结构等建筑元素。十多年来,国际上一些先锋建筑事务所积极利用数字建造技术革新设计流程。例如扎哈·哈迪德建筑事务所的计算设计小组"ZHA Code",强调技术、几何形态和材料性能等因素在建筑设计中的融合,创造出许多形态独特的建筑(包括家具)产品;坂茂(Ban Shigeru)设计的蓬皮杜梅斯中心(图7-75)采用了复杂的曲面屋顶结构,因此该工程团队使用了数字技术来加工大批非标准的木构件,以实现高度精确地制造和安装。同时,COBOD,ICON公司,BRANCH等3D打印建筑公司正在创新性地实践自动化、智能化的制造房屋。

国内建筑事务所和相关智能建造企业也在探索数字建造,如MAD建筑事务所、上海创盟国际、上海大界机器人等。MAD建筑事务所设计的乐成四合院幼儿园(图7-76)围绕一座四合院建造了一片漂浮的屋顶,通过参数化设计与数字建造的方式,

图7-74 奈尔维设计的羊毛厂楼盖采用主应力线(Principal Stress Lines)方向的密肋

图7-75 蓬皮杜梅斯中心(坂茂建筑设计)

图7-76 乐成四合院幼儿园(MAD建筑事务所)

---

① Halpern, A.B, Billington D.P, Adriaenssens, Sigrid. The Ribbed Floor Slab Systems of Pier Luigi Nervi[S]. Journal of the International Association for Shell and Spatial Structures,2013(54): 127-136.
② F.Gramazio, M.Kohler, S. Langenberg. Fabricate[M]. Zurich: Gta Verlag, 2014.

既保护和利用了文物，又呼应了周边的现代建筑，展现出多层次的城市历史和谐并存的场景。

7.4.2 数字建造的构造设计原理

材料、数控、运算是数字建造的三个思考维度。下文将从这三个方面对数字建造的构造原理进行解析。

1. 材料

建筑师关注材料的既有特征，如密度、强度、防水性、耐久性等，并顺应其固有特性进行运用。更积极主动的材料运用方法可以参见 19 世纪的"结构理性主义"，指出建筑师需要找到特定材料的理想形式，用这种形式去实现建筑，其构造要真诚地反映材料的行为（如受力状态）。在数字建造中，材料本身就是设计对象。如今，在材料科学领域纳米打印机[①]已经实现了在微观层面上控制材料的构成（图 7-77）。在不同的空间尺度，我们可以设置不同的材料组织方式，从而获得前所未有的材料性能。

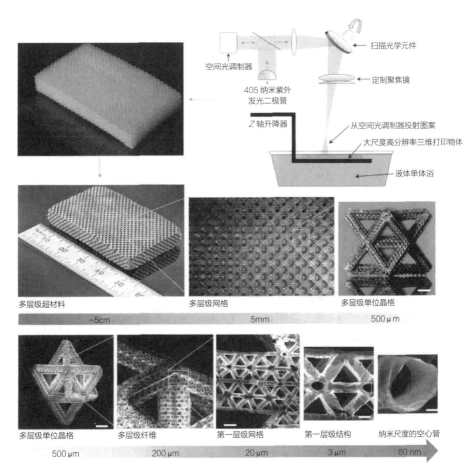

图 7-77 从纳米到厘米尺度的 3D 打印

---

① X.Zheng, W.Smith, J.Jackson, et al. Multiscale Metallic Metamaterials [J]. Nature Materials, 2016(15): 1100-1107.

阿奇姆·蒙格斯（Achim Menges）在《材料运算》中指出运算增进了我们对材料的认识，也可以指导我们在设计中运用材料。设计师应该用统一的逻辑把力学、材料、形式三者结合起来形成方案。[①]材料工艺与运用过程的革新是构造设计的原动力之一，譬如东南大学改良了机器人颗粒挤出层叠3D打印（FGF）技术，使两种热塑性材料在进入打印头之前以任意比例混合，从而打印出颜色、透光性连续变化的曲面壳体（图7-78），为设计师提供了新的可能性。

运算化设计和数控技术的结合让研发团队可以进行工艺或构造创新，包括：

1）新的材料组合方式，如美国 Branch 公司的 BranchClad 曲面幕墙板把3D打印的不规则塑料网格作为制造过程中的塑形参照物，但最终隐藏在纤维混凝土外壳的内部。

2）新的工艺过程，使建筑的结构、部件，构造获得独特的品质与性能。如2021年威尼斯双年展的 Maison Fibre 建筑采用了机器人进行纤维编织，制造出很强很薄的结构。

2. 数控设备

数字建造与机械工程、电气与电子工程、自动化控制都有密切联系。高度定制化的建造过程往往依赖自制或改装的数控设备，[②]因此建筑师也参与数控设备的设计、制作和控制。数控设备由数据来驱动，由相应的机器代码来控制。三轴铣床、激光切割机和三维打印机通常由 G-code 驱动。工业机器人一般有自己特定的机器语言，譬如 KUKA 机器人采用 KRL 语言。

数控设备定制与自主编程控制（即软硬件相结合的研发），是为了最大限度地定制特殊的加工制造过程。比如，苏黎世联邦理工学院研发了移动机器人在施工现场进行混凝土墙体中钢筋网的自动编扎（DFAB House 项目，Mesh Mould 技术）（图7-79），其中的移动底盘、钢筋编扎工具头、智能控制软硬件系统都需要自主开发。

工业机器人（机械臂）具备加工方式的灵活性：在法兰盘上安装不同的末端工具（End Effector）就能实现不同的加工工艺，如切割、焊接、打印、弯折、组装等。机械臂的扩展性使针对某一个项目

图7-78 机器人颗粒挤出层叠3D打印（FGF）技术混合两种热塑性材料，制造出颜色、透光性连续变化的曲面（东南大学）

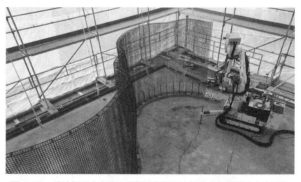

图7-79 移动机器人在施工现场进行混凝土墙体中钢筋网的自动编扎（苏黎世联邦理工学院，DFAB House 项目）

---

① A.Menges. Material Computation [J]. Architectural Design, 2012, 82(2): 4-21, 104-111.
② F.Gramazio, M.Kohler. The Robotic Touch: How Robots Change Architecture [M]. Zuirch: Park Books, 2014.

的个性化加工方式成为可能。[1]

3. 运算

运算化设计能够利用数理逻辑来自动生成方案，[2][3]并利用数控技术把具体的材料组合成最终的实物。完整的数字建造项目追求从设计到建造的一体化，设计师通过编程来生成方案并控制数控设备实现建造，精确地控制最终实物的每一个细节。

运算贯穿于设计阶段，对建筑设计目标、结构力学、物理性能进行模拟与优化。运算也贯穿于制造与施工阶段，精确地控制数字化的工艺过程，使设计意图不折不扣地落地。一个典型的例子是苏黎世联邦理工学院的Smart Slab混凝土楼盖（图7-80），其复杂形状经过了力学优化，采用砂型3D打印制作异形模具，浇筑出混凝土预制楼板构件，最后用后张法预应力（Post Tensioning）把这些构件连接成整体。其中楼板构件的力学优化的自由度与3D打印中的形状自由度，都需要由研发团队的自主化编程来统筹把控，使设计能力与制造能力相匹配。

计算几何（Computational Geometry）及计算机图形学是数字化设计与制造的基础。多年来，如数学家波特曼（Helmut Pottmann）、[4]计算机科学家波利（Mark Pauly）[5]等人通过计算几何的研究渗透到建筑数字技术当中。同时很多建筑领域的组织，如Smart Geometry、Advances in Architectural Geometry、Robotic Fabrication in Architecture, Art and Design也大力开展计算几何的探索与应用。通过编程（Java, C/C++, Python等），我们可以相对独立于具体的三维建模软件，真正专注于几何本身和自己的设计问题。

4. 数字建造的构造设计趋势

在数控加工技术与强大的运算设计工具的推动下，建筑师与工程师合作对构造设计及其工艺进行创新，涌现出几种构造设计的趋势：

① 体现材料真实的行为（如力学行为），而不是遵循既有经验规则来组织材料；
② 微观构造突破了"材料—构造—结构"之间的尺度划分；
③ 定制化的工艺过程。

在"物质化"思维的指导下，构造设计不但关注最终的物质结果（Being），而且关注导致这个物质状态的中间过程（Becoming），包括原材料的处理工程、加工工艺、制造设备的改装、组装工艺等。

图7-80 Smart Slab混凝土楼盖形状经过了力学优化运算，契合3D打印提供的形状自由度

---

[1] F.Gramazio, M.Kohler. The Robotic Touch: How Robots Change Architecture [M]. Zuirch: Park Books, 2014.
[2] Z.Guo, B.Li. Evolutionary Approach for Spatial Architecture Layout Design Enhanced by an Agent-based Topology Finding System[J]. Frontiers of Architectural Research, 2017(6): 53-62.
[3] H.Hua. A Case-based Design with 3D Mesh Models of Architecture[J]. Computer-Aided Design, 2014(57): 54-60.
[4] H.Pottmann, A.Asperl, M.Hofer, A. Kilian. Architectural Geometry[M]. Exton, Pennsylvania: Bentley Institute Press, 2007.
[5] M.Pauly, N.J.Mitra, J.Wallner, et al. Discovering Structural Regularity in 3D Geometry[J]. ACM Transactions on Graphics (TOG), 2008, 27(3): 43.

图 7-81　ICD Aggregate Pavilion 2018 项目内景

图 7-82　项目建造过程

譬如在斯图加特大学的 ICD Aggregate Pavilion 2018 项目中，特殊的围护结构由 12 万个"正交星形单元"无序卡接而成（图 7-81）。为了实现随机但有效的卡接，并在此过程中对围护结构进行宏观塑形，该团队设计并制造了一台机器来有序投放这些星形单元（图 7-82），其中黄球占据的部分为虚空部分，将形成最终的建筑空间。

7.4.3　数字建造技术与建筑构造设计案例

1. 梅斯蓬皮杜中心屋顶木结构

梅斯蓬皮杜中心（Centre Pompidou Metz）（图 7-83）位于法国梅斯，由日本建筑师坂茂和法国建筑师让·德·加斯蒂讷（Jean de Gastines）共同设计完成。该建筑占地 5000 m²，最具有标志性的特征是其屋顶——一个巨大、半透明、六边形的自由曲面木网壳结构。

1）屋顶结构设计

为了加强结构的平面内刚度，建筑师首先考虑把三角形作为母题进行屋顶网格划分，但这会导致在每个相交节点处有 6 根木构件汇聚，形成极为复

图 7-83　梅斯蓬皮杜中心（Centre Pompidou Metz）

杂的节点。如果使用金属构件进行连接，则连接件的体积将变得非常庞大，且木构件的长短不同也会增加节点复杂度和制造成本。受中国传统竹编帽启发，建筑师最终模拟竹编的形态来设计，使每个三角形之间相互重叠，极大地简化了结构复杂度。最终的木网壳结构采用了六边形和三角形相间的排列方式，仅有 4 根木构件在每个相交节点处汇聚。

奥雅纳公司（Arup）进行了屋面的结构设计，使用 GSA 软件模拟张拉膜形式进行屋面找形，并逐步调整直到满足建筑师对屋顶形状和网格密度的要求。结构团队提出使用空腹桁架结构来建造屋面

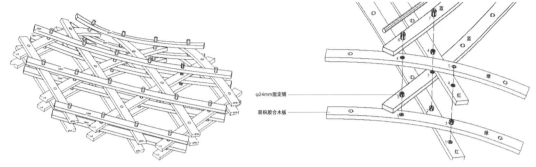

图 7-84 空腹桁架原型

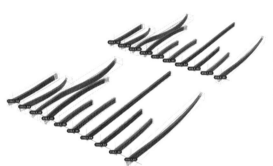

图 7-85 构件设计及加工

（图 7-84）。三个方向的层积胶合木梁（Glulam）水平连接形成一种异形空腹桁架。这种空腹桁架结构体系减少了用材，节省了木材成本，也降低了屋面静荷载。

2）数字建造

由于屋顶木结构的几何形状十分复杂，设计与建造过程高度依赖于精确的计算机建模和数控制造（CNC）。"设计到生产"公司（Design-to-Production）协助创建了精确的 NURBS 曲面模型，并提供 CAD 工具以帮助木材加工商霍尔茨堡·阿曼公司（Holzbau Amann GmbH）高效地制造近 1800 块胶合木板。

施工现场不需要胶粘剂，无需模具，只需建立临时支撑以进行组装。结构沿木板纵向采用隐藏的 5 mm 厚双钢板固定销连接（图 7-85）。每块木板上都预先钻好了公差孔，以确保节点的顺利连接。在每个结构交叉点处，由六层木板形成的网格通过一个 24 mm 直径的销连接。

高效、无差错的信息传递让设计师可以更好地控制建筑项目各个方面，包括设计、加工到建造，不但大大提升了设计自由度，而且实现了更高效、更精确和更可持续的建造。

2. NEST 模块化研究大楼集成式索状混凝土楼板

以"高性能—低排放"为目标，集成式索状混凝土楼板（Integrated Funicular Concrete Slab，IFCS）在瑞士杜本多夫 NEST 模块化研究大楼中首次应用（图 7-86），展示了苏黎世联邦理工学院近

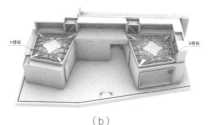

图 7-86 NEST 模块化研究大楼
（a）实景图；（b）A、B 索状楼板；（c）B 楼板脱模后的天花效果

10 年来在建筑可持续技术方面的研究成果。[①]

1）集成式索状混凝土楼板

混凝土是一种受拉脆性断裂材料，但具有良好的抗压性能。索状楼板中极薄的拱形结构能够承载均布荷载，而拱形结构上的密肋则能够承受集中荷载，并提供额外的横向刚度防止屈曲变形。由拱效应产生的水平反作用力则由预应力拉索锚固在周边的支撑体上来解决（图 7-87）。

构件的厚度很大程度上由建造限制所决定：肋的最小厚度为 25 mm，以保证混凝土的良好流动性；拱面中还需容纳直径 16 mm 的液压系统管道，因此其厚度被设置为 50 mm，以确保良好的包裹性；主肋和边界肋的厚度来自于有限元分析，分别为 50 mm 和 80 mm。

2）数字建造与现场装配

楼板的模板由上下两部分构成（图 7-88）：顶部模板（楼板 A、B 相似）用于连接主动式建筑热工系统（TABS）并创建密肋结构；底部模板（楼板 A、B 不同）用于创建拱形表面。这种模板设计能更好地与液压系统集成，以增强其加热和冷却性能，还能够集成 3D 打印的风管。

自密实混凝土从板的中间浇筑，在底部曲面形状的帮助下能够自然流向楼板各个部位，不需要外部振动，只需要对顶部进行找平处理。

该楼板需要建筑、结构和暖通等多个专业的设计融合，面临着形状复杂且难以制造的挑战。3D 打印技术提供的几何自由度可以有效克服这些挑战，高效地制造模板系统，实现可持续的制造。

[①] Ranaudo, Francesco & Mele, Tom & Block, Philippe. A Low-carbon, Funicular Concrete Floor System: Design and Engineering of the HiLo Floorsry[Z],2016-2024.

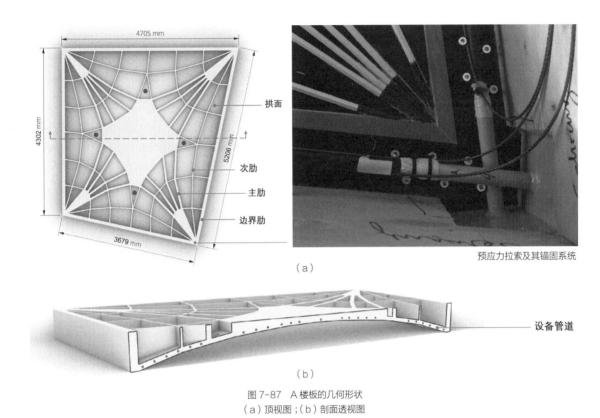

图 7-87 A 楼板的几何形状
（a）顶视图；（b）剖面透视图

图 7-88 建造现场
（a）A 楼板吊装时的局部顶模板；（b）B 楼板底层模板：3D 砂型打印构件、3D 打印风管和灯光预留孔

3. 天然纤维编织展亭 livMatS

德国弗赖堡大学（University of Freiburg）植物园中的 livMatS 展亭（图 7-89）是一座由机器人缠绕亚麻纤维制成的可承重结构。展亭总重约 1.5 t，覆盖面积为 46 m²。项目涉及了运算化设计、机器人制造和新材料系统等多个领域。通过与生物学家合作，斯图加特大学的 ICD/ITKE 研究所生成了生产数据，并传递给斯图加特的 FibR 公司用于生

图 7-89 天然纤维编织展亭 livMatS

产纤维结构组件。

1）天然纤维材料

研究团队先前主要研究玻璃纤维和碳纤维，而 livMatS 展亭实践了天然纤维在建筑领域的大规模应用。这种纤维结构具有天然可再生、可生物降解和地域可得的优点，可实现资源高效利用，成为传统建筑材料的可持续替代品。livMatS 展亭覆盖着一层聚碳酸酯表皮，提供了遮风避雨的场所，并保护纤维免受紫外线的直接辐射以及雨雪的湿气侵袭。

2）仿生设计

livMatS 展亭探索了生物启发式设计，挖掘了生物和技术材料之间的相关性。展亭的设计灵感来自于仙人掌属植物，它们的木质部结构呈空心圆柱形，柱侧面的网状结构提供了额外的稳定性和极高的承载力。这种有机形态的力学特性被转译到展亭的轻质结构中。

3）一体化设计和制造

展亭的承重结构由 15 个亚麻纤维组件构成（图 7-90），这些预制组件由机器人连续纺制纤维而成。结构顶部有一个三角形纤维构件，与主体结构的亚麻纤维组件连接，提高了建筑整体的稳定性和刚性。一个组件所用纤维的总长度为 4.5～5.5 m 不等，平均质量仅为 105 kg。最终设计符合德国建筑规范和相关结构许可要求，包括承受风雪荷载。

设计团队根据天然纤维的特性重新调整了机器人制造过程和计算设计模型。展亭的承重结构由无核细丝缠绕工艺（Coreless Filament Winding，CFW）制造而成。机器人能够将纤维束非常精确地放置在缠绕架上，使纤维的方向、排列和密度可以逐一校准，合理地满足组件的结构要求，并减少废料的产生（图 7-91）。

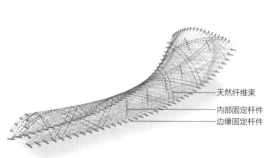

(a)   (b)

图 7-90 亚麻纤维结构
(a) 组件示意图；(b) 展亭的承重结构示意图

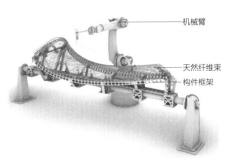

图 7-91　机器人在工装（缠绕架）上缠绕天然纤维

本节小结

数字建造往往突破材料在建筑中的传统运用方式，从材料在建筑中真实行为出发，寻找材料的理想形式，并用"从局部到整体"的综合思维把这种材料形式与建筑设计有机结合起来。这种构造设计方法离不开运算化设计、数控设备、材料科学的支撑。数字化设计与建造极大地扩展了构造的几何自由度，进而释放了设计自由度，也让建筑师可以进行"性能驱动"的构造优化设计。

建筑师定制或创造机器来实现建造，改变了建筑师用图纸与语言和其他建筑从业者进行交流的传统。成熟的数字化设计与建造团队可以独立完成一个项目的设计与建造，在流程上掌控建筑项目的每个环节，包括方案设计、结构与构造设计、材料工艺。

思考题

德国园艺展览馆（Landesgartenschau Exhibition Hall）是斯图加特大学 ICD 研究所设计建造的一座展示建筑。请观察图 7-92 并回答为什么在这座建筑中存在两种单元类型（凸多边形和凹多边形）？

图 7-92　斯图加特大学 ICD 研究所设计的德国园艺展览馆室内照片

7.5 既有建筑加固改造与建筑构造设计

世界上一般国家的基本建设大体上都可分为三个阶段：第一阶段为大规模新建，第二阶段为新建与维修改造并重，第三阶段为重点转向旧建筑物的维修改造。如欧美国家自20世纪70、80年代开始，建筑业的新建已不景气，而既有建筑的加固改造业却越来越兴旺。

7.5.1 既有建筑加固改造的意义

随着我国经济的迅猛发展，城市建设步伐不断加快，新开工建设的工程大批量上马。在大规模新项目开始设计施工的同时，既有建筑的加固改造项目也被提升到了显著的位置，在我国大部分的老建筑由于建设年代技术和物资的缺乏，现在如果继续使用的话就需要进行加固改造，在老建筑加固改造过程中需要采取合适的加固措施来满足既有建筑新的功能和使用要求。或者，部分在建建筑工程及新建工程由于各种原因导致工程存在一定的质量问题，在这种情况下也须进行加固处理，加固处理后建筑才能满足结构安全及正常使用要求。

建筑结构在进行结构设计时是按照极限状态设计法设计的，按照该方法设计必须满足结构设计的三大要求，即结构要满足强度、刚度、耐久性的要求。但是由于设计施工中的种种原因，会造成结构并不能满足上述要求，这时也需要进行加固修缮。

对既有建筑结构进行加固设计，主要是为了提高或者修复建筑已经降低或失去的稳定性，提高建筑的抗干扰能力，使其获得或大于原来的抗力。具体内容包括，提升结构的承载能力，通过增加构件的强度来降低荷载影响下的弯曲变形或位移，使结构的稳定性得到提升，减少结构裂缝、老化等缺陷的出现，提升结构的耐久性。对于需要加固的构件，在设计时应该遵循以下原则：

（1）应该避免不必要的构件更换或拆卸，因为频繁的拆卸本身会动摇建筑结构的稳定性，导致资源的浪费，如果只是出现小的缺陷可以通过修复方式来改善，避免因为加固活动而导致结构受损部分的问题更加严重。

（2）当结构存在的损坏已经对整体建筑造成安全性影响，甚至会危害到人体生命安全时，应当先进行评估，如果具有修复或保存价值，且和拆除重建相比难度更小、经济性更好、安全性更高时则应该采取加固的措施。

（3）对于具有文物、文化保护价值的或具有纪念价值、艺术价值和历史价值的建筑，必须采取修复加固的措施加以维护。

（4）对于加固中出现的结构失稳、倾斜甚至坍塌、变形等问题，在加固设计时就应该提前制定好应急预案，采取必要的安全维护措施。对于没有经过鉴定和许可的加固工程，在加固以后不能改变结构的使用功能和使用环境。

根据目前我国建筑结构情况，对现有基础设施进行结构安全性鉴定，根据鉴定结果对既有工业和民用建筑进行加固改造和维修不仅可以节约资金投入，减少土地征用，缓解在城市发展过程中产生的日趋紧张的城市用地矛盾，同时对于减少某些不可回收利用的建筑垃圾，降低工业产能，助力实现"双碳"目标，均有着非常重要的现实意义。在我国，既有建筑加固改造的新技术、新方法的研究开发及应用有着非常广阔的需求空间。

7.5.2 木结构加固改造技术

1. 概述

木材是人类建筑史上应用时间最长的建筑材料之一，已有数千年的应用历史。在我国现存的古建筑中，木结构和砖木混合结构占有相当的比例，如天津市蓟州区的独乐寺观音阁（图7-93）和山西应县木塔（图7-94）等都有近千年的历史。

木材作为建筑材料有一系列的优点，如承载能力好、密度小、可就地取材、便于加工、化学性能比较稳定等。木结构的建筑也有缺点，如在潮湿状态下易腐蚀、开裂、易遭虫害和木材本身易燃等。木材的缺点使其应用受到限制，结构使用年数也受到影响。中国传统木构建筑的各个构件之间一般采用榫卯的构造连接方式。木构榫卯由榫头和卯孔组成，形成传递荷载的构造节点，既可以承受一定的荷载，也具有很好的弹性和较好的抵消水平推力的作用，表现出较强的半刚性连接特性，并且由于允许产生一定的变形，可以吸收部分能量，减少结构的在动力状态下的响应。作为一种节点方式，榫卯既承担着木构体系中力的传递与分配的秩序，也影响着结构整体的稳定，是既有木构建筑结构体系成立的基本前提。对于这些传统木构建筑的研究，应该遵循历史性、艺术性和科学性的三大原则，而长期以来人们对古建筑的研究多从其历史性和艺术性入手，就其科学性方面的研究则相对较少。既有木构建筑由于长期的风雨侵蚀、人为和自然灾害的破坏，材料和结构性能不可避免地减弱和损伤，大量传统木构建筑已出现险情，对其加固修缮的要求日益迫切。

2. 木结构建筑的加固改造技术

1）木构架的整体维修和巩固

应根据其残损程度分别采用下列的方法：

（1）落架大修，即全部或局部拆落木构架，对残损构件或残损点逐个进行修整、更换残损严重的构件，再重新安装，并在安装时进行整体加固。

（2）打牮（竿）拨正，即在不拆落木构架的情况下，使倾斜、扭转、拔榫的构件复位，再进行整体加固。对个别残损严重的梁枋、斗栱、柱等应同时进行更换或采取其他修补加固措施。

图7-93 独乐寺观音阁

图7-94 应县木塔

（3）修整加固，即在不揭除瓦顶和不拆动构架的情况下，直接对木构架进行整体加固。这种方法适用于木构架变形较小，构件位移不大，不需打华（荜）拨正的维修工程。

对木构架进行整体加固应符合下列要求：
①加固方案不得改变原来的受力体系；
②对原来结构和构造的固有缺陷，应采取有效措施予以消除，对所增设的连接件应设法加以隐蔽；
③对本应拆换的梁枋、柱，当其文物价值较高而必须保留时，可另加支柱，但另加的支柱应能易于识别；
④对任何整体加固措施，木构架中原有的连接件，包括椽、檩和构架间的连接件，应全部保留；若有短缺时，应重新补齐；
⑤加固所用材料的耐久性不应低于原有结构材料的耐久性。

2）木柱的加固

对于木柱的干缩裂缝，当其深度不超过柱径（或该方向截面尺寸）1/3时，可按下列嵌补方法进行修补：

（1）当裂缝宽度不大于3 mm时，可在柱的油饰或断白过程中，用腻子勾抹严实。

（2）当裂缝宽度在3~30 mm时，可用木条嵌补，并用耐水性胶粘剂粘牢。

（3）当裂缝宽度大于30 mm时，除用木条以耐水性胶粘剂补严粘牢外，尚应在柱的开裂段内加铁箍或FRP[①]箍2~3道。若柱的开裂段较长，则箍距不宜大于0.5 m。铁箍应嵌入柱内，使其外皮与柱外皮齐平。

当木柱有不同程度的腐朽而需整修、加固时，可采用下列剔补或墩接的方法处理：

（1）当柱心完好，仅有表层腐朽，且经验算剩余截面尚能满足受力要求时，可将腐朽部分剔除干净，经防腐处理后，用干燥木材依原样和原尺寸修补整齐，并用耐水性胶粘剂粘接。如系周围剔补尚需加设铁箍2~3道。

（2）当柱脚腐朽严重，但自柱底面向上未超过柱高的1/4时，可采用墩接柱脚的方法处理。

若木柱内部腐朽，蛀空，但表层的完好厚度不小于50 mm时，可采用不饱和聚酯树脂进行灌浆加固。

当木柱严重腐朽、虫蛀或开裂，而不能采用修补、加固方法处理时，可考虑更换新柱。

3）梁、枋的加固

当梁枋构件有不同程度的腐朽而需修补、加固时，应根据其承载能力的验算结果采取不同的方法。若验算表明其剩余截面面积尚能满足使用要求时，可采用贴补的方法进行修复。贴补前，应先将腐朽部分剔除干净，经防腐处理后，用干燥木材按所需形状及尺寸，以耐水性胶粘剂贴补严实，再用铁箍或螺栓紧固。若验算表明，其承载能力已不能满足使用要求时，则须更换构件。更换时，宜选用与原构件相同树种的干燥木材，并预先做好防腐处理。

对梁枋的干缩裂缝应按下列要求处理：

（1）当构件的水平裂缝深度（当有对面裂缝时，用两者之和）小于梁宽或梁直径的1/4时，可采取嵌补的方法进行修整，即先用木条和耐水性胶粘剂，将缝隙嵌补黏结严实，再用两道以上铁箍或玻璃钢箍箍紧。

（2）若构件的裂缝深度超过上款的限值，则应进行承载能力验算，若验算结果不能满足受力要求时，可在梁枋下加大截面或更换构件或埋设型钢等加固件。

---

① 详见下页。

4）木屋架的加固

（1）整体性加固：增加或更换水平支撑系统和垂直支撑系统，提高屋架系统的整体性及空间刚度。支撑系统可采用钢结构，钢构件与木构件采用螺栓加连接件连接。

（2）构件加固：受压杆件，可采用局部加木夹板并以螺栓连接的加固方法；受拉杆件，可采用局部加木夹板，也可采用钢拉杆的加固方法。端部节点，可采用钢夹板的加固方法。

5）木檩条的加固

当木檩条的承载力或刚度不满足要求时，可采用增大截面、增设随檩枋、粘贴纤维布、中间夹钢板或 FRP 板等方法进行加固。

6）木结构的化学加固及纤维布的运用

木材内部因虫蛀或腐朽形成中空时，若柱表层完好厚度不小于 50 mm，可采用不饱和聚酯树脂进行灌注加固。梁枋内部因腐朽中空截面面积不超过全截面面积 1/3 时，也可采用环氧树脂灌注加固。近些年来，随着 FRPC（Fibre Reinforced Polymer，中文名为纤维增强聚合物）技术的不断完善，FRP 材料越来越多地被用在木结构的加固工程上。FRP 由于具有几何可塑性大，轻薄、易剪裁成形等优点，非常适用于非规则断面的传统木结构表面粘贴，而且用纤维布加固木结构后经油漆涂刷不会影响外观，也几乎没有增加重量，是木结构加固的首选材料。目前 FRP 主要用于木构件和节点的加固，从而提高木结构的承载力，刚度和抗震性能。

FRP 加固技术是指采用高性能胶粘剂将纤维布粘贴在建筑结构构件表面，使两者共同工作，提高结构构件的（抗弯、抗剪）承载能力，由此而达到对建筑物进行加固，补强的目的。

常见的 FRP（图 7-95）主要有 AFRP（芳纶纤维），CFRP（碳纤维），GFRP（玻璃纤维）和 BFRP（玄武岩纤维）。目前，在木结构加固工程中应用得最多的还是 CFRP。

FRP 是由环氧树脂黏结高抗拉强度的纤维束而成的。使用纤维布加固具有以下几个优点：①强度高（强度约为普通钢材的 10 倍），效果好；②加固后能大大提高结构的耐腐蚀性及耐久性；③自重轻（200~300 g/m²），基本不增加结构自重及截面尺寸；柔性好，易于裁剪，适用范围广；④施工简便（不需大型施工机构及周转材料），易于操作，经济性好；⑤施工工期短。碳纤维加固技术适用于各种结构类型、各种结构部位的加固修补，如梁、板、柱、屋架、桥墩、桥梁、筒体、壳体等结构，也是木结构加固的首选材料。

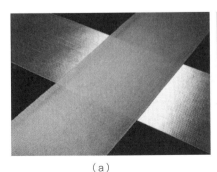  

（a） （b） （c）

图 7-95 FRP 材料

（a）AFRP（芳纶纤维） 黄色；(b)CFRP（碳纤维） 黑色；(c)GFRP（玻璃纤维） 白色

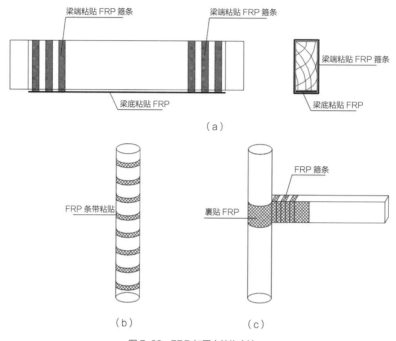

图 7-96 FRP 加固木结构方法
(a) 木梁加固；(b) 木柱加固；(c) 节点加固

FRP 在增强木结构方面有以下优点：①提高木构件的承载能力，降低截面尺寸；②便于裁剪，易于施工；③提高木结构的耐腐蚀性。

FRP 加固木结构的主要方法如图 7-96 所示。

7.5.3 砌体结构加固改造技术

1. 概述

由砖、石等砌块组成，并用砂浆粘接而成的材料称为砌体。砌体结构在我国有着悠久的历史，其中石砌体与砖砌体在我国更是源远流长，构成了我国独特的文化体系的一部分。

我国生产和使用烧结砖的历史已有 3000 年以上。西周时期已有烧制的黏土瓦，并出现了我国最早的铺地砖。战国时出现了精制的大型空心砖。西汉时出现了空斗砌结的墙壁，以及用长砖砌成的角拱券顶、砖穹窿顶等。北魏时期出现了完全用砖砌成的塔，如河南登封的嵩岳寺塔，开封的"铁塔"（用异形琉璃砖砌成，呈褐色）。

目前国内住宅、办公楼等民用建筑中的基础、内外墙、柱、过梁、屋盖等都可用砌体结构建造。在工业厂房建筑及钢筋混凝土框架结构的建筑中，砌体往往用来砌筑围护墙。中、小型厂房和多层轻工业厂房，以及影剧院、食堂、仓库等建筑，也广泛地采用砌体作墙身或立柱的承重结构。砌体结构还用于建造其他各种构筑物，如烟囱、小型水池、料仓、地沟等。由于砖质量的提高和计算理论的进一步发展，5~6 层高的房屋采用以砖砌体承重的混合结构非常普遍，不少城市的砖砌体房屋建至 7~8 层。由于无筋砌体的抗压性能突出，决定了其结构构件的尺寸很大，从经济性上限制了其房屋的高度。而砌体配筋的出现解决了这个难题，采用配筋砌体后,砌体结构又重新成为具有竞争能力的结构类型。

砌体结构的优点是取材方便、性能良好、耐火性好、施工技术要求低、造价低廉。它的缺点是强度低、延性差、用工多、占地多、自重大。由于砌体结构是由块材和砂浆砌筑而成的,因此施工质量的变异较大,强度相对较低,使用过程易出现开裂现象。在砌体结构的检测中,需要对砌体的强度、施工质量、裂缝等进行重点检测。

2. 砌体结构建筑的加固改造技术

砌体结构建筑的加固技术一般分为直接加固与间接加固两类。

1)适用于砌体结构的直接加固方法一般为:

(1)钢筋混凝土外加层加固法

该法属于复合截面加固法的一种。其优点是施工工艺简单、适应性强,砌体加固后承载力有较大提高,并具有成熟的设计和施工经验,适用于柱、带壁墙的加固。其缺点是现场施工的湿作业时间长,对生产和生活有一定的影响,且加固后的建筑物净空有一定的减小。

(2)钢筋网水泥砂浆面层加固法

该法属于复合截面加固法的一种。其优点与钢筋混凝土外加层加固法相近,墙体增加的厚度较前者薄一些,但提高承载力不如前者,适用于砌体墙的加固(图 7-97)。

(3)增设扶壁柱加固法

该法属于加大截面加固法的一种。其优点亦与钢筋混凝土外加层加固法相近,但承载力提高有限(图 7-98)。

2)适用于砌体结构的间接加固方法一般为:

(1)外包型钢加固法

该法属于传统加固方法,其优点是施工简便、现场工作量和湿作业少,受力较为可靠。适用于不允许增大原构件截面尺寸,却又要求大幅度提高截面承载力的砌体柱进行加固(图 7-99)。其缺点为加固费用较高,并需采用类似钢结构的防护措施。

图 7-98 增设扶壁柱加固

图 7-97 钢筋网水泥砂浆面层加固

图 7-99 外包型钢加固

（2）预应力撑杆加固法

该法能较大幅度地提高砌体柱的承载能力，且加固效果可靠。适用于加固处理高应力、高应变状态的砌体结构的加固。其缺点是不能用于温度在60℃以上的环境中。

3）砌体结构构造加固与修补方法有：

（1）增设构造柱和圈梁加固

当构造柱和圈梁设置不符合现行设计规范要求，或纵横墙交接处咬搓有明显缺陷，或房屋的整体性较差时，应增设构造柱和圈梁进行加固。

（2）增设梁垫加固

当大梁下砖砌体被局部压碎或大梁下墙体出现局部竖直裂缝时，应增设梁垫进行加固。

（3）砌体局部拆砌

当房屋局部破裂但在查清其破裂原因后尚未影响承重及安全时，可将破裂的墙体局部拆除，并按提高砂浆强度一级用整砖填砌。

（4）砌体裂缝修补

在进行裂缝修补前，应根据砌体构件的受力状态和裂缝的特征等因素，确定造成砌体裂缝的原因，以便有针对性地进行裂缝修补或采用相应的加固措施。

7.5.4 钢筋混凝土结构加固改造技术

1. 概述

1874年，世界第一座钢筋混凝土建筑在美国纽约落成，至1900年之后钢筋混凝土结构才在工程界得到了大规模的使用。在中国，钢筋混凝土结构最早应用于近代建筑中，在众多近代建筑中，钢筋混凝土建筑占有很大的比例。

既有钢筋混凝土建筑的结构形式主要有两大类：①钢筋混凝土框架结构；②钢筋混凝土内框架结构。其中，近代钢筋混凝土建筑所用的主要材料明显区别于现代建筑，钢筋一般采用方钢（又称为"竹节钢"）（图7-100），外观和构造不同于现代的"螺纹钢"和圆钢（图7-101）；混凝土的强度偏低，大多低于现代钢筋混凝土建筑所要求的最低强度要求。此外，近代钢筋混凝土建筑的诸多建构特征也明显区别于现代钢筋混凝土建筑，如结构构件的构造做法、楼地面构造、屋顶构造、门窗构造等。因此在对既有钢筋混凝土建筑进行改造加固时，务必先弄清楚其原始建筑构造做法。

(a) (b)

图7-100 近代钢筋混凝土
(a) 近代的"竹节钢"；(b) 近代钢筋混凝土柱中的钢筋布置

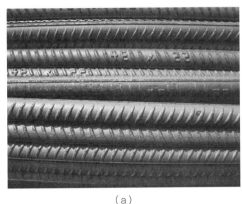

（a） （b）

图 7-101 现代钢筋混凝土
（a）现代的"螺纹钢"；（b）现代钢筋混凝土柱中的钢筋布置

2. 钢筋混凝土结构建筑的加固改造技术

1）混凝土柱

对于混凝土柱构件，可根据不同的损伤程度制定以下加固修缮方案：

（1）若检测结果表明混凝土碳化深度小于钢筋保护层厚度时，可采用表面涂抹渗透型混凝土耐久性防护涂料。涂料要求：必须具有很好的抗侵蚀性和抗老化性；能与混凝土表面良好的结合，并对下一道的外装饰工序和工程的整体外观无不利影响。考虑到有机硅涂料的耐久性问题，建议采用水泥基的无机涂料进行防护处理。

（2）若检测结果表明混凝土碳化深度接近钢筋保护层厚度，钢筋尚未锈蚀。可采用满裹碳纤维布或外包钢板（图 7-102）的方法进行加固。这样一方面隔绝了空气与混凝土柱的直接接触，避免碳化的进一步发展；另一方面提高了混凝土柱的承载力。

（3）若检测结果表明混凝土碳化深度大于钢筋保护层厚度，且钢筋已开始锈蚀。可先将表面混凝土碳化层凿除，对已经锈蚀的钢筋进行除锈处理，视情况和结构需要加补钢筋。然后采用聚合物砂浆

图 7-102 满裹碳纤维布（左）、外包钢板（右）加固柱

或灌浆料进行修复(图7-103)。加固修复后的结果:一方面恢复或提高了混凝土柱的承载能力,另一方面确保了混凝土柱的耐久性,达到了阻止或尽可能减缓外界有害气体进入混凝土内侵蚀,使其内部和钢筋一直处在碱性环境中。

2)混凝土梁

对于混凝土梁构件,可根据不同的损伤程度制定以下加固修缮方案:

(1)若检测结果表明混凝土碳化深度小于钢筋保护层厚度时,可采用表面涂抹渗透型混凝土耐久性防护涂料。涂料要求:必须具有很好的抗侵蚀性和抗老化性;能与混凝土表面良好的结合,并对下一道的外装饰工序和工程的整体外观无不利影响。

(2)若检测结果表明混凝土碳化深度接近钢筋保护层厚度,钢筋尚未锈蚀。可采用满裹碳纤维布(图7-104)或外包钢板的方法进行加固。这样一方面隔绝了空气与混凝土梁的直接接触,避免碳化的进一步发展;另一方面适当地提高了混凝土梁的承载力。

图7-103　灌浆料加固柱

图7-104　满裹碳纤维布加固梁

（3）若检测结果表明混凝土碳化深度大于钢筋保护层厚度，且钢筋已开始锈蚀。可先将表面混凝土碳化层凿除，对已经锈蚀的钢筋进行除锈处理，视情况和结构需要加补钢筋。然后采用聚合物砂浆或灌浆料进行修复（图7-105）。加固修复后的结果：一方面恢复或提高了混凝土梁的承载能力；另一方面确保了混凝土梁的耐久性，达到了阻止或尽可能减缓外界有害气体进入混凝土内侵蚀，使其内部和钢筋一直处在碱性环境中。

3）混凝土板

近代钢筋混凝土建筑的楼、屋面板一般损坏较为严重，容易出现开裂或漏水现象，会影响到楼、屋面板的结构安全，可根据不同的损伤程度制定以下加固修缮方案：

（1）当混凝土板损伤程度不大时，可采用钢筋网聚合物砂浆修复技术在原混凝土板底部新增一层30 mm厚的叠合板进行加固。加固修复后的结果：一方面恢复或提高了混凝土板的承载能力；另一方面确保了混凝土板的耐久性和防水性。

（2）当混凝土板损伤程度较大时，可将混凝土板采用无损切割技术进行拆除，然后采用植筋技术重新配置钢筋，浇筑新的混凝土板，这种方法可以最大限度地提高混凝土板的耐久性和承载力（图7-106）。

图7-105 灌浆料加固梁

(a) (b)

图7-106 混凝土板的加固修缮方案
(a)混凝土板无损切割；(b)混凝土板置换

7.5.5 既有建筑加固改造与建筑构造设计案例

1. 木结构：留园曲溪楼加固修缮

1）工程概况

留园始建于明万历二十一年（1593年），位于苏州古城西阊门外留园路338号，现有面积约2.3 hm^2，园林建筑以清代风格为主，是一座集住宅、祠堂、家庵、庭院于一体的大型私家园林。曲溪楼始建于嘉庆初期，楼南北走向，高2层，单坡歇山顶，楼北与"西楼"相接连成一体。曲溪楼结构为典型的苏州地区厅堂升楼做法，建造工艺精良。建筑外观以白墙、短窗和花窗等为基本组合元素，造型古朴典雅。1961年，留园被列为第一批全国重点文物保护单位。1997年，留园和其他几座苏州园林一同被列入世界文化遗产名录。

曲溪楼（图7-107）曾经多次修缮，1953年整修留园时对曲溪楼进行落架大修，后一直维持至今未作更改。直至目前，曲溪楼构架保存尚完整，但出现了柱、梁、枋等诸多构件潮湿腐烂、地基不均匀沉降、墙体倾斜等结构问题，以及木楼板虫蛀破损，油漆和粉刷剥落等构造问题，亟待修缮。

2）残损状况及原因分析

曲溪楼自1953年大修至今，结构和构造上出现了诸多问题，不仅存在安全隐患，亦不能满足游客游览需求。对其进行仔细勘察后发现，残损状况主要有以下几点：

（1）曲溪楼整体向西侧倾斜。究其原因，一方面曲溪楼下部地基土层分布厚薄不均，西侧软土较厚，东侧软土较薄，因此西侧沉降变形较大；另一方面由于曲溪楼西侧的池塘水位随着季节不同发生变化，而池塘驳岸为乱石堆砌而成，很容易造成曲溪楼基础下部水土流失。两方面原因共同造成曲溪

(a)

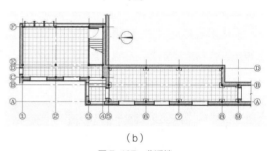

(b)

图 7-107　曲溪楼
（a）曲溪楼现状外貌；(b) 曲溪楼一层平面图

楼西侧沉降较大，从而致使承重木结构发生倾斜（图7-108）。

（2）墙壁潮湿，与墙体接触的木柱、木梁、砖细或粉刷受潮、生霉或腐烂（图7-109）。由于曲溪楼紧临水池，水池周围地下水位较高，加之传统砌造方法中墙体未做防水处理。

（3）与屋面接触的檩条、椽子、望板、角梁等构件有不同程度腐朽。主要由于构件承载力不足和材料性能退化导致屋面变形损坏、屋面排水系统老化引起局部雨水渗漏，导致屋面构件潮湿腐朽。

（4）木构件油漆和墙面粉刷损坏严重，地板油漆完全磨损，木柱和梁架表面油漆剥落、开裂，墙面粉刷受潮、空鼓、大面积脱落。

（5）部分木构件由于材料性能退化和承载力不足而导致开裂变形（图7-110）。

（a） （b）

图 7-108　曲溪楼倾斜状况
（a）柱向西侧倾；（b）木构架由于不均匀沉降采用剪力撑支撑

图 7-109　墙壁潮湿导致木构件腐朽

图 7-110　木柱和木梁开裂

3）加固修缮设计

（1）本次加固修缮为揭顶不落架的大修。对发生不均匀沉降的基础采取往基础土层里打石钉的传统方法进行加固，对沉降的木柱采用神仙葫芦（手拉葫芦）进行提升，提升高度根据检测结果确定，现场采用经纬仪校核。木构架进行打华（华）拨正，局部柱、梁更换或墩接。

（2）基础加固（图7-111）：由于曲溪楼西侧临近水池，基础下部土体流失和地基软土层厚薄不均，导致曲溪楼整体向西倾斜，原先采用压密注浆方法对曲溪楼西侧地基进行加固，固化西侧土体，但考虑到压密注浆可能会对旁边古树名木产生影响，故采用在曲溪楼西侧墙体两侧增设石桩，以挤压土体增加土体的密实度，同时阻止土体的流动。为确保结构安全，压桩过程采取跳打的方式。

（3）木构件加固（图7-112）：尽量保留原构件，视木构件糟朽及开裂程度，根据《古建筑木结构维护与加固技术标准》GB/T 50165—2020要求进行墩接、灌注、拼绑或更换。梁枋等构件损坏程度较轻者填充不饱和聚酯树脂或粘贴碳纤维布进行加固。屋面檩条根据现状及计算结果，采取中间夹钢板，周围包裹碳纤维布进行加固。屋面椽子受潮腐烂者需更换。

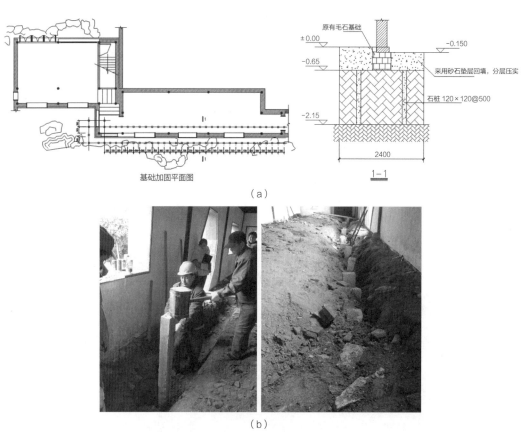

图7-111 基础加固
（a）基础加固示意图；（b）基础加固施工场景

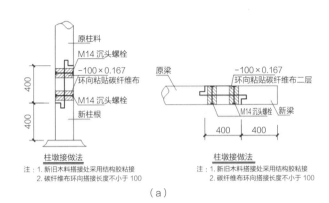

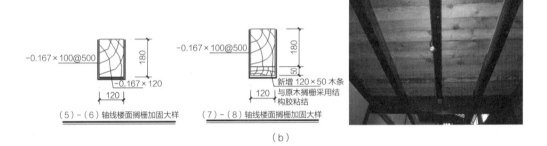

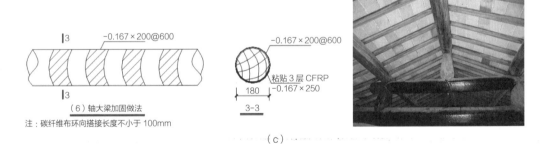

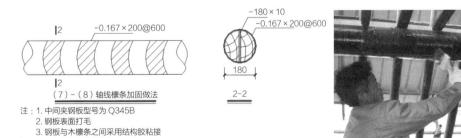

图 7-112　木构件加固方法
（a）墩接做法；（b）楼面搁栅加固；（c）大梁加固；（d）檩条加固

(4)木构架整体加固（图7-113）：曲溪楼为中国传统木构建筑，梁柱均为榫卯连接，为提高曲溪楼的整体稳定性，我们在梁柱节点处增设镀锌扁铁加不锈钢螺丝的方法进行整体性加固。

(5)更换构件选用优质杉木，地板依原件采用优质洋松。木材进场前做好干燥处理，柱、梁、枋含水率不超过25%，檩条含水率不超过20%，椽、板类构件含水率不超过18%。

(6)拆除屋顶时详细记录屋面构件尺寸、样式，按原尺寸、原样式重新烧制屋面瓦，要求使用密实度高、质量好的小青瓦。修缮后的屋面应整洁平整，瓦当均匀，排水通畅。

(7)对门窗、砖细、石作构件中受损者依原样原工艺进行修补。

(8)按照建筑原做法重做墙体粉刷和木构件油漆。采用传统粘接材料及粉刷材料，新材料新工艺使用时必须充分论证其可靠性。保留的大、小木构件重做油漆，不得使用调和漆，应使用传统工艺调制广漆，选用稳定的无机颜料，做漆前需做样板，颜色与现状一致。

2. 砌体结构：无锡茂新面粉厂旧址加固修缮

1）工程概况

无锡茂新面粉厂（原保兴面粉厂）是由我国著名民族工商业家荣宗敬、荣德生兄弟于1900年创办，是中国民族工商业最早的企业之一，其中历经起伏、重建，一直延续至今，其中折射了中国民族工商业发展的风风雨雨，在其旧址上利用原有建筑及设备建设无锡中国民族工商业博物馆，具有独特的历史意义和价值。

博物馆的主体建筑（图7-114）是2栋多层的砖混结构，生产车间6层，局部5层，麦仓4层，均为钢梁上铺木地板楼面，基础采用钢筋混凝土条形基础，下设木桩，建于20世纪40年代，其占地面积12 123 m^2，紧邻古运河，2002年被列为江苏省文物保护单位，2013年被列为第七批全国重点文物保护单位。

2）加固设计

本工程地质勘察抗震设防烈度为6度，设计基本地震加速度值为0.15g（第一组），设防类别为丙类，建筑场地为Ⅲ类；原结构检测由昆山市建设

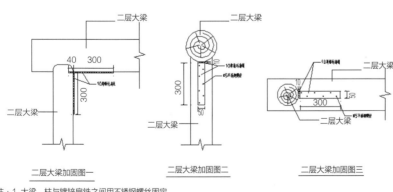

图7-113 木构架整体性加固

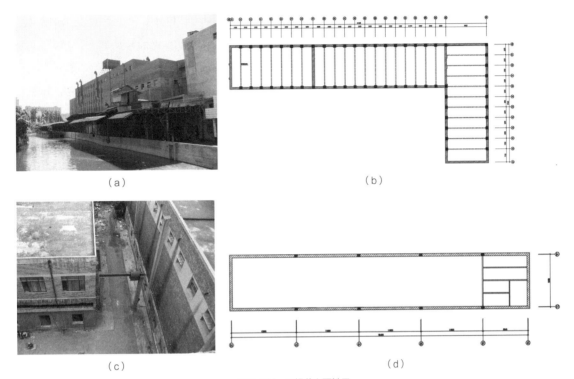

图 7-114 无锡茂兴面粉厂
(a) 生产车间立面图;(b) 生产车间平面图;(c) 麦仓立面图;(d) 麦仓平面图

工程质量检测中心进行的,测得扶壁柱及屋面梁混凝土强度等级为 C14,红砖强度等级为 MU10,砂浆强度等级为 M5;原结构现场测绘是由东南大学建筑学院派员完成的,采用 PMCAD 对生产车间及麦仓进行抗震验算(图 7-115)。

(1) 结构整体加固

经过计算分析后得知:原保兴面粉厂生产车间及谷仓的抗震承载力及竖向抗压承载力均能满

图 7-115 生产车间计算模型(左)、麦仓计算模型(右)

足要求。原结构虽有混凝土扶壁柱,但没有设圈梁,不满足抗震构造要求,故对其进行新加钢圈梁抗震加固(图 7-116),加固方式采用 2 块 300 mm×20 mm 的钢板,M20 对拉螺栓拉接,螺栓横向间距按 s 为 $80i$(i 为平行于墙面的单肢回转半径)计算,本工程 s 取 500 mm。考虑到钢圈梁的长度较长,为保证其稳定性,每隔 1200 mm 设 2@20 mm 的花篮螺栓将两边的钢圈梁拉接。新加钢圈梁前,用水泥砂浆粉平原墙体。

(2)钢梁加固

原生产车间及麦仓楼面均为钢梁上铺木地板楼面,钢梁截面为 I460 mm×150 mm×20 mm×20 mm。经过现场检查,钢梁基本无锈蚀,保护较好,故计算仍按 Q235 钢考虑。改造后的博物馆楼面活载标准值取 3.5 kN/m²,经计算分析后得知,该钢梁整体稳定性不满足要求。钢结构设计规范中规定工字钢简支梁受压翼缘的自由长度 l_1 与其宽度 b_1 之比不超过 16 时,可不验算其整体稳定性。故本工程采用新加工字钢对原钢梁受压翼缘进行侧向支撑,间距取 2200 mm,考虑到对原钢梁的保护,采用螺栓连接方式(图 7-117)。

(3)平台柱与原钢梁的连接

由于原结构上人楼梯均为木楼梯,且年代久远,显然不能满足博物馆上人楼梯活荷载标准值 3.5 kN/m² 的承载力要求,故需拆除原木楼梯,改造为钢楼梯,这就涉及平台柱与原钢梁的连接问题。本工程采用套筒式的方法连接平台柱与原钢梁,即采用两块 20 mm 厚钢板通过 4 根 M20 对拉螺栓套住原钢梁,螺栓外套 ϕ50×4 的圆管,内部放置两根 28a 的槽钢撑住钢板,以增强其抗弯承载力,平台柱与钢板焊接(图 7-118)。

(4)屋面加固

由于麦仓屋面破损严重,许多混凝土梁出现不同程度的受力裂缝,屋面板也出现混凝土的剥落,故需对其进行加固(图 7-119),对屋面板采用叠合板的加固方式处理,原屋面板下的新加板采用喷射 C30 微膨胀混凝土浇筑,附于原屋面板的下部,

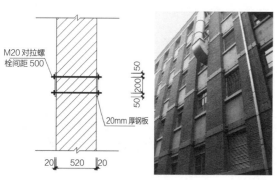

图 7-116 钢圈梁加固

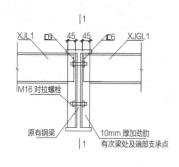
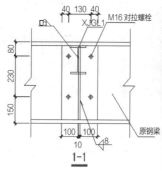

图 7-117 原钢梁整体稳定性加固

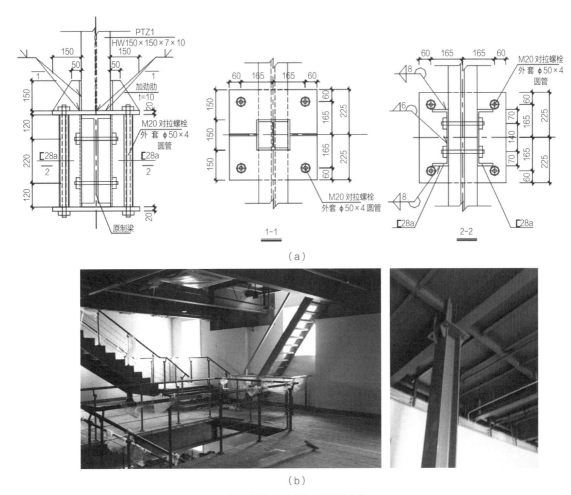

图 7-118 平台柱与原钢梁的连接
（a）平台柱与原钢梁的连接方式；（b）平台柱与原钢梁的连接施工

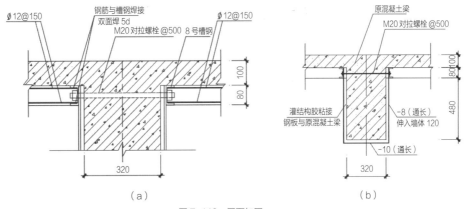

图 7-119 屋面加固
（a）屋面板加固；（b）屋面梁加固

为避免新加板钢筋直接穿梁时对原梁造成较大的损伤，本工程采用 2 根 8 号槽钢加 M20@500 对拉紧栓进行过渡，新加板上下纵筋与槽钢焊接，这样既较好地保护了原结构，又保证了力的有效传递。

（5）开洞处理

为满足中国民族工商业博物馆的功能需求，需使生产车间及麦仓与新建结构连接起来，需在原结构墙体上开凿门洞，门洞宽度为 1200 mm 和 3000 mm 两种，其中有 2 个 1200 mm 宽的洞口位于麦仓窗洞处，窗洞上方过梁采用砖砌平拱形式，经验算原砖砌平拱能满足承载力要求，故该处开门洞只需拆除窗下墙体即可。对其余 1200 mm 宽的门洞采用新加过梁进行加固，对 3000 mm 宽的门洞采用内衬框架进行加固（图 7-120）。

3. 近代钢筋混凝土结构：南京陵园邮局旧址加固修缮

1）工程概况

南京陵园新村邮局旧址始建于 1934 年，位于南京市东郊中山陵风景区苗圃路西端，南临沪宁高速公路，原为国民政府高级官员别墅区陵园新村内配套建设的专用邮局，是按照中山陵附近的环境进行设计建造的。1937 年冬因侵华日军进攻南京，与陵园新村同遭战火焚毁。1947 年重建，1976 年后曾一度作为南京市邮政局职工住宅，后住户陆续搬迁，建筑逐渐空置荒废至今。陵园新村邮局旧址于 2006 年 6 月被列为南京市文物保护单位，同年被列为江苏省文物保护单位。

陵园邮局旧址（图 7-121）所处地理位置和政治地位特殊，它的规划、布局、设计风格具有鲜明的特色，融人文与自然于一体，是中国传统建筑艺术文化与环境美学相结合的典范，是优秀的民国历史文化遗存。邮局主楼为 2 层钢筋混凝土结构，采用仿古建筑风格，檐下置蓝色琉璃斗拱，雀替和梁架

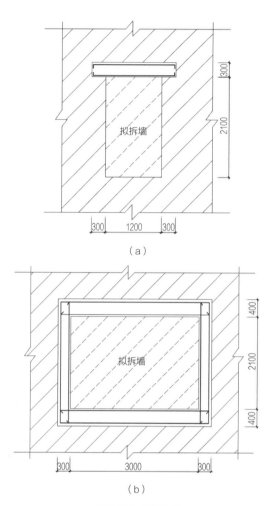

图 7-120 开洞处理
（a）1200mm 宽洞口加固；（b）3000mm 宽洞口加固

图 7-121 陵园新村邮局旧址主楼现状

上均施彩画，屋顶为方形重檐攒尖顶，覆以绿色琉璃瓦。建筑平面呈正方形，长和宽均为 12.85 m，建筑面积约 193 m²，钢筋混凝土框架结构，楼屋面均为现浇钢筋混凝土。底层层高 4.10 m，二层层高 4.70 m，柱基础均为钢筋混凝土独立基础。

邮局主楼使用至今已近 70 年，已超出现行国家设计规范的合理使用年限。出现了较为严重的老化现象，存在结构安全隐患。业主方计划将其改造为南京邮政博物馆，让公众更好地了解南京的邮政历史，为了确保建筑和使用人员的安全，需对此建筑进行加固修缮。

2）加固修缮设计

根据加固设计原则和综合分析的结果，对各种加固方案进行比较选择，针对不同构件加固修缮的要求，采取适应性的加固方法。

（1）混凝土基础加固

该建筑加固修缮后将作为邮政博物馆使用，建筑的使用功能发生变化，活荷载有所增加。根据对该建筑的柱下独立基础的现场开挖和尺寸测绘，经过计算分析，该建筑的 4 根中柱独立基础不满足承载力要求，需进行加固，我们采取了加大截面法进行了加固（图 7-122）。

（2）混凝土柱加固

该建筑为四方重檐攒尖顶钢筋混凝土框架结构，共有四根圆形中柱（D=400 mm），12 根方形边柱（$b×h$=300 mm×300 mm）。根据现场检测，中柱所配纵筋为 8 根边长为 26 mm 的方钢，箍筋为 8@152；边柱所配纵筋为 8 根边长为 26 mm 的方钢，箍筋为 8@152。经与计算结果比较，柱配筋均满足承载力要求，但考虑到该建筑的柱构件存在严重的耐久性问题，以及当时未考虑抗震构造设置，因此，对该建筑所有混凝土柱采用环向满贴碳纤维布的方式进行加固（图 7-123），一方面，该方法解决了混凝土柱的耐久性问题，另一方面，该方法又解决了混凝土柱的抗震构造问题。外贴碳纤维布前，先凿除酥松混凝土，对钢筋除锈后用聚合物砂浆粉至原有厚度。

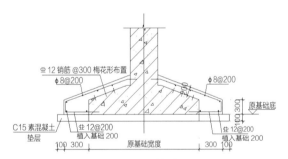

图 7-122 柱基础加固

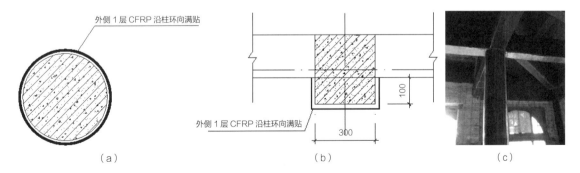

图 7-123 混凝土柱加固
(a) 中柱加固；(b) 边柱加固；(c) 混凝土柱加固现场施工图

（3）混凝土梁加固

该建筑为钢筋混凝土框架仿木构建筑，梁和枋均为钢筋混凝土构件。根据计算结果和现场梁钢筋检测结果的比较，部分梁配筋略不满足承载力要求，考虑到该建筑的梁构件存在严重的耐久性问题，以及当时未考虑抗震构造设置。因此，对该建筑中承载力不足的混凝土梁，采用梁底通长粘贴一层碳纤维布及环向满贴碳纤维布的方式进行加固（图7-124），这样一方面解决了混凝土梁的承载力和耐久性问题，另一方面又解决了混凝土梁的抗震构造问题。对于该建筑中承载力满足要求的混凝土梁，采用环向满贴碳纤维布的方式进行加固，同时解决了耐久性问题和抗震构造问题。外贴碳纤维布前，先凿除酥松混凝土，对钢筋除锈后用聚合物砂浆粉至原有厚度。

（4）混凝土板加固

该建筑楼、屋面均为钢筋混凝土现浇楼板，板厚约95 mm，根据现场检测，配筋为单层双向布置，短跨方向配筋为 $\phi 9.5@100$，长跨方向配筋为 $\phi 12.5@350$。将计算结果与实测结果进行比较，板筋承载力能满足要求，但考虑到该建筑的板构件存在严重的耐久性问题，因此，对该建筑的混凝土板，采用在板底沿短跨方向满贴一层碳纤维布，在板面重做水泥砂浆面层的加固方法（图7-125）。

（5）维护墙体加固

该建筑外墙属于围护墙体，采用烧结黏土红砖和石灰砂浆砌筑，经现场检测，砂浆的抗压强度仅0.6 MPa，外墙与框架主体构件之间未采取拉结措施，多片墙体出现渗水现象。因此，本次修缮在外墙内侧采用单面钢筋网聚合物砂浆抹面（双向 $\phi 6@200$ 钢筋网及单面40 mm厚聚合物砂浆）进行加固（图7-126），一方面提高外墙的整体性和主体结构的可靠连接，另一方面解决了外墙的渗水现象。

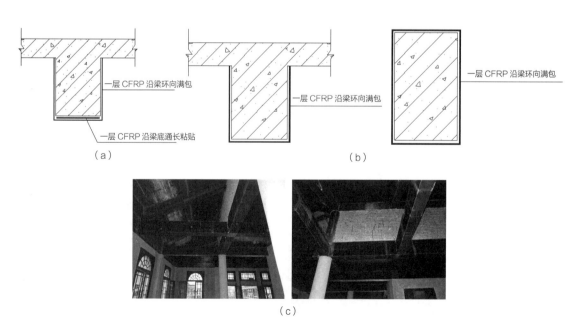

图7-124 混凝土梁加固
（a）承载力不足的梁加固；（b）承载力满足的梁加固；（c）混凝土梁加固现场施工图

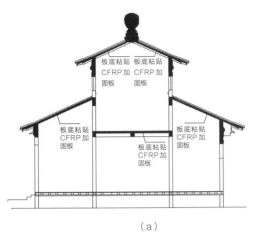

图 7-125 混凝土板加固
（a）混凝土板加固设计图；（b）混凝土板加固现场施工图

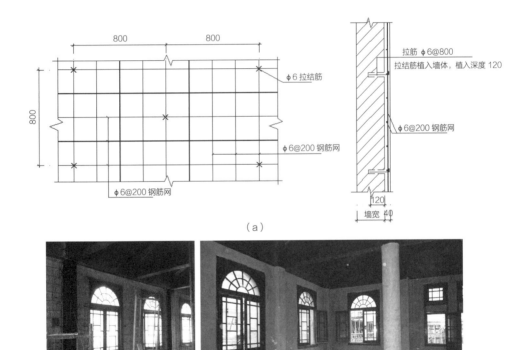

图 7-126 围护墙体加固
（a）围护墙体加固设计图；（b）围护墙体加固施工图

4. 现代钢筋混凝土结构：南京色织厂某厂房加固改造设计

1）工程概况

南京色织厂某厂房建于1980年左右，为3层钢筋混凝土框架结构，建筑长约54 m，宽约35 m，建筑面积约5740 m²。底层层高为7.44 m，二层层高为5.04 m，三层层高为5.14 m。建筑平面柱网布置规则，柱网间距为6 m×7 m。建筑楼、屋面均采用混凝土预制空心板，预制空心板厚度为250 mm。楼、屋面承重框架梁均为花篮梁，非承重框架梁均为并列双矩形截面梁组成。现拟将该厂房改造成为大型展览馆，结构由3层框架变为5层框架，建筑北侧抽掉6根柱子以形成较大的共享空间（图7-127）。

2）加固修缮设计

（1）基础加固

该建筑混凝土柱原基础均为钢筋混凝土独立基础，各柱独立基础之间设基础梁。由于该建筑改造后由3层变为5层，且使用功能发生改变。通过计算分析，原基础截面尺寸不能满足改造后的荷载要求，且相差较大，故采用增设锚杆静压桩进行基础加固，以提高基础的承载力（图7-128）。每根柱下的锚杆静压桩的数量和桩长根据新增的荷载确定，压桩力为特征值的1.5倍。

(a)

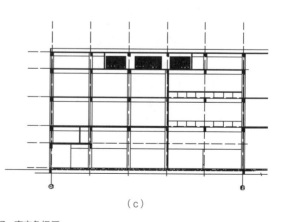

(b) (c)

图7-127 南京色织厂
(a) 该楼现状图；(b) 厂房改造前剖面图；(c) 厂房改造后剖面图

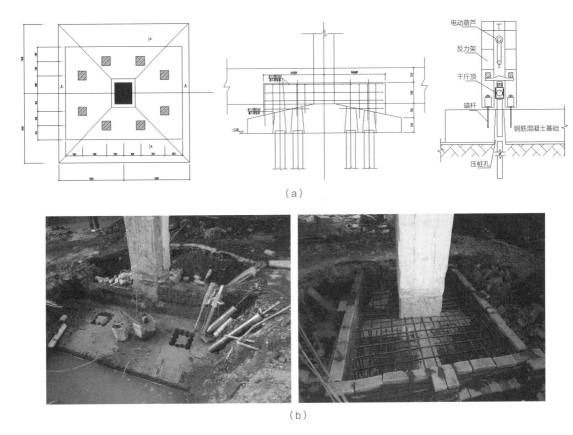

图 7-128 基础加固
(a) 基础加固图;(b) 基础加固现场施工

(2) 混凝土柱加固

根据检测鉴定报告,部分框架柱箍筋加密区长度不满足现行规范要求。此外,由于建筑由 3 层变为 5 层,使用功能也发生改变,且北侧要抽掉 6 根柱子。根据计算结果,部分柱的纵向配筋也不足。综合考虑施工工期、施工难度及施工造价,对于箍筋加密区长度不足的柱子,采用环向粘贴碳纤维布的方法对柱构件进行抗震加固;对于纵向钢筋不足但相差不大的柱子,采用纵向粘贴碳纤维布的方法对柱构件进行承载力加固;对于纵向钢筋不足且相差较大的柱子,采用加大截面的方法对柱构件进行承载力加固(图 7-129)。

(3) 混凝土梁加固

根据检测鉴定报告,部分框架梁箍筋加密区长度不满足现行规范要求,且纵向连系梁的承载力不满足规范要求。由于建筑使用功能发生变化,根据计算结果,部分框架主梁的受弯承载力不满足要求。综合考虑,对于框架主梁,采用在梁底通长粘贴碳纤维布、梁端上部植筋的方法进行抗弯承载力加固;对于纵向连系梁,承载力缺得不多的梁采用梁底通长粘贴碳纤维布进行加固,而承载力相差较大的梁则采用中间加大截面法进行加固(图 7-130)。

(4) 楼、屋面板加固

该建筑楼、屋面板为钢筋混凝土预制板,两

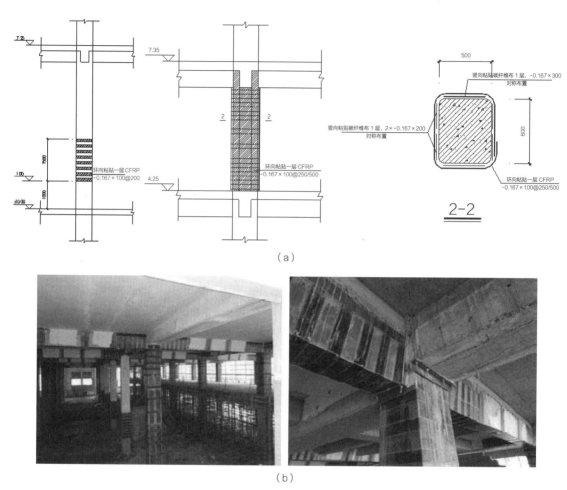

图 7-129 混凝土柱加固
(a)混凝土柱加固图;(b)混凝土柱加固现场施工

端搁置在花篮梁上,经现场堆载试验,预制板承载力能满足新的使用功能下的荷载要求,但考虑到预制板的搁置长度不满足 8 cm,多数板拼缝处有通缝且出现渗水现象,故对其进行整体性加固(图 7-131),在板面增设 40 mm 厚细石混凝土配筋叠合层。浇筑叠合板前,原预制板上表面进行凿毛处理。加固后的结果:一方面提高了混凝土板的整体性;另一方面也提高了混凝土板的承载力。

(5)屋顶 14 m 跨大梁抽柱加固

该建筑北侧需要从地面至屋面抽掉 6 根混凝土柱以形成共享空间,柱距由 7 m 变为 14 m,因此屋顶处需要对 14 m 跨的大梁进行加固,以满足梁在下部抽柱及承受上部荷载时的结构安全,经过综合比较,决定对 14 m 跨梁采用加大截面法进行加固。抽柱前先采用满堂脚手架对屋面进行支撑,对大梁采用预先内灌细石混凝土的钢管进行支撑(图 7-132)。

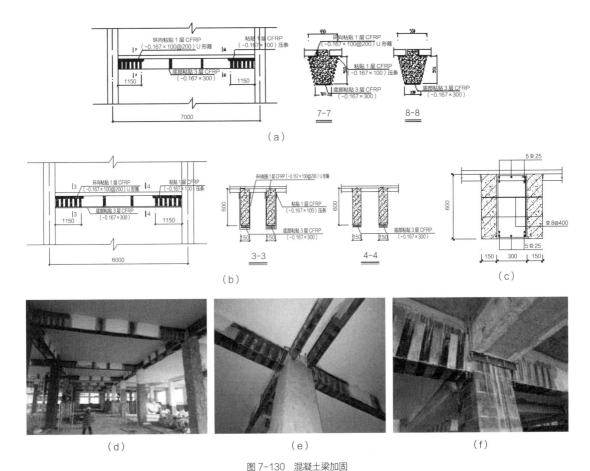

图 7-130 混凝土梁加固
（a）混凝土主梁加固图；（b）混凝土连系梁粘贴碳纤维布加固；（c）混凝土连系梁加大截面加固；
（d）主梁粘贴碳纤维布加固；（e）连系梁粘贴碳纤维布加固；（f）连系梁加大截面加固

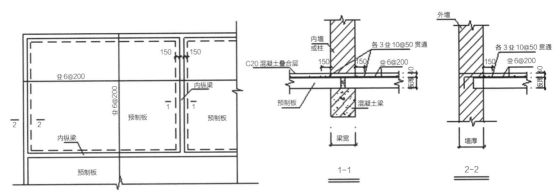

图 7-131 混凝土板加固图

(a)

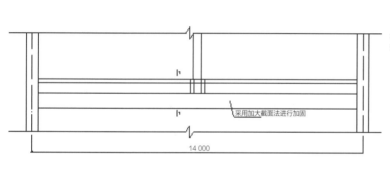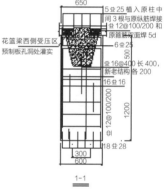

(b)

(c)

图 7-132 屋顶 14m 跨大梁抽柱加固
(a)屋面大梁支撑方案;(b)屋面大梁抽柱加固图;(c)屋面大梁抽柱后现场施工图

本节小结

既有建筑记录着人们历史记忆,承载着居住、展示、商业、交通等多元化功能。受自然环境、建筑工艺、使用年限、失修失养、建筑物用途等因素影响,既有建筑难免会出现劣化、倾斜、不均匀沉降、裂缝等缺陷,存在结构布置不当、受力不均匀等工程问题,影响既有建筑的安全性能。与新建建筑结构不同,既有建筑的初始功能和基本结构基本形成,部分结构不能随意进行改动。已经存在及正在使用的特征,使得既有建筑结构增强技术倾向于主动加固理念,需要尽量在原有基础上进行加固。

既有建筑的加固改造技术,包括木结构加固改造技术、砌体结构加固改造技术、钢筋混凝土结构加固改造技术等,针对我国典型的既有建筑类型,分析这些既有建筑的常见病害和成因,建立既有建筑的适应性加固技术,提升既有建筑的结构安全性,满足现有的功能使用安全。

既有建筑的加固改造是未来的趋势。对于既有建筑结构而言,选择适宜自身建筑结构与病害特征的加固技术,有助于促使既有建筑满足现行规范要求,延长安全使用寿命,提升使用功能安全性,减少和避免造成人员伤亡。在既有建筑结构加固过程中,应当对既有建筑结构现状进行安全性鉴定,对结构问题进行全面和深入研究,提前知悉既有建筑的结构问题,掌握所选加固方法的环境适用性和施工流程标准规范,严格按照施工流程执行,确保工程加固效果。

总体而言,既有建筑的加固改造已经成为世界建筑学科发展中的重大前沿课题,中国近年来常规的建筑加固改造工作主要基于项目业主及决策者、专家和专业技术人员的知识水平和主观认识水平,在城市建设和既有建筑保护实践中存在明显的个案差异性和结果不可控性,甚至出现在保护前提下的建设性破坏。本节探索了一系列的既有建筑的结构加固改造方法和技术,相较于以往,这些方法和技术避免了过多的理论内容和繁琐过程,容易为学生、科研人员和工程技术人员所接受,可以有效地指导我国既有建筑加固改造工程的设计和施工。

思考题

请简述既有建筑的加固改造技术主要类型。

本章参考文献

References

第 7.1 节

[1] 张磊. "人类世": 概念考察与人文反思 [N]. 中国社会科学报, 2022-03-22(3).

[2] 王建国, 张晓春. 对当代中国建筑教育走向与问题的思考——王建国院士访谈 [J]. 时代建筑, 2017(3): 6-9.

[3] 王建国, 崔愷, 高源, 等. 综述: 城市人居环境营造的新趋势、新洞见 [J]. 建筑学报, 2018(4): 1-3.

[4] 刘加平, 何知衡. 新时期建筑学学科发展的若干问题 [J]. 西安建筑科技大学学报(自然科学版), 2018, 50(1): 1-4.

[5] 刘加平, 何知衡, 杨柳. 寒冷气候类型与建筑热工设计对策 [J]. 西安建筑科技大学学报(自然科学版), 2020, 52(3): 309-314.

[6] 袁烽, 许心慧, 李可可. 思辨人类世中的建筑数字未来 [J]. 建筑学报, 2022(9): 12-18.

[7] 华好. 数控建造驱动的构造设计趋势 [J]. 建筑学报, 2014(8): 26-29.

[8] 华好. 数控建造——数字建筑的物质化 [J]. 建筑学报, 2017(8): 72-76.

[9] 潘振, 董宏, 孙立新. 建筑气密性对既有建筑改造的重要性分析 [J]. 墙材革新与建筑节能, 2018(3): 60-62.

[10] 闫东, 薄杨. 老旧小区既有居住建筑节能改造外墙外保温细部构造技术处理措施 [J]. 科技创新与应用, 2019(18): 160-161+164.

第 7.2 节

[11] 瑞安·E. 史密斯. 装配式建筑——模块化设计和建造导论 [M]. 王飞, 等, 译. 北京: 中国建筑工业出版社, 2020.

[12] 纪颖波. 中国建筑工业化发展研究 [M]. 北京: 中国建筑工业出版社, 2011.

[13] 徐洪彭, 吴建梅. 现代木构建筑设计基础 [M]. 北京: 中国建筑工业出版社, 2019.

[14] 刘卫东, 等. SI 住宅与住房建设模式 [M]. 北京: 中国建筑工业出版社, 2016.

[15] 董凌. 建筑学视野下的建筑构造技术发展演变 [M]. 南京: 东南大学出版社, 2017.

[16] 赵琨璞. 从国家大剧院, 看幕墙构造连接与固定 [J]. 工程建设与设计, 2017(2): 21-23.

[17] 彼得·布坎南. 伦佐·皮亚诺建筑工作室作品集 [M]. 张华, 译. 北京: 机械工业出版社, 2002.

第 7.3 节

[18] 杨维菊. 建筑构造设计: 下册 [M]. 北京: 中国建筑工业出版社, 2005.

[19] Alastair Townsend. OM Solar – Japan's Passive Building Standard[EB/OL]. Alatown, 2011-01-11.

[20] 张弘. 日本 OM 阳光体系住宅 [J]. 住区, 2001 (2): 24-28.

[21] 李勇. OM 太阳能住宅综述 [J]. 制冷与空调(四川), 2009, 23(2): 106-108+62.

[22] 杨明辉, 霍怡, 管飞吉. 未来的 "模式" 住宅——OM 太阳能住宅 [J]. 建筑节能, 2008(3): 64-66.

[23] 窦强. 生态校园——英国诺丁汉大学朱比丽分校 [J]. 世界建筑, 2004(8): 64-69.

[24] 郑瑾, 赵学义, 薛一冰. 大学校园教学楼"烟囱"通风技术分析——以英国诺丁汉大学朱比校区教学楼群为例 [J]. 山东建筑大学学报, 2009(2).

[25] Zhou Hang. Jubilee Campus, University of Nottingham [OL]. Wordpress, 2015-04-24.

[26] Mechanically Assisted Ventilation [OL]. Briangwilliams, 2020-04-17.

[27] Hopkins Architects [OL]. hopkins.

第 7.4 节

[28] 李飚. 东南大学 "数字链" 建筑数字技术十年探索 [J].

城市建筑, 2015(10): 39-42.

[29] 华好. 数字建造驱动的构造设计趋势[J]. 建筑学报, 2014(8): 26-29.

[30] Halpern A. B, Billington D. P, Adriaenssens Sigrid. The Ribbed Floor Slab Systems of Pier Luigi Nervi[J]. Journal of the International Association for Shell and Spatial Structures, 2013, 54: 127-136.

[31] F. Gramazio, M. Kohler, S. Langenberg. Fabricate[M]. Zurich: Gta Verlag, 2014.

[32] X. Zheng, W. Smith, J. Jackson, et al. . Multiscale Metallic Metamaterials [J]. Nature Materials, 2016(15): 1100-1107.

[33] A. Menges. Material Computation [J]. Architectural Design, 2012, 82(2): 4-21, 104-111.

[34] F. Gramazio, M. Kohler. The Robotic Touch: How Robots Change Architecture [M]. Zuirch: Park books, 2014.

[35] Z. Guo, B. Li. Evolutionary Approach for Spatial Architecture Layout Design Enhanced by An Agent-based Topology Finding System[J]. Frontiers of Architectural Research, 2017(6): 53-62.

[36] H. Hua. A Case-based Design with 3D Mesh Models of Architecture[J]. Computer-Aided Design, 2014(57): 54-60.

[37] H. Pottmann, A. Asperl, M. Hofer, A. Kilian. Architectural Geometry[M]. Exton, Pennsylvania: Bentley Institute Press, 2007.

[38] M. Pauly, N. J. Mitra, J. Wallner, et al. . Discovering Structural Regularity in 3D geometry[J]. ACM Transactions on Graphics (TOG), 2008, 27(3): 43.

[39] Ranaudo Francesco, Mele Tom, Block Philippe. A Low-carbon, Funicular Concrete Floor System: Design and Engineering of the HiLo Floors[Z]. 2021.

第7.5节

[40] 淳庆. 典型建筑遗产保护技术[M]. 南京: 东南大学出版社, 2015.

[41] Chun Qing. Research on Prestress Identification of Structure Based on Neural Network Algorithms. Proceedings of the International Symposium on Innovation & Sustainability of Structures in Civil Engineering[J]. 2005, 4(11): 2974-2982.

[42] 淳庆, 邱洪兴. 钢筋混凝土结构的双筋植筋的锚固性能试验研究[J]. 工业建筑, 2006(2): 98-100.

[43] 淳庆, 邱洪兴. 中国民族工商业博物馆加固改造设计[J]. 建筑技术, 2006(6): 412-414.

[44] 淳庆. 无锡阿炳故居修缮加固设计与施工[J]. 文物保护工程, 2006(3).

[45] Chun Qing. Strengthening Design of Ganxi's Former Residence[C]. 6th International Conference on Structural Analysis of Historical Construction, 2008: 1441-1444.

[46] 淳庆. 某传统木构建筑的修缮设计[C]. 全国建筑物鉴定与加固改造第九届学术交流会议, 2008: 382-385.

[47] Chun Qing. Damage Analysis of Masonry Pagodas in Wenchuan Earthquake.International Conference Protection of Historical Buildings By Reversible Mixed Technologies[C]. 2009: 467-474.

[48] 淳庆. 留园曲溪楼加固修缮设计[J]. 建筑技术, 2011, 42(7): 618-620.

[49] Chun Qing, Zhou Qi. Strengthening Design of A Business Architecture Built During the Period of the Republic of China in Nanjing[C]. 7th International Conference on Structural Analysis of Historical Construction, 2010.

[50] Chun Qing. Experimental Study on Seismic Characteristics of Typical Mortise-tenon Joints of Chinese Southern Traditional Timber Frame Buildings[J]. Science in China. 2011, 54(7): 1-8.

[51] Chun Qing. Experimental Study on Bending Behavior of Timber Beams Reinforced with CFRP/AFRP Hybrid FRP Sheets[C]. 2011 International Conference on Civil Engineering and Building Materials, 2011.

[52] 卢强. 既有建筑结构加固技术应用分析[J]. 工程抗震与加固改造, 2022,44(5): 181.

[53] 赵周洋. 既有建筑加固改造设计原则与技术应用[J]. 居业, 2021(5): 49-50.

本章图表来源

Charts Resource

第7.1节

图7-4 高贵电影. 耗时25分钟砌筑3.5米 "上海造"砌墙机器人首次"上岗"重大工程[OL]. 百家号, 2021-04-26.

图7-5 根据GRAMAZIOKOHLER ARCHITECTS官网资料整理.

图7-6 首座3D打印办公建筑在迪拜落成[OL]. 新华网, 2016-07-08.

图7-7 斯图加特大学. 仿生学研究教学临时纤维展, 德国[OL]. 谷德设计网, 2013-03-08.

图7-13 引自《北京日报》2020年2月1日新闻报道.

图7-15 知世. 苏伊士运河搁浅货轮仍未脱困 埃及总统下令为移除部分集装箱作准备[OL]. 搜狐, 2021-03-29; 巴渝风景线. 伊士运河搁浅货轮因潮汐脱困, 被拖至大苦湖, "世纪大堵"通了[OL]. 网易, 2021-03-30.

第7.2节

图7-19 Detlef Mertins. MIES [M]. London: Phaidon Press, 2014.

图7-20 根据伦佐·皮亚诺建筑工作室(PRBW)官方网站资料整理.

图7-21、图7-33(a)、图7-34 瑞安·E.史密斯. 装配式建筑——模块化设计和建造导论[M]. 王飞, 等, 译. 北京: 中国建筑工业出版社, 2020.

图7-22 龚澄莹, 陈运, 胡霄玥. 悬岸飞桥[J]. 建筑实践, 2020(6): 182-185.

图7-25 徐洪彭, 吴建梅. 现代木构建筑设计基础[M]. 北京: 中国建筑工业出版社, 2019.

图7-26、图7-27、图7-32、图7-35、图7-38 整理自: Edward Allen, Joseph Iano. Fundamentals of Building Construction[M]. New York: John Wiley & Sons, INC., 2009.

图7-28 根据加拿大木业轻型木结构标准资料整理.

图7-34、图7-40、图7-41、图7-42(b)、图7-43(b) 根据伦佐·皮亚诺建筑工作室(RPBW)官方网站资料整理.

图7-42(a)、图7-43(a) 彼得·布坎南. 伦佐·皮亚诺建筑工作室作品集[M]. 张华, 译. 北京: 机械工业出版社, 2002.

图7-47 根据斯蒂文·霍尔建筑事务所(Steven Holl)官方网站资料整理.

第7.3节

图7-50 IEA. Energy Technology Perspectives 2016[R]. Paris: IEA, 2016.

图7-51 国家市场监督管理总局, 国家标准化管理委员会. 平板型太阳能集热器: GB/T 6424—2021 [S]. 北京: 中国质检出版社, 2022.

图7-52 杨维菊. 建筑构造设计: 下册[M]. 北京: 中国建筑工业出版社, 2005.

图7-53~图7-55 中国建筑标准设计研究院组织, 编制. 建筑太阳能光伏系统设计与安装: 16J908—5 [M]. 北京: 中国计划出版社, 2016.

图7-57 東京大学建築学科で環境建築の技術・設計手法を開発している研究室です. OM solar house[OL]. Maelab前真之サステイナブル建築デザイン研究室, 2015-09-29.

图7-58 東京大学建築学科で環境建築の技術・設計手法を開発している研究室です. Demonstration of OM Solar House[OL]. Maelab前真之サステイナブル建築デザイン研究室, 2016-09-30.

图7-59 東京大学建築学科で環境建築の技術・設計手法を開発している研究室です. OM solar house[OL]. Maelab前真之サステイナブル建築デザイン研究室, 2015-09-29.

图7-60 平柳奏, 宇田川光弘, 楠崇史, 的場靖代, 盧炫佑. シミュレーションによる空気集熱式ソーラー改修住宅の性能評価その1 長久手N邸[C]. 太陽/風力エネルギー講演論文集, 2011.

图7-61 高瀬幸造, 崔榮晋, 前真之, 等. 盧炫佑, 駒野清治. 太陽熱フル活用を目的とした空気式太陽熱集熱システムを用いた戸建住宅に関する研究 第1報 3棟の実験棟の概要と基

礎蓄熱部の蓄熱性状[C]. 空気調和・衛生工学会大会学術講演論文集, 2013.

图7-62、图7-63 Alastair Townsend. OM Solar – Japan's Passive Building Standard[OL]. Alatown, 2011-01-11.

图7-64~图7-69 Zhou Hang. Jubilee Campus, University of Nottingham [OL]. Wordpress, 2015-04-24.

图7-70 窦强. 生态校园——英国诺丁汉大学朱比丽分校[J]. 世界建筑, 2004(8): 64-69.

图7-71 Zhou Hang. Jubilee Campus, University of Nottingham [OL]. Wordpress, 2015-04-24.

图7-72 郑瑾, 赵学义, 薛一冰. 大学校园教学楼"烟囱"通风技术分析——以英国诺丁汉大学朱比丽校区教学楼群为例[J]. 山东建筑大学学报, 2009(2).

第7.4节

图7-73 引自ICON官方网站。

图7-74 淳庆, 邱洪兴. 钢筋混凝土结构的双筋植筋的锚固性能试验研究[J]. 工业建筑, 2006(2): 98-100.

图7-75 引自坂茂建筑设计（Shigeru Ban Architects）官方网站。

图7-76 引自MAD建筑事务所官方网站。

图7-77 改绘自: 淳庆, 邱洪兴. 中国民族工商业博物馆加固改造设计[J]. 建筑技术, 2006(6): 412-414.

图7-79、图7-80 引自苏黎世联邦理工学院（ETH Zürich）官方网站。

图7-81 引自斯图加特大学(University of Stuttgart)官方网站。

图7-83 引自坂茂建筑设计（Shigeru Ban Architects）官方网站。

图7-84 引自Holzbau Amann公司官方网站。

图7-85 引自Design-to-Production官方网站。

图7-86（a） 引自苏黎世联邦理工学院（ETH Zürich）官网; 图7-86（b） 徐洪彭, 吴建梅. 现代木构建筑设计基础[M]. 北京: 中国建筑工业出版社, 2019; 图7-86(c) Halpern A. B, Billington D. P, Adriaenssens Sigrid. The Ribbed Floor Slab Systems of Pier Luigi Nervi[J]. Journal of the International Association for Shell and Spatial Structures, 2013, 54: 127-136.

图7-87、图7-88 引自: M. Pauly, N. J. Mitra, J. Wallner, et al.. Discovering Structural Regularity in 3D Geometry[J]. ACM Transactions on Graphics (TOG), 2008, 27(3): 43.

图7-89~图7-92 引自斯图加特大学(University of Stuttgart)官方网站。

第7.5节

图7-93 引自天津旅游网站等官方网站。

图7-94 引自山西应县旅游网站等官方网站。

图7-95 淳庆. 典型建筑遗产保护技术[M]. 南京: 东南大学出版社, 2015.